普通高等教育“十三五”规划教材

固体废物处理处置技术与设备

江 晶 编著

北 京
冶 金 工 业 出 版 社
2023

内 容 简 介

固体废物处理处置是目前及今后固体废物控制和综合利用的重要工程技术之一。本书简要介绍了固体废物及其处理处置的相关概念；较系统地介绍了固体废物的收集、运输与中转，固体废物的物理处理技术与设备、热处理技术与设备、生物处理技术与设备、最终处置技术以及固体废物的资源化综合利用技术等；每章后附有若干思考题。

本书可作为高等学校环境科学、环境工程及化工机械类专业的本科生教材或研究生参考书，也可供从事环境科学、环境工程与固体废物处理处置工作的工程技术人员参考。

图书在版编目(CIP)数据

固体废物处理处置技术与设备/江晶编著. —北京：冶金工业出版社，2016.1（2023.6 重印）

普通高等教育“十三五”规划教材

ISBN 978-7-5024-7123-1

Ⅰ.①固… Ⅱ.①江… Ⅲ.①固体废物处理—高等学校—教材 Ⅳ.①X705

中国版本图书馆 CIP 数据核字（2016）第 010542 号

固体废物处理处置技术与设备

出版发行	冶金工业出版社	**电　话**	(010)64027926
地　址	北京市东城区嵩祝院北巷 39 号	**邮　编**	100009
网　址	www.mip1953.com	**电子信箱**	service@mip1953.com

责任编辑 高 娜 马文欢 宋 良 美术编辑 吕欣童 版式设计 孙跃红

责任校对 王永欣 责任印制 禹 蕊

北京虎彩文化传播有限公司印刷

2016 年 1 月第 1 版，2023 年 6 月第 3 次印刷

787mm×1092mm 1/16；15.75 印张；377 千字；239 页

定价 38.00 元

投稿电话 (010)64027932 投稿信箱 tougao@cnmip.com.cn

营销中心电话 (010)64044283

冶金工业出版社天猫旗舰店 yjgycbs.tmall.com

（本书如有印装质量问题，本社营销中心负责退换）

前　言

随着科技的进步、经济的高速发展和人们生活水平的提高，固体废物的产生和排放量迅速增加，我国有2/3的城市几乎处于垃圾包围之中。与大气污染和水污染问题相比，固体废物污染问题是最难处理的环境问题。固体废物作为各种污染物的终态，种类繁多，成分复杂，极易进入大气、水体和土壤中，参与生态系统的物质循环，具有潜在的、长期的危害。因此，如何对种类繁多成分复杂的固体废物进行安全、妥善的处理处置及资源化综合利用，是当今世界许多国家面临的重大问题，也是当前我国急需大力开展的工作。

由于我国在固体废物的处理处置方面技术较落后，固体废物污染的防治工作面临严峻的形势。为了满足经济可持续发展和人们健康的需要，进行固体废物的处理处置及资源化综合利用，已成为社会发展的一项重要任务。作为一个负责任的发展中大国，我国把保护地球、保护环境定为一项基本国策，并制定了《中华人民共和国固体废物污染环境防治法》、《固体废物处理处置产业及技术政策清单》、国家印发《煤矸石综合利用技术政策要点》、《固体废物管理相关标准及规范清单》等政策、法规，对遏制固体废物污染发挥了极为重要的作用。

本书以读者为本，在保证专业理论知识分布科学合理的基础上，突出工程应用能力和技能的培养。

“固体废物处理处置技术与设备”是一门多学科交叉的综合课程，涵盖知识内容较广。为了提高学生的工程设计能力，满足国内固体废物污染控制和培养高层次专业人才的需求，本书重点介绍固体废物处理处置的基本概念、原理和方法，并介绍工程实例，每章开头设有学习指南，结尾设有本章小结与思考题，可提高学生分析、解决问题的能力与独立思考和自学的能力，突出了能力的培养；介绍了固体废物处理处置较成熟的工艺和先进的技术与设备，突出了固体废物资源化综合利用的思想，使教材内容具有新颖性、实用性和系统性。作者根据自己的教学、科研成果以及在工程实践中积累的经验，吸取了国内外科技工作者在这一领域所取得的重要研究成果及相关文献，并结合我国固体废物管理和处理处置的实际情况及相关法规和标准的要求，完成本书的编写。

书稿承蒙东北大学刘树英教授主审；本书的出版，得到沈阳市科技项目社会发展科技攻关专项（F13-170-9-00）和辽宁省教育厅科技项目一般项目（L2012075）资助；在编写出版过程中，得到同行专家们的大力帮助，也得到冶金工业出版社、东北大学过程装备与环境工程研究所等单位的大力支持，在此一并表示衷心的感谢。

由于水平所限，书中难免会有不妥之处，诚请广大读者批评、指正。

作　者

2015 年 7 月

目　录

1 概　论

【学习指南】

本章主要熟悉固体废物的概念、来源与分类，固体废物的减量化、资源化、无害化处理原则；重点掌握固体废物对水体、大气和土壤等的污染危害及控制措施，固体废物的预处理技术、资源化处理技术和最终处理处置技术等内容；了解国内外固体废物处理处置设备的发展现状与趋势，固体废物处理处置设备的分类及特点。

环境是人类赖以生存与发展的基本条件，面对城乡户籍制度改革，城镇建设速度加快，城市规模不断扩大、人口增加、经济的发展和人们生活水平的提高，固体废物的产生量越来越大、种类越来越多、性质愈加复杂，固体废物已成为破坏城市景观和污染环境的重要污染物，国内外大中小城市无一例外地面临着固体废物的威胁。因此，固体废物的处理已经成为当前国内外环境保护领域亟待解决的问题。

在当今社会里，人们在享受着现代化带来的物质文明的同时，每年消耗大量资源，排放出数亿吨各种废弃物，严重污染了环境，破坏了生态平衡，对人类的生存空间造成了巨大的威胁。固体废物在全球的数量是惊人的。最新统计表明，发达国家每人每日生活垃圾产生量竟高达 1.5 千克。每天产生出来这么多的城市垃圾，如果它们得不到充分和有效的收集和处理，便会产生种种恶果。固体废物随意弃置，会严重破坏城市景观，造成人们心理上的不快。更为严重的是未收集和未处理的垃圾腐烂时会滋生传播疾病的苍蝇、蚊子、蟑螂等害虫。垃圾中的干物质或轻物质随风飘扬，会对大气造成污染。如果垃圾随意堆积在农田上，还会污染土壤。垃圾中含有汞、镉、铅等微量有害元素，如处理不当，就有可能随雨水渗入水网，流入水井、河流以至附近海域，被植物摄入，再通过食物链进入人的身体，影响人体健康。

当前，固体废弃物的种类繁多，其组成也比较复杂，属于生态环境中比较主要的污染源。固体废弃物不同于水和大气污染物。水和大气污染物在一定程度上可以在相应的环境中得到稀释和降解。而固体废弃物处置在多数情况下都是直接堆存于地表，通过不断地大量堆置，占用大量土地资源，不经过处理，固体废弃物也不可能自然消失或分解。有些固体废弃物在被使用和处理过程中，还有产生其他危害性污染物的环境风险。废弃物的成分不同对环境所造成的危害也有所不同，有的废弃物会直接影响水源，有的会直接影响地表植被，有的会直接影响到土壤和大气，所以对于废弃物的处理要根据具体的情况实行具体的处理办法。如果在实际工作中对废弃物处置不当，就会严重地影响生态环境以及人类健康。因此，所有工矿、企业等都要把废弃物的处理看作头等大事，只有从源头上抓起才有可能很好地控制和处理生产、生活等所带来的固体废物。

由于固体废弃物自身的特征，在处理过程中总是存在一些比较难以处理的问题，而其处理得好与坏会对生态环境有着长期的、潜在的、间接的、综合性的影响。固体废弃物一般都是由多种物质结合而成的，通常都含有复杂的污染分子，在自然条件下，这些物质很难分解，而且还极易溶解于水、大气和土壤，所以就会直接参与生态系统循环，这势必会对生态环境产生潜在性、长期性的危害。在处理固体废物过程中会产生大量的有害物质，这些有害物质会通过大气、土壤、水流等直接渗透和迁移到植物和人体之中，特别是一些医疗垃圾、生活垃圾和工业垃圾对生态景观、社会环境、人体健康等方面都会直接产生影响。

预计到2025年，世界人口的60%将住在城市或城区周围。这么多人住在或即将住在城市，而城市又是人口高度集中、环境被大大人工化的地区，一般来说，城市生活水平愈高，垃圾产生量愈大，所以，城市垃圾所产生的污染问题极为突出。

早在20世纪初期，人们就已认识到工业化社会的发展势必导致进一步的资源危机和环境恶化。固体废物的污染问题也成为人们普遍关注的问题之一。发达国家迫于资源危机和环境恶化的巨大压力，认识到固体废物环境污染防治和资源化利用的紧迫性及其对社会可持续发展的重要性，从而开展了对固体废物回收利用的研究，使固体废物资源化利用发展到一个新阶段。固体废物处理工程就是在这种开发回收利用废旧物质的基础上建立并发展起来的一门新型工程学科。早在20世纪80年代中国就提出了固体废物处理的“减量化”、“无害化”和“资源化”的原则，促进了中国环保产业的发展和环境状况的改善。但要彻底解决固体废物的污染问题，在各级政府和企业不断加大固体废物控制与治理基本建设投入的同时，必须依靠科技的支撑，建立科学的工作平台，提升自身能力，通过科技攻关和科技创新，研究固体废物控制与处理的关键技术，开发固体废物处理处置和再生利用的成熟技术及高效的设备，为国家和地方废物治理规划和重大工程建设提供强有力的技术支撑。

1.1　固体废物

1.1.1　固体废物的概念

固体废物是人类在生产和生活的活动过程中所丢弃的固体或半固体物质的总称，事实上，固体废物是一个相对概念，不存在任何绝对的废物。往往一个过程中产生的废物，可以成为另一个过程的原料。随着时间的推移和技术的进步，人类所产生的废物将愈来愈多地被转化为新的原料。固体废物按其来源可分为矿业废物、工业废物、农业废物、生活垃圾、危险废物和放射性废物。随着我国经济的快速增长和城市化速度不断提高，随之而来的就是城镇固体废物种类的增多，污染程度加深和处理难度增大等问题。固体废物对环境的影响不同于废水和废气，对环境的影响更具广泛性。固体废物是各种污染物的集合体，通常含有多种污染成分，在自然条件下，一些有害成分会转入大气、水体和土壤，参与生态系统的物质循环，可对城市生态环境产生长期的潜在性危害，阻碍了城市经济环境的进一步发展。因此，如何控制固体废弃物的污染，如何安全处理处置城市固体废物已是我国乃至世界环境保护的紧迫任务之一。

1.1.2 固体废物的来源与分类

固体废物主要来源于人类的生产、生活和其他活动。人们在资源开发和产品的制造过程中，在日常生活活动中，必然会产生固体废物，任何产品经使用和消费后都会变成固体废物。例如生产中的矿渣、尾矿、煤矸石、炉渣等，日常生活中常见的废包装纸、废包装盒、果皮、菜叶、破旧衣物、饮料瓶罐、破旧自行车、各种废旧汽车、各种破旧电器等固体废物。表 1-1 为固体废物的分类、来源和主要组成物。

表 1-1 固体废物的分类、来源和主要组成物

分类	来源	主要组成物
矿业废物	矿山、选冶	废矿石、尾矿、金属、废木、砖瓦、灰石等
工业废物	冶金、交通、机械、金属结构工业等	金属、矿渣、砂石、模型、陶瓷、边角料、涂料、管道、废木、塑料、橡胶、黏结剂、绝热与绝缘材料、烟尘等
	煤炭	煤矸石、木料、金属
	石油化工	化学药剂、金属、塑料、橡胶、陶瓷、沥青、油毡、石棉、涂料
	电力工业	炉渣、粉煤灰、烟尘
	建筑材料	金属、水泥、黏土、陶瓷、石膏、石棉、砂石、纸、纤维
	造纸、木材、印刷工业等	刨花、锯木、碎末、化学药剂、金属填料、塑料、木质素
	橡胶、皮革、塑料工业等	橡胶、皮革、塑料、纤维、染料、金属、布等
	纺织服装业	布头、纤维、橡胶、塑料、金属
	电器、仪器仪表工业等	金属、玻璃、木材、橡胶、塑料、化学药剂、绝缘材料、陶瓷
	食品加工	肉类、谷物、果类、蔬菜、烟草
城市垃圾	居民生活	食物垃圾、废纸屑、废布料、废木料、庭院植物修剪物、废金属、废玻璃、废塑料、废陶瓷、燃料、灰渣、碎砖瓦、废器具、粪便、杂品杂物、废旧电器、破衣服烂袜子、废纸盒等
	商业、机关	废管道、碎砌体、沥青及其他建筑材料、废汽车、废电器、废器具、含有易燃、易爆、腐蚀性、放射性废物及居民生活区内各种废物
	市政维护、管理部门	碎砖瓦、树叶、死禽畜、金属锅炉灰渣、污泥、脏土等
农业废物	农林	稻草、秸秆、蔬菜、水果、果树枝条、糠秕、落叶、废物料、人畜粪便、禽粪、农药、腥臭死禽畜
	水产	腐烂鱼、虾、贝壳、水产加工污水等、污泥
放射性废物	核工业、核电站、放射性医疗单位和科研单位	金属、含放射性废渣、粉尘、污泥、器具、劳保用品、建筑材料

固体废物来源广泛，种类繁多，组分复杂，其分类方法亦有多种。按固体废物的化学性质分为有机废物和无机废物；按其形态可分为固体（块状、粒状、粉状）废物和泥状（污泥）废物；按其危害状态分为有毒有害废物和一般废物，有毒有害固体废物是指具有毒性、易燃性、腐蚀性、反应性、放射性和传染性的固体、半固体废物。

按照污染特性可将固体废物分为一般固体废物、危险废物以及放射性固体废物。一般固体废物是不具有危险特性的固体废物；危险废物是指列入国家危险废物名录或者国家规定的危险废物鉴别标准和鉴别方法认定的具有危险特性的废物。危险废物的主要特征并不在于它们的相态，而在于它们的危险特性，即具有毒性、腐蚀性、传染性、反应性、浸出毒性、易燃性、易爆性等独特性质，对环境和人体会带来危害，需加以特殊管理的物质。由于放射性废物在管理方法和处置技术等方面与其他废物有着明显的差异，许多国家都不将其包含在危险废物范围内。凡放射性核素含量超过国家规定限值的固体、液体和气体废物，统称为放射性废物。放射性固体废物包括核燃料生产、加工、同位素应用、核电站、核研究机构、医疗单位、放射性废物处理设施产生的废物如尾矿、污染的废旧设备、仪器、防护用品、废树脂、水处理污泥以及蒸发残渣等。

按其固体废物来源可分为矿业废物、工业废物、城市垃圾、农业废物和放射性废物等。工矿业固体废物，是指在工业、矿业生产活动中产生的固体废物。城市生活垃圾又称城市固体废物，是指在城市日常生活中或者为城市日常生活提供服务的活动中产生的固体废物，以及法律、行政法规规定视为城市生活垃圾的固体废物。农业废物来自农业生产、畜禽饲养、农副产品加工、林业生产等所产生的废物，如农作物秸秆、畜禽排泄物等固体废物。

欧美许多国家按来源将其分为工业固体废物、矿业固体废物、城市固体废物、农业固体废物和放射性固体废物等五类。我国将固体废物分为工业固体废物、城市生活垃圾和危险固体废物三类。

1.2 固体废物的污染危害及控制

1.2.1 固体废物的污染危害

固体废物的种类繁多，组分复杂，性质多种多样，对环境的危害很大，主要危害表现在以下五个方面：

（1）侵占土地，破坏地貌和植被。固体废物不加利用的处置，只能占用土地堆放，堆积量越大，占地越多。土地是宝贵的自然资源，固体废物的堆积侵占了大量的土地，严重地破坏了地貌、植被和自然景观。随着经济的飞速发展和人们消费水平的提高，固体废物受纳场地日益显得不足，人与固体废物争地的矛盾日益尖锐。如某城区日污水排放量高达 200 多万吨，若污水处理率达到 100%，则每天的污泥产生量可达 2000 多吨，用 200 辆 10t 的大卡车才能运出城外，这些污泥如果按 1m 的高度堆放，每年占地就需 1200 亩。堆放在城市郊区的垃圾侵占了大量农田。未经处理或未经严格处理的生活垃圾直接用于农田，后果是严重的。当今人们享受着现代化带来的物质文明的同时，每年要消耗大量的自然资源，排放出数百亿吨的各种废弃物质，堆放到地球上，不仅占用大量土地，而且严重地污染了环境，破坏了生态平衡，对人类的生存空间和环境造成了巨大威胁。

（2）污染土壤。固体废物不仅占用大量耕地，而且长期露天堆放，其中的有毒有害组分很容易因遭受日晒雨淋、地表径流的侵蚀风化而渗入土壤，使土壤毒化、酸化、盐碱化，从而改变土壤的性质，破坏土壤的结构，影响土壤微生物的活动或杀灭土壤微生物，使土壤丧失腐解能力，妨碍植物根系的生长，更严重的导致草木不生。有些污染物在植物机体内积蓄和富集，通过食物影响人体健康。例如，我国内蒙古某尾矿坝污染了大片土地，造成一个乡的居民被迫搬迁。又如，德国某冶金厂附近的土壤被有色冶炼废渣污染，土壤上生长的植物体内含锌量为一般植物的26~80倍，铅为80~260倍，铜为30~50倍，如果人吃了这样的植物，则会引起许多疾病。

(3) 污染水体。固体废物随天然降水和地表径流进入江河湖泊，或随风飘迁落入水体使地面水受到污染；随渗滤水进入土壤则使地下水污染；直接排入河流、湖泊或海洋，能造成更大的水体污染。

如果将有害废物直接排入江、河、湖、海等地，或是露天堆放的废物被地表径流携带进入水体，或是飘入空中的细小颗粒，通过降雨的冲洗沉积和凝雨沉积以及重力沉降和干沉积而落入地表水系，水体都可溶解出有害成分，毒害生物，造成水体严重缺氧，富营养化，导致鱼类死亡等。

某些先进国家将工业废物、污泥与挖掘泥沙在海洋进行处置，这对海洋环境引起各种不良影响。有些在海洋倾倒废物的地区已出现了生态体系的破坏，如固定栖息的动物群体数量减少。来自污泥中过量的碳与营养物可能会导致海洋浮游生物大量繁殖、富营养化和缺氧。微生物群落的变化，会影响以微生物群落为食的鱼类的数量减少。从污泥中释放出来的病原体、工业废物释放出的有毒物，对海洋中的生物有致毒作用，这些有毒物再经生物积累可以转移到人体中，最终影响人类健康。

(4) 污染大气。一些有机固体废物在适宜的温度和湿度下被微生物分解，会释放出有害气体，细粒状的废渣和垃圾在堆放、运输和处理过程中，会产生有害气体和粉尘，这些有害气体和粉尘在大风吹动下会随风飘逸，扩散远处，造成大气污染。例如，煤矸石自燃会散发出大量的SO_2、CO_2和NH_3等气体，造成严重的大气污染，陕西铜川市每天由于煤矸石自燃产生的SO_2就达37t。另外，采用焚烧法处理固体废物（如焚烧农作物秸秆、树叶和废旧塑料等）也会污染大气，焚烧排出的Cl_2、HCl和大量粉尘，造成严重的大气污染。

(5) 影响环境卫生。固体废物，特别是城市垃圾和致病废弃物是苍蝇蚊虫孳生、致病细菌蔓延、鼠类肆虐的场所，是流行病的重要发生源。“白色污染”已经遍及全国各地，垃圾发出的恶臭令人生厌。固体废物、粪便未经无害化处理进入环境，严重影响人们的居住环境的卫生状况，导致传染病菌繁殖，对人们的健康构成潜在的威胁。某些特殊的有害固体废物的排放，除以上各种危害外，还会造成燃烧、爆炸、接触中毒、严重腐蚀等特殊损害。

固体废物对环境的污染是多方面的，随着经济的迅速发展和人们消费水平的提高，特别是成千上万种新的化学塑料产品不断投入市场，无疑还会对环境造成更加沉重的负担。

1.2.2 固体废物的污染控制

对固体废物的污染控制，关键是解决好固体废物的处理、处置和综合利用的问题。固体废物的污染控制应遵循防治污染和综合利用的原则，采用可持续发展战略，走中国政府提出固体废物处理的“减量化”、“无害化”和“资源化”的道路。控制固体废物污染可采取以下措施：

(1) 改革生产工艺：

1) 采用清洁生产。生产工艺落后是产生固体废物的主要原因，因而先结合技术改造，来改革生产工艺，采用无废或少废的清洁生产技术，从发生源消除或减少污染物的产生。例如，传统的苯胺生产工艺是采用铁粉还原法，该法在生产过程中产生含大量硝基苯、苯胺的铁泥废渣等，造成环境污染和巨大的资源浪费。某化工厂开发的流化床气相加氢制苯胺工艺，便不再产生铁泥废渣，还大大降低了能耗。

2）采用精料。如果原料品位低、质量差，也是造成固体废物大量产生的主要原因。如一些选矿技术落后、缺乏烧结能力的中小型炼铁厂，渣铁比相当高。如采用精料炼铁，高炉渣产生量可减少一半以上。因此，应当进行原料精选，采用精料，以减少固体废物的产生量。

3）提高产品质量和使用寿命，使其不过快地变成废物。

（2）发展物质循环利用工艺。发展物质循环利用工艺，使第一种产品的废物成为第二种产品的原料，相应地，第二种产品的废物又成为第三种产品的原料等。如此循环和回收利用，既能使固体废物的排出量大大减少，又能使有限的资源得到充分的利用，最后只剩下少量的废物进入环境，以取得经济、环境和社会的综合效益。

（3）进行综合利用。有些固体废物中含有可以回收利用的成分，如高炉渣中的主要成分是 CaO、MgO、SiO_2、Al_2O_3等成分，可以用来制砖、水泥和混凝土。有些废旧工具，可以通过物理拆解拼装，充分利用其中的完好零部件装配成符合要求的工具。

（4）进行无害化处理处置。有害和危险固体废物用焚烧、热解、氧化还原等方法，改变废物中有害物质的结构和性质，可使之转化为无害物质，或使有害物质含量降低到国家规定的排放标准。

1.3 固体废物的处理原则

随着固体废物对环境污染程度的加重以及人们对环境污染问题越来越关注，《中华人民共和国固体废物污染环境防治法》中首先确立了固体废物污染防治的“三化”原则，即“减量化、无害化、资源化”原则。为了达到这“三化”，首先要转变观念。要保护环境控制污染，就先要选择固体废物产生的“减量化”（首端预防），而不是选择废物产生以后的“无害化”（末端处理）。对于已产生的固体废物首先要实施资源化管理和推行资源化技术，发展无害化处理处置技术。

（1）固体废物的“减量化”处理。固体废物“减量化”处理的基本任务是通过适宜的手段，减少或减小固体废物的数量和容积。这一任务的实现，需要从两方面着手：一是对固体废物进行处理利用，如将城市生活垃圾用焚烧法处理后，体积可减少 80%～90%，余烬便于运输和处置；二是减少固体废物的产生，做到清洁生产。

（2）固体废物的“无害化”处理。固体废物“无害化”处理的基本任务是将固体废物通过工程处理，达到不损害人体健康，不污染周围自然环境。如垃圾的焚烧、卫生填埋、堆肥、粪便的厌氧发酵，有害废物的热处理和解毒处理等。

（3）固体废物的“资源化”处理。固体废物的“资源化”是指对固体废物进行综合利用，使之成为可利用的二次资源。固体废物“资源化”处理的基本任务是采取工艺措施从固体废物中回收有用的物质和能源。例如，具有高位发热量的煤矸石，可以通过燃烧回收热能或转换电能，也可以用来代替煤生产内燃砖。“资源化”应遵循的原则是：进行“资源化”的技术是可行的，经济效益比较好，有较强的生命力；废物应尽可能在排放源就近利用，以节省废物在存放、运输等过程的投资；“资源化”的产品应符合国家相应产品的质量标准，因而就具有市场竞争力。

“资源化”系统指的是从原材料经加工制成的产品，经人们消费后，成为废物又引入新的生产、消费循环系统。就整个社会而言，就是生产—消费—废物—再生产的一个不断循环的系统。资源化系统由前期系统和后期系统两大部分组成。在前期系统中被处理的物质不改变其性质，是利用物理的方法如分选、破碎等技术对废物中的有用物质进行分离提取型的回收。此系统又可分为两类，一类是保持废物的原形和成分不变的回收利用；另一类是破坏废物的原形，从中提取有用成分加以利用。后期系统是把前期系统回收后的残余物质用化学的或生物学的方法，使废物的物性发生改变而加以回收利用，采用的技术有燃烧、分解等，比前期系统要复杂，成本也高。后期系统也可分为两大类，一类是以回收物质为主要目的，使废物原料化、产品化而再生利用；另一类是以回收能源为目的。

1.4　固体废物的处理技术

1.4.1　固体废物的一般处理技术

固体废物处理是指通过物理、化学和生物等不同方法，使固体废物形式转换、资源化利用以及最终处置的一种过程。固体废物处理按其采用的方式可分为物理处理、化学处理和生物处理等。物理处理包括压实、破碎、分选、沉淀和过滤等；化学处理包括焚烧、焙烧热解及溶出等；生物处理包括好氧分解和厌氧分解等处理方式。固体废物处理按其处理目的又可分为预处理、资源化处理和最终处置等。

（1）预处理技术。固体废物预处理是指采用物理、化学或生物方法，将固体废物转变成便于运输、储存、回收利用和处置的形态。预处理技术包括压实技术、破碎技术、分选技术和脱水干燥技术。压实技术适用于处理压缩性能大而恢复性小的固体废物，如金属加工工业排出的各种松散废料，城市垃圾如纸箱、纸袋等。破碎技术是利用外力使大块固体废物分裂成小块的过程。通常用作运输、储存、资源化和最终处置的预处理。固体废物分选是实现固体废物资源化、减量化的重要手段，通过分选可提高回收物质的纯度和价值，有利于后续加工处理。常用的分选法有筛分、重力分选、磁力分选、涡电流分选、光学分选等。固体废物的脱水主要用于废水处理厂排出的污泥及某些工业企业所排出的泥浆状废物的处理。脱水可达到减容及便于运输和进一步处理的目的。常用的脱水有机械脱水和自然干化脱水两种，应用较多的脱水机械有真空过滤机和离心脱水机。当固体废物经破碎分选后对所得的轻物料需进行能源回收或焚烧处理时，必须进行干燥处理。

（2）资源化处理技术。固体废物资源化的基本任务是采取措施从固体废物中回收有用的物质和能源。固体废物资源化是固体废物的主要归宿，包括物质回收、物质转换和能量转换三个途径。资源化处理技术包括热化学处理技术和生物处理技术。

热化学处理是利用高温破坏和改变固体废物的组成及结构，使废物中的有机有害物质得到分解或转化的处理，是实现有机固体废物处理无害化、减量化、资源化的一种有效方法。常用的热化学处理技术主要有焚烧、热解、湿式氧化等。焚烧法是对固体废物高温分解和深度氧化的综合处理过程，此法主要适合那些不适于安全填埋或不可再循环利用的有害废物。用热解法处置固体有机废物是较新的方法，固体废物都可以采用热解法处理。湿式氧化法又称湿式燃烧法，适用于有水存在的有机物料。

生物处理技术是利用微生物对有机固体废物的分解作用。生物处理技术包括好氧生物转化、厌氧消化法、废纤维素糖化技术和细菌浸出等。好氧生物转化也称堆肥化处理，堆肥是依靠自然界广泛分布的细菌、放线菌、真菌等微生物，人为地促进可生物降解的有机物向稳定的腐殖质转化的生化过程。厌氧消化法是在完全隔绝氧气的条件下，利用多种厌氧菌的生物转化作用使废物中可生物降解的有机物分解为稳定的无毒物质，同时获得以甲烷为主的沼气，是一种清洁的能源，而沼气液和沼气渣又是理想的有机肥料。废纤维素糖化技术是利用酶水解技术使纤维素转化为单体葡萄糖，然后通过生化反应转化为单细胞蛋白及微生物蛋白的一种新型资源化技术。细菌浸出是利用化能自养细菌能把亚铁氧化为高铁、把硫及还原性硫化物氧化为硫酸从而取得能源，同时从空气中摄取二氧化碳、氧以及水中其他微量元素合成细胞质。这类细菌可生长在简单的无机培养基中，并能耐受较高浓度的金属离子和氢离子。利用化能自养菌的这种独特生理特性，可从矿物废料中将某些金属溶解出来，然后从浸出液中提取金属。目前，细菌浸出在国内外得到大规模工业应用。

（3）最终处置技术。固体废物的处置是指最终处置或安全处置，是固体废物污染控制的末端环节，是解决固体废物的归宿问题。固体废物处置可分为海洋处置和陆地处置两大类。海洋处置主要分为海洋倾倒与远洋焚烧两种方法。海洋倾倒是利用海洋的巨大环境容量，将废物直接投入海洋的处置方法。这种方法需根据有关规定并进行可行性分析、方案设计和科学管理，以防止海洋受到污染。远洋焚烧是利用焚烧船将固体废物运至远洋处置区进行船上焚烧的处置方法，这种技术适用于处置易燃性废物。陆地处置主要包括土地耕作、土地填埋以及深井灌注等几种。土地耕作处置是利用表层土壤的离子交换、吸附、微生物降解以及渗滤水浸出、降解产物的挥发等综合作用机制处置工业固体废物的一种方法，该法主要用于处置含盐量低、不含毒物、可生物降解的有机固体废物。土地填埋处置是从传统的堆放和填地处置发展起来的一项最终处置技术，该技术工艺简单、成本较低、适于处置多种类型的废物，安全土地填埋已成为危险废物的主要处置方法。深井灌注是指把液状废物注入地下与饮用水和矿脉层隔开的可渗性岩层内。该法主要用来处置那些实践证明难于破坏、难于转化、不能采用其他方法处理处置或采用其他方法费用昂贵的废物。

1.4.2　国外固体废物处理技术的现状与发展趋势

在固体废弃物的处理处置技术与设备方面，发达国家位居领先水平。垃圾机械化高速堆肥厂、垃圾焚烧成套设备技术已经相当成熟，焚烧炉余热回收基本上采用发电和供热方式，堆肥技术已经逐步向综合利用方向发展，如制作液体肥料和固体肥料等，并推出了相应的成套设备。国外在工业有毒有害废弃物的处理方面，已采用安全填埋、焚烧处理的综合技术和成套处理设备对危险废物进行处理，以保证达到安全的处置效果。

国外自 20 世纪 70 年代开始着手研究用可燃性废料作为替代燃料应用于水泥生产，大量的研究与实践表明，水泥回转窑是得天独厚处理危险废物的焚烧炉。水泥回转窑燃烧温度高，物料在窑内停留时间长，又处在负压状态下运行，工况稳定。对各种有毒性、易燃性、腐蚀性、反应性的危险废弃物具有很好的降解作用，不向外排放废渣，焚烧物中的残渣和绝大部分重金属都被固定在水泥熟料中，不会产生对环境的二次污染。同时，这种处置过程是与水泥生产过程同步进行，处置成本低，因此被国外专家认为是一种合理的处置方式。

目前，国外已经能够提供成熟的30万吨/年粉煤灰综合利用处理的砌块成套生产线设备，其工艺技术已经达到粉煤灰90%利用率并且免烧的水平。以废旧塑料回收处理为例，德国开发的分离器技术可以将废塑料中99%的聚丙烯与聚氯乙烯分离，再生造粒后提高塑料的品质和应用价值。日本的废玻璃回收技术已做到可将不同颜色的玻璃分类后制成玻璃纤维和玻璃粉，进行回用的水平，大大减少了回收成本并提高了利用价值。欧盟在2000年公布了2000/76/EC的指令，对欧盟国家在废弃物焚烧方面提出技术要求，其中专门列出了用于在水泥厂回转窑混烧废弃物的特殊条款，用以促进可燃性废料在水泥工业处置和利用方面的发展。在欧洲法国是垃圾处理业最完善的国家之一，因此市场竞争力很强，特别是对危险物的处理还有其独到之处，每年有价值几亿美元的设备销售额。德国垃圾处理设备行业一直保持着上升的趋势，每年保持几亿德国马克的销售量，新型的公用焚烧炉已从200~300座增加到2000多座。英国垃圾处理设备行业近几年也飞速地发展，每年有记载可查的设备成交额在50亿英镑以上。新加坡环保设备生产厂较少，只有约十几个，外购的两套价值几亿美元的焚烧炉成套设备承担着全国70%的垃圾处理。

废弃材料的无污染回收利用已是当今世界科学研究的一个热点和重点，研究污染物排放最小量化和资源化技术，实施以清洁生产技术和废弃物资源化技术为核心的科技行动，必须建立生态效益概念，用最低限度的资源得到最大数量的产品。这就要求对废弃物进行再利用，从而实现物流的闭合回路。

据统计，工业固体废弃物中40%是建筑业排出的，废弃混凝土是建筑业排出量最大的废弃物。一些国家在建筑废弃物利用方面的研究和实践已卓有成效。1995年日本全国建设废弃物约9900万吨，其中实现资源再利用的约5800万吨，利用率为58%，其中混凝土块的利用率为65%。废弃混凝土用于回填或路基材料是极其有限的。作为再生集料用于制造混凝土、实现混凝土材料的自我循环利用是混凝土废弃物回收利用的发展方向。将废弃混凝土破碎作为再生集料既能解决天然集料资源紧张问题，利于集料产地环境保护，又能减少城市废弃物的堆放、占地和环境污染问题，实现混凝土生产的物质循环闭路化，保证建筑业的长久的可持续发展。因此，国外大部分的大学和政府研究机关都将研究重点放在废弃混凝土作为再生集料技术上。很多国家都建立了以处理混凝土废弃物为主的加工厂，生产再生水泥和再生骨料。日本1991年制定了《资源重新利用促进法》，规定建筑施工过程中产生的渣土、沥青混凝土块、木材、金属等建筑垃圾，须送往"再资源化设施"进行处理。日本已成功开发利用下水道污泥焚烧灰生产陶瓷透水砖的技术。陶瓷透水砖的焚烧灰用量占总量的44%，作为骨料的废瓷砖用量占总用量的48.5%，该砖上层所用结合剂也是废釉，所以废弃物的总利用率达95%。该陶瓷透水砖内部形成许多微细连续气孔，强度较高，透水性能优良。日本还开发了利用下水道污泥焚烧灰为原料制造建筑红砖的技术。

1.4.3　国内固体废物处理技术的现状与发展趋势

随着我国国民经济的高速发展，环境污染与发展的矛盾日益突出，环境污染不仅对人类生活和健康产生巨大的危害，而且环境恶化也阻碍了社会经济的发展。因此，保护全球环境，改善以人为中心的环境质量，已成为人类社会的共识和社会发展的一项重要内容，作为一个负责任的发展中大国，中国把环境保护定为一项基本国策，并作为各项建设和社会发展事业必须长期坚持的一项重要指导原则。

随着工业化、城市化进程的推进，城市固体垃圾越来越多，据统计，全国历年的垃圾存量已达60多亿吨，成为当今一大公害。2014年我国一般工业固体废物产生量32.6亿吨，综合利用量20.4亿吨，储存量4.5亿吨，处置量8.0亿吨，倾倒丢弃量59.4万吨，我国一般工业固体废物综合利用率为62.1%。我国工业危险废物产生量3633.5万吨，综合利用量2061.8万吨，储存量690.6万吨，处置量929.0万吨，全国工业危险废物综合利用处置率为81.2%，几乎有一半以上的垃圾仍堆放在城市的死角处或公共场所，还有大量未经处理的工业垃圾堆放在城郊，严重污染环境。我国从20世纪90年代开始利用水泥窑处理危险废物的研究和实践，并已取得一定的成果。在城市垃圾和危险废物的焚烧处理技术方面，目前已有20多家焚烧炉制造厂，这些厂家多以研制医用焚烧炉开始，逐步向大型、处理有毒有害废物焚烧炉发展，有些厂家制造的小型焚烧炉已出口到东南亚地区，还有些制造厂引进国外的产品设计制造技术，生产城市垃圾焚烧装置。某市引进国外大型垃圾焚烧设备，并完成了设备的国产化，其技术性能达到或超过了原引进设备的水平，为我国大型垃圾焚烧设备国产化打下了基础。

目前，我国城市固体垃圾的处理能力还很有限，资源化程度比较低。虽然现在已经开发出很多新技术用以垃圾的无害化、资源化处理，但处理量一般比较小，远远低于垃圾的产生量。所以，城市垃圾治理要以实现减量化、资源化和无害化为目标，强调综合治理，注重源头减量和综合利用，提倡分类收集和分类处理，鼓励废弃物回收和有机物的生物处理和资源化利用，从而有效控制污染、回收资源，实现环境资源的可持续发展。以固体废物的减量化、无害化和资源化处理为目标而发展起来的固体废物处理和资源综合利用装备是我国环保机械行业中起步较晚的一个分支。该类设备近年来发展较快，目前已拥有35个系列250种产品。产品总体水平大致相当于先进国家20世纪60年代末、70年代初的水平，部分产品相当于国外80年代中期水平，少量设备接近国际先进水平。目前，小型垃圾焚烧炉、150t/d城市垃圾焚烧炉、小型有毒有害废物焚烧炉、废钢铁处理设备等产品水平已经接近或达到国外同类产品水平，并有部分产品打入国际市场。

我国城市的建筑废弃物日益增多，一些城建单位对建筑废弃物的回收利用做了有益的尝试，成功地将部分建筑垃圾用于细集料、砌筑砂浆、内墙和顶棚抹灰、混凝土垫层等。一些研究单位也开展了用城市垃圾制取烧结砖和混凝土砌块技术，并且达到了推广应用的水平，虽然针对垃圾总量来看，利用率还很低，但毕竟有了较好的开端，为促进垃圾处理产业化，弥补建材工业大量消耗的自然资源，积累了经验。

2013年重点调查工业企业的一般工业固体废物产生量为31.3亿吨。其中，尾矿产生量为10.6亿吨，综合利用率为30.7%；粉煤灰产生量4.6亿吨，综合利用率为86.2%；煤矸石产生量3.8亿吨，综合利用率为71.1%；冶炼废渣产生量3.7亿吨，综合利用率为91.8%；炉渣产生量2.6亿吨，综合利用率为89.9%；废纸综合利用量为7301万吨，其中国内废纸回收利用量4377万吨，国内废纸综合利用率约为44.75%；各类废旧木材产生量约为7000万吨，综合利用率达到70%以上。我国固体废弃物综合利用率若提高1个百分点，每年就可减少约1000万吨废弃物的排放。

在固体废物处理和资源化综合利用装备方面会有很快的发展，研发出不同类型的垃圾焚烧废热回收或发电设备、垃圾堆肥成套设备、有毒有害废物密封储运设备、专用高温氧化焚烧系统成套设备和工业废物回收利用设备等，产品品种至2010年增长到650种，其中一些尚属空白的设备将推向市场，并在废物处理和资源化综合利用工业中发挥重要作用。

1.5 固体废物处理处置设备

1.5.1 固体废物处理处置设备的分类

固体废物处理处置设备主要包括构筑物、机械设备和电气、自控设备等。固体废物处理机械设备主要分为通用机械设备和专用机械设备两大类，其中专用机械设备有垃圾压缩运输车、三向联合式垃圾压实器、回转式垃圾压实器、固定床式焚烧炉、发酵筒、发酵塔、熟化仓、固化装置、转化回收装置等。

固体废物处理机械设备的分类，如图1-1所示。

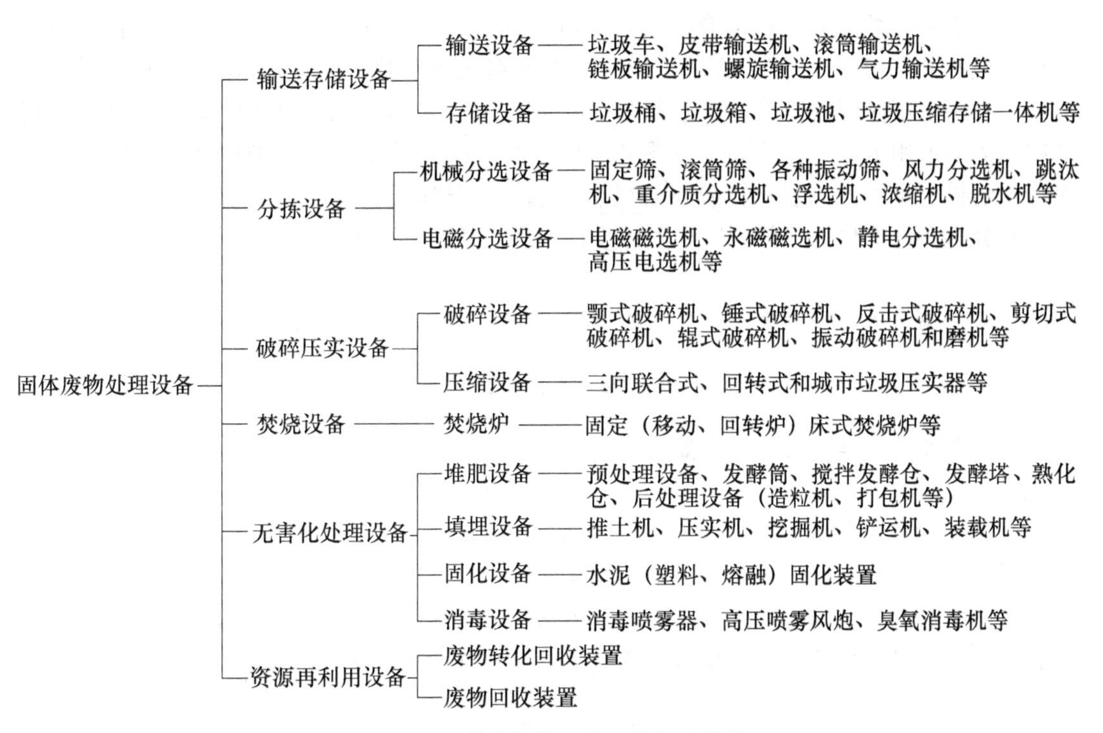

图1-1 固体废物处理处置设备的分类

通常专用机械设备又可分为单元处理机械设备与组合处理机械设备两大类。

（1）单元处理机械设备。单元处理机械设备分为预处理设备、资源化处理设备、最终处理处置设备。

（2）组合处理机械设备。组合处理机械设备是由两种或两种以上单元处理机械设备组合在一起而构成的，具有设备紧凑和功能齐全的特点。

1.5.2 固体废物处理处置设备的特点

（1）固体废物处理设备体系庞大。由于固体废物性质、形态和种类的多样性，为了适应处理处置各种性质、形态的固体、半固体废物，固体废物处理机械设备已形成了庞大的产品体系，拥有几千个品种和几万种型号规格，大多数产品之间结构差异很大、专用性强、标准化难度大，很难形成批量生产的规模。

（2）固体废物处理设备与治理工艺之间的配套性强。由于污染源不同，污染物的成分、状态及排放量等都存在较大差异，因此必须结合现场实际数据进行专门的工艺设计，采用最经济合理的工艺方法和选用相应的机械设备，否则难以达到预期的目的，所以设备与治理工艺之间配套性一定要强。

（3）固体废物处理设备工作条件差异较大。由于不同污染源的具体情况不同，设备在污染源中的工作条件有较大的差异。多数的机械设备运行条件比较恶劣，这就要求设备应具有良好的工作稳定性和可靠的控制系统，又有些机械设备长期在高温、强腐蚀、重磨损、大载荷条件下运行，这就要求设备应具有耐高温、耐腐蚀、抗老化、抗磨损和高强度等技术性能。

（4）某些废物处理设备具有兼用性。有些固体废物处理设备与其他行业的机械设备机构类似，具有相互兼用性，即固体废物处理设备可用于其他行业，其他行业的有关机械设备也可用于固体废物的治理，这类设备成为通用设备，如矿山、石油、轻工、化工等行业中用的运输用卡车、推土机、挖掘机、铲运机、带式输送机、气力输送机、链板输送机、浓缩机、水力旋流器、转鼓离心机、磁选机、压滤机、真空过滤机、各种形式破碎机、筛分机和分选机等，都可以与固体废物处理设备中的同类设备兼用。

****

本章小结

本章介绍了固体废物处理处置设备的分类及特点，国内外固体废物处理处置设备的发展现状与趋势；叙述了固体废物的概念、来源与分类，固体废物对水体、大气和土壤等的污染危害及控制；介绍了固体废物的减量化、资源化、无害化处理原则，固体废物的预处理技术、资源化处理技术和最终处置处理技术等内容。

要求掌握和理解基本概念，熟悉我国为保护环境对固体废物的处理原则和各种处理处置技术，到环保部门了解固体废物治理情况，增强自身的环保意识。

思考题

1-1 说明固体废物处理处置设备的特点。

1-2 我国将固体废物分为哪三类？

1-3 说明什么是固体废物？详述固体废物的来源与分类。

1-4 固体废物有哪几方面的污染危害？对固体废物的污染控制应遵循什么样的原则和道路？

1-5 详细说明控制固体废物污染可采取的措施。

1-6 简述固体废物的“三化”处理原则。

1-7 固体废物的处理技术包括哪三方面？

1-8 固体废物的预处理技术包括哪几方面？相应的需要用哪些机械设备？

2 固体废物的收集、运输与中转

【学习指南】

本章主要了解固体废物收集的原则、类型、运输用包装容器选择原则、运输方式和运输管理；详细了解城市垃圾的收集方式、垃圾收集容器、垃圾运输车的类型和使用要求；掌握垃圾收集容器数量的计算、垃圾运输车数量的配备与计算、清运操作时间的计算；掌握垃圾转运站的设置、转运模式、转运站的类型、选址原则和垃圾转运站的规模设计计算；了解危险废物的收集容器、收集方案、转运方案以及危险废物转运站的内部运作方式，牢记控制运输危险废物的应急措施。

我国固体废物产量以每年约10%的速度增长，这就造成了废物收集、运输等费用的不断增加。固体废物的收集与运输是固体废物处理处置系统中的一个重要环节，也是连接废物发生源与处理处置设施的重要中间环节，在固体废物管理和处理工程中占有非常重要的地位。在固体废物处理处置的整个过程管理中，收集与运输的费用耗资最大，操作过程也最复杂。各个环节的合理配置，协调配合可获得最大的环境、社会和经济效益。所以，科学合理的收集、运输与中转固体废物，对于降低固体废物的处理成本，提高综合利用效率，减少最终处理处置固体废物量都具有重要意义。本章将从工业废物和城市垃圾两方面讨论固体废物的收集、运输等问题。

2.1 固体废物的收集

固体废物的收集，指的是把分散在各处的或发生源的固体废物，收集运输到适当的处理处置地点。固体废物的收集是一件困难而复杂的工作，特别是城市垃圾的收集更加复杂，由于产生垃圾的地点分散在每个街道、每幢住宅和每个家庭，并且垃圾的产生不仅有固定源，也有移动源，因此，给垃圾的收集工作带来许多困难。

居民家的固体废物，即生活垃圾的收集，主要分三个阶段。第一阶段是搬运与储存（简称运储），是指由垃圾产生者（家庭或企事业单位）或收集者从垃圾产生源将垃圾搬运到垃圾桶等储存容器或储存设施中暂时储存的过程。这一阶段产生的垃圾与收集有很多方式，是分类收集还是混合收集，是定点收集、定时收集还是上门收集。我国生活垃圾收集是以定时、定点为主要形式，垃圾由居民送到垃圾桶内。第二阶段为收集与清除（简称清运），是指垃圾的近距离运输过程，一般用清运车辆沿一定路线收集清除容器或其他储存设施中的垃圾，并运至中转站，有时也可就近直接送到垃圾处理厂或处置场。第三阶段是垃圾的远程运输（简称转运），是指用大型的垃圾运输车将垃圾从垃圾中转站运至最终处理处置场的过程。后两个阶段需应用最优化技术，将垃圾源分配到不同处理处置场，以使成本降至最低。

2.1.1 固体废物收集的原则

根据《中华人民共和国固体废物污染环境防治法》第三十二条和第五十条的规定，企事业产生的不能利用或暂时不能利用的固体废物，必须按照国务院环境保护行政主管部门的规定建设储存或处置的设施和场所。收集、储存危险固体废物，必须按照危险固体废物特性分类进行。禁止混合收集、储存、运输、处置性质不相容而未经安全性处置的危险固体废物。禁止把危险固体废物混入非危险固体废物中储存。若将危险固体废物混入非危险固体废物中储存，实质上是采取稀释的方式储存危险固体废物，其结果不但没减少或减轻固体废物的危险性质、数量和体积，反而使污染防治更为复杂和困难，无法达到污染防治的目的，这种行为是违法的，必须予以禁止。

固体废物收集的原则为：

（1）危险固体废物与一般固体废物分开；工业固体废物与生活垃圾分开；泥态与固态分开；污泥应进行脱水处理。

（2）对需要预处理的固态废物，可根据处理处置或利用的要求采取相应的措施。

（3）对需要包装或盛装的固体废物，可根据运输要求和固体废物的特性，选择合适的容器与包装设备，同时附以确切明显的标记。

在我国工业固体废物处理的原则是："谁污染，谁治理。"通常产生固体废物较多的工厂，在场内外都建有自己的堆场，收集、运输固体废物的工作由工厂自身负责。零星分散的固体废物，如居民废弃的日常生活用品等，则由商业部门所属废旧物质系统负责收集。

2.1.2 固体废物收集的类型

固体废物的收集有以下四种类型：

（1）混合收集。混合收集是指统一收集未经过任何处理的原生固体废物的方式。这种方式具有简单易行、运行费用低等优点。但是，由于收集过程中各种垃圾混杂在一起，增加了生活垃圾处理的难度，提高了生活垃圾处理费用，同时也降低了垃圾中有用物的再利用价值。该种方式是目前被广泛应用的收集方式，将来会逐步被淘汰。

（2）分类收集。分类收集是根据固体废物的种类和组成分别收集的方式。这种方式可以提高回收物的量，减少需要处理的垃圾量，有利于城市垃圾的资源化和减量化，降低垃圾处理成本，简化处理工艺，是实现垃圾综合利用的基础。原则上工业固体废物与城市垃圾分开；危险固体废物与一般固体废物分开；可回收利用的固体废物与不可回收利用的固体废物分开；可燃固体废物与不可燃固体废物分开等。但是各国城市垃圾分类收集的实践表明，这是一个相当复杂和艰难的工作，要进行分类收集必须有相当经济实力和有效的宣传教育、立法以及提供必要的垃圾分类收集的条件，积极鼓励城市居民主动将垃圾分类存放，才能使垃圾分类收集的推广坚持下去。目前，我国生活垃圾分类收集工作刚处于起步阶段。

（3）定期收集。定期收集是指按固定的时间周期，对特定的固体废物进行收集的方式，可有计划的使用车辆，适用于危险固体废物的收集。通过定期收集，可以将暂存废物的危险性减小到最低程度，能有效地利用资源，有计划地调度使用运输车辆，从而有利于处理处置规划的制定与管理。定期收集方式尤其适用于危险废物和大型垃圾（如废旧家具、废旧家用电器等耐久消费品）的收集。

（4）随时收集。随时收集指的是对于产生量无规律的固体废物，如采用非连续生产工艺或季节性生产的工厂产生的固体废物，通常采用随时收集的方式。

2.2 固体废物的运输

固体废物运输包括选择合适的容器和装载方式、选择适宜的运输工具和最佳运输路线、制定严格的运输管理制度等内容。

2.2.1 包装容器的选择

固体废物的运输通常情况下都需要包装容器，包装容器的选择要根据固体废物的特性和数量来安排。包装容器选择的原则是：容器及包装材料应与所盛的固体废物相容，要有足够的强度，储存及装卸运输过程中不易破裂，固体废物不易飞扬散落、不流失、不渗漏、不释放出有害气体与臭味。常用的包装容器有汽油桶、纸板桶、金属桶。焚烧滤饼、泥渣等有机废物时，常用纤维板桶、纸板桶等做包装容器，使固体废物和包装容器一起焚烧处理。对于危险固体废物的包装容器，应根据其特性选择，尤其是注意其相容性。对于含氰化物的反应性固体废物，必须装在防湿防潮的密闭容器中，否则，一旦遇水或酸就会产生剧毒气体氰化氢。对于腐蚀性固体废物，为防止容器泄漏，必须装在衬胶、衬玻璃、衬塑料的容器中。对于放射性固体废物，必须选择有安全防护屏蔽的包装容器。总之，包装容器的选择要根据固体废物的特性和数量来选择，包装容器在使用时要经常进行检查处理。

2.2.2 运输方式

固体废物的运输可根据废物产生地、中转站到处理处置场的距离、所采取的处理处置方法、固体废物的特性和数量来选择运输方式，可以通过公路、铁路、水路和航空进行运输。对于各类危险固体废物，要用专用公路槽车或铁路槽车进行运输，而槽车内壁应设有各种防腐衬里。对于非危险固体废物，可用垃圾袋、垃圾桶、垃圾箱等各种容器盛装，用卡车或铁路货运车运输。对于要进行远洋焚烧处理处置的固体废物，应选择专用的焚烧船来运输。

2.2.3 运输管理

根据《中华人民共和国固体废物污染环境防治法》的规定，环境保护行政主管部门必须对从事固体废物收集、运输、处理和处置的单位或个人实行许可制度，禁止无经营许可证或者不按照经营许可证规定从事危险固体废物收集、储存、处理的经营活动。禁止将危险固体废物提供或委托给无经营许可证的单位从事收集、储存、处理的经营活动。

（1）直接从事固体废物的运输者必须向环保部门申请接受专业训练，经考核合格后，领取经营许可证，方可从事固体废物运输工作。

（2）经营者在运输前应认真验收运输的固体废物是否与运输单相符，不能让互不相容的固体废物混入；检查包装容器，查看标记，熟悉产生者提供的偶然事故的应急处理措施。如果出现意外事故，及时向环保部门报告。在运输完后，经营者必须认真填写运输货单，包括日期、车辆车牌号、运输许可证号、所运输的固体废物种类等，以便接受主管部门的监督管理。

（3）运输危险固体废物时，从事者要进行专门培训，还要配备必要的防护用品和防护工具。对于毒性或可能具有致癌作用的固体废物，操作人员必须佩戴防毒面具。对于有刺激性或致敏性作用的固体废物，操作人员也必须使用呼吸道防护器具。对于易燃、易爆的固体废物，必须在专用场地操作，该场地必须配备防爆和消除静电的装置。还必须有专用或适宜的车辆，并标有适当的危险符号。运输者必须持有运输材料的必要资料。并制定固体废物泄漏情况的应急措施，防止意外事故的发生。

总之，环境保护行政主管部门应定期或不定期地对从事运输固体废物的经营者进行检查，加强运输管理，从而保证运输工作的顺利进行。

2.3 城市垃圾的收集与运输

城市生活垃圾收集主要分为混合收集和分类收集两大类。目前国内虽然大力提倡分类收集，但仍以混合收集为主。混合收集这种方式简单易行，收集费用低，应用范围广，历史悠久，但是各种废物混合后相互黏结、反应，降低了其中有用物质的纯度和再生利用价值，使资源化不易实现，同时也增加了后续处理处置的成本。分类收集这种方法，可以有效地提高资源化的比率，较大幅度地回收有用物质，使后续处理处置工艺更加简便、成本低廉。就目前来讲，分类收集比较困难，一是推行分类收集要依靠严格的组织；二是需要城市居民了解与垃圾分类相关的知识，提高主动分类存放的积极性，增强环保意识；三是要通过立法和宣传教育，从多方面和多渠道来保证分类收集的顺利进行。

2.3.1 城市垃圾收集方式与容器

城市垃圾包括生活垃圾、商业垃圾、建筑垃圾、粪便和污水处理厂的污泥等，其收集工作是分开进行的。商业垃圾与建筑垃圾原则上是由单位自行清除。粪便的收集分两种情况进行，一种是具有卫生设施的住宅，居民粪便的小部分进入污水处理厂进行净化处理，大部分直接进入化粪池。另一种是没有卫生设施的使用公共厕所或倒粪站进行收集，再由环卫专业队用真空吸粪车清除运输，通常每天收集一次，当天运出市区。

2.3.1.1 城市垃圾收集方式

垃圾收集方式有以下几种：

（1）管道收集方式。管道收集方式多见于高层住宅区和多层住宅区，是一种密闭式的垃圾收集方式，主要设施为垂直的垃圾通道和垃圾容器间。管道收集方式如图 2-1 所示，居民把生活垃圾袋装后，经垃圾倾倒口把垃圾倒入垃圾通道，靠垃圾自重下落到底部，再从斜置滑道滑入垃圾容器内，保洁人员定时将垃圾容器送到垃圾装车点，随后由垃圾车运往中转站或垃圾处理处置场所。

垃圾袋装 →(居民)→ 垃圾倾倒口 →(管道)→ 垃圾容器 →(垃圾车)→ 垃圾中转站或垃圾处理场

图 2-1 管道收集方式流程

（2）露天垃圾容器收集方式。露天垃圾容器收集方式多见于疏松型的低层住宅区或较为密集的独户住宅区，是一种开放式的垃圾收集系统，主要设施为露天垃圾收集点。如图 2-2 所示，居民把生活垃圾直接送入位于露天垃圾收集点的垃圾容器内，而后由垃圾车运往垃圾处理场。

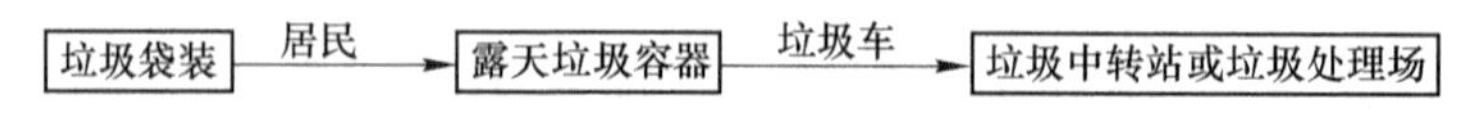

图 2-2 露天垃圾容器收集方式流程

（3）集装箱收集方式。集装箱收集方式多见于商业区广场、住宅小区门口和企事业单位内，是一种袋装化、密闭化、容器化和不定时的收集方式，如图 2-3 所示。居民把生活垃圾袋装后，送入放置楼下或进出楼道两侧的指定地点或容器内，清洁人员将垃圾送至垃圾收集箱内，然后由垃圾收集车运往中转站或垃圾填埋场。

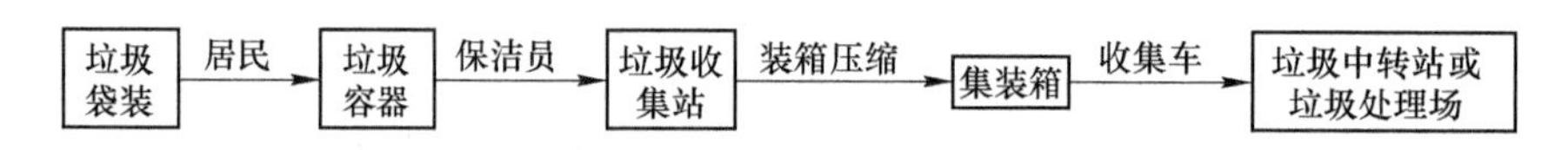

图 2-3 集装箱收集方式流程

（4）气力抽吸垃圾管道收集方式。气力抽吸垃圾管道收集方式只有少数发达国家采用，多见于收集商业区、住宅区、医院的生活垃圾，是一种密闭式收集系统。居民只需把垃圾送入设置在每层的垃圾倾倒口间，散装垃圾从垃圾接收槽内投入到垃圾通道内，垃圾依靠自重下滑，倾泻到通道底部的垃圾接收间，垃圾数量达到一定数值后监测系统自动发出信号，垃圾通道阀和气力输送系统自动开启，垃圾由气力输送管道送到垃圾收集站的机械中心，在机械中心垃圾由气体分离器分离，而后垃圾被压缩机械压实装箱，再由运输车辆运至转运站或垃圾处理场，如图 2-4 所示。

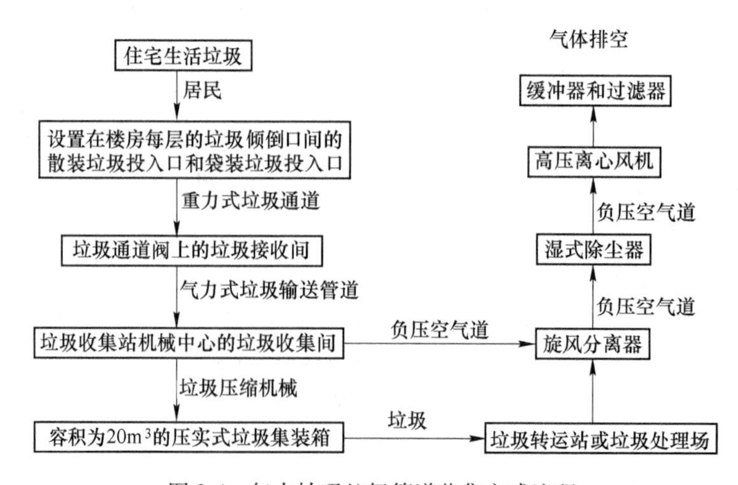

图 2-4 气力抽吸垃圾管道收集方式流程

（5）定时收集方式。在企事业单位、工厂、商业区、住宅区等，垃圾定时收集方式普遍存在，居民在每月或每周的固定时间，将分类收集的废旧家电家具、废纸、废橡胶、废塑料、饮料瓶、废钢铁等垃圾，交给废品回收人员，并换取一定的报酬。是一种资源回收程度很高的收集系统，有效地减少了后续垃圾处理量，实现了固体废物的资源化和减量化。

2.3.1.2　城市垃圾收集容器

由于城市生活垃圾产生量的不均性及随意性，以及对环境部门收集清除的适应性，需要配备生活垃圾的收集容器。垃圾产生者或收集者应根据垃圾的数量、特性及环卫主管部门要求，确定和选择合适的垃圾收集容器，规划容器的放置地点和足够的数目。

各国由于受经济条件和生活习惯等各方面条件的制约，使用的垃圾收集容器类型繁多、形状各异，容器材质也有很大区别。目前，国内各城市使用的收集容器规格不一，对于家庭用的垃圾收集容器，有垃圾袋、塑料或钢制垃圾桶、箩筐、簸箕、旧塑料盆等容器；对于公共场所，常用的垃圾收集容器有固定式砖砌垃圾箱、带轮子的活动垃圾箱、活动垃圾桶、车厢式集装箱等容器；对于大街小巷还配备供行人丢弃废纸、果皮、烟蒂等物的各种类型的废物箱；对企事业单位，应根据垃圾量来选择收集容器的类型。城市生活垃圾收集容器有以下几种：

（1）垃圾袋。对于个人或家庭，使用一次性的塑料垃圾袋比较理想，卫生清洁，搬运轻便，且方便。如图 2-5（a）所示，把塑料垃圾袋套在塑料小桶内，将生活垃圾放入其中，等垃圾放满时，可很方便地把垃圾送到楼下的垃圾收集点。垃圾袋也可单独使用（见图 2-5（b）)，但最好用废旧塑料盆、废旧纸箱等做支撑来使用混用垃圾袋。塑料垃圾袋是由聚乙烯塑料制造，有提耳式和平口式两种，其容量为 3～120L 不等，常常是被套在垃圾桶上使用。纸质垃圾袋家用的容量为 60～70L，单位和商场用的容量为 110～120L，废旧纸袋是再生资源，可从垃圾回收再利用，但纸袋有易燃、运输和处理成本高等缺点。

(a)

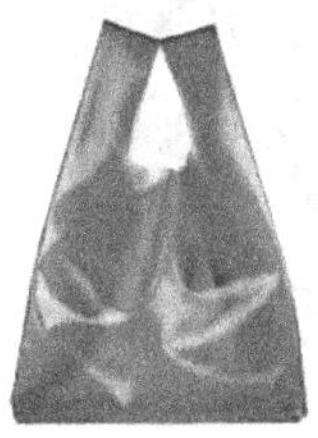
(b)

图 2-5　个人或家庭用垃圾袋

（a）混用垃圾袋；（b）单独用垃圾袋

（2）垃圾桶。如图 2-6 所示，垃圾桶类型很多，可以按不同特点进行分类。按容积可分为大中小三种类型。容积大于 1.1m^3的垃圾桶称为大型垃圾容器；容积为 0.1～1.1m^3的垃圾桶称为中型垃圾容器；容积小于 0.1m^3的垃圾桶称为小型垃圾容器。垃圾桶分别为钢制、塑料制和复合材料制三种类型。塑料制垃圾桶轻，比较经济但不耐热，使用寿命短。钢制垃圾桶重，不怕热，但不耐腐蚀，所以钢制垃圾桶内部都要进行防腐处理。复合材料垃圾容器性能最优，如一些地区使用的符合欧共体 DINEN840 产品标准、采用 100%高密度聚乙烯（HDPE）制造、一次注模成型的可移动垃圾桶，具有抗高温、抗暴晒及耐腐蚀等特性。垃圾桶有方形的、矩形的、圆形的和倒梯形的等多种形状，垃圾桶底部配有活动滚轮，而上部配有吊钩或翻转装置。

(a)

(b)

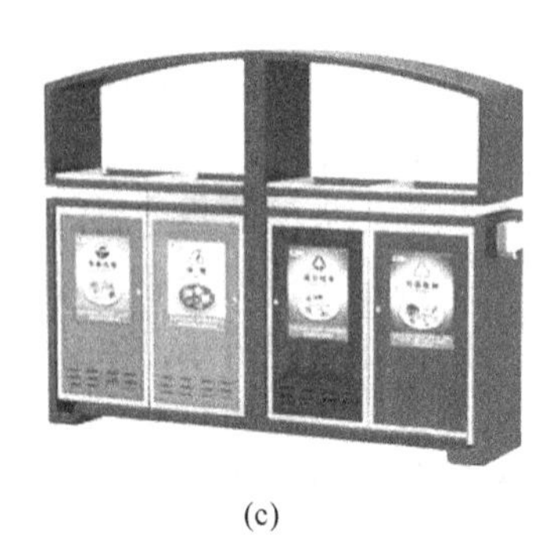
(c)

图 2-6　各种形式的垃圾桶

（a）可回收与不可回收垃圾桶；（b）底部带滚轮的垃圾桶；（c）分类垃圾桶

城市道路两旁，垃圾桶的设置原则是：一般道路为每 80～100m 设置 1 个，交通干道为每 50～80m 设置 1 个，商业大街为每 25～50m 设置 1 个。

（3）垃圾集装箱。如图 2-7 所示，垃圾集装箱有标准集装箱和专用集装箱两种。标准集装箱是指符合国际标准尺寸的集装箱，为满足垃圾收集作业的要求，在基本结构尺寸不变的情况下，可做一些小的改动，如开设垃圾进口等。专用集装箱是指专为环卫垃圾收集运输作业制造的集装箱。根据其使用条件和运输方式的不同，专用集装箱的规格和形状也不相同。如被送往码头转运上船进行长途运输的集装箱，除具有与车厢可卸式运输车匹配的结构外，还应设置与码头装卸、搬运、堆码等设备相匹配的结构。垃圾集装箱属于大型化的生活垃圾收集容器，容积一般在 $3m^3$ 以上，多为金属制造。

(a)

(b)

(c)

图 2-7　垃圾集装箱

（a）压缩垃圾集装箱；（b）水陆联运垃圾集装箱；（c）生活垃圾集装箱

2.3.1.3　垃圾收集容器数量的计算

垃圾收集容器数量的设置，对整个垃圾处理处置系统费用影响很大，应进行科学的规划和估算。各类垃圾收集容器的容量和数量，应按服务范围内居民人数、垃圾人均产量、垃圾容量、容器的大小和收集次数计算。垃圾收集容器的总容纳量必须满足使用需要，垃圾不得溢出而影响环境。垃圾日排出量及垃圾收集容器设置数量的计算方法应符合国家标准。根据国家相应标准，垃圾收集容器设置数量按下述方法计算。

（1）垃圾收集容器服务范围内的垃圾日产量的计算

$$Q = K_1 K_2 R C \tag{2-1}$$

式中 Q——垃圾日产量，t/d；

K_1——垃圾日产量不均匀系数，取 1.1~1.5；

K_2——居住人口变动系数，取 1.02~1.05；

R——服务范围内居民人口数量，人；

C——人均垃圾日产量，t/(人·d)。

（2）垃圾日产体积的计算

$$V_P = \frac{Q}{\rho_P K_3} \tag{2-2}$$

$$V_{max} = K_G V_P \tag{2-3}$$

式中 V_P——垃圾平均日产体积，m^3/d；

K_3——垃圾密度变动系数，取 0.7~0.9；

K_G——垃圾高峰时日产体积的变动系数，取 1.5~1.8；

V_{max}——垃圾高峰时日产最大体积，m^3/d；

ρ_P——垃圾平均密度，t/m^3。

（3）收集点所需设置的垃圾收集容器数量的计算

$$N_P = (V_P K_4)/(V_1 K_5) \tag{2-4}$$

$$N_{max} = (V_{max} K_4)/(V_1 K_5) \tag{2-5}$$

式中 N_P——平均所需设置的垃圾收集容器数量，个；

V_1——单个垃圾收集容器的容积，m^3/个；

K_4——垃圾收集周期，d/次，每日收集一次时，$K_4 = 1$；每日收集两次时，$K_4 = 0.5$；每两日收集 1 次时，$K_4 = 2$，依次类推；

K_5——垃圾收集容器填充系数，取 0.75~0.9；

N_{max}——垃圾高峰时所需设置的垃圾收集容器的数量，个。

以 N_{max} 来确定服务地段所需设置的垃圾收集容器数量，并适当地配置在各服务地点；垃圾容器最好集中于收集点，垃圾收集点的服务半径一般不宜超过 70m；未设置垃圾通道的多层公寓一般每四栋应设置一个垃圾容器收集点并建造垃圾储存容器间，安置活动垃圾箱（桶）；容器间内应设给排水和通风设施。

2.3.2 城市垃圾的运输与设备

城市垃圾收集后进行短途运输需要使用各种形式的运输设备，这种设备最大的特点是能方便地在居民区内运行，适应居民区内的道路条件，所以，这种运输设备一般都是小型的设备，其特点是装载量少、转弯半径小，对道路的承载能力要求不高、操作比较轻便等。当前我国城市的垃圾都已使用各种形式的垃圾收集车来运输，而且提出垃圾收集车的车厢要封闭、防垃圾飞扬和散落、防污水渗漏，对车厢内的垃圾要压缩以提高装载量，降低收集作业的噪声和操作人员的劳动强度等要求。由于各地传统、习惯的差异和使用条件的不同，国内外垃圾收运车类型很多，其工作原理具有共同点，都配有专用设备，以实现机械化和自动化。

不同城市应根据当地垃圾的组成特点、垃圾收运系统的构成、交通、经济等实际情况，选用与其相适应的垃圾收运车辆。通常应根据整个收集区的建筑密度、交通状况和经济能力选择最佳的收运车辆规格。

2.3.2.1　垃圾运输车的类型

垃圾运输车（垃圾车）的分类方式很多，通常可按照垃圾的种类、垃圾车的用途、垃圾车的工作装置和垃圾车的结构特点来分类。

按照垃圾的种类和产生源，垃圾车可分为生活垃圾运输车、大件垃圾运输车和建筑垃圾运输车等。按照垃圾车的用途，可分为垃圾收运车和垃圾转运车。垃圾收运车主要用来在街道、商业网点和居民生活区等场所收运垃圾。垃圾转运车用来将转运站中的生活垃圾运送到距离较远的垃圾处理场。这种垃圾车只用来从事垃圾运输，不配置垃圾收集装置。按照垃圾车工作装置功能的不同，可分为自装卸式垃圾车、填充压实式垃圾车和容器垃圾车。按照垃圾车工作原理和结构特点的不同，垃圾车可分为门架式垃圾车、机械臂式垃圾车、侧装推板式垃圾车等。按照装料部位的不同，垃圾车又可分为顶装式垃圾车、侧装式垃圾车、前装式垃圾车和后装式垃圾车。

下面主要介绍几种垃圾运输车。

（1）自装卸式垃圾车：

1）前装式垃圾车。前装式垃圾车是指车厢前部装有垃圾桶提升、翻转机构的自装卸式垃圾车。这种垃圾车在车厢前方的两侧装有一对由液压缸带动的回转臂，垃圾箱位于驾驶室前。回转臂将垃圾桶向上举升，把垃圾倒入车厢的前部，随后有推板往后推送、压实。由于这种垃圾车的车厢容量很大，通常要用两个多级油缸来推动推送板，以适应载重负荷的需要。

2）后装式垃圾车。后装式垃圾车是目前最常用的垃圾运输设备之一，如图 2-8 所示，在车厢后部有一个装载斗，收集来的垃圾就倒入斗内。当垃圾斗装满时，液压进料器会把垃圾送入车厢内进行挤压。后装式垃圾车通常有特制的液压装置，可以全自动的把各种规格的垃圾放入斗内。也有其他一些完全自动的倾倒装置，可以全自动地提升并倾倒垃圾箱。

3）侧装式垃圾车。侧装式垃圾车的长臂从侧边伸出，提起垃圾箱，然后从顶部倒入垃圾车的集装箱内，如图 2-9 所示。

4）顶装式垃圾车。如图 2-10 所示，顶装式垃圾车的进料口设置在车厢顶部的中间位置或者后部位置。液压回转臂装配在车厢两侧。进料时，液压回转臂把垃圾容器从车尾举到车厢上方，再倾入进料口。由于回转臂的摆动幅度较大，因此装料时，可使车厢内的垃圾均匀分布。在车厢后壁也装配了一个推料板，它的作用是布料和压实松散的垃圾，提高垃圾车的有效载荷。

图 2-8　后装式垃圾车

图 2-9　侧装式垃圾车

图 2-10　顶装式垃圾车

（2）压缩式垃圾车。压缩式垃圾车在尾部装有举升机构和尾部填塞器，能将垃圾自行装入车厢，是转运和倾倒的专用自卸汽车。这种垃圾车一般是从尾部填塞器将垃圾装入车厢，所以称为后装式压缩垃圾车。在填塞器后面配有垃圾桶的提升翻转机构的形式较为普遍，在国内外城市中应用较为广泛。后装式压缩垃圾车的投料口设在车厢后面，通常位置较低，垃圾桶不需要提升很大距离，因此，可以采用翻转架直接将垃圾桶内的垃圾倒入车厢后部的垃圾槽内，然后由装设在车厢后部的填充压实装置将垃圾送入车厢内并加以压实，如图 2-11 所示。这种垃圾车大大减轻了环卫工人的劳动强度，缩短了工作时间，减少了二次污染，方便了群众。

（3）摆臂式垃圾车。如图 2-12 所示，摆臂垃圾车是装有可回转的起重摆臂，车斗或集装箱悬吊在起重臂上，随着起重臂的回转、起落，实现垃圾自装卸的专用垃圾车。它由液压控制系统、液压缸、液压泵、摆臂、吊链、摆臂油缸、卸料钩、卸料油缸、副车架、支腿油缸等组成。由于摆臂垃圾车的车厢敞口和低位装载，特别适宜于装载大件垃圾。

图 2-11　后装式压缩垃圾车

图 2-12　摆臂式垃圾车

（4）容器式垃圾车。如图 2-13 所示，容器式垃圾车是指车身装置有垃圾箱整体吊装设备的垃圾车。大部分容器式垃圾车的车厢本身就是活动的，小型车的车厢可放置在固定地点作为垃圾箱用，大型的车厢一般用作垃圾中转集装箱。容器式垃圾车由于带有垃圾箱提升吊起装置，不需要另行配备垃圾箱起吊设备，使用灵活方便，因此得到较为广泛的使用。

图 2-13　容器式垃圾车

2.3.2.2　垃圾运输车的使用要求

为了高效地完成城市垃圾的收运工作，改善作业条件，减轻作业人员的劳动强度，避免垃圾收运所造成的环境污染，垃圾车必须满足经济性、可操作性、外观和环境要求三方面的要求。

（1）经济性要求。降低城市生活垃圾的收集运输成本，保证经济合理性。要做到这点，除了降低垃圾车本身的投资和营运费用以外，还必须考虑垃圾车配套设备及设施的投资费用。为了提高生活垃圾的收运效率，必须选用适当的垃圾装卸方式、合理的车厢体和装载量，提高垃圾车的运输速度。给垃圾车加装专门设备时，必须尽可能采用简单轻便的装置，以降低垃圾车的制造成本，并提高垃圾车的装载系数。垃圾车应具有足够的强度、刚度和比较高的可靠性，而且保养简便、维修容易、使用寿命长。

（2）可操作性要求。垃圾车便于人工操作，改善作业条件，减轻劳动强度，环卫作业人员不直接接触垃圾，实现卫生操作。为此，垃圾车必须适应装卸机械化的要求，配备与垃圾收集容器相配套的提升装置。为了方便进出垃圾装卸场地，垃圾车必须具有较高的灵活性，能适应运输路线与装卸场地的行驶和调头。

（3）外观和环境要求。要减少垃圾收运过程中的二次污染。为避免垃圾车在收运过程中对环境的污染，垃圾车应配备一定的防扬尘装置，采用密封式垃圾车厢或装载容器。同时还应减小或消除垃圾车收运作业时的噪声。

垃圾车属于市政专用车辆，其作业过程主要是在市区进行，为了美化城市环境，垃圾车的外形应美观大方，与城市环境相协调。

2.3.2.3 垃圾运输车的数量配备

垃圾收运车配备数量，关系到费用和收运效率。在确定垃圾收运车选型的基本原则后，可根据生活垃圾产生状况、垃圾收集方式、道路交通状况、垃圾运输路线和垃圾运输距离等相关参数，按以下方法计算生活垃圾收运车辆的配备数量。

（1）自卸垃圾收运车数量的计算。自卸垃圾收集运输车辆的数量，可按以下公式进行计算

$$m_1 = Q/(Q_c N\zeta) \tag{2-6}$$

式中 m_1——自卸垃圾收运车辆数，辆；

Q——垃圾日平均产量，t/d，按式（2-1）计算；

Q_c——垃圾车的额定吨位，t；

N——日单班收运次数定额，按各省、市、自治区环卫定额计算；

ζ——完好率，按85%计。

（2）多功能垃圾收运车数量的计算。多功能垃圾收运车的数量，可按以下公式进行计算

$$m_2 = Q/(Q_c \eta_c N\zeta) \tag{2-7}$$

式中 m_2——多功能垃圾收运车辆数，辆；

η_c——车厢容积利用率，按50%～70%计；

ζ——完好率，按80%计；

其余符号意义同前。

（3）后装密封垃圾收运车数量的计算。后装密封垃圾收运车的数量，按以下公式进行计算

$$m_3 = Q/(W_t \eta_t N_t \zeta) \tag{2-8}$$

式中 m_3——后装密封垃圾收运车辆数，辆；

W_t——桶的额定容量，吨/桶；

N_t——日单班装桶数定额，按各省、市、自治区环卫定额计算；

η_t——桶容积利用率，按50%~70%计；

ζ——完好率，按80%计。

每辆垃圾收运车配备的收集工人，需按车辆型号与大小、机械化作业程度、垃圾容器放置地点与容器类型等情况而定，最终还需根据实际收运工作的经验而确定劳力。一般情况下，除司机外，人力装车的3吨简易自卸垃圾车配2人；人力装车的5吨简易自卸垃圾车配3~4人；多功能垃圾车配1人；侧装密封垃圾车配2人。

垃圾收集次数与时间，在我国各城市住宅区、商业区基本上要求一天收集垃圾一次，即日产日清。垃圾收集时间大致可分昼间、晚间和黎明三种。住宅区最好在昼间收集，晚间收集可能影响居民休息；商业区则宜在晚间收集，此时车辆行人稀少，可加快垃圾收运速度；黎明收集，可兼有白昼及晚间收集的优点，但集装操作不便。总之，垃圾收运次数与时间，应视当地气候、垃圾产生量与性质、收集方法、道路交通、居民生活习俗等实际情况来确定。

2.3.3 生活垃圾的清运

垃圾清运阶段的操作，不仅是指对各产生源储存的垃圾集中和集装，还包括收集清运车辆至终点的往返运输过程以及在终点的卸料等全过程。因此，这一过程在整个收集运输系统中最为复杂，耗资也最大，清运效率和费用的高低，主要取决于收集时间的长短。

2.3.3.1 垃圾清运操作方式

垃圾清运操作方式可分为移动容器操作方式和固定容器操作方式两种。

（1）移动容器操作方式。移动容器操作方式是从垃圾收集点将装满垃圾的容器运往转运站或处理处置场，卸空后再将空容器送回原收集点，然后再去第二个垃圾收集点，如此重复直至该工作日结束（一般操作方式，见图2-14（a））。或者在去第一个收集点时，带去一只空的垃圾容器，以替换装满垃圾的容器，在运往转运站倒空后，又带着此空容器前往第二个垃圾收集点，如此重复，直至所有垃圾储存容器的垃圾被运往转运站（修改操作方式，见图2-14（b））。

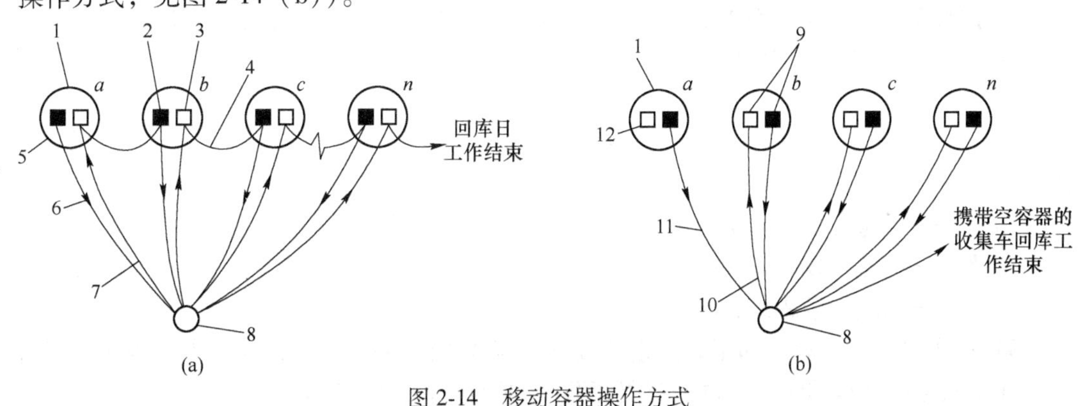

图2-14 移动容器操作方式

（a）一般操作方式；（b）修改操作方式

1—容器点；2—容器装车；3—空容器放回原处；4—驶向下个容器点；5—车库来的车行程开始；
6—满容器运往转运站；7—空容器放回原处；8—转运站、加工站或处理处置场；
9—a点的容器放在b点，b点容器运往转运站；10—空容器放在b点；
11—满容器运往转运站；12—携带空容器的收集车自车库来，行程开始

（2）固定容器操作方式。固定容器操作方式是指用垃圾车到各容器集装点装载垃圾，容器倒空后固定在原地不动，车装满后运往转运站或处理处置场。固定容器收集方式的一次行程中，装车时间是关键因素，分机械操作和人工操作。固定容器操作方式如图 2-15 所示。

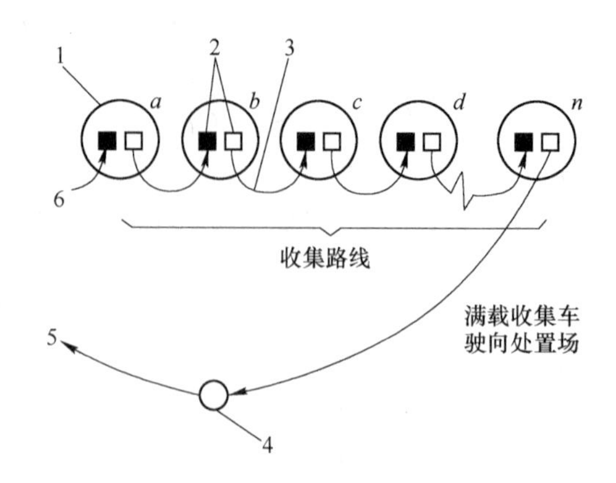

图 2-15　固定容器操作方式

1—垃圾集装点；2—将容器内的垃圾装入收集车；3—驶向下一个集装点；4—转运站、加工站或处理处置场；5—卸空的收集车进行新的行程或回车库；6—车库来的空车行程开始

2.3.3.2　清运操作时间的计算

收集清运成本的高低，主要取决于清运时间的长短。因此，将清运操作过程不同单元的用时进行分析计算，求出某区域垃圾清运耗资的人力物力，从而计算清运的成本。清运时间可分解为集装时间、运输时间、卸车时间和非生产性时间四个基本用时。

（1）移动容器清运操作时间的计算：

1）集装时间的计算。对于一般操作方式，每次行程的集装时间包括车辆在收集点之间的行驶时间、提起垃圾容器装车时间和把垃圾容器放回原处时间。对于改进操作方式，则只有后两项时间。用公式表示为

$$t_{pc} = t_{mr} + t_{kr} + t_{sjd} \tag{2-9}$$

式中　t_{pc} ——每次行程集装时间，h/次；

t_{mr} ——满容器装车时间，h/次；

t_{kr} ——空容器放回原处时间，h/次；

t_{sjd} ——收集点之间的行驶时间，h/次。

如果收集点之间的行驶时间未知，可用下面运输时间计算公式（2-10）估算。

2）运输时间的计算。运输时间指收集车从集装点行驶至终点所需时间，加上离开终点驶回原处或下一个集装点的时间，不包括停在终点的时间。当装车和卸车时间相对恒定时，则运输时间取决于运输距离和速度。从大量的不同收集车的运输数据分析，发现运输时间可用公式（2-10）近似计算

$$t_y = a + bx \tag{2-10}$$

式中　t_y ——运输时间，h/次；

a ——经验常数，h/次；

b ——经验常数，h/km；

x ——往返运输距离，km/次。

3）卸车时间的计算。卸车时间指垃圾车在垃圾处理场或转运站加工厂逗留的时间，包括卸车及等待卸车的时间。每一行程卸车时间用符号 t_x（h/次）表示。

4）非生产性时间的计算。非生产性时间指在清运操作过程中非生产性活动所花费的时间。例如每天的报到、分配工作等所花费的时间，车辆维护时间等，常用符号 w（%）表示非生产性时间占总时间的百分数。

因此，一次收集清运操作行程所需时间 t_e 可用式（2-11）计算

$$t_e = \frac{t_{pc} + t_y + t_x}{1 - w} \tag{2-11}$$

则每日每辆收集清运车的行程次数可用式（2-12）来计算

$$n_d = \frac{t_d}{t_e} \tag{2-12}$$

式中 n_d——每天行程次数，次/d；

t_d——每天工作时数，h/d。

每周所需清运的行程次数，即行程数，可根据清运范围的垃圾清除量和容器平均容量，用式（2-13）来计算

$$n_z = \frac{Q_z}{Q_{rp} f} \tag{2-13}$$

式中 n_z——每周清运次数，即行程数，次/周（若计算值带小数时，需进值到整数）；

Q_z——每周清运垃圾产量，m^3/周；

Q_{rp}——垃圾容器平均容量，m^3/次；

f——容器平均充填系数。

所以，每周所需作业时间 D_z，可由式（2-14）求出

$$D_z = n_z / n_d \tag{2-14}$$

式中 D_z——每周所需工作时间，d；

n_z——每周行程数（整数）。

应用上述公式，即可计算出移动容器清运操作条件下工作时间和清运次数，并合理编制作业计划。

（2）固定容器清运操作时间的计算。由于运输车辆只需在各收集点间单程行车，故与移动容器清运操作相比，固定容器清运操作效率高。但该方式对设备的要求也高。例如，由于在现场集装垃圾，故要求设备的防尘性能较好，以防扬尘引起大气污染。另外，为了提高运输效率，运输车辆尽量一次收集尽可能多的垃圾，这就要求收集车辆的容积尽量大，最好配备垃圾压缩设备。固定容器清运操作的一次行程中，装卸时间是关键因素。由于装卸有机械装卸和人工装卸之分，故计算方法也略有不同。

1）机械装车时间的计算。机械装卸一般用压缩机进行自动装卸垃圾，每个行程所需时间，可按式（2-15）计算

$$t_s = \frac{t_j + t_x + t_y}{1 - w} \tag{2-15}$$

式中 t_s——每次行程所需时间，h；

t_j——每次行程的集装时间，h；

其余符号意义同前。

式（2-15）与式（2-11）的不同之处在于集装所需时间，对于固定容器清运操作方式，集装时间可由式（2-16）来计算

$$t_j = m_k t_{kp} + (N_s - 1) t_{gp} \tag{2-16}$$

式中 t_j——每次行程的收集时间，h；

m_k ——每次行程倒空的容器数；

t_{kp} ——倒空一个容器的平均时间，h；

N_s ——每一行程经过的收集点数；

t_{gp} ——每一行程各收集点之间的平均行驶时间，h。

如果收集点之间的平均行驶时间未知，也可用式（2-10）进行估算。估算时，用收集点之间的距离代替往返运输距离。

每一行程倒空的容器数与收集车容积、压缩比以及容器容积有关，其关系式为

$$m_k = \frac{Vr}{Q_{rp}f} \tag{2-17}$$

式中 m_k ——每一行程倒空的容器数；

V ——收集车容积，m^3；

r ——压缩比；

其余符号意义同前。

每周需要的行程数，按公式（2-18）来计算

$$n_z = \frac{Q_z}{Vr} \tag{2-18}$$

式中 n_z ——每周行程次数，次/周；

其余符号意义同前。

因此，每周需要的收集时间 D_z 为

$$D_z = \frac{n_z t_j + t_w(t_x + a + bx)}{(1-w)t_d} \tag{2-19}$$

式中 D_z——每周收集时间，d/周；

t_w—— n_z 值进到整数的数值；

其余符号意义同前。

2）人力装车时间的计算。人工装卸垃圾的车辆，每日完成的收集行程数已知或不变。这种情况下每次行程集装所需时间 t_j 为

$$t_j = \frac{(1-w)t_d}{n_d - t_x - t_y} \tag{2-20}$$

式中，符号意义同前。

每一行程完成收集的集装点数，可由式（2-21）估算：

$$N_s = \frac{60 t_j n_r}{t_p} \tag{2-21}$$

式中 N_s——每一行程完成收集的集装点数；

60——小时转换为分钟的单位转换因子；

n_r——收集工人数，人；

t_p——每个集装点需要的集装时间，人·min/点；

其余符号意义同前。

每个集装点需要的集装时间 t_p，可按式（2-22）计算

$$t_p = 0.72 + 0.18C_n + 0.014(\text{PRH}) \tag{2-22}$$

式中 C_n——每个收集点上平均垃圾容器数；

PRH——服务到居民家中收集点占全部收集点的百分数，%。

每次行程的集装点数确定后，即可用式（2-23）估算收集车的容积，并由此选择合适的车型尺寸（载重量）

$$V = \frac{V_p N_s}{r} \tag{2-23}$$

式中 V_p——每一集装点收集的垃圾平均量，m^3。

每周的行程数，即收集次数为

$$n_z = \frac{T_p \omega}{N_s} \tag{2-24}$$

式中 T_p——集装点总数；

ω——周容器收集频率，次/周。

2.3.4 城市垃圾的转运

2.3.4.1 垃圾转运站的设置和垃圾转运模式

（1）垃圾转运站设置。生活垃圾的转运是指利用转运站，将从各分散收集点用小型收集车清运的垃圾，转运到大型运输工具，并将其远距离运输至垃圾处理处置场的过程。生活垃圾转运站是连接垃圾产生源头和末端处理系统的结合点，起到枢纽作用。

垃圾转运站是一种世界通用的环境卫生公共设施，为了符合国家有关法律法规的要求，也为了实现垃圾转运站设置的经济性和合理性，垃圾站的规划和设计必须标准化与规范化。垃圾转运站的建设应该应用系统工程方法，综合考虑各方面的因素，只有这样，才能发挥垃圾转运站的作用，才能促进垃圾转运站的推广和发展。

是否设置转运站，主要基于处置场所与收集点的距离远近。设置转运站，一方面要考虑采用大容量运输车远距离运输是否有助于降低垃圾收运的总费用，另一方面要考虑增加设置中转站是否同时增加了垃圾处理的总成本。设立垃圾转运站可以更有效地利用人力和物力，使先进高成本的垃圾收集车更好地发挥效用，也使大载重量运输工具能经济有效地进行长距离运输。

（2）垃圾转运模式。垃圾转运模式分直接转运模式、一级转运模式和多级转运模式三种，下面分别介绍这三种垃圾转运模式。

1）直接转运模式。直接转运是指利用较大吨位的装运车辆，对各储存点的垃圾进行收集，然后直接运到垃圾处理场的一种模式。直接转运灵活性大，但车辆作业时产生的噪声、粉尘等易对收集点周围环境造成影响。这种转运方式适用于人口密度低，车辆进出方便、收集点离处理处置场不太远的地区。

2）一级转运模式。一级转运是指利用设立于垃圾产生区内的固定设施来进行垃圾转运作业的一种模式。来自产生源的垃圾，一般是通过人力或载重质量为1~2t的机动小垃圾车收集运至转运站，再由较大的车辆转运到垃圾处理处置场。该种转运模式较适用于人口密度高、区内道路窄小的城区。图2-16为一级转运模式流程。

3）多级转运模式。多级转运是指在一次小规模中转运输的基础上，再增加一次大规模中转复合而成的一种模式，其多级转运模式流程，如图2-17所示。该种模式总体转运

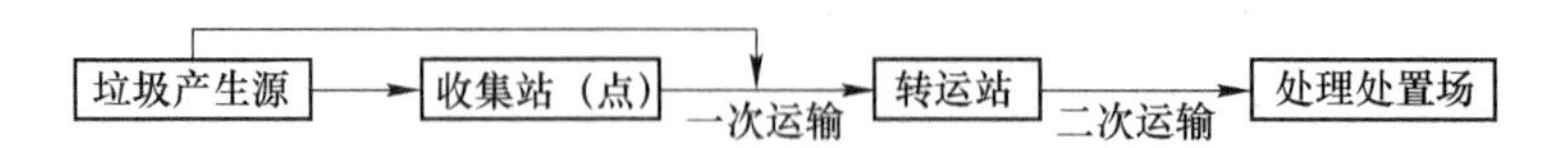

图 2-16 一级转运模式流程

规模大，运输距离远，单位运费低，适合服务范围大的情况。多级转运模式主要适用于大都市，如上海、北京、广州、天津等。此类城市具有城区辐射面积大、垃圾处理场所距离城区很远、对垃圾转运的污染控制要求比较高等特点。

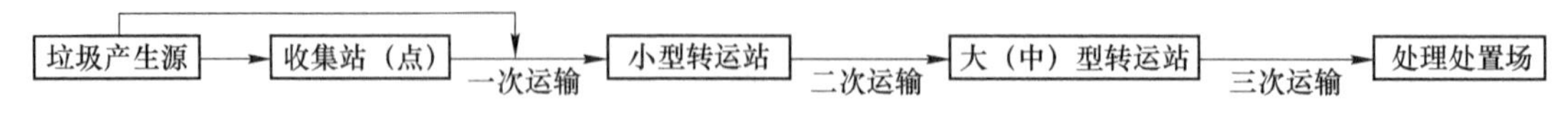

图 2-17 多级转运模式流程

2.3.4.2 垃圾转运站的类型

按转运站内垃圾减容压实程度分类，转运站可分为直接转运式、推入装箱式和压实装箱式等三类转运站。

（1）直接转运式转运站。直接转运式转运站的工艺流程如图 2-18 所示。满载的垃圾收集车到转运站后，经称量后驶向卸料平台，将垃圾从高位平台上直接倒入大型垃圾转运车厢内或是地面的垃圾箱内（见图 2-19 和图 2-20），车厢或垃圾箱一般是顶门可以敞开的，且容积比较大，如果垃圾转运量波动幅度较大，卸料高峰期较为集中，为避免出现垃圾收集车等候卸车的情况，应扩大卸料平台面积，作为储料平台。在运输途中，一般用篷布覆盖敞顶式车厢或集装箱，以防止转运途中垃圾的飞扬。

垃圾产生源 —垃圾收集车→ 收集站（点） —进站→ 称量 —卸料平台→ 再装车 —垃圾转运车→ 运输 → 处理处置场

图 2-18 直接转运式转运站的工艺流程

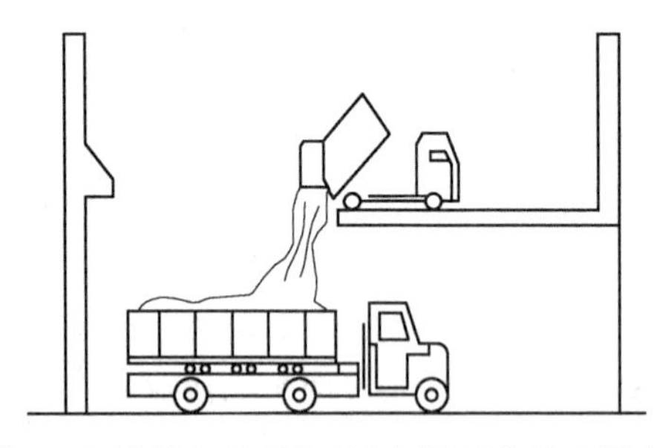

图 2-19 直接卸料到大型垃圾转运车的车厢内

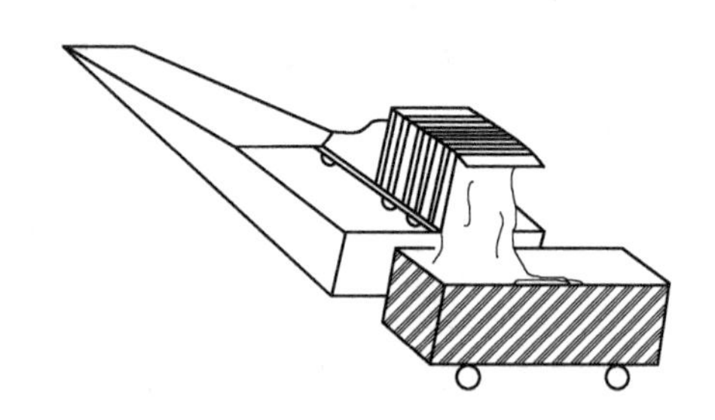

图 2-20 直接卸料到地面上的垃圾箱内

许多城市还采用了地坑式垃圾转运站（见图 2-21）。该种转运站使用的垃圾箱容积通常较小，一般小于 $10m^3$。放置在站内的地坑中，垃圾收集车将垃圾直接卸入箱中，待装满后，用起重设备将垃圾箱从地坑中吊出，装到 5t 级运输车上运走。

（2）推入装箱式转运站。推入装箱式转运站的工艺流程如图 2-22 所示。其垃圾中转的过程是：垃圾由小型收集车从居民点收集来以后，运到中转站；经称量后驶向卸料平台，将垃圾送入装箱机的储料仓内；仓内垃圾用液压推料机构，将垃圾由仓内推入与仓出

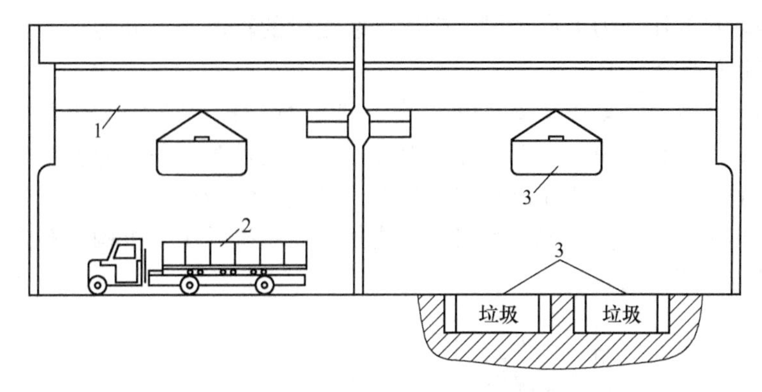

图 2-21 地坑式垃圾转运站

1—起重设备；2—垃圾转运车；3—垃圾集装箱

口对接的大型垃圾运输车的车厢或集装箱内。随着箱内垃圾容量的增加，推料机构对箱内垃圾有一定的压缩功能，这就提高了箱内垃圾的密实度，从而保证了大型运输车实现封闭、满载、大容量运行。

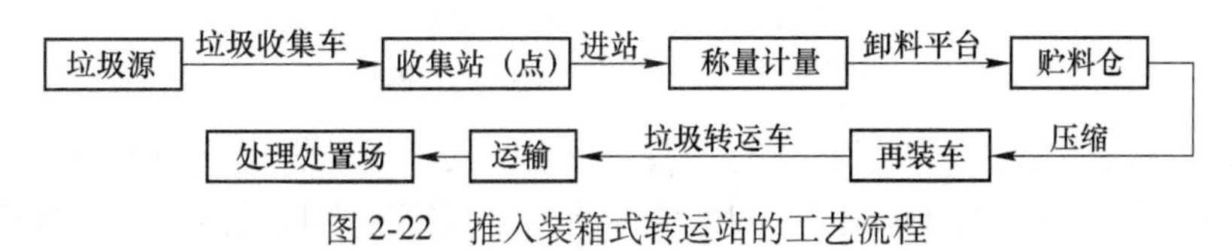

图 2-22 推入装箱式转运站的工艺流程

推入装箱式转运站，根据压缩装置是否与牵引车分离可分为不带固定装箱机的转运站和带固定装箱机的转运站两种类型。

1）不带固定装箱机的转运站。不带固定装箱机的转运站是法国 SEMAT 公司推出的一种转运站，如图 2-23 所示。这种转运站由小型垃圾收集车把居民垃圾收集来后运到中转站，经料斗直接卸入带有压紧系统的半挂车内。该转运站的优点是基本上实现了封闭、压缩、大运量的垃圾中转。其缺点是由于压缩装置与半挂式收集箱一体，就会使集装箱的结构复杂，造价高；中转站内的垃圾收集车卸料处一般不设置垃圾储存槽，因此，在收集车进站高峰期，易造成收集车排队等候卸车现象，给站内的管理带来困难。

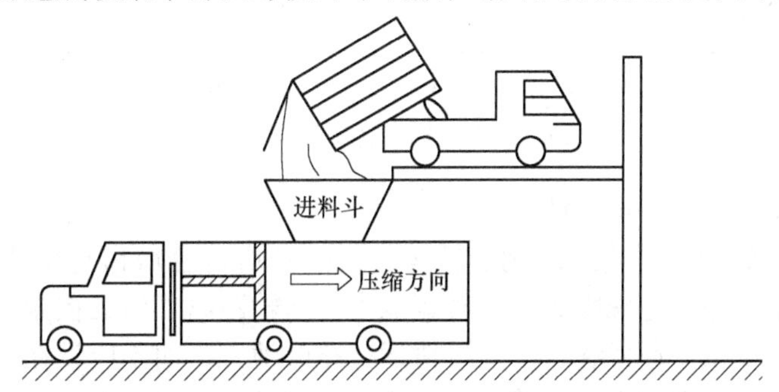

图 2-23 不带固定装箱机的转运站

2）带固定装箱机的转运站。带固定装箱机的转运站在作业区内设置有一台以上的固定式压缩机，大型垃圾集装箱内不设置压缩推料机构。在中转站作业时，垃圾车和集装箱可以分离，这样，一台垃圾车可以作用于多个集装箱，从而提高了垃圾车的作业效率。

根据压缩装置的压缩力方向不同，带固定装箱机的转运站可分为水平装箱式转运站和竖直装箱式转运站两种。

水平装箱式转运站，如图 2-24 所示，其作业过程是：小型垃圾收集车进站，经过称量后驶上二层卸料平台，将垃圾卸入垃圾储存槽内。运输车在一层与装箱机对接后，用锁紧装置将他们固定，然后利用压缩装置，把槽内垃圾经装箱机推入与装箱机对接的大型运输车的车厢或集装箱内，随着箱内垃圾量的增加，装箱机的压缩机构对箱内垃圾有了压缩功能，直到设定的压力为止。

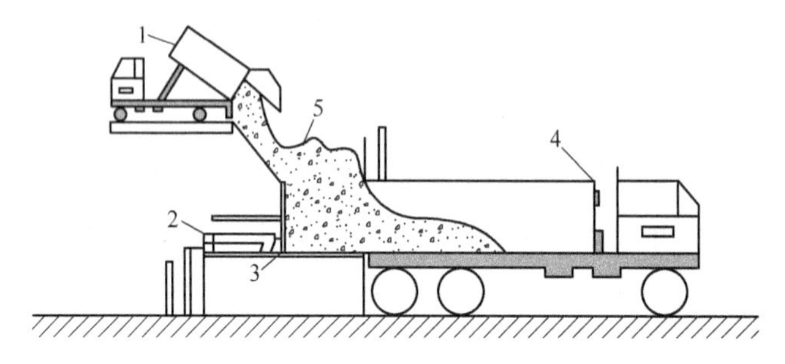

图 2-24 水平装箱式转运站

1—垃圾收集车；2—垃圾装箱机；3—压缩油缸；4—垃圾转运车；5—垃圾储槽

竖直装箱式转运站是一种很新颖的类型，垃圾收集车把垃圾送到中转站，经称量后由坡道驶向卸料平台，将垃圾卸入竖直的筒状容器内，当容器内垃圾达到一定量后，利用悬挂在容器上方的压实器，将容器内的垃圾压缩减容，经过多次重复后，直到容器内的垃圾量达到额定值，关好容器进料门，由站内专用运输车放平，并转移到大型垃圾运输车上，运往垃圾处理处置场。

（3）压实装箱式转运站。压实装箱式转运站的工艺流程，如图 2-25 所示。垃圾由小型垃圾收集车从居民点收集来后，送到转运站，经称量后卸到垃圾压实机的压缩腔内，在液压腔的作用下，压实机的压头对垃圾进行压实并打包成块，而后把成块的垃圾推入集装箱，再装上垃圾运输车送往处置场卸载。

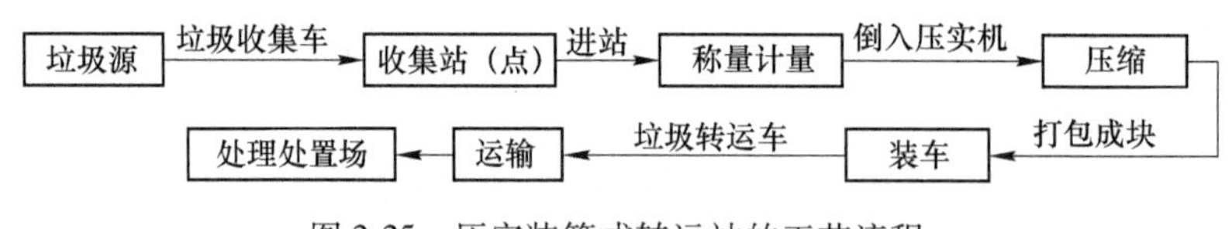

图 2-25 压实装箱式转运站的工艺流程

2.3.4.3 垃圾转运站的设计

（1）生活垃圾转运站的选址原则。转运站的选址应符合城市总体规划和环境卫生行业专业规划的要求。综合考虑服务区、转运能力、运输距离、污染控制、配套条件等因素的影响。转运站应设在交通便利、易安排清运线路的地方，而不应设在立交桥或平交路口旁，以及大型商场、影剧院出入口等繁华地段，主要是避免造成交通混乱或拥挤。若必须选址于此地段时，应对转运站进出通道的结构与形式进行优化或完善。转运站应避开学校、餐饮店等群众日常活动聚集场所，主要是避免垃圾转运作业时的二次污染影响和危害。再就是满足供水、供电、污水排放的要求。在运输距离较远且具备铁路运输或水路运输条件时，宜设置铁路或水路运输转运站。

（2）生活垃圾转运站的规模设计计算。生活垃圾转运站的设计规模，可按式（2-25）计算

$$Q_D = K_S Q_C \tag{2-25}$$

式中 Q_D——转运站设计规模（日转运量），t/d；

Q_C——服务区生活垃圾收集量（年平均量），t/d；

K_S——垃圾排放季节性波动系数，应按当地实测值选用；无实测值时，可取 1.3~1.5。

当服务区垃圾收集量无实测值时，可按式（2-26）计算

$$Q_C = \frac{nQ_R}{1000} \tag{2-26}$$

式中 n——服务区内实际服务人数，人；

Q_R——服务区内人均垃圾排放量，kg/(人·d)，应按当地实测值选用；无实测值时，可取 0.8~1.2。

当转运站由若干转运单元组成时，各单元的设计规模及配套设备与总规模相匹配。转运总规模，可按式（2-27）计算

$$Q_T = mQ_U \tag{2-27}$$

$$m = Q_T / Q_U \tag{2-28}$$

式中 Q_T——由若干转运单元组成的转运站的总设计规模（日处理量），t/d；

Q_U——单个转运单元的转运能力，t/d；

m——转运单元的数量，取整数。

2.4 危险固体废物的收集运输

固体废物除生活垃圾外，还有危险固体废物和一般工业固体废物等，在他们的处理过程中同样涉及收集和运输环节。危险固体废物尽管产生源分布特征与工业垃圾相似，然而其危害性十分严重，使其收集与运输需要采用特定的危害防护措施。《国家危险废物名录》中规定的危险废物有 49 类 401 种。例如，工业废物中的废酸、废碱、含铬、含铜、含砷、含汞、含铅废物，氰化物、非矿物油、感光废液、电镀污泥等都属于危险废物；日常生活中的废电池、灯管、显像管、空调、冰箱等都含有大量成分的危险废物。危险废物主要通过溶解、渗透、燃烧、风化、蒸发、扩散和升华等方式分别进入大气、土壤和水体中，从而对环境和接触人群直接或间接的危害。因此，对此类废物的收集、储存及转运过程中必须采取一些特别的管理措施，避免或减少对环境的危害。

2.4.1 危险废物的收集容器

盛装危险废物的容器装置可以是钢圆桶、钢罐或塑料制品，其外形如图 2-26 所示。根据危险废物的性质和形态，可采用不同大小和不同材质的容器进行包装。以下是可供选用的包装容器和适于盛装的废物种类。

（1）V=200L 带塞钢圆桶或钢圆罐，如图 2-26（a）所示，可供盛装废油和废溶剂。

（2）V=200L 带卡箍盖钢圆桶，可供盛装固态或半固态有机物。

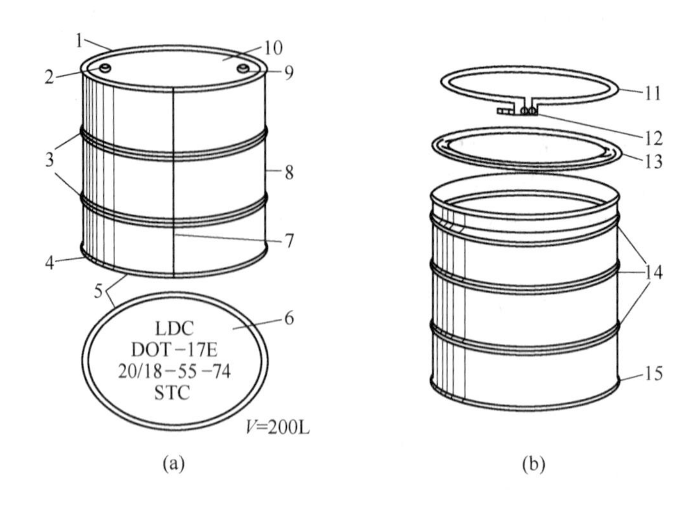

图 2-26　危险废物盛装容器示意图

（a）带塞钢圆桶；（b）带卡箍盖钢圆桶

1—顶箍；2—气孔；3，14—加固箍；4，15—底箍；5—桶底；6—制造厂家说明；7—咬口；8—桶身；9—塞（打紧）；10，13—顶盖；11—螺栓箍；12—螺栓

（3）V=30L、45L 或 200L 塑料桶或聚乙烯罐，可供盛装无机盐液。

（4）V=200L 带卡箍盖钢圆桶（见图 2-26（b））或塑料桶（见图 2-27），可供盛装散装的固态或半固态危险废物。

（5）储罐的外形与尺寸大小可根据需要设计加工，要求坚固结实，并便于检查渗漏或溢出等事故的发生。此种装置适宜于储存可通过管线、皮带等运输方式送进或输出的散装液态危险废物。

图 2-27　塑料桶

2.4.2　危险废物的收集与储运

放置在场内的桶装或袋装危险废物，可直接运往场外的收集中心或回收站，也可通过地方主管部门配备的专用运输车，按规定路线运往指定的地点储存或作进一步处理处置。危险废物收集方案如图 2-28 所示，危险废物收集与转运方案如图 2-29 所示。

典型的收集站由砌筑的防火墙及铺设混凝土地面的若干库房式建筑物所组成，储存危

图 2-28 危险废物收集方案

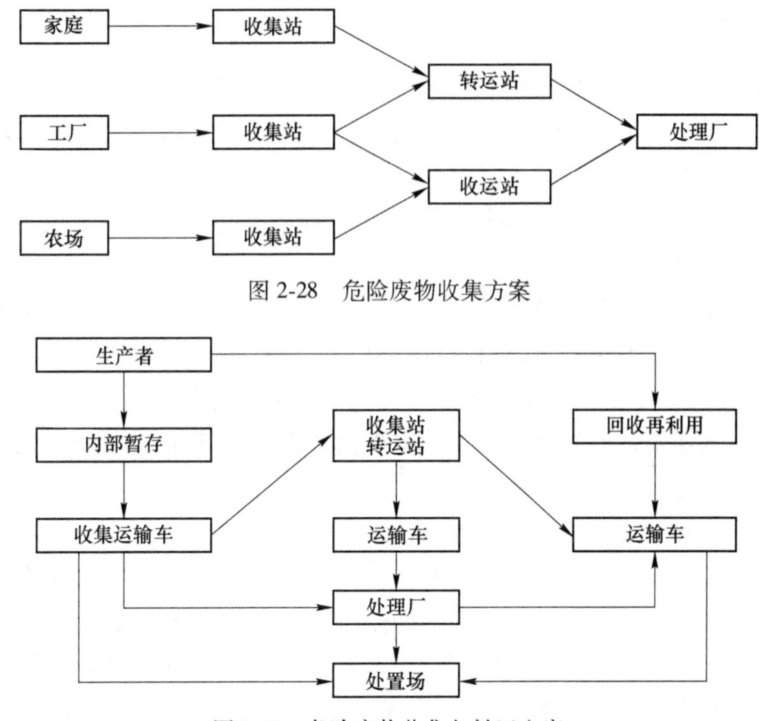

图 2-29 危险废物收集与转运方案

险废物的库房室内应保证空气流通，以防止具有毒性和爆炸性的气体积聚产生危险。收进的废物应翔实地登记其类型和数量，并应按不同性质分别妥善存放。

转运站的位置宜选择在交通路网便利的地方，由设有隔离带或埋于地下的液态危险废物储罐、油分离系统及盛装废物的桶或罐等库房群所组成。站内工作人员应负责办理废物的交接手续，按时将所收存的危险废物如数装进运往处理场的运输车内，并责成运输者负责途中的安全。转运站内部的运作方式及程序如图 2-30 所示。

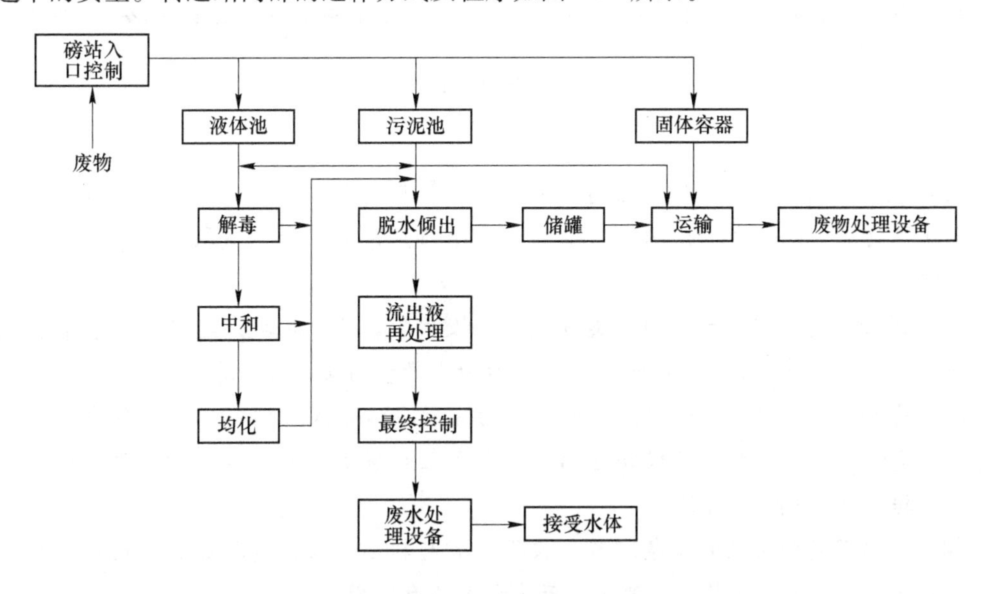

图 2-30 危险废物转运站的内部运作方式及程序

2.4.3 危险废物的运输

公路运输通常是危险废物的主要运输方式，因此，载重汽车的装卸作业乃是造成废物污染环境的重要环节。在公路运输危险废物的过程中，控制危险废物发生泄漏、产生危害的有效措施是：

（1）危险废物的运输车辆必须经过主管单位检查，并持有有关单位签发的许可证，负责运输的司机应通过专门的培训，持有证明文件。

（2）承载危险废物的车辆必须有明显的标志或适当的危险符号，以便引起关注。

（3）载有危险废物的车辆在公路上行驶时，需持有运输许可证，其上应注明废物来源、性质和运往地点。此外，在必要时要有专门单位人员负责押运工作。

（4）组织危险废物运输的单位，事先需作出周密的运输计划和行驶路线，其中应包括废物泄漏情况下应采取的有效紧急补救措施。

（5）危险废物运输过程应采取周密的监督机制和制度。

为了保证危险废物运输的安全，可采用一种文件跟踪系统（联单制度），并形成制度。即在运输起点，由废物产生者填写一份记录废物产地、类型、数量等情况的运货清单报经主管部门批准，然后，交由废物运输承担者负责清点，并填写装货日期、签名并随身携带，再按货单要求分送有关处所，最后将复写的联单交由产生者和运出、运达两地的主管部门检查，并存档保管。

我国危险废物的收集、运输联单制度如下：第一联由危险废物产生单位递交其所在地环境保护局；第二联由危险废物产生单位保存；第三联由危险废物处置场递交其所在地环境保护局；第四联由危险废物处置场保存；第五联由危险废物运输单位保存。这种联单制度可有效地防止危险废物在运输时非法转移，是强化危险废物管理的重要制度。

＊＊＊＊＊＊＊＊＊＊＊＊＊＊＊＊＊＊＊＊＊＊＊＊＊＊＊＊＊＊＊＊＊＊＊＊＊＊

本章小结

本章讨论了以下内容：

（1）叙述了固体废物收集的原则和固体废物收集（包括混合收集、分类收集、定期收集和随机收集）的类型。介绍了固体废物运输所用包装容器的选择原则、运输方式和运输管理。

（2）详细叙述了城市垃圾的收集方式、垃圾收集容器、垃圾运输车的类型和使用要求，介绍了垃圾收集容器数量的计算和垃圾运输车数量的配备与计算。

（3）介绍了垃圾清运操作方式（包括移动容器操作方式和固定容器操作方式）和清运操作时间的计算；介绍了垃圾转运站的设置和垃圾转运模式，转运站的类型和选址原则，垃圾转运站的规模设计计算。

（4）介绍了危险废物的收集容器、收集方案与转运方案，危险废物转运站的内部运作方式和控制运输危险废物发生泄漏、产生危害的有效措施。

思 考 题

2-1 详细说明固体废物的收集分哪几个阶段?

2-2 详细说明固体废物的收集原则和收集类型。

2-3 说明垃圾包装容器选择的原则。

2-4 运输固体废物可采用哪几种方式运输，详细说明。

2-5 详细说明运输固体废物，从哪三方面进行管理?

2-6 城市垃圾收集有哪几种? 详细说明。并绘出收集方式流程。

2-7 垃圾收集容器有哪几种? 说明其特点。

2-8 垃圾运输车主要有哪几种?

2-9 详细说明垃圾运输车的使用要求。

2-10 详细说明垃圾清运操作方式有哪几种?

2-11 移动容器清运操作时间包括：____________、____________、____________和____________。

2-12 简述垃圾转运站的类型，有几种转运模式? 绘制出转运模式流程和垃圾转运站的工艺流程。

2-13 说明垃圾转运站的选址原则。

2-14 危险废物的收集容器有哪几种? 绘制出危险废物收集方案图和危险废物收集与转运方案图。

2-15 在公路运输危险废物的过程中，若危险废物发生泄漏、产生危害时，应采取哪几项应急措施?

3 固体废物的物理处理技术与设备

【学习指南】

本章主要学习固体废物的压实、粉碎、分选和脱水干燥等物理处理技术；了解压实原理、压实程度的评价指标、压实质量的影响因素，粉碎原理、方法与基本粉碎工艺流程，固体废物分选和脱水干燥原理；熟悉压实器、粉碎设备、分选设备以及脱水设备的结构与工作原理；掌握压实器、破碎机、磨碎机、惯性振动筛、隔膜跳汰机、圆筒式磁选机、电选机、机械搅拌浮选机、浓缩机、转筒式真空过滤机和振动脱水机等设备主要参数的选择与设计计算。

城市垃圾的种类多种多样，比如有建筑垃圾、生活垃圾等，在生活垃圾中又包括厨房垃圾、瓜果皮、菜叶、树叶等。为了对他们进行合适的处理处置，必须要进行预加工处理。预加工处理包括对固体废物进行压实、破碎、分选和脱水等处理。对于要填埋的固体废物，通常是把固体废物按一定的方式压实，这样可减少运输量和运输费用，填埋时可占据较小的空间或体积。对于焚烧和堆肥的固体废料，通常需要破碎成一定粒度的废物颗粒，以利于焚烧，也利于提高堆肥化的反应速度。对于建筑垃圾也需要破碎、分选处理，回收其中有用的金属再利用。如固体废物含水率高时，不利于其运输和后续处理，难以储存。为了使固体废物中的水分减少，降低容积，便于后续处理和回收再生利用，还必须进行脱水干燥处理。

3.1 固体废物的压实技术与设备

固体废物的种类多种多样，其形状、大小、结构及性质也各不相同。收集来的固体废物大多数是处于自然堆放的松散集合体状态，表观体积比较大，且无一定形状。为了便于后续处理工序，必须对固体废物进行压实处理。

3.1.1 固体废物压实的基本概念

固体废物的压实又称压缩，是利用机械的方法对固体废物施加压力，增加其聚集程度和容积密度，减小其表观体积的处理方法。固体废物经过压实处理后，减容增重，便于装卸运输，有利于确保运输安全和卫生，降低运输成本，提高运输和管理效率，并可制取高密度惰性块料，便于储存、填埋或作建筑材料使用。压实适用于压缩性能好而恢复性能差的固体废物，不适用于某些较密实的固体和具有弹性的废物。可燃、不可燃或放射性废物都可进行压实处理。以城市固体废物为例，压实前固体废物的密度通常在 0.1~0.6t/m^{3}范围内，经过压实器或一般压实机压实后，固体废物的密度可提高到1t/m³左右。因此，固体废物填埋前常需要进行压实处理，对大型废物或中空性废物，事先压碎更显必要。压实操作的具体压力大小可根据处理废物的物理性质（如易压缩性、脆性等）而定。通常压缩的开始阶段，随压力的增加，废物密度较迅速的增加，以后这种变化会逐渐减小，最后达到一限定值。实践证明，原状城市垃圾，压实密度极限值约为1.1 t/m³。比较经济的办法是先破碎再压实，提高压实效率，即用较小的压力取得相同的增加密度的效果。固体废物经压实处理，增加密度、减小体积后，可提高收集容器与运输工具的装载效率，在填埋处置时可提高场地的利用率。

3.1.2 固体废物的压实技术

压实是指通过外力加压于松散的固体废物上，以缩小体积、增大密度的一种操作方法。

3.1.2.1 固体废物压实的原理

大多数固体废物是由不同颗粒与颗粒间的空隙组成的集合体。一堆自然堆放的固体废物，由于固体颗粒本身空隙较大，而且许多固体物料有吸收能力和表面吸附能力，因此，固体废物中水分主要存在固体颗粒中，而不存在空隙中，不占据体积。

其表观体积是固体废物颗粒有效体积与空隙占有的体积之和

$$V_b = V_s + V_k \tag{3-1}$$

式中 V_b——固体废物的表观体积；

V_s——固体颗粒体积（包括水分）；

V_k——空隙体积。

当对固体废物实施压缩操作时，随压力的增大，空隙体积减小，表观体积也随之减小，而密度增大。密度是指固体废物的干密度，通常用ρ来表示，其计算方式为

$$\rho = \frac{m_s}{V_b} = \frac{m_z - m_{水}}{V_b} \tag{3-2}$$

式中 m_s——固体废物中颗粒质量；

m_z——固体废物总质量，包括水分质量；

$m_{水}$——固体废物中的水分质量；

V_b——固体废物的表观体积。

因此，固体废物压实的本质，实际上是通过施加压力，消耗一定的压力能，提高固体废物密度的过程。当固体废物受到外界压力时，各个颗粒之间相互挤压，变形或者破碎，从而达到重新组合的效果。通常，固体废物的体积随压力的变化而变化，如图3-1所示。随着压力由0至d的增加，固体废物的体积由a至b随之减小，但当压力增加到一定程度后，随着压力由d至e的增加，体积由b至c变化很小。这种变化是经济、合

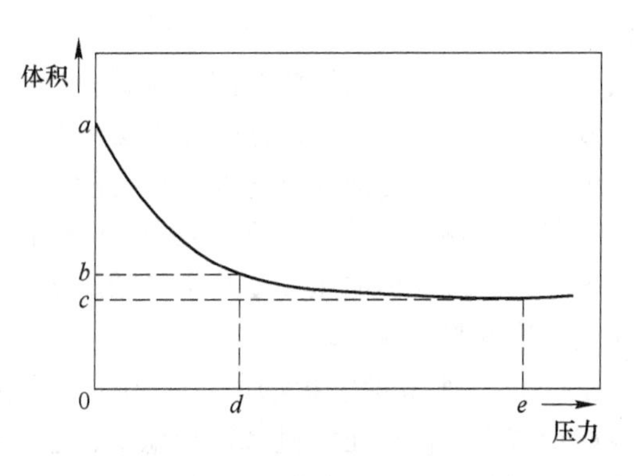

图3-1 压力与体积变化关系曲线

理选择固体废物的压实工艺及设备的依据。

在压实过程中，有些弹性废物在解除压力后，几秒钟内体积会膨胀20%左右，几分钟后则能达到50%；而某些可塑性强的固体废物，在压力解除后不能恢复原状。因此，并不是每一种固体废物都适合于压实处理。通常能够使用压实处理的固体废物主要是压缩性大而复原性小的固体废物，如废冰箱、废洗衣机、废电脑类的家电产品，废纸箱、纸袋和纤维类的编织品，废金属、废塑料类等。有些固体废物，如木头、玻璃、金属、塑料块等已经很密实的固体或是焦油、污泥等半固态废物不宜作压实处理。

3.1.2.2　固体废物压实程度的评价指标

A　压实质量的影响因素

压实质量是固体废物处理作业质量管理最重要的内在指标之一，影响压实质量的因素有压力、垃圾组分、垃圾含水率、垃圾层的厚度、机械的行程次数、行驶速度和压实方向等。以下分别介绍这些因素对压实质量的影响。

（1）压力对压实质量的影响。在压实操作过程中，作用在垃圾上的压力大小与垃圾平均压实度直接相关。在开始压实时，垃圾组分之间较大的空气空隙和部分空隙水在作用力下排挤出来，产生较大的不可逆变形，即塑性变形。随着变形量的增加，阻力增大，只有当压力大于阻力时形变才可继续产生。当外压继续增加时，组分间的空隙和部分结合水被挤出，使得垃圾体内部产生新的变形，即垃圾体的不可逆蠕变过程。最后，垃圾体组分大量的内部结合水被排挤出来，部分组分破碎，发生固体范性变形。

（2）垃圾组分对压实质量的影响。不同组分所特有的力学性质相互作用，共同影响压实度，具体表现为：竹木、纤维、胶带、纺织品等，其本身的结构特点和韧性较好，起到垃圾骨架的作用，是压实蠕变阶段的主要受力组分；玻璃、硬塑料、陶瓷、砖瓦等，压实效果较差；金属、橡胶、泡沫海绵等，具有良好的弹性，在压实弹性形变过程中作用很大；纸类，易于折叠、变形性良好，在压实初期效果较好；厨房垃圾，在范性变形阶段能起主导作用，在总体的减容上表现较好。

（3）垃圾含水率对压实质量的影响。垃圾的含水率较低时，组分间的内摩擦力和材料的内摩擦力阻碍压实，因此提高垃圾含水率有利于减少阻力。据一般经验，当垃圾的含水率达到50%左右时，压实效果最好。当含水率较低时，可掺入如灰渣等吸水材料，再分层压实；当含水率较高时，应停止作业，避免破坏作业面。

（4）垃圾层厚度对压实质量的影响。垃圾层厚度对压实效果和压实功能消耗的影响很大。垃圾层越厚，所受的压实效果越差。对较厚的待压实垃圾层，为了达到所要求的压实度，必须增加压实机械在同一位置的行程次数，从而增加机械功能的消耗。据不同的压实效果，存在某一厚度，这一厚度被称为垃圾层的最佳压实厚度，能使单位体积的垃圾，在最小的压实功能前提下达到所需要的密度。垃圾的适宜压实厚度在0.4~0.8m之内。

（5）机械行程次数对压实质量的影响。压实机械在同一位置的行程次数直接影响压实效果，但垃圾体的压实度并不是随压实次数的增加呈现无限增长趋势，只有前几次压实对压实度的影响较大。

（6）行驶速度对压实质量的影响。开始时垃圾颗粒松散，低速碾压可以使垃圾颗粒较好地嵌入，使得压实机械行驶稳定，之后再提高速度，可显著提高生产率，并保证碾压质量。因此，在垃圾的压实过程中，行驶速度适宜先慢后快。

（7）压实方向对压实质量的影响。斜坡作业是边坡压实采用的一种作业方式。在压实工艺中，斜坡作业较为特殊，因为压实机械从不同起始方向开始压实，对压实度贡献不同。碾压方向由坡底向上对增加压实度更有利。

B　压实程度的评价指标

为判断压实效果，比较压实技术与压实设备的效率，常用下述指标来表示固体废物的压实程度。

（1）空隙比与空隙率。固体废物可设想为各种固体物质颗粒及颗粒之间充满空隙的集合体。

固体废物的空隙比 e 可按式（3-3）计算

$$e = \frac{V_k}{V_s} \tag{3-3}$$

空隙率 ε 可按式（3-4）计算

$$\varepsilon = \frac{V_k}{V_b} \tag{3-4}$$

空隙比或空隙率越低，表明压实程度越高，相应的密度越大。空隙率是评价堆肥化工艺供氧、透气性及焚烧过程物料与空气接触效率的重要参数。

（2）湿密度与干密度。如忽略空隙中的气体质量，固体废物的总质量 m_z 就等于固体废物中颗粒质量 m_s 与水分质量 $m_水$ 之和，即

$$m_z = m_s + m_水 \tag{3-5}$$

固体废物的湿密度 ρ_w 可按式（3-6）计算

$$\rho_w = \frac{m_z}{V_b} \tag{3-6}$$

固体废物的干密度 ρ，可按式（3-2）计算。

实际上，固体废物收运与处理过程中测定的废物质量常常都包括水分，故固体废物的密度均是湿密度。压实前后固体废物密度值及其变化率大小，是度量压实效果的重要参数，也容易测定，故比较实用。

（3）体积减小百分比。体积减小百分比 R，可用式（3-7）计算

$$R = \frac{V_q - V_h}{V_q} \times 100\% \tag{3-7}$$

式中　V_q——压缩前固体废物的体积，m^3；

　　　V_h——压缩后固体废物的体积，m^3。

（4）压缩比与压缩倍数。固体废物压实比决定于固体废物的种类及施加的压力。压缩比是固体废物经压实处理后体积减小的程度，压缩比 r 可按式（3-8）计算

$$r = \frac{V_h}{V_q} \quad (r \leqslant 1) \tag{3-8}$$

压实倍数是固体废物经压实处理后，体积压实的程度。压缩倍数 n 可按式（3-9）计算

$$n = \frac{V_q}{V_h} \quad (n \geqslant 1) \tag{3-9}$$

r 值越小，说明压实效果越好；n 与 r 互为倒数，显然，n 越大，说明压实效果越好，工程上用压缩倍数 n 更普遍。

3.1.3 固体废物压实设备及其设计

压实设备亦称压实器，根据操作情况，压实设备可分为固定式和移动式两大类。固定式压实设备是指凡用人工或机械方法把固体废物送到压实机械中进行压实的设备。固定式压实器只能定点使用，一般安装在固体废物转运站、高层住宅垃圾滑道的底部，以及需要压实废物的场合。家庭用的各种小型压实器、废物收集车上配备的压实器及中转站配置的专用压实机等，均为固定式压实设备。移动压实设备是指在填埋现场使用的轮胎式或履带式压实机、钢轮式布料压实机以及其他专门设计的压实机具等。移动式压实器一般安装在垃圾收集车上，接受固体废物后即可压缩，随后送往处置场地。

3.1.3.1 固定式压实设备与技术

A 固定式压实设备种类

固定式压实设备只能定点使用，压实器通常由一个容器单元和一个压实单元组成。容器单元通过料箱或料斗接收固体废物，并把废物送入压实单元。压实单元通常装有液压或气压操作的压头，利用一定的挤压力把固体废物压成致密的块体。固定式压实设备分为小型家用压实器和大型工业压缩机两类。

家用小型垃圾压实器的压实机械装在垃圾压缩箱内，常用电动机驱动。家用的这种垃圾压实器，比较经济，便于搬运。大型工业压缩机可以将汽车压缩，每天可以压缩数千吨垃圾，这种压缩机通常安装在固体废物转运站、高层住宅垃圾滑到的底部以及其他需要压实废物的场所。

常用的固定式压实设备主要有水平压头压实器、三向联合压实器、回转式压实器、袋式压实器和城市垃圾压实器等。

（1）水平压头压实器。图 3-2 为水平压头压实器示意图。该装置一般为正方形或长方形的钢制容器，它有一个可沿水平方向移动的压头。将固体废物送入供料漏斗，用手动或光电装置启动水平压头把固体废物压进钢制容器内，压成坯块，使其致密化和定型化，然后将坯块推出。推出过程中，坯块表面的杂乱废物受破碎杆作用而被破碎，不致妨碍坯块的移出。但它用作生活垃圾压实器时，为了防止垃圾中有机物腐烂对它的腐蚀，要求在压实器的四周涂覆沥青予以保护。这种压实器常作为转运站固定压实操作使用。

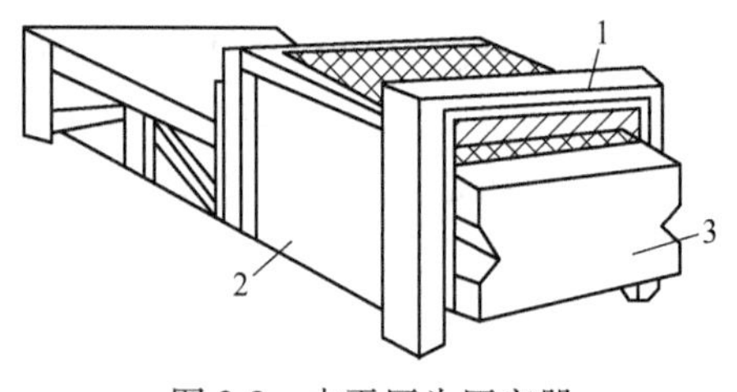

图 3-2 水平压头压实器
1—破碎杆；2—装料室；3—压面

（2）三向联合式压实器。三向联合式压实器的结构如图 3-3 所示，它具有三个互相垂直的压头，金属类固体废物被置于容器单元内，而后依次启动 1、2、3 这三个压头，逐渐使料斗中固体废物的空间体积缩小，密度增大，最终将料斗中的固体废物压实成块。压缩后尺寸一般为 200~1000mm。这种三向联合式压实器适用于金属类废物或松散垃圾的压实。

（3）回转式压实器。回转式压实器的结构如图 3-4 所示，回转式压实器具有一个平板型压头，铰链在容器的一端，借助液压罐驱动。废物装入容器单元后，先按水平压头 1 的方向压缩废物，然后按箭头运动方向驱动旋动式压头 2，使废物致密化，最后按水平压头 3 的运动方向，将废物压至一定尺寸排出。回转式压实器适用于压实体积小质量轻的固体废物。

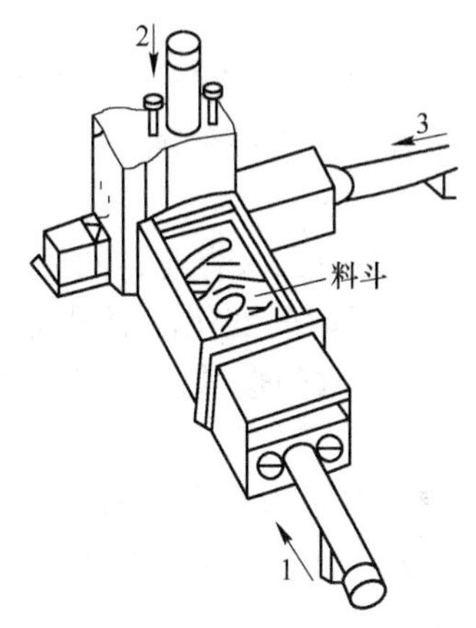

图 3-3　三向联合式压实器

1～3—压头

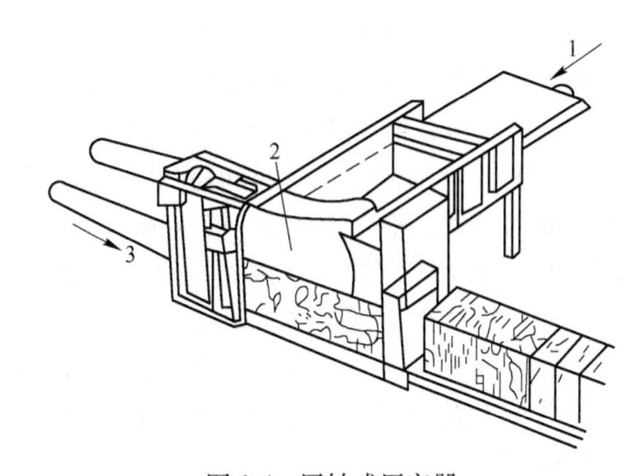

图 3-4　回转式压实器

1，3—水平压头；2—旋动式压头

（4）袋式压实器。袋式压实器是将固体废物装入袋内，压实填埋后立即移走，换上一个空袋，该装置适用于工厂中某些组分比较均匀的固体废物，压缩比一般为（3∶1）～（7∶1）。填充密度因废物的原始成分而异，一般为 0.29～0.96g/cm^3。袋式压实器的优点是废物轻便，一个人就可搬运，另外，压实的废物外形一致，尺寸均匀，填埋处置方便。

台式压实装置，可按类似于袋式压实器的方式使用。如旋转式压实器具有一个压头机构，可以把松散的固体废物装入塑料袋或纸袋。旋转压实器通常具有 8～20 个金属隔室。当处于填充压头下隔室的袋子充满时，工作台就旋转一个位置，把已装满的袋子移走，并换一个空袋子。

（5）城市垃圾压实器。图 3-5 为城市垃圾压实器的工作示意图。图 3-5（a）为压缩循环开始，从滑道中落下的垃圾进入料斗。图 3-5（b）为压缩臂全部缩回处于起始状态，垃圾充入压缩室内。图 3-5（c）为压缩臂全部伸展状态，垃圾被压入容器中。随着垃圾

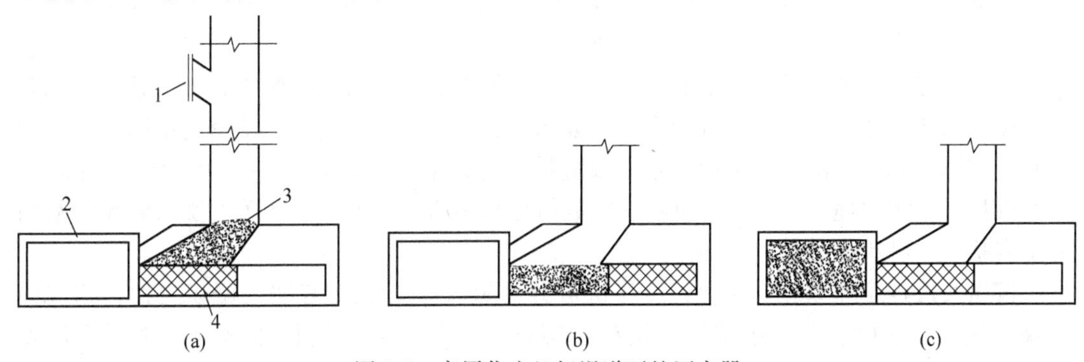

图 3-5　高层住宅垃圾滑道下的压实器

（a）压缩循环开始；（b）压缩臂全部缩回；（c）垃圾在容器中压实

1—垃圾投入口；2—容器；3—垃圾；4—压臂

的不断充入，最后在容器中压实，将压实的垃圾装入袋内。这种压实器与三向联合式压实器构造相似，为了防止垃圾中的水分和有机物腐坏对压实器的腐蚀，要求在压实器的四周涂覆沥青。

B　压实器参数的选择

为了最大限度的减容，获得较高的压缩比，应尽可能选择性能参数能满足实际压实要求的压实器。压实器的主要性能参数如下：

（1）装载面的尺寸。装载面的尺寸应足够大，以便于容纳用户所产生的最大件废物。如果压实器的容器用垃圾车装填，为了操作方便，就应选择至少能够处理一满车垃圾的压实器。压实器的装载面的尺寸一般为 0.765~9.18m^2。

（2）循环时间。循环时间是指压头的压面从装料箱把废物压入容器，然后再完全缩到原来的位置，准备接收下一次装载废物所需要的时间。循环时间变化范围很大，通常为 20~60s。如果希望压实器接收废物的速度快，则要选择循环时间短的压实器。然而，循环时间短往往得不到高的压缩比。

（3）压面压力。压实器的压面压力通常是根据某一具体压实器的额定作用力来确定。额定作用力是指作用在压头的全部高度和宽度上的压力。固定式压实器的压面压力一般为 0.1~0.35MPa。

（4）压面的行程。压面的行程或称压面进入容器的深度是压实设备的一个重要参数。压头进入压实容器中越深，装填就越有效越干净。为了防止压实废物填埋时返弹回装载区，要选择行程长的压实器。目前的各种压实容器的实际进入深度为 10.2~66.2cm。

（5）体积排率。体积排率即处理率，也是压实器的一个重要参数，等于压头每次压入容器的可压缩废物体积与每小时机器的循环次数的乘积。通常要根据废物产生率来确定。

（6）压实器与容器匹配。压实器应与容器匹配，最好是由同一厂家制造，这样才能使压实器的压力行程、循环时间、体积排率以及其他参数相互协调。如果两者不相匹配，若选择不能承受高压的轻型容器，在压实操作的较高压力下，容器很容易发生膨胀变形。

此外，在选择压实器时，还应考虑与预计使用场所相适应，要保证轻型车辆容易进出装料区和容器装卸提升位置。

3.1.3.2　移动式压实设备与技术

移动式压实设备通常指带有行驶轮或在轨道上行驶的压实器，主要用于填埋场压实所填埋的固体废物，也可安装在垃圾车上压实垃圾车所装载的固体废物。为增加填埋容量，可采用多种方式和各种类型的压实机具。最简单的方法就是将固体废物布料平整后，以装载固体废物的运输车辆，来回行驶将固体废物压实。固体废物达到的堆密度由固体废物的性质、运输车辆来回次数、车辆型号和载重量而定，平均可达到 500~600kg/m^3。如果用压实机具来压实填埋废料，大约可将这个数值提高 10%~30%，并且适当喷水可改善废物的压实状态，易于提高其堆密度。

按压实过程工作原理，移动式压实机可分为碾（滚）压、夯实、振动三种，相应的有碾（滚）压实机、夯实压实机、振动压实机三大类，固体废物压实处理主要采用碾（滚）压方式。图 3-6 所示为填埋场常用的压实机种类。

现场常用的压实机主要有胶轮式压实机、履带式压实机和钢轮式布料压实机。传统的

图 3-6 填埋场常用的压实机
（a）高履带压实机；（b）钢轮压实机

压实机，用胶轮及履带式较多，随着环保工程的需求，开发制造了许多钢轮挤压布料压实机，它具有布撒和挤压废物双重功能。在填料作业时，钢轮挤压布料机一边将垃圾均匀铺撒成几个 30~50cm 薄层，一边借助机械自身的静压力和齿状钢轮对垃圾层的撕碎、挤压，达到压实的目的。许多制造厂家认为，在压实固体废物方面，钢轮式比胶轮式和履带式效果好。有资料证实，填埋时经 2t 以上的钢轮式压实机压实后的干燥固体废物的堆密度，比在同样情况下经胶轮式压实机或 3t 重履带式压实的固体废物堆密度大 13%。且钢轮式不会有轮胎漏气现象，在工作面上可处理大量固体废物，压实工作性能更加可靠。

3.1.4 典型的压实工艺流程

（1）城市垃圾压缩处理工艺流程。固体废物是否需要压实处理以及压实程度如何，都要根据具体的情况而定，选择合理的压实流程，以利于后续处理。若垃圾压实后会产生水分，不利于分离其中的纸张、破布等，则不应进行压实处理；对于要分类处理的混合垃圾，一般也不过分压实。如果对垃圾只作填埋处理，则需要进行深度压实。

近年来日本、美国等的一些先进的城市采用了如图 3-7 所示的城市垃圾压缩处理工艺

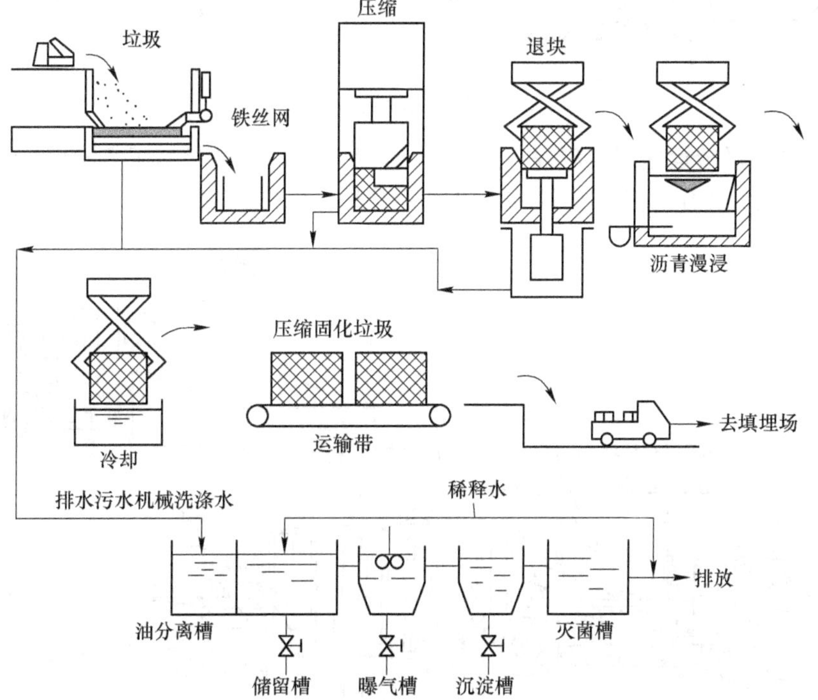

图 3-7 城市垃圾压缩处理工艺流程

流程。首先把垃圾装入四周垫有铁丝网的容器内，送入压实机压缩，压力为16~20MPa，压缩比可达5。然后，将压缩后的垃圾压缩块由推动活塞向上推出压缩腔，送入180~200℃沥青浸渍池内10s涂浸沥青防漏，冷却固化后经运输皮带装入汽车运往垃圾填埋场。压实产生的污水经油水分离器进入活性污泥处理系统，处理后的水经灭菌后再排放。该垃圾压缩处理工艺处理量可达600t/d。

（2）储存码头转运站压实流程。如图3-8所示为储存码头转运站压实流程。垃圾车将垃圾卸入储存码头，储存量一般为0.5~2天垃圾产量。由铲车、推土机或抓斗，将储存的垃圾移入料斗，先进行加工、分选回收有用的物料后，再压实装车运走。该流程适用于大、中型转运站使用。

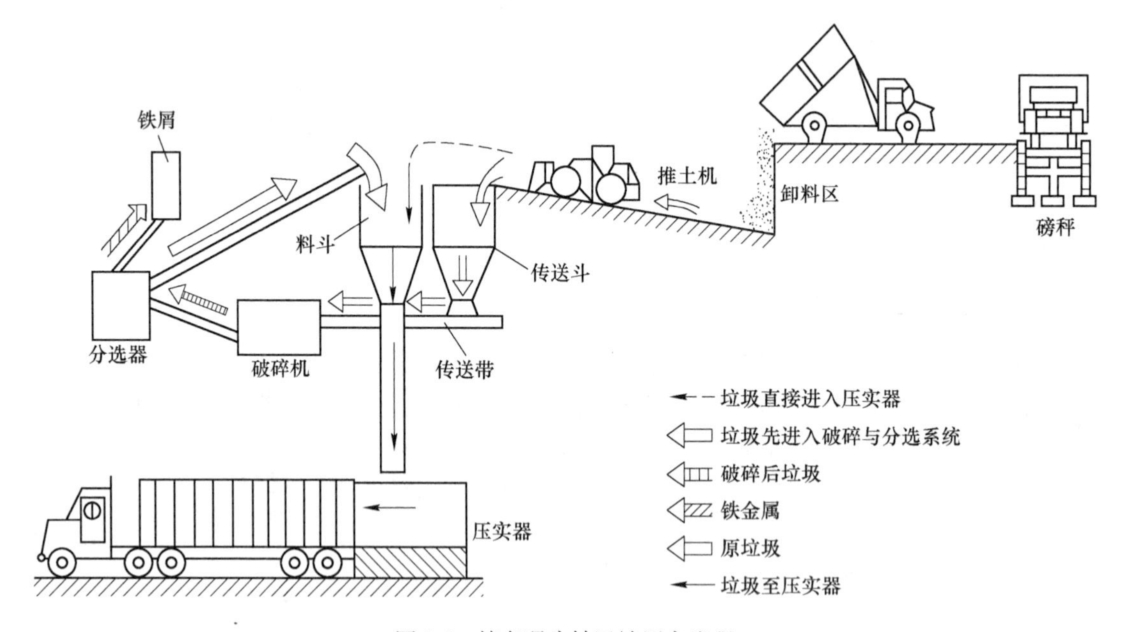

图3-8 储存码头转运站压实流程

（3）小型垃圾转运站压实流程。图3-9所示为小型垃圾转运站压实流程。垃圾车直接将垃圾倒入料斗，固定压实器将料斗内的垃圾压入拖运卡车的活动车厢。

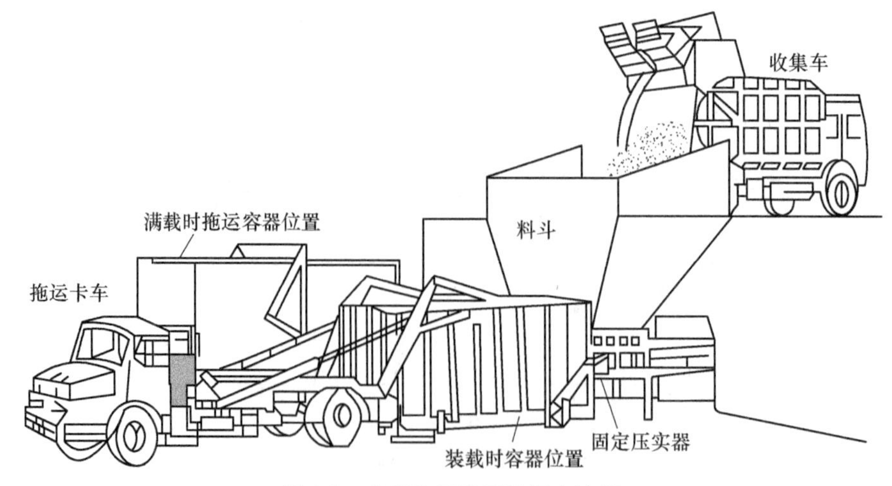

图3-9 小型垃圾转运站压实流程

3.2　固体废物的粉碎技术与设备

在压实、分选、焚烧、储存、运输、热分解、填埋垃圾的过程中，都需要利用各种破碎机械设备对固体废物进行破碎粉磨处理。

破碎设备可分为机械破碎设备和非机械破碎设备两大类，对固体废物的破碎多采用机械方法，机械方法主要包括压碎、劈裂、折断、冲击破碎和磨碎五种类型，在破碎腔内通常是由两种或两种以上方法联合作用，对固体废物进行破碎。破碎固体废物常用的破碎机有颚式破碎机、锤式破碎机、反击式破碎机、剪切式破碎机、辊式破碎机、振动破碎机和磨机等。

3.2.1　固体废物的粉碎技术

固体废物的破碎是指通过人力或机械等外力的作用，克服固体废物质点间内聚力使大块固体废物分裂成许多小块的过程。若进一步加工，再将小块固体废物颗粒分裂成粉状的过程，称为磨碎。破碎是固体废物处理技术中最常用的预处理工艺。

3.2.1.1　粉碎的目的与原理

固体废物复杂多样，其形状、大小、结构性质有很大不同。这对固体废物的处理处置、资源化利用系统极为不利。要保证各系统的运行可靠性，减小最大废物的尺寸是极为重要的。

固体废物的破碎作业是垃圾处理过程中，所采用的重要辅助作业之一。破碎作业的目的是减小固体废物的尺寸，降低其空隙率，增大固体废物形状的均匀度，使固体废物有利于后续处理与资源化利用。破碎之所以被认为是固体废物处理工艺中最重要的预处理工艺之一，其原因主要基于以下几点：

（1）破碎作业能使固体废物的粒度变小变均匀，在固体废物聚积时空隙减小，密度增加，因而能节约储存空间，有利于固体废物的压缩，可以提高运输量。破碎作业能使原来联生矿物或联结在一起的异种材料等单体分离，从而更有利于提取其中的有用物质和材料。

（2）用破碎后的固体废物进行筛选、风选、磁选等分离处理时，由于废物的力度均匀，流动性好，所以能较大幅度提高分选效率和品质。

（3）经过破碎处理后的固体废物用于焚烧时，反应表面增大，燃烧效率提高，并避免大尺寸废物对焚烧炉的损害。

（4）破碎后的固体废物，有利于进行高密度的填埋处置，减少填埋工作人员用土覆盖的频率，加快实现垃圾干燥覆土还原，与好氧条件相结合，还能有效的去除蚊蝇、臭味等，减少昆虫、鼠类传播疾病的可能。

（5）由于破碎过程中垃圾受到离心力、剪切力、弯曲和冲击力等的作用，垃圾中的水分减少，并在水分的扩散过程中，垃圾湿度趋于均匀，这有利于垃圾处理的物化过程和生化过程的进行。

（6）破碎作业可为垃圾的下一步加工和资源化打下基础。

3.2.1.2 基本概念

A 粉碎难易程度的衡量

固体废物破碎的难易程度，可用固体废物的机械强度和其本身的硬度两种方法来表示。

（1）固体废物的机械强度。固体废物的机械强度是指固体废物抗破碎的阻力，通常都用静载荷下测定的抗压强度、抗拉强度、抗剪强度和抗弯强度来表示。其中抗压强度对固体废物破碎难易程度的影响最大，抗剪强度次之，抗弯强度较小，抗拉强度最小。一般以固体废物的抗压强度为标准来衡量：抗压强度大于250MPa的为坚硬固体废物；40~250MPa的为中硬固体废物；小于40MPa的为软固体废物。固体废物的机械强度与废物的粒度有关，粒度小的废物颗粒，其宏观和微观裂缝比大粒度颗粒要小，所以机械强度较高。

（2）固体废物的硬度。固体废物的硬度是指固体废物抵抗外力侵入的能力，通常硬度越大的固体废物，其破碎难度越大。固体废物的硬度有两种表示法。一种是对照矿物硬度确定。矿物的硬度可按莫氏硬度分为10级，其中从软到硬排列顺序如下：滑石、石膏、方解石、萤石、磷灰石、长石、石英、黄玉石、刚玉和金刚石。各种固体废物的硬度，可通过与这些矿物比较来确定。另一种是按废物破碎时性状，固体废物可分为最坚硬物料、坚硬物料、中硬物料和软质硬物料四种。

常见的固体废物通常硬度较小，大多数机械强度也不高，破碎比较容易。但也存在一些在常温下呈现出较高韧性和塑性（施加外力时发生变形，去掉外力恢复原状）的固体废物，难以破碎，如橡胶、塑料等。对这类固体废物通常需要采用特殊的破碎方法。

B 固体废物的粉碎方法

破碎方法分为干式破碎、湿式破碎、半湿式破碎3种。其中，湿式破碎和半湿式破碎是在破碎的同时，兼有分级分选的处理。干式破碎以下简称破碎，按所用的外力即消耗能量形式的不同，又可分为机械破碎和非机械破碎两种破碎方法。机械破碎是利用工具对固体废物施力将其破碎；而非机械破碎则是利用电能、热能等对固体废物进行破碎的新方法，如低温破碎、热力破碎、低压破碎和超声波破碎等。

湿式破碎是利用特制的破碎机，将投入机内的含纸垃圾和大量水流一起剧烈搅拌和破碎成为浆液的过程。半湿式破碎是指利用不同物质，在一定均匀湿度下其强度、脆性不同而破碎成不同粒度的一种新方法。

目前，广泛应用的机械破碎方法有压碎、劈裂、折断、磨碎、冲击和剪切破碎等，如图3-10所示。选择破碎方法时，应视固体废物的机械性能和硬度而定。对于坚硬固体废物，如各种废石、废渣等多采用弯曲、冲击和磨削破碎比较合适；对于柔硬性废物，如废钢铁、废器材、废塑料等，多采用冲击和剪切破碎比较合适；对于脆性固体废物，采用劈裂、弯曲破碎比较有利；对于韧性、黏性较大固体废物，采用磨碎方式比较好。近年来，为回收城市垃圾中含有的大量废纸，发达国家已采用湿式和半湿式破碎方法。对于粗大的固体废物，通常不直接把他送去破碎，而是先将固体废物剪切，压缩成型，再送去破碎。

实际中，任何一种破碎机都不是以某一种施力形式进行破碎的，一般都是两种或两种以上施力形式联合进行破碎。

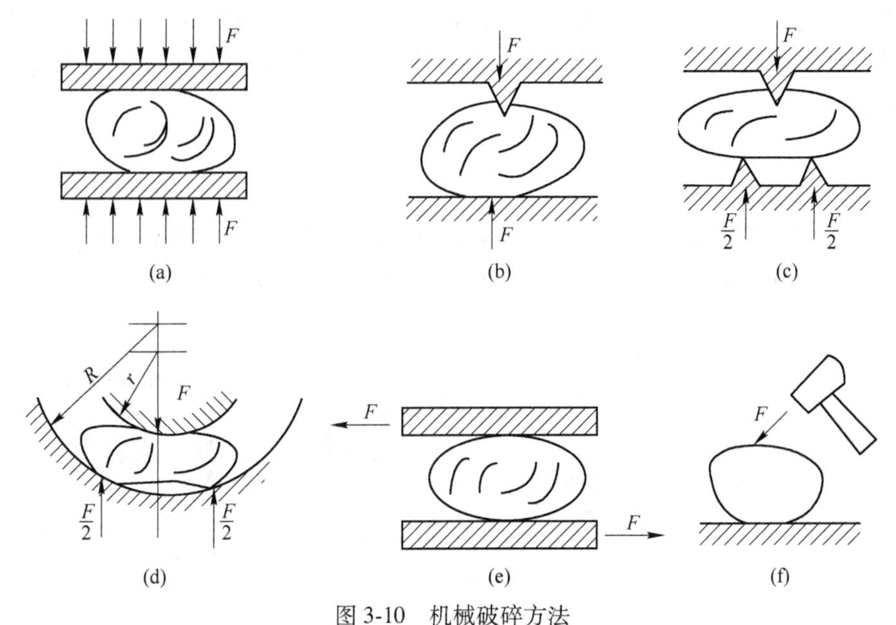

图 3-10 机械破碎方法

（a）压碎；（b）劈裂；（c），（d）折断；（e）磨碎；（f）冲击破碎

C 主要控制指标

破碎过程中，原固体废物粒度与破碎产物粒度比值，称为破碎比。破碎比表示固体废物粒度在破碎过程中减少的倍数，也就是表征固体废物被破碎的程度。破碎机的能量消耗和处理能力都与破碎比有关。破碎比的计算方法有以下两种。

（1）破碎比的计算方法：

1）计算破碎比的第一种方法是用固体废物破碎前的最大粒度 $D_{\max}$ 与固体废物破碎后的最大粒度 $d_{\max}$ 之比，即

$$i = \frac{D_{\max}}{d_{\max}} \tag{3-10}$$

称为极限破碎比，在设计中经常被采用，通常根据最大物料粒径来选择破碎机的进料口宽度。

2）计算破碎比的第二种方法是用固体废物破碎前的平均粒度 D_{P} 与固体废物破碎后的平均粒度 d_{P} 之比，即

$$i = \frac{D_{\mathrm{P}}}{d_{\mathrm{P}}} \tag{3-11}$$

称为真实破碎比，它能较真实地反映破碎程度，在工程设计中常被采用。

（2）破碎段数的确定。固体废物的破碎段数是决定破碎工艺流程的基本指标，它主要决定破碎废物的原始粒度和最终粒度。破碎段数越多，破碎流程就越复杂，而工程投资增加的就越多，因此，在条件允许的情况下，应尽量减少破碎段数；再者，为了避免机器过度磨损，工业固体废物的尺寸减小通常采用三级破碎。

固体废物经过一次破碎机或磨碎机，称为一个破碎段。破碎段数要根据破碎比的大小来计算，若所要求的破碎比不大，则一段破碎即可。但对于固体废物的分选工艺，如浮

选、磁选等，要求的入料粒度很细，破碎比就很大，对固体废物进行一次破碎，达不到浮选、磁选所要求的粒度，因此必须将几台破碎机或磨机串联起来，对固体废物进行多段破碎，其破碎比等于各段破碎比（i_1，i_2，…，i_n）的乘积，即

$$i = i_1 i_2 \cdots i_n \tag{3-12}$$

D 破碎的基本工艺流程

根据固体废物的性质、粒度的大小、要求达到的破碎比和选用的破碎机类型，每段破碎流程可以有不同的组合方式，其基本工艺流程如图 3-11 所示。

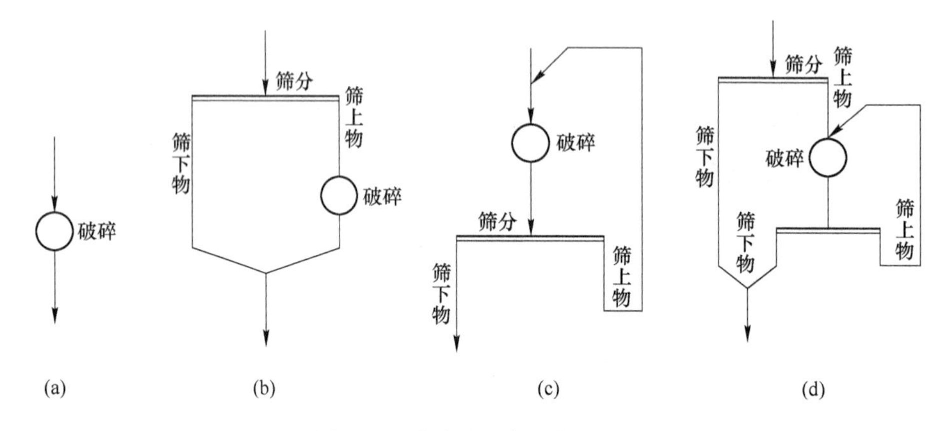

图 3-11 破碎的基本工艺流程

（a）单纯破碎工艺；（b）预先筛分破碎工艺；（c）检查筛分破碎工艺；（d）预先检查筛分破碎工艺

3.2.2 破碎机的设计及选用

破碎固体废物常用的破碎机有颚式破碎机、锤式破碎机、反击式破碎机、剪切式破碎机、辊式破碎机、振动破碎机和磨机等。

3.2.2.1 颚式破碎机

A 颚式破碎机的类型、构造与工作原理

（1）颚式破碎机的类型。按动颚运动特性划分，颚式破碎机主要有简单摆动颚式破碎机和复杂摆动颚式破碎机两种类型。随着科学技术的发展与进步，相继研制出双动颚破碎机、双动颚振动破碎机和组合型颚式破碎机等。

（2）颚式破碎机的构造与工作原理。我国生产的 900mm × 1200mm 简摆颚式破碎机的构造如图 3-12 所示。颚式破碎机的破碎腔是由固定颚与动颚所构成。固定颚板和动颚板上都衬有锰钢制成的破碎板 2 和 4。破碎板用螺栓分别固定在机架 1 的前壁上和动颚上，为了防止破碎时在衬板表面上产生的摩擦力剪断衬板固定螺栓，动颚衬板下端支承在动颚下端凸台上，上端用楔块压紧。而固定颚衬板下端支承在焊于机架上的钢板上，上端用钢板压紧。为了提高破碎效果，两破碎板的表面都带有纵向波纹，而且是凸凹相对。破碎腔的两侧壁上也装有锰钢衬板 3。大型破碎机的破碎板是由许多块组合而成，各块都可以互换，这样可延长破碎板的使用寿命。为使破碎板与颚板紧密贴合，其间衬由可塑性材料制成的衬垫。可动颚悬挂在心轴 6 上，心轴则支承在机架侧壁上的滑动轴承中。可动颚板绕心轴对固定颚板做往复摆动，动颚的摆动是借助曲柄双摇杆机构来实现的。曲柄双摇

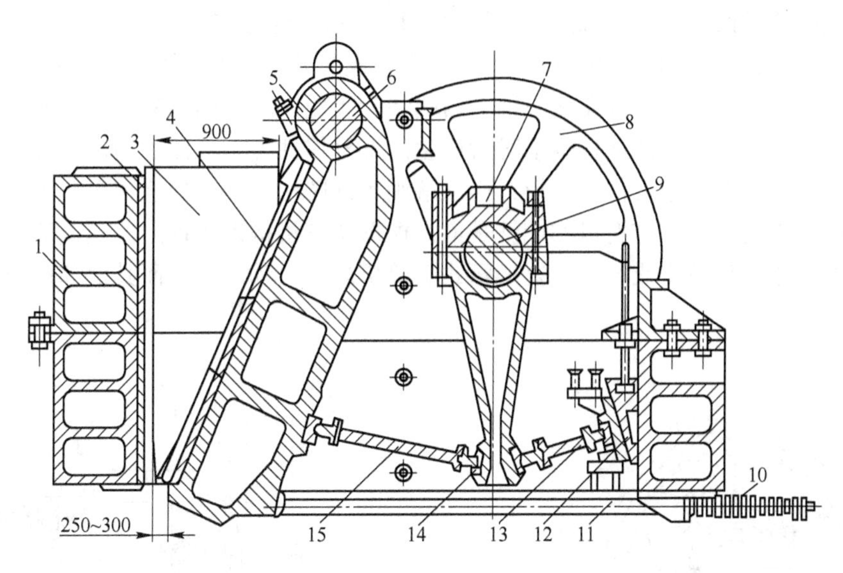

图 3-12 900mm × 1200mm 简摆颚式破碎机

1—机架；2，4—破碎板；3—侧面衬板；5—动颚；6—心轴；7—连杆；8—皮带轮；9—偏心轴；10—弹簧；11—拉杆；12—楔铁；13—后推力板；14—肘板座；15—前推力板

杆机构由偏心轴 9、连杆 7、前推力板 15 和后推力板 13 组成。偏心轴置于机架侧壁的主轴承中，偏心轴的偏心部分与连杆的头部接触，前、后推力板的一端支承在连杆尾部两侧凹槽中的肘板座 14 上，前推力板的另一端支承在动颚后壁下端的肘板座上，而后推力板的另一端则支承在机架后壁楔铁 12 中的肘板座上。当偏心轴通过三角皮带轮从电动机获得旋转运动后，偏心轴就带动连杆头部做圆周运动，尾部做近似于直线的上下运动。由于连杆尾部做近似于直线的上下运动，使推力板不断地改变倾斜角度，因而使动颚绕心轴做往复圆弧摆动。当连杆向上运动时，动颚靠近固定颚固体废物被破碎，当连杆向下运动时，动颚离开固定颚的瞬时，破碎后的固体废物靠自重从排料口排出。

前、后推力板 15 和 13，它们不仅作为传递力的杆件，而且还把后推力板作为整个破碎机的保险零件。当连杆向下运动时，为了使动颚、推力板和连杆之间互相保持始终接触，因而采用以两根拉杆 11 和两个弹簧 10 组成拉紧装置。拉杆 11 铰接在动颚下端的耳环上，其另一端用弹簧 10 紧压在机架后壁上。当动颚向前摆动时，拉杆通过弹簧来平衡动颚与推力板所产生的惯性力，从而避免动颚与推力板之间脱开，使各结合处紧密接触，动作协调，不产生撞击。由于颚式破碎机是往复间歇工作的，它的工作行程消耗的能量较多，而空行程消耗的能量又很少，所以就造成电动机的负荷极不均衡，为了减少这种负荷的不均衡性，在偏心轴的两端固定有飞轮 8 和皮带轮，皮带轮同时也作飞轮用。飞轮的作用是空行程时储蓄能量，而工作行程时放出能量，从而减少了电动机和偏心轴的回转不均匀性，使电动机输出的功率均衡稳定。在机架后壁与楔铁 12 之间放一组具有一定尺寸的垫片，用来调整排料口的宽度。破碎机的轴承采用的是铸有巴氏合金的滑动轴承。破碎机的摩擦部件用稀油和干油润滑，偏心轴和连杆头的轴承采用齿轮油泵压入稀油进行强制循环润滑，动颚心轴的轴承和肘板座的支承垫采用手动干油泵定期压入干油进行润滑。主轴承和连杆头的轴瓦过热时可用循环水冷却。

我国生产的复摆颚式破碎机的结构如图 3-13 所示。这种破碎机的动颚 14 直接悬挂在偏心轴 13 上，动颚的下部由推力板 5 支撑，推力板的另一端支撑在与机架 15 的后壁相连的楔形调整机构的楔铁 7 上。在偏心轴的两端装有飞轮 12 和皮带轮 16，在飞轮和皮带轮的轮缘上有配重，用以平衡连杆运动时所产生的部分惯性力。当偏心轴按逆时针方向旋转时，动颚上端的运动轨迹近似为圆形，而下端则为椭圆形。动颚的这种运动不仅产生压碎力，而且也产生磨碎力。排料口的调整是借助楔形调整机构来实现的，楔铁 7 沿导轨左右移动时，可使排料口减小或增大。复摆颚式破碎机采用滚动轴承，而其他部件与简摆颚式破碎机相似。

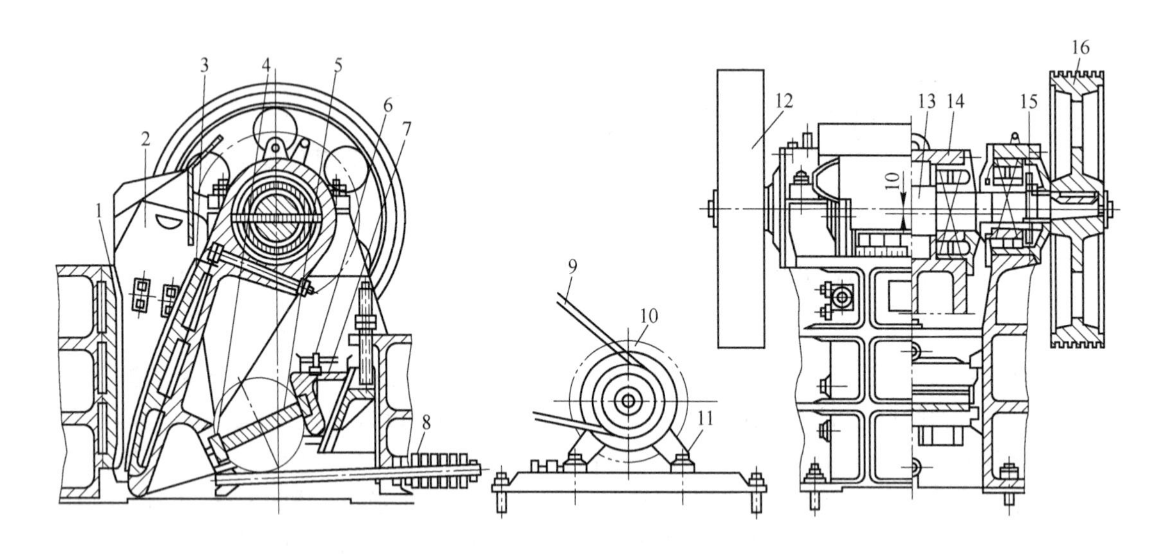

图 3-13 复摆颚式破碎机

1—固定颚板；2—边护板；3—破碎板；4，6—肘板座；5—推力板；7—楔铁；8—弹簧；9—三角皮带；10—电动机；11—导轨；12—飞轮；13—偏心轴；14—动颚；15—机架；16—皮带轮

B 颚式破碎机主要参数的设计计算

为了合理地设计颚式破碎机，保证其运转的可靠性和经济性，必须正确地计算和选择它的结构参数和工作参数。

a 颚式破碎机结构参数的选择与计算

（1）给料口与排料口的计算。给料口宽度决定破碎机最大给料粒度的大小，这是选择破碎机规格时非常重要的数据，也是破碎机使用者应该了解的数据，以免使用不当而影响正常生产。颚式破碎机的最大给料粒度 D_{max} 是由破碎机啮住物料的条件决定的。我国生产的颚式破碎机给料口宽度 B（mm）可按下式计算

$$B = (1.1 \sim 1.25) D_{max} \tag{3-13}$$

颚式破碎机给料口长度 L（mm）可按下式计算

$$L = (1.25 \sim 1.6) B \tag{3-14}$$

对于大型颚式破碎机 L/B 值取小值，对于中小型颚式破碎机 L/B 值取大值。

排料口的最小宽度 e(mm)，复摆颚式破碎机按式（3-15）计算，简摆颚式破碎机按式（3-16）计算

$$e = d_{max} - s = \left(\frac{1}{11} - \frac{1}{8}\right) B \tag{3-15}$$

$$e = d_{max} - s = \left(\frac{1}{7} - \frac{1}{5}\right) B \tag{3-16}$$

式中 d_{max}——破碎产品的最大粒度，mm；

s——动颚在排料口处的水平摆动行程，mm。

（2）啮角的确定。构成破碎腔的动颚衬板与固定颚衬板之间形成的夹角称为啮角，用α表示。啮角的作用就是保证破碎腔的两衬板有效地夹住物料将其破碎而不上滑。从力学观点看，不允许物料上滑的条件是：作用于物料上垂直向上的合力不应大于垂直向下的合力。

被破碎的物料通常多是不规则的，它与衬板成点接触，故把被破碎物料抽象成球体，并考虑在破碎腔宽度方向上只有一个球体，物料自重与两衬板对它施加的挤压力和摩擦力相比很小，可忽略不计。当两衬板压紧物料时，作用在物料上的力如图 3-14 所示。

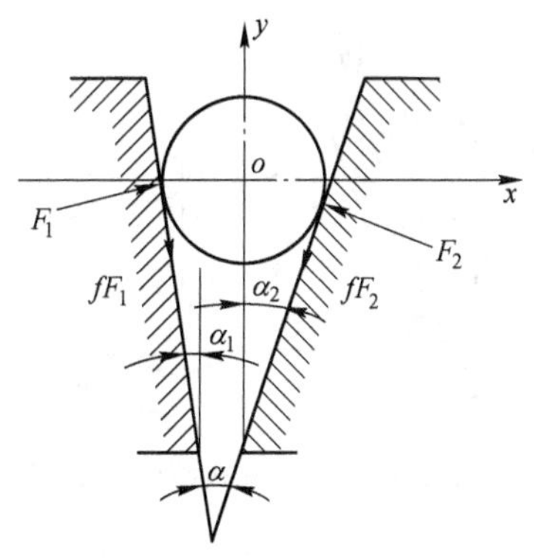

图 3-14 物料在两衬板之间的受力情况

以球心 o 为坐标原点，取直角坐标系 xoy，两衬板对物料施加的挤压力为 F_1 和 F_2，摩擦力为 $F_1 f$ 和 $F_2 f$。作用于物料上的力沿 x 轴和 y 轴方向的平衡方程式为

$$\begin{aligned} &F_1\cos\alpha_1 + F_1 f\sin\alpha_1 - F_2\cos\alpha_2 - F_2 f\sin\alpha_2 = 0 \\ &F_1\sin\alpha_1 + F_2\sin\alpha_2 - F_1 f\cos\alpha_1 - F_2 f\cos\alpha_2 \leqslant 0 \end{aligned} \tag{3-17}$$

解方程式（3-17），则得

$$\tan(\alpha_1 + \alpha_2) \leqslant \frac{2f}{1 - f^2} \tag{3-18}$$

式中 α_1——固定颚衬板与铅垂线间的夹角，（°）；

α_2——动颚衬板与铅垂线间的夹角，（°）；

f——物料与衬板间的摩擦因数，$f = \tan\varphi$。

将 $f = \tan\varphi$ 代入式（3-18），则得

$$\alpha = \alpha_1 + \alpha_2 \leqslant 2\varphi \tag{3-19}$$

由式（3-19）得出，破碎机啮角不应大于 2 倍的摩擦角 φ，否则，破碎机就不能有效地破碎物料，因而降低了破碎机的生产能力和效率。大多数情况下，f=0.2~0.3，即 $\varphi > 11°$。实际上颚式破碎机的啮角一般取 $\alpha = 18° \sim 24°$，最大不能超过 27°。啮角的大小直接影响破碎机的生产能力，在条件允许的情况下适当减小啮角，可提高破碎机的生产能力。

（3）动颚摆动行程 s 的确定。根据对单块物料进行破碎试验知，使物料沿着挤压力作用的纵向平面劈裂成两半，必须给物料以足够的压缩量，在破碎腔中，物料所受的实际压缩量与动颚的摆动行程相等。在简摆颚式破碎机中，动颚的摆动行程由下往上逐渐减小，

只要动颚上部摆动行程足够使物料有效破碎，那么动颚下部的摆动行程就更能满足，所以简摆颚式破碎机动颚上部摆动行程必须大于 $0.005D_{max}$。对于复摆颚式破碎机下部摆动行程必须小于 $(0.3 \sim 0.4)e$，而动颚上部行程约为下部摆动行程的 1.5 倍。

动颚下端水平行程 S（mm）可按式（3-20）计算

$$S = 0.1415B^{0.85} \tag{3-20}$$

（4）主要构件尺寸参数的设计计算。破碎机主要构件尺寸参数的设计，是决定破碎机性能优劣的关键之一。破碎机主要构件如图 3-15 和图 3-16 所示。

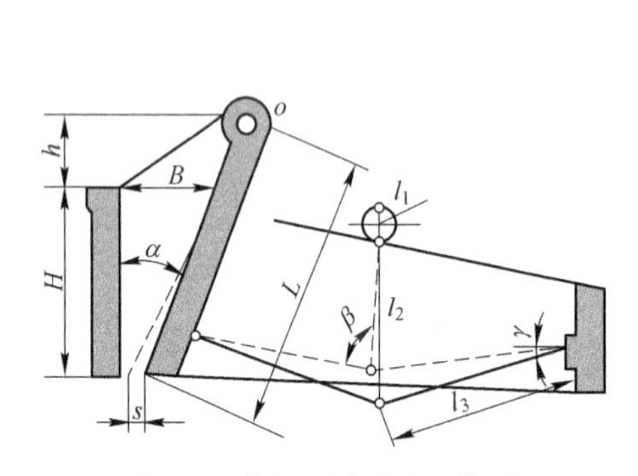

图 3-15 简摆颚式破碎机简图

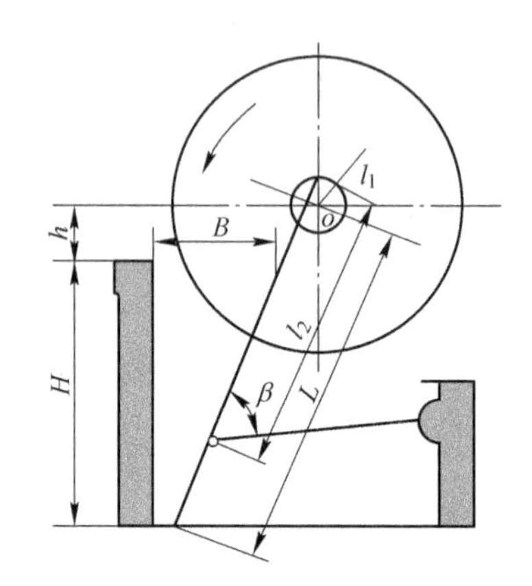

图 3-16 复摆颚式破碎机简图

1）破碎腔高度 H。在啮角一定的条件下，颚式破碎机破碎腔的高度由所要求的破碎比而定，通常破碎腔的高度 H（mm）由下式计算

$$H = (2.25 \sim 2.5)B \tag{3-21}$$

2）连杆长度 l_2。连杆长度是指动颚轴承中心到动颚肘板垫对称中心点间的距离。采用较短的连杆，对于提高生产率和延长齿板使用寿命都是有利的，但过短的连杆给破碎机的结构设计带来困难并使动颚受力恶化。通常，大型颚式破碎机连杆长度可按下式计算

$$l_2 = (0.3 \sim 0.5)L \tag{3-22}$$

中、小型颚式破碎机连杆长度可按下式计算

$$l_2 = (0.85 \sim 0.90)L \tag{3-23}$$

式中　L——动颚长度，mm。

3）偏心距 l_1。偏心距是设计破碎机机构的一个重要参数，在其他条件相同的情况下，改变偏心距大小对动颚的行程有明显影响，偏心距增加，会使动颚齿面上各点的水平行程均增大，一方面可以提高生产率，另一方面也会使功率消耗增大。所以在保证水平行程的条件下，减小偏心距可减小动力消耗。根据现有的设计经验，大型破碎机的偏心距 l_1（mm）可按下式计算

$$l_1 = \left(\frac{1}{60} \sim \frac{1}{30}\right) l_2 \tag{3-24}$$

中、小型破碎机，偏心距可按下式计算

$$l_1 = \left(\frac{1}{85} \sim \frac{1}{65}\right) l_2 \tag{3-25}$$

在优化设计中，把偏心距视为一设计变量。

4）动颚悬挂高度 h 。为了保证在破碎腔上部产生足够的破碎力来破碎大块物料，所以在给料口处动颚必须有一定的摆动行程，为此动颚的轴承中心与给料口平面应有一定的距离，即动颚悬挂高度。根据实验，简摆颚式破碎机动颚悬挂高度，可按下式计算

$$h = (0.37 \sim 0.4)L \tag{3-26}$$

复摆颚式破碎机动颚悬挂高度，可按下式计算

$$h \leqslant 0.1L \tag{3-27}$$

式中 L——动颚长度，mm。

5）肘板摆动角 γ 。为了保证肘板（推力板）在肘板垫上滚动，则肘板摆动角不应超过接触处两倍的摩擦角，考虑到各种因素的影响，肘板摆动角可按下式选取

$$\gamma = 5° \sim 13° \tag{3-28}$$

6）肘板长度 l_3。肘板摆动角 γ 选定后，肘板长度 l_3（mm）可按下式计算

$$l_3 = \frac{\sqrt{2l_2^2 + 2l_1^2 - 2(l_2^2 - l_1^2)\cos\delta}}{2\sin(\gamma/2)} \tag{3-29}$$

式中 δ——连杆在两个极限位置时所夹的锐角，(°)。

7）传动角 β 。连杆轴线与肘板轴线间的夹角称为传动角。增加传动角可提高传动效率，但增加过多会导致功耗增加，所以要选择适当的传动角。肘板为下斜式的复摆颚式破碎机，通常传动角 $\beta = 45° \sim 55°$ ，肘板为上斜式的复摆颚式破碎机，通常传动角 $\beta = 105°$ 。对于简摆颚式破碎机，当曲柄偏心位置为最高点，两肘板的内端点略低于两外端点的连线，即 β 角近于 90°。

（5）破碎腔形状的确定。破碎腔的形状设计是否合理，直接影响破碎机的破碎效果、生产率、能量消耗、衬板磨损和破碎比等重要指标。破碎腔的形状有直线型和曲线型两种，实践与理论证明曲线型破碎腔优于直线型破碎腔，因此，目前均采用曲线型破碎腔。

b 颚式破碎机工作参数的设计计算

颚式破碎机的工作参数包括偏心轴转数、生产率、功率和破碎力等。

（1）偏心轴转数 n 的设计计算。目前用理论法计算偏心轴转数时，只考虑生产率高这个因素。为了简化计算，假设动颚作平移运动，忽略动颚在摆动过程中啮角变化的影响，已破碎的物料在重力作用下自由下落，不计衬板与物料间摩擦力对排料的影响。当动颚张开一次，即偏心轴转半圈时，从破碎腔中排出的破碎产品是一个断面为梯形的棱柱体，如图 3-17 所示。棱柱体下部宽为排料口的最小宽度 e ，而上部宽为 $e + s$ 。

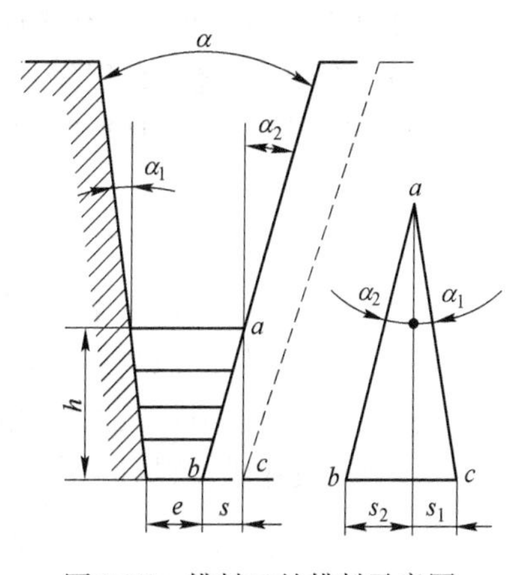

图 3-17 排料口处排料示意图

棱柱体自由下落通过排料口所用的时间 t_1 为

$$t_1 = \sqrt{\frac{2h}{g}} = \sqrt{\frac{2s}{g(\tan\alpha_1 + \tan\alpha_2)}} \tag{3-30}$$

偏心轴每分钟转 n 转，动颚张开一次的时间，也就是偏心轴转半圈的时间，即

$$t = 30/n \tag{3-31}$$

当 $t_1 = t$ 时，则可求出理论上生产率最大时，偏心轴的转速 n(r/min)为

$$n = 2100\sqrt{(\tan\alpha_1 + \tan\alpha_2)/s} \tag{3-32}$$

式中　s——排料口处的水平行程，mm。

若考虑物料与衬板摩擦对排料的影响时，可将式（3-32）的计算值降低10%左右。对于简摆颚式破碎机偏心轴转数，按式（3-32）的计算值降低30%~40%左右。

（2）生产率的计算。计算破碎机的生产率有两种方法，一是理论方法，二是利用经验公式计算。理论方法计算破碎机的生产率是以动颚张开一次，从破碎腔中排出一个松散棱柱体体积的物料作为计算依据。动颚张开一次从破碎腔内排出的棱柱体体积为

$$V = \frac{(2e + s)sL}{2(\tan\alpha_1 + \tan\alpha_2)}$$

动颚每分钟张开 n 次，则生产率 Q(t/h)为

$$Q = \frac{30nLs(2e + s)\rho\mu}{\tan\alpha_1 + \tan\alpha_2} \tag{3-33}$$

式中　L——破碎腔长度，m；

ρ——破碎产品的堆密度，t/m³；

μ——破碎产品的松散系数，中、小型机取 $\mu = 0.25 \sim 0.75$；

n——偏心轴转速，r/min；

s——动颚下端点水平行程，m；

e——排料口最小宽度，m。

从生产率的理论公式（3-33）可以看出各参数与生产率的关系，适当调整这些参数就可提高颚式破碎机的生产率。由于复摆颚式破碎机动颚的运动有利于排料，因此用公式（3-33）计算它的生产率时，须将计算结果增大30%左右。

在工程实际中，经常采用经验公式来计算颚式破碎机的生产率。经验公式是实践的总结，更接近于实际情况。计算颚式破碎机生产率 Q(t/h) 的经验公式为

$$Q = K_1K_2K_3q_0e \tag{3-34}$$

式中　K_1——物料可碎性系数，查表3-1；

K_2——物料密度修正系数，$K_2 = \rho/1.6$，ρ 为物料的堆密度，t/m³；

K_3——粒度修正系数，查表3-2；

q_0——单位排料口宽度的生产能力，t/(mm·h)，查表3-3；

e——破碎机排料口宽度，mm。

表3-1　物料可碎性系数 K_1

物料的普氏硬度系数 f	K_1	物料的普氏硬度系数 f	K_1
<1	1.3~1.4	16~20	0.8~0.9
1~5	1.15~1.25	>20	0.65~0.75
5~15	1.0		

表 3-2 粒度修正系数 K_3

给料最大粒度 D_{max} 与给料口宽度 B 之比	0.85	0.6	0.4
粒度修正系数 K_3	1.0	1.1	1.2

表 3-3 颚式破碎机的 q_0 值

破碎机规格 $B(mm) \times L(mm)$	250×400	400×600	600×900	900×1200	1200×1500	1500×2100
$q_0/t \cdot (mm \cdot h)^{-1}$	0.40	0.65	0.95~1.0	1.25~1.30	1.90	2.70

（3）功率的计算。在破碎过程中，其功率消耗与转数、规格尺寸、排料口尺寸、啮角、粒度特性及被破碎物料的物理机械性质有关，其中以被破碎物料的物理机械性质对功率消耗影响最大。在颚式破碎机的机构尺寸参数优化设计中，功率是一个重要的约束条件。

计算颚式破碎机功率 P(kW）的理论公式为

$$P = \frac{F_{max} k_e s n \cos\alpha}{6 \times 10^4 \eta} \tag{3-35}$$

式中 n——偏心轴转速，r/min；

F_{max}——最大破碎力，N；

s——齿板面上诸点水平行程平均值，m；

α——破碎腔平均啮角，(°)；

η——破碎机的总效率，取 η =0.81~0.85；

k_e——等效破碎系数，中、小型破碎机，k_e = 0.27 ~ 0.37；大型破碎机，k_e = 0.21~0.28。

在实际中常用经验公式计算破碎机的功率消耗。

大型颚式破碎机的功率 P(kW）按下式计算

$$P = \frac{BL}{120} \sim \frac{BL}{100} \tag{3-36}$$

中、小型颚式破碎机的功率 P(kW）按下式计算

$$P = \frac{BL}{80} \sim \frac{BL}{60} \tag{3-37}$$

式中 B——破碎机给料口宽度，cm；

L——破碎机给料口长度，cm。

（4）破碎力的计算。破碎力在破碎齿板上的分布情况及合力作用点位置、大小，是机构设计和零部件强度计算的重要依据。由于破碎力分布及其合力大小、作用点位置具有随机性，用理论分析方法将会产生较大的误差。通过大量的实测数据统计分析，得出实验分析计算公式来计算破碎力。作用在颚板上的最大破碎力 F_{max}(N）可按下式计算

$$F_{max} = qHL \tag{3-38}$$

式中 H——破碎腔有效高度，m；

L——破碎腔长度，m；

q——衬板单位面积上的平均压力，MPa，取 q=2.7MPa。

破碎力垂直作用于衬板上，其作用点的位置，对于复摆颚式破碎机最大破碎力多发生在破碎腔高度的 1/2 处；对于简摆颚式破碎机最大破碎力多发生在破碎腔高度的 1/3 处（从排料口算起）。

3.2.2.2 锤式破碎机的设计及选用

A 锤式破碎机的类型、工作原理与构造

（1）锤式破碎机的类型。锤式破碎机结构类型很多，按回转轴的数目，可分为单转子和双转子两类；按转子回转方向，可分为可逆式和不可逆式两类，如图 3-18 所示；按锤头的排列方式，可分为单排式和多排式两种；按锤头在转子上的连接方式，可分为固定锤式和活动锤式两类；按用途不同，可分为一般用途和特殊用途两类。

锤式破碎机的规格用转子直径 D 和长度 L 表示。如 ϕ2000mm×1200mm 的锤式破碎机，即转子直径 D=2000mm，转子长度 L=1200mm。

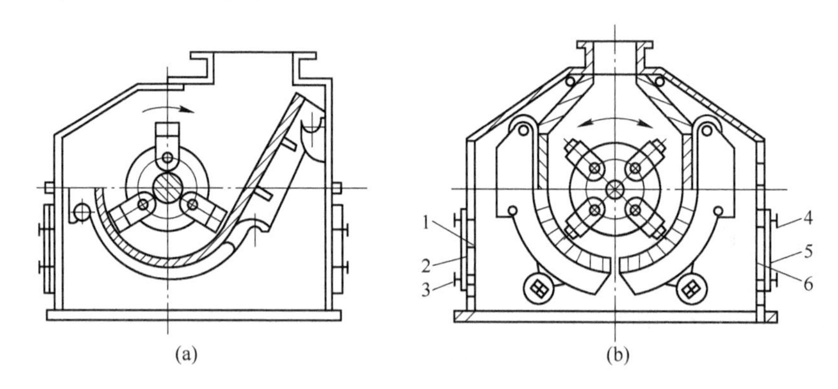

图 3-18 锤式破碎机
（a）不可逆式；（b）可逆式
1，6—检修孔；2，5—盖板；3，4—螺栓

（2）锤式破碎机的工作原理。固体废物从给料口给入机内，立刻受到高速旋转的锤子的打击、剪切和研磨等作用而破碎。破碎了的物料，从锤头获得动能，以高速向机壳内壁的衬板和箅条上冲击而被第二次破碎。然后，小于箅条缝隙的物料，则从缝隙中排出机外，而粒度较大的物料弹回到衬板，并和箅条上的粒状物料，继续受到锤头的附加冲击破碎，在物料的整个破碎过程中，物料之间也相互冲击粉碎。

（3）锤式破碎机的构造。可逆式锤式破碎机的结构如图 3-18（b）所示。这种破碎机的转子可以正、反两方向旋转，所以它的主要零部件都是对称布置的，给料口也就必须设在机器的上方。可逆式锤式破碎机主轴上装有圆盘，每两个圆盘通过销轴悬挂锤头，主轴两端支承在滚动轴承上，电动机通过弹性联轴节直接带动转子回转。排料箅条安装在对称于转子两边的弧形侧板上，弧形侧板的上端悬挂在固定于机壳两侧壁上的心轴上，下端支承在偏心轮上。转动机器两侧的手柄，使偏心轮转动某一角度，就可以调节锤头与箅条间的间隙，从而保证所需要的产品粒度。

目前专用于破碎固体废物的锤式破碎机有 BJD 普通锤式破碎机（见图 3-19）、Novorotor 型双转子锤式破碎机（见图 3-20）、Hammer Mills 式锤式破碎机（见图 3-21）和 BJD 型金属切屑锤式破碎机（见图 3-22）。

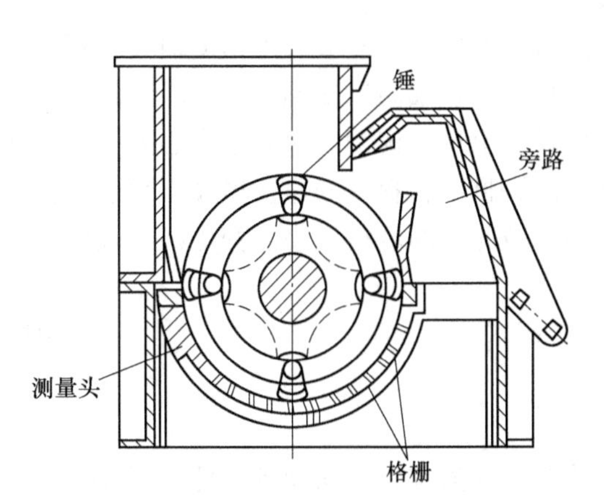

图 3-19　BJD 普通锤式破碎机

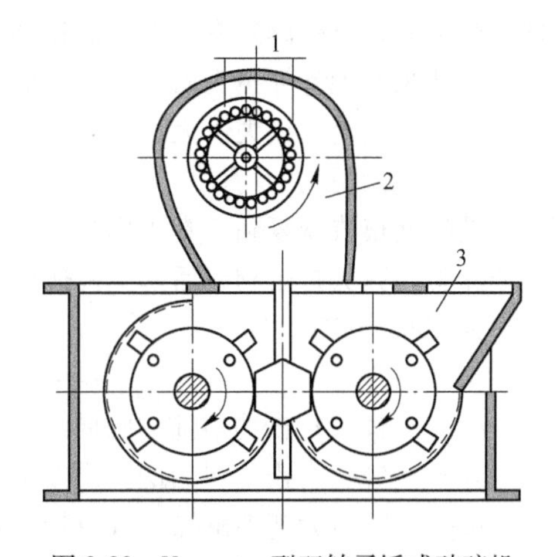

图 3-20　Novorotor 型双转子锤式破碎机

1—细粒级产品出口；2—风力分级机；3—物料入口

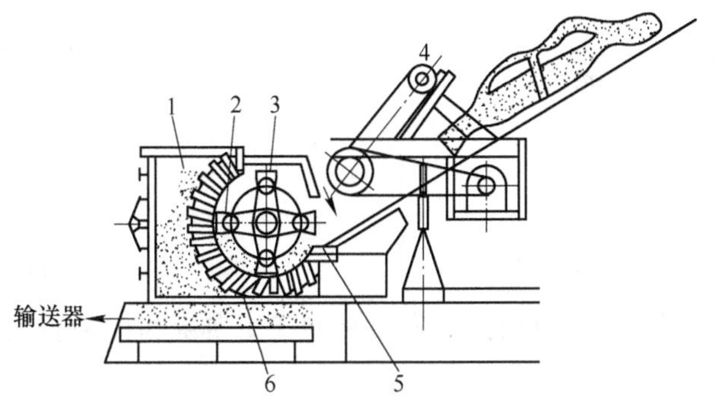

图 3-21　Hammer Mills 式锤式破碎机

1—切碎机本体；2—小锤头；3—大锤头；
4—压缩给料机；5—切断垫圈；6—栅条

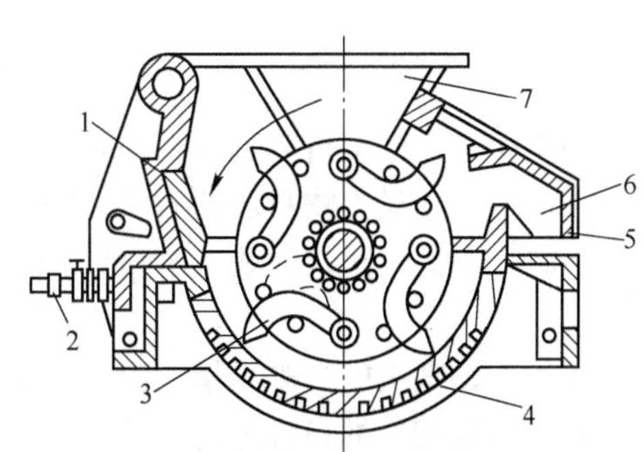

图 3-22　BJD 型金属切屑锤式破碎机

1—衬板；2—弹簧；3—锤子；4—筛条；5—小门；
6—非破碎物收集区；7—进料口

B　锤式破碎机主要参数的设计计算

a　主要结构参数的设计计算

（1）转子直径 D 与长度 L 的计算。转子的直径一般是根据给料的尺寸来确定。通常转子的直径 D(mm) 按下式计算

$$D = (1.2 \sim 5)D_{max} \tag{3-39}$$

式中　D_{max}——最大给料粒度，mm。

转子长度根据破碎机生产率的大小而定。转子长度 L(mm) 按下式计算

$$L = (0.7 \sim 1.5)D \tag{3-40}$$

对于式（3-39），大型锤式破碎机取小值。

（2）给料口宽度与长度的计算。锤式破碎机给料口长度与转子长度相同，而给料口宽度 $B > 2D_{max}$，D_{max} 为最大给料粒度。

（3）排料口尺寸的确定。锤式破碎机排料口尺寸由箅条间隙来控制，而箅条间隙由产品粒度的大小来决定。中碎时产品平均粒度为间隙的 1/5～1/3；粗碎时产品平均粒度为间隙的 1/2～1/1.5。

（4）锤头质量的计算。由于锤式破碎机的锤头是通过铰接悬挂在转子上的，所以正

确选择锤头质量对破碎效率和能量消耗都有很大影响。

根据动量定理计算锤头质量时，考虑锤头打击物料后，必然会产生速度损失。若锤头打击物料后，其速度损失过大，就会使锤头绕本身的悬挂轴向后偏倒，因而降低破碎机的生产率和增加无用功的消耗。为了使锤头打击物料后出现的偏倒能够通过离心力作用而在下一次破碎前很快恢复到正常工作位置，就要求锤头打击物料后的速度损失不宜过大。根据实践经验，锤头打击物料后的允许速度损失随着破碎机的规格大小而变化，一般允许速度损失为40%~60%，即

$$v_2 = (0.4 \sim 0.6)v_1 \tag{3-41}$$

式中 v_1——锤头打击物料前的圆周线速度，m/s；

v_2——锤头打击物料后的圆周线速度，m/s。

若锤头与物料为塑性碰撞，且设物料碰撞前的速度为零，根据动量定理，则有

$$mv_1 = mv_2 + m_{max}v_2 \tag{3-42}$$

由式（3-42），则得

$$v_2 = \frac{mv_1}{m + m_{max}} \tag{3-43}$$

式中 m——锤头折算到打击中心处的质量，kg；

m_{max}——最大物料块的质量，kg。

将式（3-41）代入式（3-43），得

$$m = (0.7 \sim 1.5)m_{max} \tag{3-44}$$

m 只是锤头的打击质量，锤头的实际质量 m_0 应根据打击质量的转动惯量和锤头质量的转动惯量相等的条件进行计算

$$m_0 = \frac{mr^2}{r_0^2} \tag{3-45}$$

式中 r——锤头打击中心到悬挂点的距离，m；

r_0——锤头质心到悬挂点的距离，m。

b 主要工作参数的设计计算

（1）转子转速 n 的计算。锤式破碎机的转子转速按所需要的圆周速度来计算，锤头的圆周速度根据被破碎物料的性质、破碎产品粒度、锤头的磨损、机器结构等因素来确定。

转子转速 n(r/min) 按下式计算

$$n = \frac{60v}{\pi D} \tag{3-46}$$

式中 v——转子的圆周速度，m/s；

D——转子直径，m。

一般中、小型锤式破碎机的转速为750 ~1500r/min，圆周速度为25~70m/s；大型锤式破碎机的转速为200~350r/min，圆周速度为18~25m/s。速度愈高，破碎产品的粒度愈小，锤头及衬板、算条的磨损也愈大，功率消耗也随之增加，对机器零部件的加工、安装精度要求也随之增高，所以在满足产品粒度要求的情况下，转子圆周速度应偏低选取。

（2）生产率 Q 的计算。锤式破碎机的生产率与破碎机的规格、转速、排料算条间隙

的宽度、给料粒度、给料状况及物料性质等因素有关。目前还没有一个考虑了各种因素的理论计算公式，一般多采用经验公式来计算，常用的经验公式为

$$Q = KDL\rho \tag{3-47}$$

式中 Q——生产率，t/h；

D，L——转子的直径和长度，m；

ρ——物料的堆密度，t/m^3；

K——经验系数，破碎中硬物料时，$K=30\sim45$，机器规格较大时取上限，机器规格较小时取下限；破碎软物料时，$K=130\sim150$。

（3）电动机功率 P_d 的计算。锤式破碎机的功率消耗与许多因素有关，但主要取决于物料的性质、转子的圆周速度、破碎比和生产率。所以到目前尚无一个完整的理论公式计算锤式破碎机的功率，一般都是根据生产实践或实验数据统计分析，采用经验公式进行计算

$$P_d = K_0 D^2 L n \tag{3-48}$$

式中 P_d——电动机功率，kW；

K_0——经验系数，对于大型锤式破碎机，$K_0=0.15\sim0.2$；对于中型锤式破碎机，$K_0=0.15$；对于小型锤式破碎机，$K_0=0.1$；

其他符号意义同前。

c 锤式破碎机的选用

目前专用于破碎固体废物的锤式破碎机主要有 Hammer Mills 式锤式破碎机、Novorotor 型双转子锤式破碎机、BJD 普通锤式破碎机和 BJD 型金属切屑锤式破碎机四种类型。BJD 普通锤式破碎机主要用于破碎废旧家具、厨房用品、床垫、电视机、冰箱、洗衣机等大型固体废物，可以破碎到 50mm 左右，不能破碎的废物从旁路排除。经 BJD 型金属切屑锤式破碎机破碎后，金属切屑的松散体积减少 12.5%~33.3%，便于运输，锤子呈钩形，对金属切屑施加剪切力、拉撕等作用而破碎。Hammer Mills 式锤式破碎机主要用于破碎汽车等粗大固体废物。

3.2.2.3 反击式破碎机的设计及选用

A 反击式破碎机的类型、结构与工作原理

（1）反击式破碎机的类型。反击式破碎机按其结构特征，可分为单转子和双转子两种类型，如图 3-23 所示。单转子反击式破碎机如图 3-23 中的 $A\sim E$ 所示。双转子反击式破碎机按转子回转方向又分为两转子同向旋转（如图 3-23 中的 F 和 H 所示）、两转子反向回转（如图 3-23G 所示）、两转子相向旋转（如图 3-23I 所示）三种型式。反击式破碎机的规格用转子直径 D 和长度 L 表示，单位是 mm。

（2）反击式破碎机的工作原理。反击式破碎机的工作原理与锤式破碎机基本相同，它们都是利用高速冲击作用破碎固体物料的，但结构与工作过程却各有差异，如图 3-24 所示。进入破碎腔的物料在设定的流道内沿第一、第二反击板经一定时间一定长度的反复冲击路线使物料破碎，下方的均整算板起确定出料粒度大小的作用。物料的破碎是在板锤接触时进行的，随后是在抛击到反击板上实现部分破碎，一部分料块群在空中互相撞击进一步得到粉碎。料块群的流动方向看上去是杂乱无章的，实际上料块群的质心是受反击板的流道线所约束，是有规律的，反击板流道设计的要求是根据物料性质和对产品粒度的要

求，避免不必要的飞行距离，控制料流流向进行设计的。

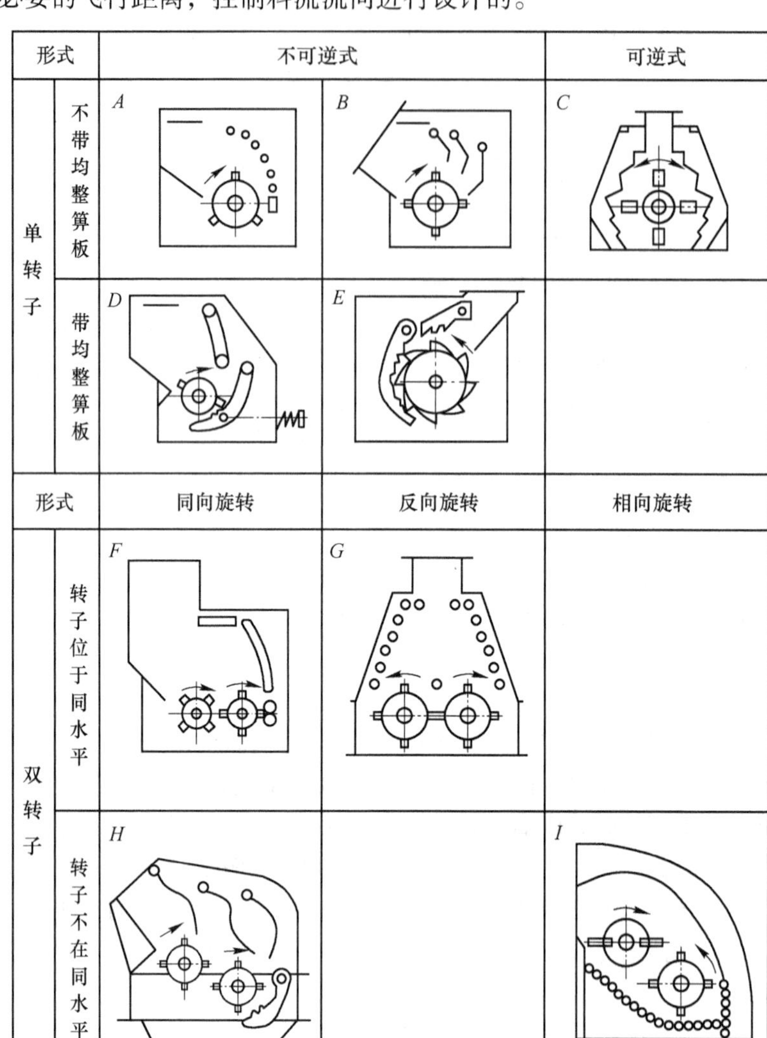

图 3-23　反击式破碎机类型图例

（3）反击式破碎机的构造。我国生产的 ϕ500mm ×400mm 单转子反击式破碎机的构造如图 3-25 所示。这种破碎机主要由上、下机架、转子、反击板等组成。电动机经三角皮带传动使转子高速回转，迎着物料下落方向进行冲击而使物料不断破碎至小颗粒后由机体下部排出。转子上固定有三块板锤，板锤用耐磨的高锰钢材料铸造而成。转子本身用键固定在主轴上，主轴两端借助滚动轴承支承在下机架上。反击板的一端通过悬挂轴铰接于机架上部，另一端由羊眼螺栓利用球面垫圈支承在机架上的锥面垫圈上。反击板

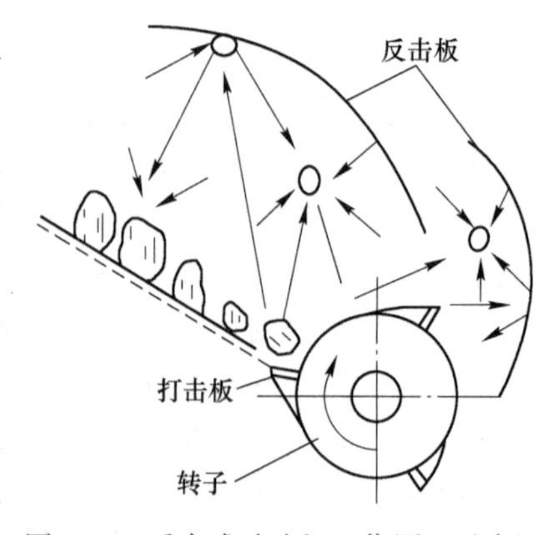

图 3-24　反击式破碎机工作原理示意图

呈自由悬挂状态置于机体内部。调节羊眼螺栓上的螺母位置，可以改变反击板和转子间的间隙。当破碎腔中调入非破碎物时，反击板受到较大的压力而使羊眼螺栓向上及向右移开，使非破碎物排出，从而保护破碎机不受破坏，反击板在自身重力作用下，又恢复到原来的位置，以此作为破碎机的保险装置。机架沿转子轴心线分成上、下机架两部分，上、下机架在破碎区的内壁上装有锰钢衬板。上机架上装有便于观察和检修用的侧门和后门，在门上镶有橡皮防尘装置。机器的进料口处设有链幕，用以防止物料破碎时飞出机外。

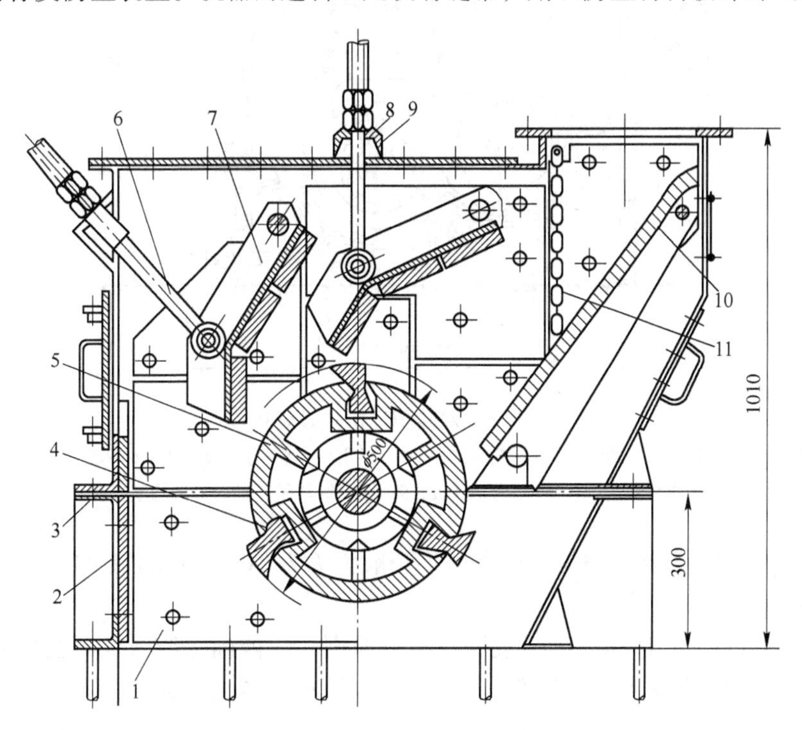

图 3-25　单转子反击式破碎机

1—防护衬板；2—下机架；3—上机架；4—板锤；5—转子；6—羊眼螺栓；
7—反击板；8—球面垫圈；9—锥面垫圈；10—给料溜板；11—链幕

我国生产的 ϕ1250mm×1250mm 双转子反击式破碎机的构造如图 3-26 所示。双转子反击式破碎机主要由机体、第一级转子、第一反击板、分腔反击板、第二级转子、第二反击板、调节弹簧、第二均整栅板、第一均整栅板、第一传动部和第二传动部等组成。

B　反击式破碎机主要参数的设计计算

a　主要结构参数的选择计算

（1）转子直径 D 与长度 L 的选择计算。转子直径与最大给料粒度有关，破碎物料就需要获得足够大的冲击能量，也就是要有一定的转子直径才行。根据实际资料统计，转子直径可按以下经验公式计算

$$D = \frac{100(D_{max} + 60)}{54} \tag{3-49}$$

式中　D_{max}——最大给料粒度，mm。

对于单转子反击式破碎机，将式（3-49）的计算结果乘以 2/3。转子的长度主要根据

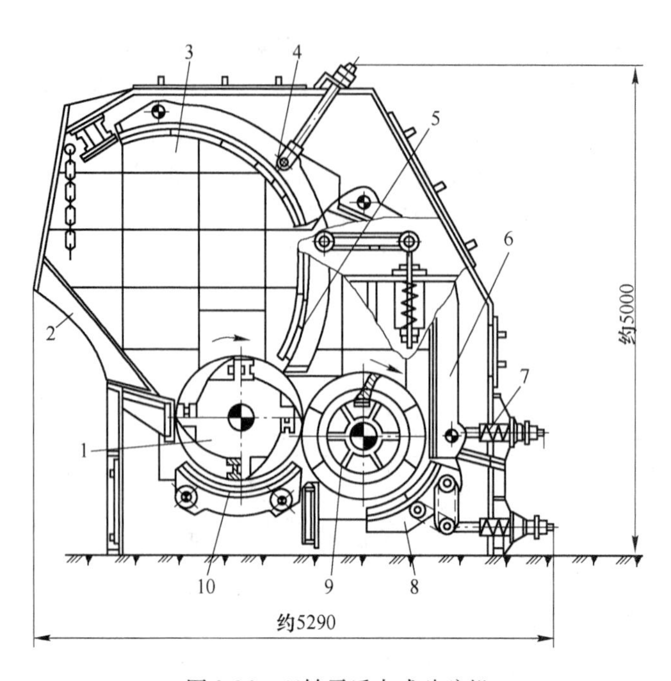

图3-26　双转子反击式破碎机

1—第一级转子；2—给料口；3—机体；4—第一反击板；5—分腔反击板；6—第二反击板；7—调节弹簧；8—第二均整栅板；9—第二级转子；10—第一均整栅板

破碎机生产率的大小而定，根据统计资料，一般为 $L/D=0.5\sim1.2$，物料抗冲击力较强时选用较小的比值。

（2）板锤数目 z 的计算。确定板锤数目的原则，应能确保给入破碎机内的物料借重力加速度或沿给料导板下滑的速度，尽可能地深入锤击区，而又不与转子表面接触。板锤数目少了，会造成转子表面的磨损；反之，破碎效果显著下降，并增加板锤不应有的磨损。

板锤的数目可按下式计算

$$z=\frac{1}{\dfrac{nh}{60\sqrt{2gH}}+\dfrac{\delta_1+\delta_2}{\pi D}} \tag{3-50}$$

式中　n——转子转速，r/min；

δ_1——板锤厚度，m；

δ_2——板锤座厚度，m；

h——板锤高度，m；

g——重力加速度，m/s^2；

H——物料下落高度，m；

D——转子直径，m。

由式（3-50）可知，板锤数目与转子直径、转数等参数有关。通常转子直径小于1m时，可装设3个板锤；直径为1～1.5m时，可装设4～6个板锤；直径为1.5～2m时，可装设6～10个板锤。对于硬物料或破碎比要求大的，板锤数目应多些。

（3）基本结构尺寸的确定：

1）给料口与排料口尺寸。反击式破碎机给料口宽度 $B \approx 0.7D$，D 为转子直径，给料口长度与转子长度相同。反击式破碎机排料口尺寸：$e_{1\min} \approx 0.1D$，$e_{2\min} \approx 0.01D$，如图 3-27 所示。

2）给料方式与给料导板倾角的确定。反击式破碎机的工作特点是要求入料沿导板给入，因此给料导板的倾角 β 不应小于 50°，否则会引起物料堆积。给料导板的卸载点通常在 $\alpha = 30°$ 处（见图 3-27）冲击效果较好。角度过小，即卸载点过低，料块更易堆积，会加剧板锤与转子体的磨损。

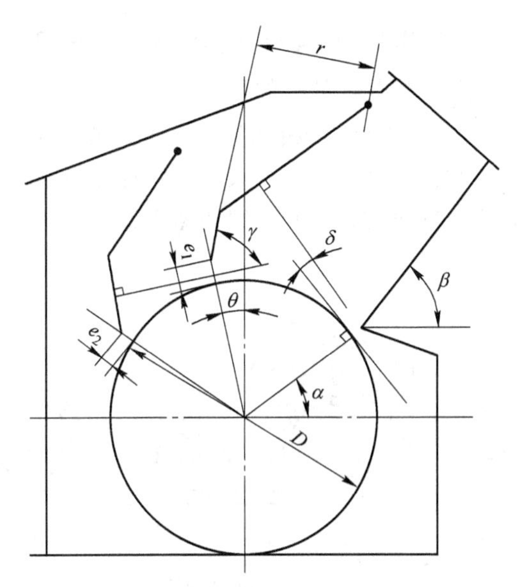

图 3-27 反击式破碎机的基本结构尺寸

3）反击板的悬挂位置的确定。如图 3-27 所示，反击板的悬挂位置直接影响设备的处理能力，θ 角小，则料块在锤击区的冲击破碎次数增多，可以获得较大的破碎比。通常 $0° < \theta < 65°$，$r = (0.17 \sim 0.2)D$，$\gamma = 55° \sim 65°$，$\delta = 1° \sim 2°$。

b 主要工作参数的设计计算

（1）转子转速的选取。转子的转速根据冲击板锤所需要的线速度来决定。板锤的线速度随破碎机的结构、物料性质和破碎比等因素的变化而不同，变动范围很大。通常粗碎时转子圆周速度取 15~40m/s；细碎时取 40~80m/s。转速愈高，产品中细粒级含量愈多，功率消耗也增加，板锤磨损也加快，对机器的制造精度要求也相应提高。所以，转子的圆周速度（板锤端点的线速度）不易太高。根据实验，板锤线速度 $v = 50 \sim 60$m/s 比较合适。

（2）生产率 Q 的计算。反击式破碎机的生产率 Q(t/h)，可按下式计算

$$Q = 3600Lev\rho \tag{3-51}$$

式中 L——转子长度，m；

e——反击板与板锤之间的间隙，m；

v——板锤的线速度，m/s；

ρ——物料的堆密度，t/m³。

（3）电动机功率 P 的计算。反击式破碎机所需功率的大小，与物料性质、破碎比、生产率及转子圆周速度等因素有关。由于物料的破碎过程情况复杂，所以通常是根据实测的单位电耗来计算电机功率 P(kW)，即

$$P = K_1Q \tag{3-52}$$

式中 Q——破碎机的生产率，t/h；

K_1——破碎单位质量物料需要的电耗，kW·h/t，对于中等硬度物料，粗碎时 $K_1 = 0.5 \sim 1.2$kW·h/t，细碎时 $K_1 = 1.2 \sim 2.0$kW·h/t。

c 反击式破碎机的选用

反击式破碎机是一种高效新型破碎设备，它具有结构简单、破碎比大、易于维修和适应性广等优点。它可用于破碎中硬、软、脆、韧性和纤维性固体废物。

3.2.2.4 辊式破碎机的设计及选用

A 辊式破碎机的类型、结构与工作原理

（1）辊式破碎机的类型。辊式破碎机发展得很快，种类也很多，规格比较齐全。按辊子数目可分为单辊、双辊、三辊和四辊四种；按辊面形状可分为光辊、齿辊和槽形辊破碎机。辊式破碎机的类型如图 3-28 所示。

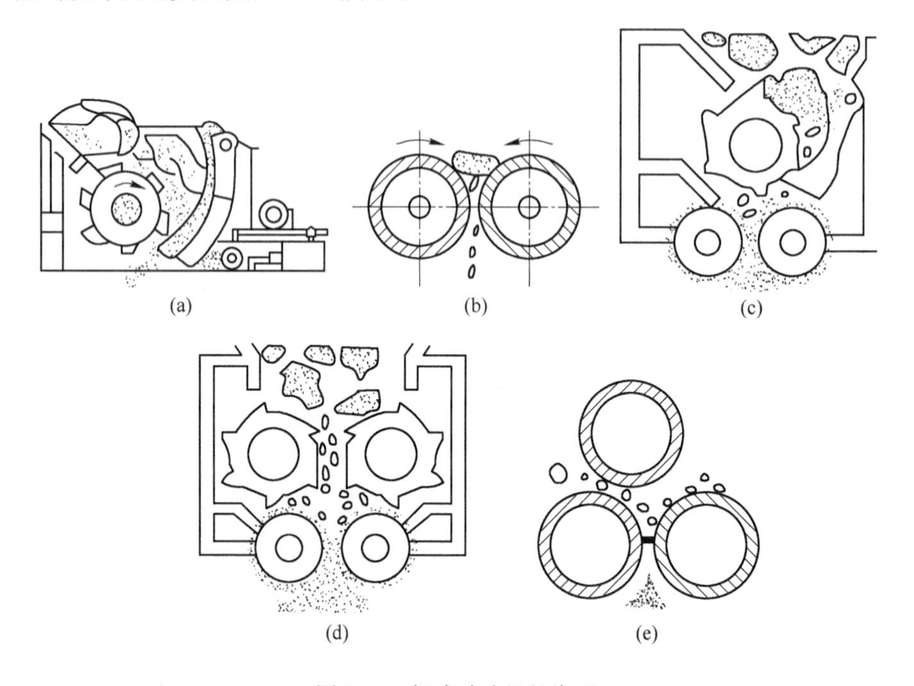

图 3-28 辊式破碎机的类型

（a）单辊破碎机；（b）双辊破碎机；（c），（e）三辊破碎机；（d）四辊破碎机

（2）辊式破碎机的工作原理。以图 3-29 所示的双辊式破碎机为例来介绍其工作原理。辊子 2 支承在固定轴承 4 上，辊子 1 支承在活动轴承 5 上，活动轴承 5 借助弹簧 6 推向左方的挡块位置处。两辊子由电动机带动相向转动，物料经给料箱给入两辊子之间，物料由于受辊子与物料间摩擦力作用，而被带入两辊子之间的破碎腔内，受挤压与研磨破碎后，自下部排出。

（3）辊式破碎机的结构。常用的辊子破碎机是双辊破碎机，它的构造如图 3-30 所示。它由机架、一对辊子、三角皮带传动装置和弹簧保险装置等主要部件组成。两台电动机通过皮带轮 4 传动，带动两辊子 7 相向转动。一个辊子的轴支承在与机架固定在一起的固定轴承 3 上，另一个辊子的轴支承在活动轴承 2 上。活动轴承可以沿机架导轨水平移动，使排料口在必要时增大，将非破碎物排出机外。

B 辊式破碎机主要参数的选择与计算

辊式破碎机的主要参数有：啮角、给料粒度、辊子直径、辊子转数、生产率和电机功率等。

（1）辊式破碎机的啮角 α。辊式破碎机的啮角是指从破碎物料与辊子接触点分别引切线，两条切线所夹的角称为双辊式破碎机的啮角。物料能被两个相向运动的辊子卷入破碎

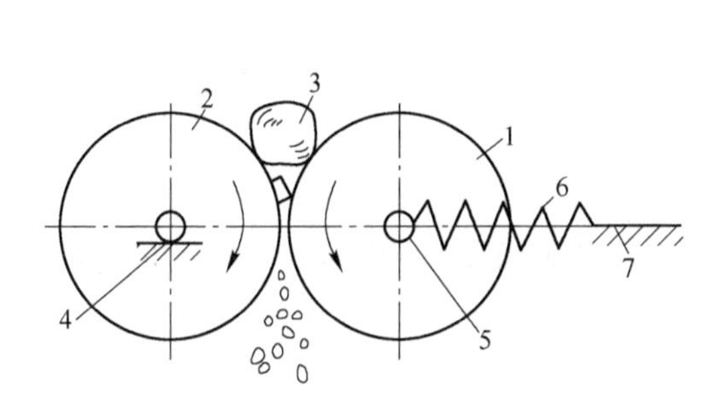

图 3-29　双辊式破碎机的工作原理图

1，2—辊子；3—物料；4—固定轴承；
5—活动轴承；6—弹簧；7—机架

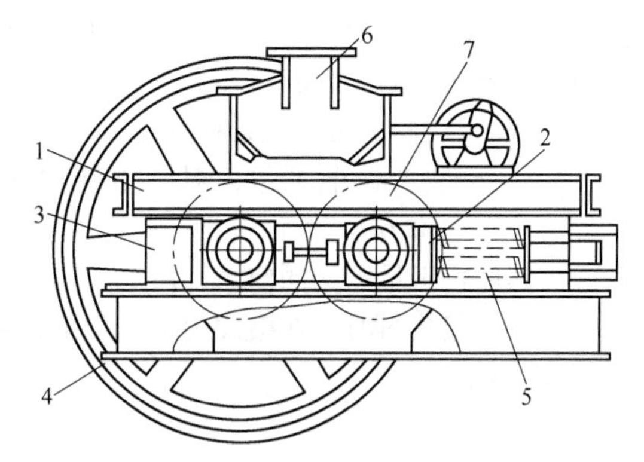

图 3-30　双辊破碎机的结构

1—机架；2—活动轴承；3—固定轴承；
4—皮带轮；5—弹簧；6—给料部；7—辊子

腔而不上滑，啮角 α 应不大于物料与辊子间摩擦角 φ 的 2 倍，即

$$\alpha \leqslant 2\varphi \tag{3-53}$$

当双辊式破碎机破碎物料时，一般摩擦因数取 $f=0.30\sim0.35$，即摩擦角 $\varphi=16°45'\sim19°18'$，则破碎机最大啮角 $\alpha\leqslant33°30'\sim38°36'$。

（2）给料粒度 D_0 和辊子直径 D 的计算。以光面双辊式破碎机为例，当排料口宽度一定时，啮角的大小决定于辊子直径 D 和给料粒度 D_0 的比值。而辊子直径 D 与给料粒度 D_0 的关系为

$$D = 20D_0 \tag{3-54}$$

这种破碎机只能作为中、细碎设备。对于黏湿物料，$f=0.45$，则 $D \approx 10D_0$。但是，齿辊式破碎机的 D/D_0 比值较光辊式破碎机要小，齿辊式破碎机为 $D/D_0=2\sim6$，槽形辊式破碎机为 $D/D_0=10\sim12$。故齿辊式破碎机可以对软物料进行粗碎。

（3）辊子转数的计算。辊式破碎机合适的转数与辊子表面特征、物料性质和给料粒度等因素有关。一般地说，给料粒度愈大，物料愈硬，则辊子转数应愈低。齿辊式破碎机的转数应低于光辊式破碎机。根据物料在辊子上受的惯性离心力与各作用力的平衡条件，可得出当破碎比 $i=4$ 时，光辊式破碎机的极限转数 n_j(r/min) 为

$$n_j = 616\sqrt{\frac{f}{\rho D_0 D}} \tag{3-55}$$

式中　f——物料与辊子表面间的摩擦因数；

ρ——物料的密度，kg/cm^3；

D_0——给料粒度，cm；

D——辊子直径，cm。

在实际中，为了减少破碎机的振动和辊子表面的磨损，取辊子转速为：

$$n = (0.4 \sim 0.7)n_j \tag{3-56}$$

辊子的合理转速一般通过实验确定。光辊取上限值，槽面和齿面辊子则取下限值。

（4）生产率 Q 的计算。辊式破碎机的生产率 Q(t/h)，可用挤压通过辊子间隙的物料最大体积来计算，即

$$Q = 188\mu DeLn\rho \tag{3-57}$$

式中 e——排料口宽度，m；

ρ——物料的堆密度，kg/m^3；

μ——物料松散系数，对于干硬物料取 μ = 0.2～0.3；对于湿软物料取 μ = 0.4～0.6；

其他物理量意义同前。

当破碎硬物料时，在破碎力的作用下，弹簧受压缩使转辊之间距增大，通常间距增大约 1/4，故有

$$Q = 235\mu LeDn\rho \tag{5-58}$$

式中各物理量意义同前。

（5）电机功率 P 的计算。辊式破碎机的功率，一般采用经验公式估算。破碎中硬物料时，破碎机所需功率 P(kW) 为

$$P = 0.794KLv \tag{3-59}$$

式中 v——辊子圆周速度，m/s；

L——辊子长度，m；

K——系数，$K = 0.6D_0/d + 0.15$，D_0 和 d 分别是给料与排料粒度。

破碎软物料时，破碎机所需功率 P(kW) 为

$$P = KLDn \tag{3-60}$$

式中 K——系数，一般取 K = 0.85；

其他物理量意义同前。

C 辊式破碎机的选用

辊式破碎机在资源回收作业中主要用来破碎脆性物料，如玻璃等固体废物，而对如金属罐等只起压平作用。在资源回收和固体废物处理领域中，辊式破碎机用来从炉渣中回收原料，也用作对含有玻璃器皿、铝和铁皮罐等废物进行分选的设备。

3.2.2.5 剪切式破碎机的选用

剪切式破碎机是通过固定刀和可动刀（往复式刀或旋转式刀）之间的啮合作用，将固体废物剪切成适宜的形状和尺寸，特别适用于破碎含二氧化硅量低的松散物料。根据刀刃的运动方式不同，剪切式破碎机可分为往复式和回转式两种。

Von Roll 型往复剪切式破碎机结构如图 3-31 所示，它是由两组钢架组成，在钢架之间以可动方式连接，在打开时呈 V 字形。在固定机架上每间隔一定距离装有一个固定的刀，活动机架上端与控制机架作往复运动的液压杆连接。在与固定机架相对的面上装设了往复刀。在工作时，机架打开并给入待破碎的固体废物，然后两个刀合拢，借助两个刀的啮合而将固体废物破碎。往复剪切式破碎机有 7 片固定刀和 6 片活动刀，宽度为 30mm。为了防止在万一发生堵塞时所可能造成的损害，通常由一负荷传感器检测超压与否，必要时刀片自动反转。剪切式破碎机属于低速破碎机，转速一般为 20～60r/min。该破碎机的处理量视固体废物种类可达 80～150m^3/h，剪切尺寸为 300mm，剪切普通钢废物时厚度达 200mm。

往复剪切式破碎机适用于处理松散状态的大型废物，如废弃木材、塑料、轻型金属构架等，剪切后的尺寸可达到 30mm 左右。而且这种机械也适用于切碎强度较小的可燃性废

物，运行噪音小、粉尘量也小，特别适用于城市垃圾焚烧厂的废物破碎。

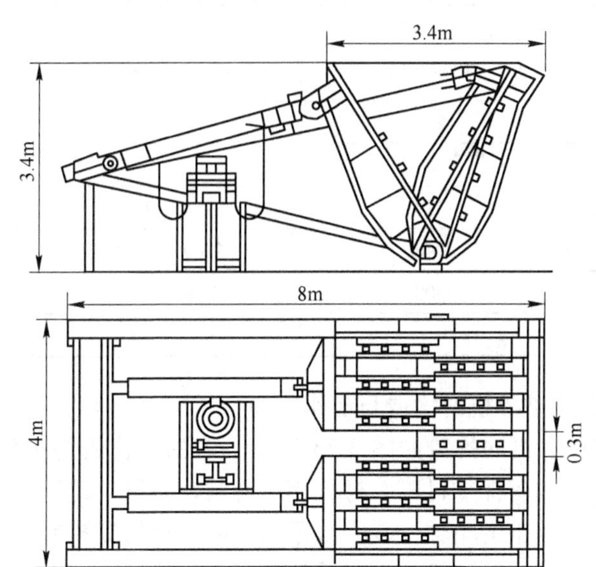

图 3-31　Von Roll 型往复剪切式破碎机

3.2.2.6　振动破碎机的设计及应用

A　振动破碎机的结构与特点

a　振动颚式破碎机的结构与特点

振动颚式破碎机的结构如图 3-32 所示，它由机座、动颚板、激振器和扭力轴等组成。当激振器反向同步旋转时，颚板相对于扭力轴作方向相反的摆动，扭力轴起着限制颚板振幅，按粒度的要求将振幅调到一定值的作用。振动颚式破碎机主要用于要求严格控制产品粒度组成的铁合金和中间合金的破碎；用于边角废料及韧性不良金属大切屑的破碎；破碎砂轮以再生砂轮的研磨粒子；破碎含有大块物料的冶炼炉渣、建筑钢筋混凝土块和建材废料以回收其中的金属材料。振动颚式破碎机既能在满载下又能在定量给料情况下运转工作，其破碎比可在 4~20 范围内调整。振动颚式破碎机的技术特性见表 3-4。

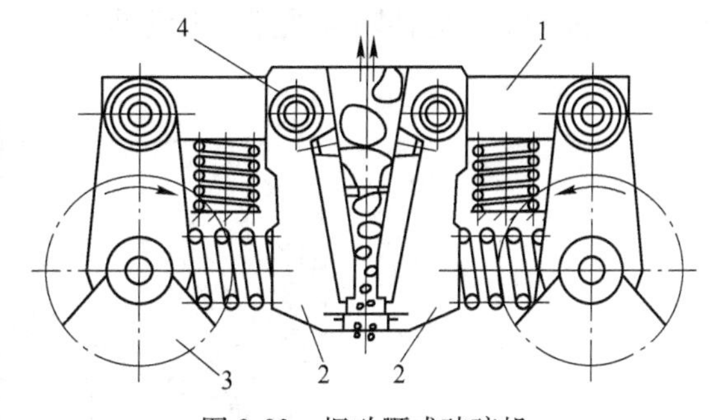

图 3-32　振动颚式破碎机

1—机座；2—动颚板；3—激振器；4—扭力轴

表 3-4　振动颚式破碎机技术特性

参数 \ 给料口尺寸/mm×mm	80×300（100×300）	100×1400（200×1400）	440×1200
生产能力/$t \cdot h^{-1}$	1/2	约 6（约 10）	约 50
最大给料粒度/mm	65×130	80×160（180×600）	380×1000
最大产品粒度/mm	15/20	20（30）	25

续表 3-4

给料口尺寸/mm×mm 参数		80×300 (100×300)	100×1400 (200×1400)	440×1200
颚板摆动频率/Hz		24	13	24
电机功率/kW		15	22 (37)	74
设备外形尺寸/mm	长	1370	2965 (3082)	4800
	宽	1240	2300 (2320)	3100
	高	1400	1040 (960)	2680
设备质量/t		1.4	3.65 (4.5)	23.6

b KID 型惯性圆锥破碎机的构造与工作原理

KID 型惯性圆锥破碎机的构造如图 3-33 所示，它的工作机构由外破碎锥和内破碎锥组成，两锥体表面上均镶有保护衬板，衬板相对着的表面形成破碎腔，整个机体安装在充气隔振弹簧上，在内破碎锥的主轴上装有激振器。电动机的旋转运动通过三角皮带、弹性联轴节传给激振器，使其绕破碎机中心线转动。当激振器旋转时产生离心力，离心力迫使支承在球面支承装置上的内破碎锥绕其球心摆动。如果破碎腔内没有物料，内破碎锥沿外破碎锥的内表面作无间隙的滚动，即内、外破碎锥衬板直接接触，从而导致不必要的磨损，因此 KID 型惯性圆锥破碎机不允许空转。若破碎腔内有物料，内破碎锥沿着物料层滚动，在滚动的同时伴随着强烈的振动冲击，从而实现对物料的破碎。

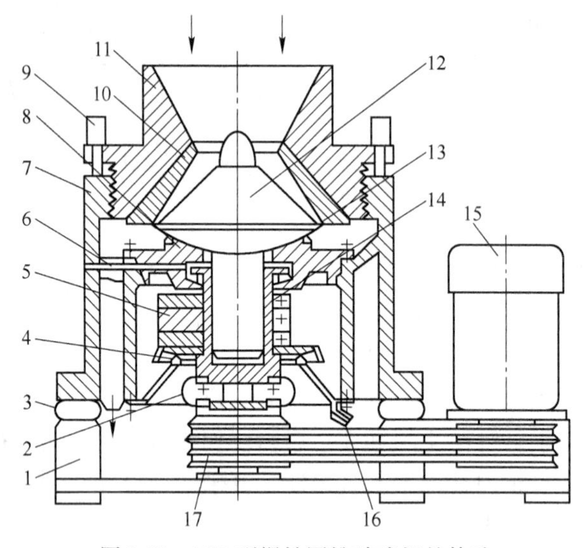

图 3-33 KID 型惯性圆锥破碎机的构造

1—底座；2—弹性联轴节；3—充气式隔振弹簧；4，13—密封；5—激振器；6—润滑油入口；7—机架；8—球面支承装置；9—液压锁紧装置；10—外破碎锥；11—调整环；12—内破碎锥；14—支承套；15—电动机；16—排油孔；17—三角带

在惯性圆锥破碎机中，破碎力的大小是由激振器和内破碎锥的离心力来决定的，内破碎锥的振幅取决于物料层与破碎力的平衡条件。料层的阻力大小与其压实度有关，因此，改变破碎力的大小可以使适当的料层压实。被破碎物料在破碎腔内移动大约持续几秒钟，

其间受破碎作用达几十次左右，同时破碎锥沿不均匀料层滚压，每滚压一周伴随着100多次的振动，由补充的这种脉动力加强了破碎作用。

c KИД 型惯性圆锥破碎机的构造与特点

KИД 型惯性圆锥破碎机的构造如图 3-34 所示，它由外破碎锥体、内破碎锥体、液压制动器、充气缓冲器、不平衡振动器、驱动与传动装置等组成。破碎原理与特点与 KID 相同。

d 自同步振动圆锥破碎机的构造与特点

在集俄罗斯惯性圆锥破碎机优点的基础上，在沈阳市科委的资助下，东北大学与某生产厂研制成功一种自同步振动圆锥破碎机（专利号：ZL 002 12508.0）。自同步振动圆锥破碎机机构新颖，完全脱离了传统破碎机和俄罗斯惯性圆锥破碎机的框架模式，具有独特的结构形式。自同步振动圆锥破碎机的构造如图 3-35 所示，它主要由电动机、激振器、带给料口的上连接板、带排料口的下连接板、内破碎锥体、外破碎锥体和隔振弹簧等组成。破碎机的工作机构由外破碎锥体和内破碎锥体构成，两锥面上均镶有锰钢衬板，衬板相对着的表面形成破碎腔。内破碎锥体的主轴两端分别与上、下连接板连在一起，平行轴式激振器 3 通过其轴承座分别与上下连接板固接在一起，这样内破碎锥体、激振器和上、下连接板组成一体，并通过悬吊装置 11 悬吊在外破碎锥体 10 的立板上。电动机 1 安装在与外破碎锥体立板固接的电机座板上。整机坐落在隔振弹簧 7 上。电机通过弹性联轴节 2 驱动两平行轴式激振器等速同向回转产生离心力，在离心力作用下，内破碎锥绕机器中心线作圆运动。若破碎腔内没有物料时，内破碎锥在离心力迫使下沿外破碎锥的内表面作无间隙的滚动，若破碎腔内有物料时，则内破碎锥沿物料层滚动，在滚动的同时伴随着强烈的挤压和振动冲击，从而实现对物料的破碎。

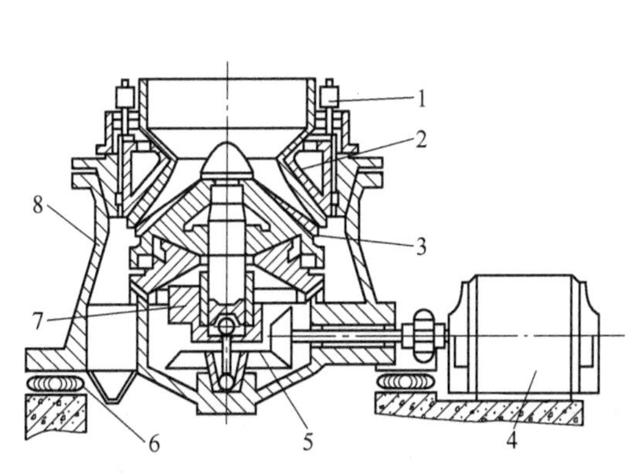

图 3-34 KИД 型惯性圆锥破碎机的构造
1—液压制动器；2—外破碎锥体；
3—内破碎锥体；4—电动机；
5—传动装置；6—充气式缓冲器；
7—不平衡振动器；8—机架

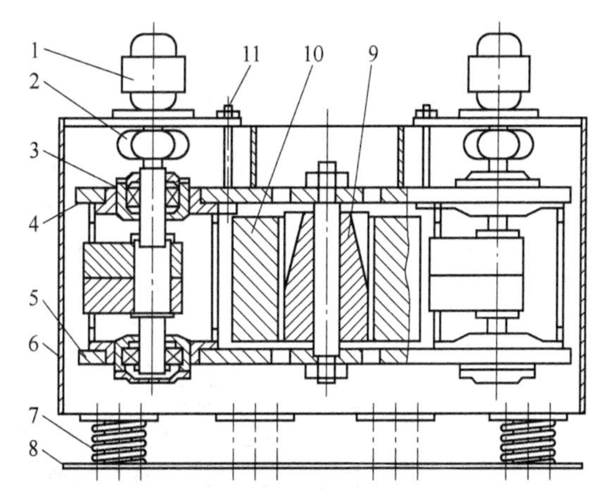

图 3-35 自同步振动圆锥破碎机的构造
1—电动机；2—弹性联轴节；3—激振器；
4—上连接板；5—下连接板；6—护板；
7—隔振弹簧；8—底板；9—内破碎锥体；
10—外破碎锥体；11—悬吊装置

自同步振动圆锥破碎机除具有俄罗斯 KИД 型惯性圆锥破碎机的优点外，还具有结构简单紧凑、制造安装容易、维护方便、功耗低、产品粒度特性好、整机投资少、采用了振动自同步原理，结构完全相同的两激振器分别安装在锥体两侧，可方便地通过调正激振器的偏心块来调节破碎力，内破碎锥锥面倾角比较大，可提高生产能力等特点。

B　振动破碎机主要参数的设计计算

a　结构参数的选择与计算

（1）给料口宽度 B 与排料口最小宽度 e 的确定。惯性破碎机给料口宽度为 $B=(1.2\sim1.25)D_{max}$，其中 D_{max} 为给料最大粒度。为了保证内破碎锥沿外破碎锥内表面滚动的稳定运动状态，因此，所选择的排料口平均宽度 e_0 应满足 $e_0=\beta l+e$，则排料口最小宽度 e 为

$$e=e_0-\beta l \tag{3-61}$$

式中　β——内破碎锥轴线对外破碎锥轴线摆动的相对角度；

l——内破碎锥母线长度。

（2）啮角 α 的确定。惯性圆锥破碎机啮角 α 的选择与传统圆锥破碎机相同，啮角 α 应满足

$$\alpha\leqslant 2\varphi \tag{3-62}$$

式中　φ——物料与衬板间的摩擦角，通常取啮角为 $\alpha=21°\sim23°$。

（3）破碎腔形状的选择。破碎腔的几何形状对破碎机的工艺指标和能耗指标均有很大的影响。破碎腔的变化将影响到颗粒在破碎腔内的停留时间和运动轨迹，破碎比和产品粒度组成等都将随之发生变化。合理的腔形，可在降低必要的破碎力和单位能耗的条件下，大大提高其工艺指标。根据物料在 ϕ1750 惯性圆锥破碎机破碎腔内的运动特性以及已知数据：激振器静力矩为 2100N·m，卸载间隙为 30mm，内破碎锥振幅为 15mm，进动角 ψ 为 0.013rad，角速度 ω 为 50.8rad/s，经精确计算给出了破碎腔形状如图 3-36 所示。

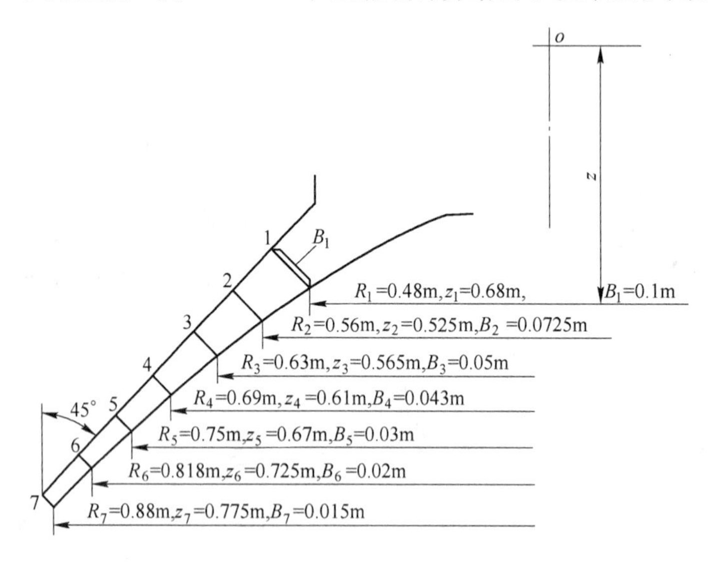

图 3-36　ϕ1750 惯性圆锥破碎机破碎腔形状

破碎腔平行区的长度对产品粒度影响很大。平行区的长度短时，产品粒度过粗，合格产品的产率低，随着平行区的加长，产品粒度明显变小，合格产品的产率提高，平行区长度增加到一定值，合格产品的产率最高。若平行区的长度再增加时，则合格产品产率降低，过粉碎产品增加。

b 动力学参数的设计计算

（1）偏心块质量的静力矩计算。为了保证内破碎锥沿外破碎锥内表面或料层滚动的稳定运动状态，避免破碎腔堵塞，必须取偏心块质量的静矩为

$$m_0 r \geqslant \frac{F l_F \sin\delta}{K_{F_2} \omega^2 l_0 \sin\alpha} \tag{3-63}$$

其中
$$K_{F_2} = \frac{1}{Jm - m^2 l^2}\left[J_2\left(\frac{m_1 l_1}{l_0} - m\right) - m_2 l_2\left(\frac{J_1}{l_0} - ml\right)\right]$$

式中 F——破碎物料所需要的破碎力，N；

l_F——破碎力作用线到中心 o 点的距离，m；

δ——破碎力作用点与内外破碎锥接触点在水平面内所夹的中心角，(°)；

ω——偏心块转动角速度，rad/s；

l_0——偏心块质心到 o 点的距离，m；

α——内锥与机架接触点对偏心质量的相位差角，(°)；

J_1，J_2——分别为内、外破碎锥体对 ox 轴或 oy 轴的转动惯量，kg · m²；

m_1，m_2——分别为内、外破碎锥体的质量，kg；

m_0——偏心块质量，kg；

r——偏心块的偏心距，m；

J——其值为 $J = J_1 + J_2 + m_0 l_0^2$，kg · m²；

m——内、外破碎锥体与偏心块质量之和，kg；

l_1，l_2——分别为内、外破碎锥体质心到 o 点的距离，m；

l——整机质心到 o 点的距离，m。

（2）内破碎锥实际摆动角 β_s 的计算。为了保证惯性圆锥破碎机正常工作，内破碎锥的实际摆动角 β_s 按下式计算：

$$\beta_s \geqslant \frac{K_{F_2}}{K_{F_1}} \times \frac{1}{J_1} m_0 r l_0 \sin\alpha(\cot\delta - \cot\alpha) \tag{3-64}$$

其中
$$K_{F_1} = \frac{1}{Jm - m^2 l^2}\left(J_2 m - \frac{J_2}{J_1} m_1^2 l_1^2 - m_2^2 l_2^2\right)$$

式中各物理量意义同前。

为了获得粒度较小的产品及较高的破碎效率，所选取的 β_s 应小于临界角 β_1，即为

$$\beta_s \leqslant \beta_1 \tag{3-65}$$

其中
$$\beta_1 = \frac{K_1 K_{F_2} m_0 r l_0}{K_{F_1} J_1} \tag{3-66}$$

式中 K_1——临界角度系数，一般为 $K_1 = 2 \sim 4$。

（3）破碎力 F 的计算。惯性圆锥破碎机的破碎力是由内破碎锥体和激振器产生的离心力之和决定的。由惯性圆锥破碎机的运动分析可知，内破碎锥的运动是由进动运动、自转运动和章动运动所组成的。由于破碎腔内料层分布不均匀和物料颗粒有大有小，内破碎锥沿料层滚压时的章动角速度是无规律的变化，故难以准确求出惯性力的大小。假设通过给料控制能使物料在整个破碎腔中均匀分布，就可以用无载情况来计算破碎机的惯性力。

图 3-37 所示为惯性圆锥破碎机无载时内破碎锥的受力情况。图中略去摩擦力、球面支承对内破碎锥和激振器的支反力。把内破碎锥和激振器视为一个系统，不考虑它们之间的内力。通过对 o 点取矩，整理后则得：

$$F = \frac{1}{l_F}[F_1 l_1 \cos\beta + F_0 l_0 \cos(\beta + \delta) - m_1 g l_1 \sin\beta - m_0 g l_0 \sin(\beta + \delta)] \tag{3-67}$$

其中
$$F_1 = m_1\omega^2 l_1 \sin\beta,\ F_0 = m_0\omega^2 l_0 \sin(\beta + \delta)$$

式中　F——破碎力，N；

F_1——内破碎锥的离心力，N；

F_0——偏心块的离心力，N；

ω——进动角速度，rad/s；

β——内破碎锥中心线与外破碎锥中心线之间的夹角，(°)；

δ——偏心块质心和 o 点连线与内破碎锥中心线之间的夹角，(°)；

g——重力加速度，m/s^2；

其余各物理量意义同前。

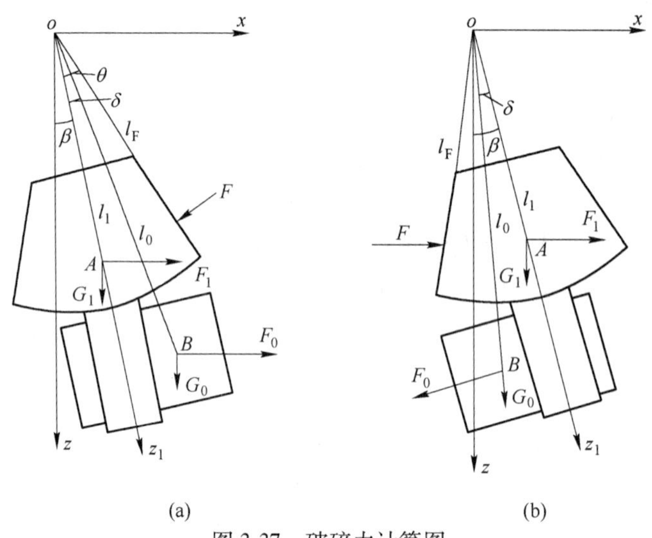

图 3-37　破碎力计算图

破碎腔内有物料时，通过测试可知最小破碎力 F_{min} 和最大破碎力 F_{max}，破碎力 F 在 F_{min} 和 F_{max} 之间变化。偏心块在图 3-37（a）所示位置时，破碎力最小，即为 F_{min}。对 o 点之矩列平衡方程式，并整理则得：

$$F = [F_0 l_0 \cos\delta - m_1 g l_1 \sin\beta - m_0 g l_0 \sin(\beta + \delta)]/l_F \tag{3-68}$$

破碎力 F_{min} 为 F 的反作用力，F_{min} 值为

$$F_{min} = [F_0 l_0 \cos\delta - m_1 g l_1 \sin\beta - m_0 g l_0 \sin(\beta + \delta)]/l_F \tag{3-69}$$

偏心块在图 3-37（b）所示位置时，破碎力最大，即为 F_{max}。对 o 点之矩列平衡方程式，并整理则得：

$$F = [F_0 l_0 \cos\delta + m_1 g l_1 \sin\beta + m_0 g l_0 \sin(\beta - \delta)]/l_F \tag{3-70}$$

破碎力 F_{max} 为 F 的反作用力，F_{max} 值为

$$F_{max} = [F_0 l_0 \cos\delta + m_1 g l_1 \sin\beta + m_0 g l_0 \sin(\beta - \delta)]/l_F \tag{3-71}$$

式中各物理量意义同前。

c 振动破碎机的应用

在固体废物的回收利用中，选用振动颚式破碎机破碎建筑废物钢筋混凝土物块，回收其中的金属回炉再利用，破碎后的混凝土可用于制作建筑用的砖瓦；应用振动圆锥破碎机对废弃的电器绝缘体、废电灯泡、废电脑、废冰箱、废电视机、电子管、电子线路板等进行破碎，可以从中回收有色金属、金属及非金属原料用于生产中。

3.2.2.7 磨机的设计及选用

磨机对于矿山废物和许多工业废物来说，是非常重要的一种破碎方式，在固体废物的处理与利用中得到了广泛的应用。

A 磨机的类型、结构与工作原理

（1）磨机的类型。如图 3-38 所示，按作业特点可分为湿式磨机和干式磨机；按排料方式可分为溢流排料磨机、格子排料磨机和周边排料磨机；按装入研磨介质形状的不同可分为球磨机、棒磨机、砾磨机和自磨机。

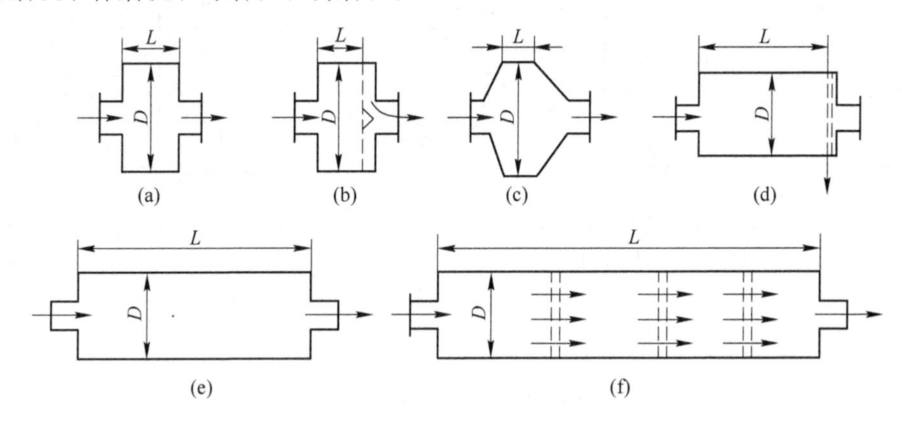

图 3-38 磨机的分类简图

（a）溢流型磨机；（b）格子型磨机；（c）锥型磨机；（d）周边排料磨机；（e）长筒型磨机；（f）多仓管磨机

（2）球磨机的工作原理。图 3-39 所示为球磨机的工作原理示意图。球磨机的圆形筒体 1，利用螺栓与带中空轴颈的端盖 2 连为一体，筒体借助端盖上的中空轴支承在轴承 3 上。筒体内装有研磨介质，一般为钢球、钢段、钢棒、砾石和陶瓷等。电机借助传动装置，通过装在筒体一端的齿轮 4 带动筒体回转。物料由给料器经给料端的中空轴颈送入筒体内，当筒体回转时，筒体内的研磨介质在摩擦力和离心力的作用下，贴附在筒体内壁与筒体一起回转，并被带到一定的高度，由于介质本身所受重力作用，产生自由泻落或抛落，对物料产生冲击，同时介质还有滑动和滚动，是介于其间的物料受到剥磨作用，这样不断地冲击剥磨而将物料粉碎。被磨碎的物料从排料端排出机外。

（3）球磨机的结构。干式立式搅拌磨机的构造如图 3-40 所示。它由筒体、螺旋轴、带减速装置的电动机、给料口、鼓风机和旋风除尘器等部分组成。ϕ2700mm×3600mm 溢流型球磨机的结构如图 3-41 所示，它主要由筒体部、给料部、排料部、轴承部、传动部和润滑部六部分组成。筒体部由筒壳、法兰盘、衬板、人孔盖等构成。给料部是由带中空轴颈的端盖、联合给料器、扇形衬板和轴颈内套等组成，它的作用是将被磨物料送入磨机内。排料部由带中空轴颈的端盖、扇形衬板和轴颈内套等组成，它的作用是将已磨好的产品及时排出去。轴承部由轴承座、轴承盖、表面浇铸巴氏合金的下轴瓦和销钉等组成。传动部由大齿圈、小齿轮、传动轴和联轴节等组成，它用以传递动力，使筒体旋转进行磨料。润滑部是由油箱、油泵、电动机、过滤冷却器及油管等组成，它的作用是将润滑油送到各润滑点，润滑主轴承和传动轴两端的滚动轴承。

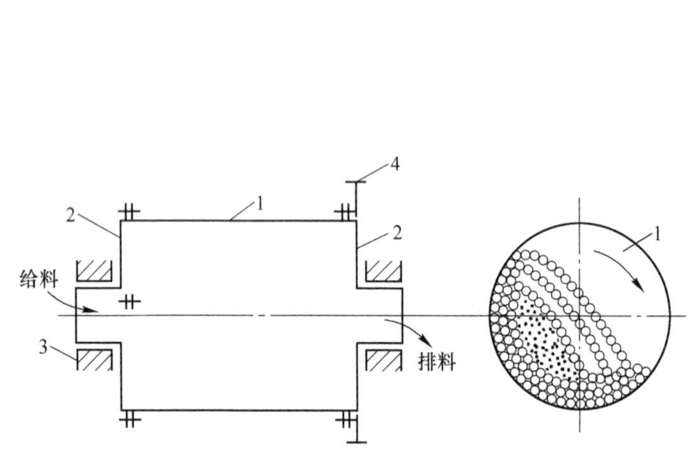

图 3-39 球磨机的工作原理图

1—筒体；2—端盖；3—轴承；4—齿轮

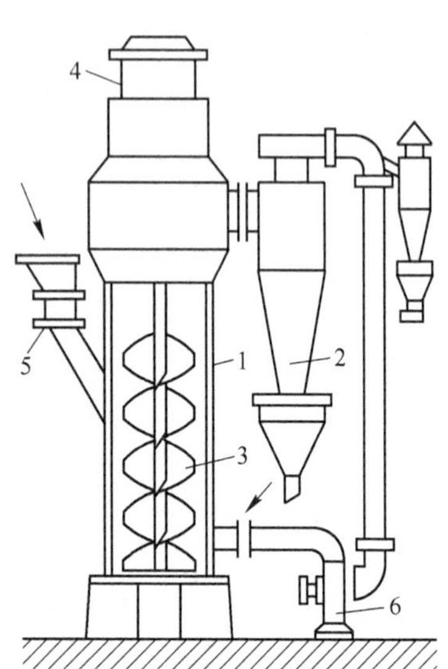

图 3-40 干式立式搅拌磨机的构造

1—筒体；2—旋风除尘器；3—螺旋轴；4—电动机；5—给料口；6—鼓风机

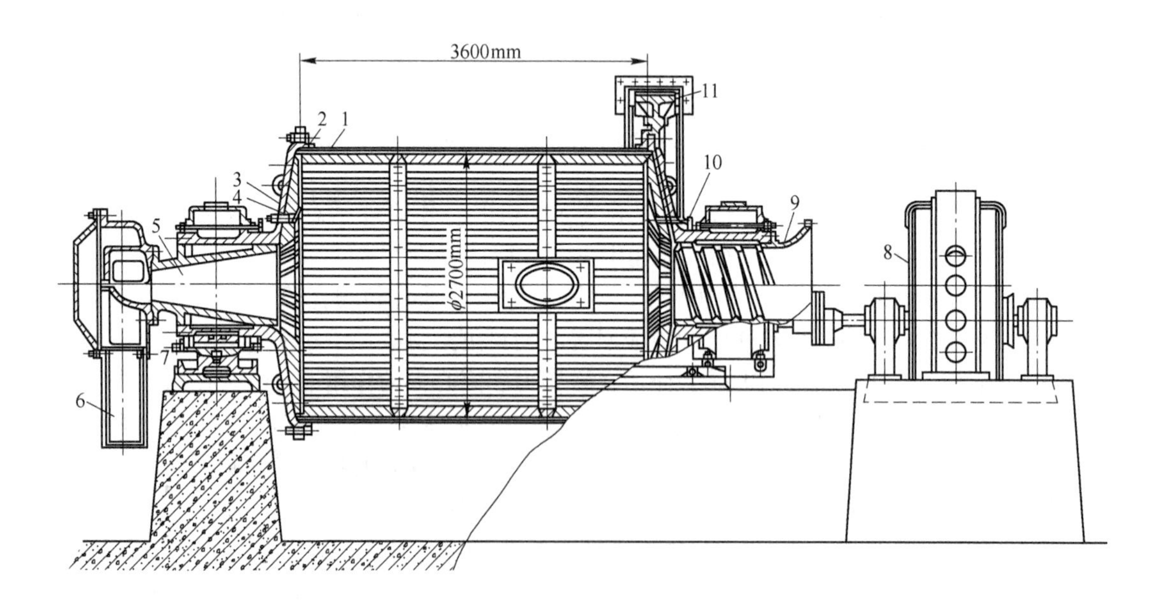

图 3-41 ϕ2700mm×3600mm 溢流型球磨机

1—筒体；2—法兰盘；3—端盖；4—衬板；5—进料管；6—联合给料器；7—主轴承；8—电动机；9—出料管；10—挡圈；11—大齿圈

B 主要参数的设计计算

a 球磨机主要结构参数的确定

（1）筒体的内径 D 和长度 L 的确定。根据实践总结，磨机筒体内径 D 与筒体长度 L 有下列关系。格子型球磨机取 $L=(0.7\sim2)D$，对于粉碎比大、物料可磨性差、产品粒度要求细时，取大值；反之，取小值；溢流型磨机取 $L=(1.3\sim2)D$；管磨机取 $L=(2.5\sim6)D$，对于开路磨料系统，取 $L=(3.5\sim6)D$，对于闭路磨料系统，取 $L=(2.5\sim3.5)D$。

（2）主轴承的直径 d 和宽度 B 的确定。主轴承的直径 d 和宽度 B 等结构尺寸，取决于中空轴颈的结构尺寸，中空轴颈的结构尺寸是由进料和出料的需要而确定的。通常，主轴承的直径 $d=(0.35\sim0.40)D$，主轴承的宽度 $B=(0.45\sim0.60)d$。

b 球磨机主要工作参数的计算

（1）球磨机转速的计算：

1）球磨机的临界转速 n_0 的计算。当球磨机筒体的转速达到某一数值，使外层球的断离角 $\alpha=0°$，介质的离心力等于介质本身的重力，在理论上粉磨介质将紧贴附在筒壁上，随筒体一起回转而不会降落下来，此情况下，球磨机的转速称为临界转速。球磨机的临界转速 n_0(r/min) 为

$$n_0=30/\sqrt{R}=42.4/\sqrt{D} \tag{3-72}$$

式中 R——磨机筒体的有效半径，m；

D——磨机筒体的有效直径，m。

由式（3-72）求得的临界转速并非实际的临界转速。球磨机的临界转速主要取决于介质的装入量、衬板表面的形状、介质与介质及介质与衬板间的相对滑动量的大小。所以球磨机的临界转速只是标定磨机工作转速的一个相对标准。

2）球磨机理论工作转速 n 的计算。为了使磨机正常进行粉磨工作，球磨机的工作转速必须小于临界转速，满足这样条件的转速很多，但是其中必有一个最有利的工作转速。球磨机最有利的理论工作转速 n(r/min) 为

$$n=(0.76\sim0.88)n_0 \tag{3-73}$$

在实际中，由于各种因素的影响，用式（3-73）求得的磨机工作转速并不一定是最有利的，球磨机有利的工作转速应根据实际情况选取。对于湿式球磨机 $n=(0.79\sim0.85)n_0$；对于棒磨机 $n=0.65n_0$；对于管磨机 $n=(0.68\sim0.76)n_0$。

（2）磨机内装球量 m_q 的计算。磨机内装球量的多少及各种球的配比，对粉磨效率有重要影响。装球过少会使粉磨效率降低，装球量过多筒内球不能实现正常的抛落运动，使球荷下落时的冲击能量减少，粉磨效率因之也会下降。合理的装球量应通过试验确定。

磨机内装球量 m_q(t)，可按下式计算

$$m_q=0.25\pi D^2L\varphi\gamma \tag{3-74}$$

式中 D——球磨机筒体有效直径，m；

L——球磨机筒体有效长度，m；

φ——粉磨介质的充填率，湿式格子型球磨机 $\varphi=0.40\sim0.45$；干式格子型球磨机和管磨机 $\varphi=0.25\sim0.35$；溢流型球磨机 $\varphi=0.35\sim0.40$；

γ——介质的堆密度，锻造钢球取 $\gamma=4.5\sim4.8\text{t/m}^3$；铸铁球取 $\gamma=4.3\sim4.6\text{t/m}^3$。

（3）球磨机生产率 Q 的计算。影响磨机生产率的因素很多，因此，一般都采用模拟计算法确定。下面介绍按比生产率计算法来确定磨机的生产率。这种方法是按新形成 -0.074mm 级别计算，其计算公式为

$$Q = qV \tag{3-75}$$

其中

$$q = K_1K_2K_3K_4q_0 \tag{3-76}$$

式中 q——待计算磨机的比生产率，$\text{t/(m}^3\cdot\text{h)}$；

q_0——选作比较标准的磨机的比生产率，$\text{t/(m}^3\cdot\text{h)}$；

Q——待计算磨机的生产率，t/h；

V——待计算磨机的有效容积，m^3；

K_1——可磨性系数，一般根据试验测定，若无实测资料时，可按参考文献［15］中的表 8-6 选取；

K_2——磨机形式校正系数，按参考文献［15］中的表 8-7 选取；

K_3——磨机直径校正系数，按参考文献［15］中表 8-8 选取，也可按式 $K_3 = \sqrt{(D-2b)/(D_0-2b_0)}$ 计算，式中 D、D_0 分别为待计算磨机和标准磨机的直径，b、b_0 分别为待计算磨机和标准磨机的衬板厚度；

K_4——磨机给料和产品粒度系数，$K_4 = Q_1/Q_2$，式中 Q_1、Q_2 分别为待计算磨机和标准磨机在不同给料粒度及产品粒度条件下，按新形成-0.074mm 级别计算的相对生产率，由参考文献［15］中的表 8-9 选取。

（4）球磨机功率 P 的计算。粉磨过程中动力消耗很大，主要消耗在三个方面：一是电动机本身的损失，约占总电能的 5%~10%；二是克服传动部件间的摩擦所消耗的功率，这部分电耗约占总电能的 10%~15%；三是磨料所消耗的有用功率，约占总电能的75%~80%。

计算磨机功率的方法很多，下面仅介绍计算磨机功率的经验公式。球磨机的电机功率 P(kW)，可按下式计算：

$$P = 0.023CGDn/\eta \tag{3-77}$$

式中 C——粉磨介质系数，按参考文献［15］中表 8-11 选取查表；

G——磨机内介质和物料的总量，t；

η——机械传动效率；

D——球磨机筒体有效直径，m；

其他物理量意义同前。

立式搅拌磨机主要参数的选择与计算参见参考文献［15］。

3.2.2.8 其他破碎技术与设备

随着固体废物处理技术的发展，还出现了一些新的破碎技术，如固体废物中的塑料和橡胶类物质在低温下会变脆，故出现了一种低温破碎工艺；又如在垃圾中的纸类，在水中比较容易破碎故又出现了湿式破碎技术。随之就产生了破碎废轮胎、废旧家电等的低温破碎装置和破碎废纸的湿式破碎机等。

A 低温破碎技术与装置

（1）低温破碎工艺流程。低温破碎又称冷冻破碎，低温破碎是利用固体废物中所含

的各种物质在低温下脆性增大的性质，将固体废物置于可控制的适宜低温下，使不同材料脆化，然后进行破碎分选。例如聚氯乙烯的脆化点为-5～-20℃，聚乙烯的脆化点为-95～-135℃，若要将这两种物料从混合固体废物中分离出来，就可采用低温破碎的方法，即把物料置于液氮室，温度控制在-20℃，使聚氯乙烯脆化，然后移入冷却室，在温度不低于-5℃时送入冲击式破碎机，将聚氯乙烯进行破碎，再经粗筛分选，使这两种塑料基本分离，低温破碎工艺流程，如图 3-42 所示。

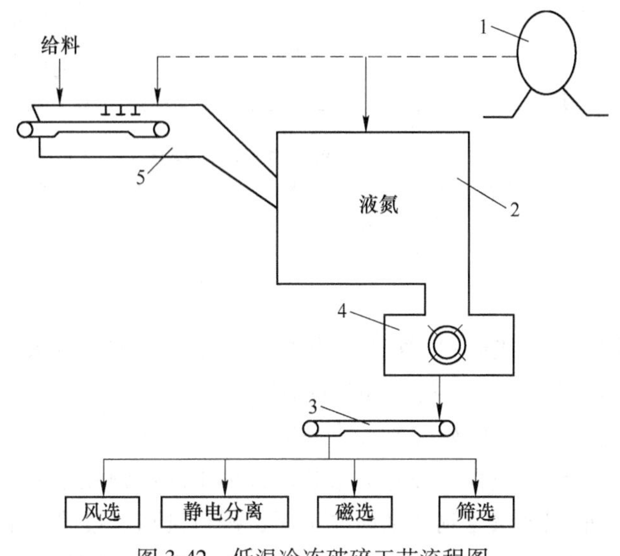

图 3-42 低温冷冻破碎工艺流程图

1—液氮储槽；2—浸没冷却装置；3—带式输送机；4—高速冲击破碎机；5—预冷装置

据实验测定，与常温破碎相比，低温破碎所需动力消耗可减至 1/4 以下，噪声降低 7dB，振动减轻 1/4～1/5。

当前，低温破碎技术发展的关键是冷却介质的制备。低温破碎所用的冷却介质通常是液氮，而液氮的制备需耗用大量能源。从经济效益上考虑，目前低温破碎主要用于合成材料废物的回收，特别是那些难以在常温下破碎的合成材料废物的处理。在美国，低温技术多用来从废轮胎、非铁金属混合物等固体废物中回收铜和铝。

（2）低温破碎技术与装置。低温破碎通常采用液氮做制冷剂。液氮具有制冷温度低、无毒、无爆炸危险等优点。但是，制备液氮需要消耗大量能源，所以，低温破碎的对象仅限于常温下难以破碎的固体废物，如橡胶、塑料、废旧家电、包覆电线等。

图 3-43 为汽车轮胎低温破碎装置，由皮带运输机送来的废轮胎采用穿孔机穿孔后，经喷洒式冷却装置预冷，再送浸没式冷却装置冷却。通过辊式破碎机破碎分离成“橡胶和夹丝布”与“车轮轮缘”两部分，然后送至安装有磁选机的皮带运输机进行磁选。前者经锤式破碎机二次破碎后送入筛选机分离成不同粒度的产品，送入再生利用工序。

（3）低温破碎工艺的应用。美国矿山局利用低温破碎技术，从废轮胎、有色金属混合物等固体废物中回收铜、铝、锌。研究结果表明，对 25～75mm 大小的混合金属，采用液氮冷冻后冲击破碎（-72℃，1min），25mm 以下产物中可回收 97.2%的铜（不含锌）；25mm 以上产物中可回收 2.8%的铜、100%的锌（不含铝）；这说明此方法能进行选择性破碎分离。

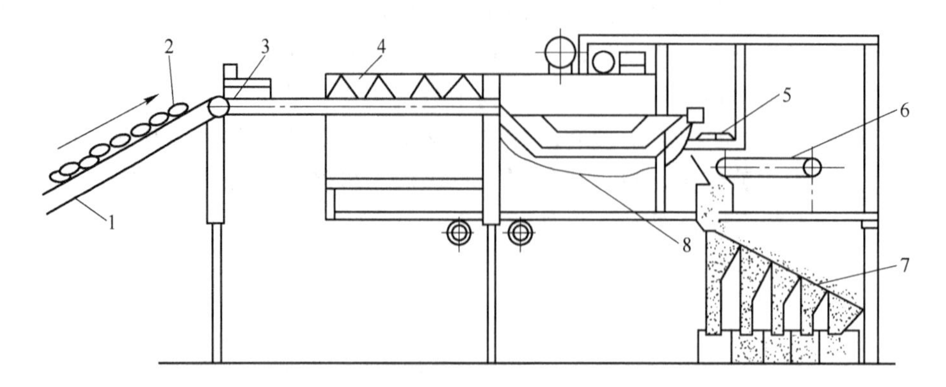

图 3-43 汽车轮胎低温破碎装置

1，6—皮带运输机；2—废汽车轮胎；3—穿孔机；4—冷却装置；5—破碎机；7—筛选机；8—浸没式冷却装置

B 湿式破碎技术与装置

湿式破碎是利用特制的破碎机，把投入机内的含纸垃圾和大量水流一起剧烈地搅拌和破碎成为浆液的过程。图 3-44 为湿式破碎机的构造示意图。该破碎机为一立式转筒装置，圆形槽底部设有多孔筛，筛上叶轮装有 6 个破碎刀。含纸垃圾经传送带被送入破碎机内，在水流和破碎刀急速旋转、搅拌下破碎成浆状，浆体由底部筛孔流出，经固液分离器把其中的残渣分离出来，而把纸浆送到纤维回收工序，进行洗涤、过筛脱水。将分离出的纤维素的有机残渣与城市地下水污泥混合脱水至 50%，送到焚烧炉焚烧处理，回收热能。在破碎机内未能破碎和未通过筛孔的金属、陶瓷类物质，从机器的侧口排出，通过提斗送到传送带上，在传送的过程中，用磁选器将铁和非铁类物料分开。

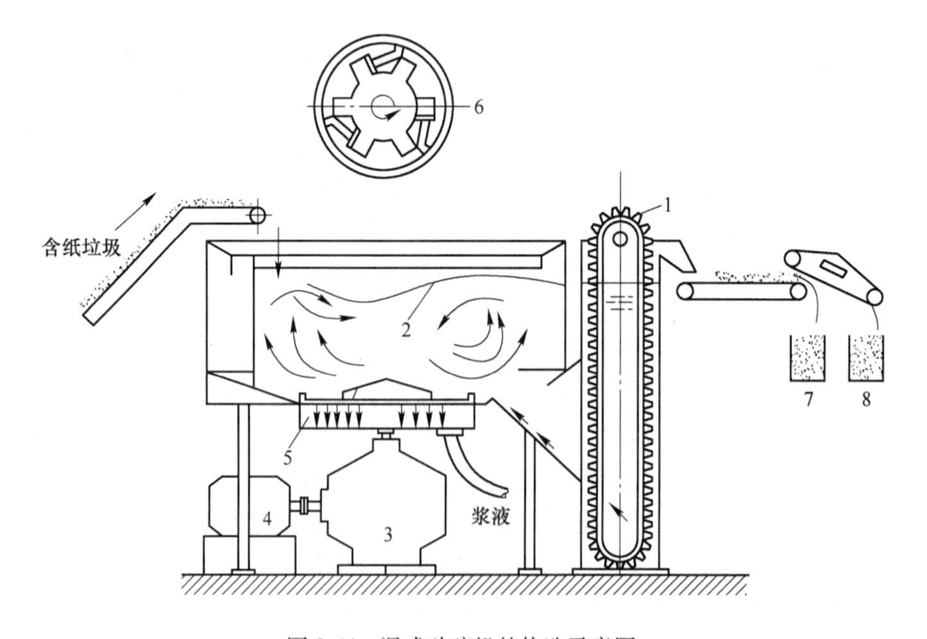

图 3-44 湿式破碎机的构造示意图

1—斗式脱水提升机；2，6—转子；3—减速器；4—电动机；5—筛网；7—有色金属；8—铁

湿式破碎具有以下优点：

（1）垃圾变成均质浆状物，可按流体处理法处理；

（2）不会孳生蚊蝇和恶臭，符合卫生条件；

（3）不会产生噪声，没有发热和爆炸的危险性；

（4）脱水有机残渣，无论质量、粒度、水分等变化都较小；

（5）在化学物质、纸和纸浆、矿物等处理中均可使用，可以回收纸纤维、玻璃、铁和有色金属，剩余泥土等可做堆肥。

C 半湿式选择性破碎分选技术与装置

半湿式选择性破碎分选，就是利用垃圾中各种不同组分的强度和脆性的差异，在一定温度下将垃圾破碎成不同粒度的碎块，然后通过不同筛孔的筛网进行分离回收的过程。该过程兼有选择性破碎和筛分两种功能。

图 3-45 所示为半湿式选择性破碎分选机的结构示意图，他由两段具有不同筛孔的外旋转圆筒筛和筛内与之反向旋转的破碎板组成。垃圾给入圆筒筛首部，并随筛壁上升，而后在重力作用下抛落，同时被反向旋转的破碎板撞击，垃圾中脆性废物，如玻璃、陶瓷、瓦片等首先被破碎成细小块状，通过第一段筛网分离排出。剩余垃圾进入第二段筛网，此时喷射水分，中等粒度的纸类变成浆状，从第二段筛网排出，从而回收纸浆。最后剩余的纤维类、竹木类、橡胶、皮革、金属等废物从终端排出，再进入重力分选装置，按密度分为金属类、皮革类和塑料膜三大类。这些类别的废物还可以进一步分选，如利用磁选从金属类中分选出铁等。

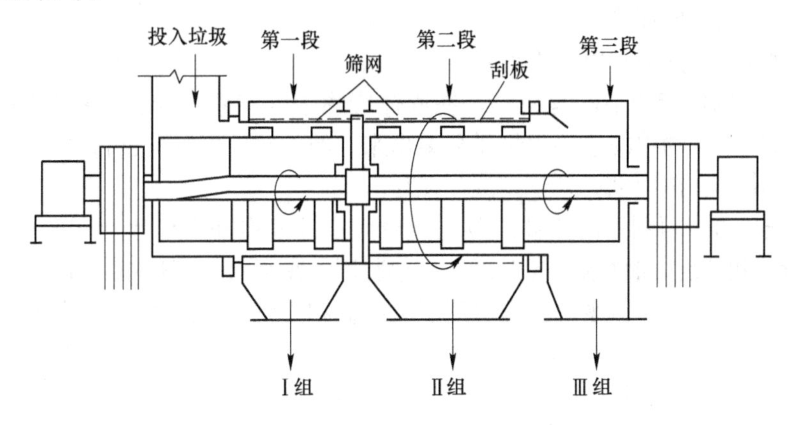

图 3-45 半湿式选择性破碎分选机结构示意图

半湿式选择性破碎分选技术具有以下特点：

（1）在用一台设备中同时完成对垃圾的破碎和分选作业两种功能；

（2）可有效地回收有用物质；

（3）易碎的废物首先破碎并及时排出，不会产生过粉碎现象；

（4）能耗低，处理费用低。

根据粉碎机械的特点，在选择固体废物粉碎设备类型时，必须对所需要的破碎力，固体废物的性质（如物相组成、显微结构特点、强度、硬度、密度、形状、粒度、含水率等），对破碎产品粒度、粒度组成、形状的要求，供料方式等进行综合考虑。

3.3 固体废物分选技术与设备

固体废物的分选就是根据固体废物中不同物相组分的粒度、密度、磁性、电性、光电性、摩擦性及表面润湿性等特性的差异，采取不同的工艺措施，将它们分别分离的一种技术。常用的分选方法有筛分分选法、重力分选法、磁力分选法、电力分选法、光电分选法、摩擦分选法、风力分选法、弹性分选法、浮选法等。固体废物分选所选用的机械设备包括筛分机械设备、重选机械设备、磁选机械设备、电选机械设备、光电选机械设备及浮选机械设备等。

3.3.1 固体废物分选技术

固体废物分选技术是根据固体废物中不同组分的物性差异，主要用物理方法将废物混合物分离的处理处置技术。

A 固体废物分选的作用

在固体废物的分选处理工艺中，要保护分选处理设备不被损坏，延长设备的使用寿命，必须防止一些破坏性的废物进入处理设备中，如建筑垃圾中的大块硬质垃圾，必须在破碎前先分选出来，以保护破碎机的运行安全。在焚烧处理工艺中，对于原生垃圾必须进行前期分选，把不能燃烧的废物去除，使垃圾焚烧完全。为了避免二次污染，把不易燃烧的垃圾事先分离出来，如含聚氯乙烯的塑料类废物焚烧后会产生有害的氯化氢。因此，分选是垃圾处理中的重要环节。

固体废物的分选处理有以下作用：

（1）分选出固体废物中的有机物。在固体废物中含有许多动、植物类物质，即生物质垃圾。若将固体废物中的这些生物质分离出来，经破碎后可以再进行堆肥，这样可大大加快堆肥的速度，有机物也更易于润湿与搅拌。

（2）分选出可以再利用的固体废物。随着生产的发展和人们生活水平的提高，固体废物中可再利用的废物如竹木、废旧纸张、包装用的废纸盒、废塑料、碎玻璃、边角废金属等也显著增加。若把固体废物中的废纸、废纸盒和废竹木分选出来再利用，每年可少砍伐许多森林树木。另外，把固体废物中的废塑料、碎玻璃、边角废金属等从固体废物的混合物中分离出来，加以有效的利用，其经济意义是十分重大的。

（3）分选出可燃废物。将固体废物中的可燃废物分选出来，而后进行焚烧，是目前垃圾处理的一个重要方法，这种方法既实现了垃圾的无害化处理，又实现了能量的部分回收。在垃圾的焚烧处理工艺中，事先把不能燃烧的废物去除，能大幅度地增加进入焚烧炉垃圾的可燃物质，提高垃圾的焚烧效率。

（4）分选出对处理设备有破坏性的废物。在垃圾处理工艺中，为了保护处理设备不被损坏，如建筑垃圾中的大块硬质废物，必须在破碎前先分选出来，以保护破碎机的安全运行。在堆肥前或堆肥后为去除不宜于农田的砖石瓦块等应进行筛选。

B 固体废物分选方法的分类

固体废物的分选方法很多，大致可归纳为手工拣选和机械分选两类。

手工分选是最早出现的一种分选方法，它适用于固体废物产生源头、收集中心、收集站、转运站或处理处置场所，通常设置在传送带的两侧，主要回收废纸、玻璃、废塑料、废橡胶等不需要预处理的废物，特别是对危险性或有毒有害的废物，必须通过手工拣选。手工拣选的优点是识别能力强，可以区分用机械方法无法分开的固体废物，可对一些无需进一步处理即可进行直接回收利用，同时还可消除所有可能后续处理系统发生事故的废物。但手工拣选方法的劳动强度大，拣选效率较低，卫生条件差，并需要拣选人员具有一定的专业知识。

机械分选方法是利用固体废物物理特性的差异进行分选，机械分选法主要有筛分分选、重力分选、磁力分选、电力分选、风力分选、弹性分选、光电分选及浮力分选等。所用的分选设备有筛分机、重介质分选机、跳汰机、风力分选机、磁选机、电选机、浮选机等。

3.3.2 固体废物筛分技术与设备

3.3.2.1 固体废物筛分技术

筛分是根据固体废物粒度大小进行分选的一种方法，小于筛孔尺寸的颗粒可通过筛孔，大于筛孔的废物则留在筛面上，进行分别收集。筛分分为干式筛分和湿式筛分两种，固体废物筛选通常采用干式筛选。

（1）筛分原理。筛分是依据固体废物的粒度不同，利用筛机将废物中小于筛孔的细粒废物透过筛孔，而大于筛孔的粗废物留在筛面上，完成粗、细废物分离过程。筛分过程可分为两个阶段：第一阶段是物料分层，细物料通过粗物料向筛面运动；第二阶段是细物料透筛。要实现筛分过程，首先应根据要求选择入选废物在筛面上适宜的运动状态，适宜的运动状态应使筛面上的物料处于松散状态，并按粒度分层，大颗粒物料在上层，小颗粒物料在下层，有利于小于筛孔尺寸的物料透筛。

（2）筛分效率。筛分效率 η 是衡量筛分工作的主要工艺指标。筛分物料时，可获得筛上、筛下两种产品。实际上，在筛上产品中仍会含有可以被筛下的细粒级颗粒。也就是说，筛下的细粒级物料质量必然小于原始给料中的细粒级物料的总质量。这两个质量之比（总小于1）称为筛分效率。例如，在100kg的被筛物料中，理论上应该通过筛孔的为60kg，实际上通过筛孔的只有48kg，则筛分效率为

$$\eta = \frac{48}{60} \times 100\% = 80\%$$

由此，筛分效率可按式（3-78）计算

$$\eta = \frac{Q_1}{Q_2} \times 100\% \tag{3-78}$$

式中 Q_1 ——实际的筛下物料量；

Q_2 ——理论上应该筛下的物料量。

事实上，用理论方法计算筛分效率是十分困难的，目前，通常用实验方法首先测定原始给料中筛下产物含量的百分比 a，然后确定筛上产物中筛下级别含量的百分比 c，进而可以计算出筛分效率。

设筛下产品占原始给料质量的百分比为 x，则可求得筛分效率 η 为

$$\eta = \frac{x}{a} \times 100\% = \frac{100(a-c)}{a(100-c)} \times 100\% \tag{3-79}$$

在普通筛机中划分粗粒与细粒的界限是筛孔的尺寸，而对于概率筛来说，筛孔尺寸远大于分离粒度，因此计算筛分效率时，以筛分粒度作为划分粗粒和细粒的界限。

筛分效率与许多因素有关，如物料的含水量、难筛颗粒的数量、物料颗粒的形状、筛孔的形状、筛面的有效面积、筛面长度与料层厚度等。为了提高筛分效率，可以采取如下措施：1）增大物料颗粒的透筛概率；2）增大筛面上物料的跳动次数；3）减少难筛物料颗粒（接近筛孔尺寸的颗粒）的百分率。

（3）影响筛分效率的因素。影响筛分效率的因素主要有如下几个方面：

1）固体性质的影响。固体废物的粒度组成对筛分效率影响较大。固体废物中若粒度小于筛孔的“易筛物料”越多，筛分效率越高。而粒度接近筛孔尺寸的“难筛物料”越多，筛分效率则越低。

固体废物的含水量和含泥量对筛分效率也有一定影响。废物外表、孔隙、裂缝中吸附水，会使物料中的小颗粒黏附在大颗粒上，或是小颗粒相互黏结；若物料中还含有泥，则会加大物料中的这种黏结现象。水和泥还会造成物料与筛面的黏接，造成筛孔被堵，大大降低筛分效率。废物颗粒的形状对筛分效率也有影响。一般球形、立方体、多边形颗粒相对而言，筛分效率较高，而呈扁平状或长方块的颗粒，用方孔或圆孔的筛机筛分，其筛分效率则低。

2）筛分设备性能的影响。常用筛机的筛面有棒条筛面、编制筛面、冲孔筛面等，棒条筛面有效面积小，筛分效率低；编制筛面则相反，有效面积大，筛分效率高；冲孔筛面筛分效率介于两者之间。筛机的运动方式对筛分效率有较大的影响。同一种固体废物采用不同类型的筛机进行筛分时，其筛分效率是不同的，不同类型筛机的筛分效率如表 3-5 所示。

表 3-5 不同类型筛机的筛分效率

筛机类型	固定筛	滚筒筛	摇动筛	振动筛
筛分效率	50%~60%	60%	70%~80%	<90%

即使是同一类型筛机，采用同一种运动形式，其筛分效率又随筛机的运动强度不同而有差别，运动强度大，有利于物料散开、分层和透筛，但运动强度过大又会使物料在筛面上运动太快，错过透筛机会，反而会使筛分效率降低。因此，在设计或选择筛分设备时，应特别考虑筛分设备的性能和运动特征。

筛面宽度主要影响筛机的处理能力，其长度则影响筛分效率。

3）筛分操作条件的影响。在实际操作中，应保证给料连续均匀，给料方向与筛面的运动方向保持一致，既充分利用筛面，又使物料颗粒通过筛孔，从而提高筛分效率。

3.3.2.2 筛分机械设备的类型、结构与工作原理

（1）筛分机械设备的类型及应用。筛分机是一种广泛用于将松散物料分为两种或多种粒度级别的设备。最常用的筛分设备主要有固定筛、滚筒筛、共振筛和惯性振动筛等几种类型。

1）固定筛分为格筛和棒条筛两种。固定筛的筛面安装倾角应大于废物与筛面间的摩

擦角，一般为30°~35°，固定筛机适用于筛分粒度大于50mm的粗粒废物。格筛通常安装在粗碎机之前，以保证入料粒度适宜；棒条筛用于粗碎和中碎之前，棒条筛筛孔尺寸为要求筛下粒度的1.1~1.2倍。格筛和棒条筛的筛分效率低，仅有60%~70%，多用于粗筛作业。

2）滚筒筛又称为转筒筛，筛面为带孔的圆柱形筒体或截头圆锥筒体，比较适合含水量较高的生活垃圾分选，常用于堆肥的前处理和后处理。圆柱形筒体滚筒筛结构示意图如图3-46所示。角锥形滚筒筛如图3-47所示。动态筛孔自清理筛面滚筒筛结构示意图如图3-48所示。

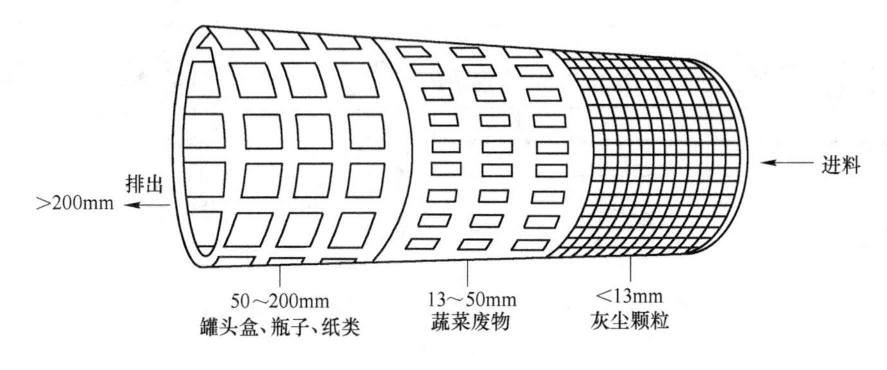

图3-46　滚筒筛示意图

动态筛孔自清理筛面滚筒筛的结构如图3-48所示，主要由滚筒装置、辅助清孔装置、进料斗、传动装置、电动机、筛上物排料口、可调支撑装置、滚轮和密封罩等组成。滚筒装置倾斜安装在可调支撑装置的滚轮上。电动机经减速机与滚筒装置通过联轴器连接在一起，驱动滚筒装置绕其轴线转动。

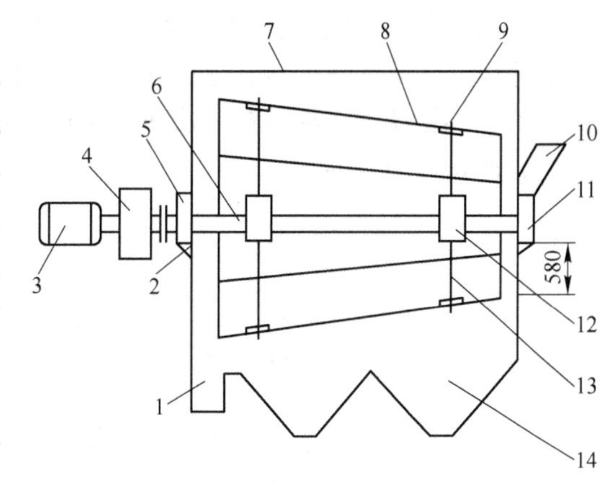

图3-47　角锥形滚筒筛结构示意图

1—粗料出口；2—机架；3—电动机；4—减速器；5，11—轴承座；6—主轴；7—上箱体；8—筛板；9—垫板；10—进料口；12—轴套；13—丝杠；14—细料斗

动态筛孔滚筒筛具有筛孔不易堵塞、运行平稳、噪声较低、结构简单、维修方便、整机可靠性高、一次性投资较少、采用特制筛网、筛分效率高、使用寿命长等主要特点 。

动态筛孔滚筒筛面主要是由滚圈、两端带螺纹的轴和T形件构成，多个T形件的一端组装在一个两端带螺纹的轴上，另一端搭接在相邻另一根装有T形件的轴上形成筛孔；组装T形件的多个两端带螺纹的轴固定在滚圈上，形成动态的滚筒筛面。

动态筛孔滚筒筛是用于生活垃圾前处理的专用设备，其作用是在分选过程中将所需要的垃圾筛选出来。它改变了传统的筛分方式，构思巧妙、筛分效果好。其筛板采用16Mn钢板制作，具有强度高、硬度高、耐磨性好的特点。根据不同要求，筛板孔径大小可分别设计制造，能及时更换筛板，解决了筛板不能更换的弊端，筛分效果大大好于固定筛孔的滚筒筛。为解决垃圾含水率高，在筛分的过程中容易堵塞的问题，动态筛孔滚筒筛具有自动清理筛孔功能。

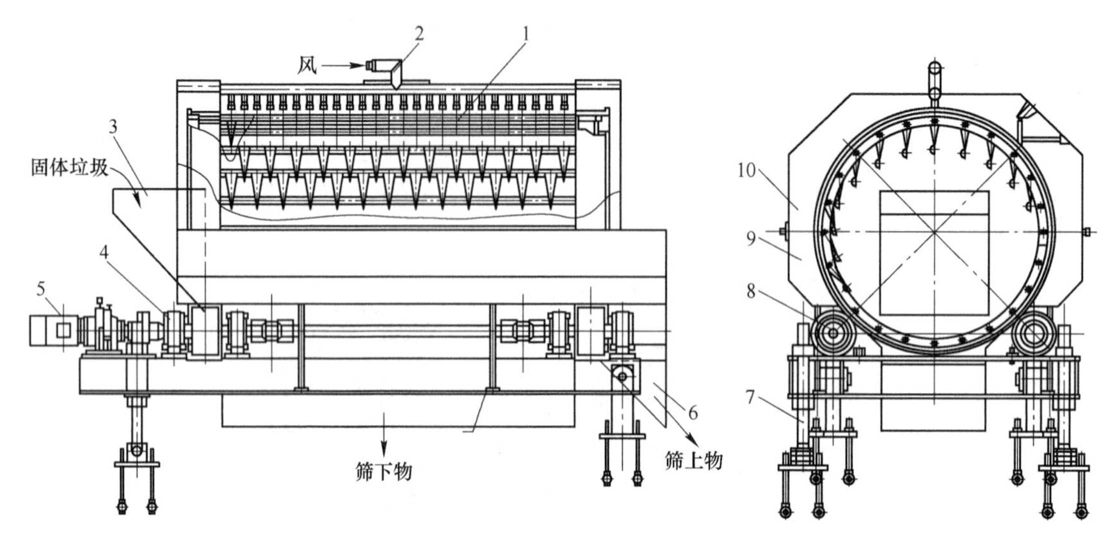

图 3-48　动态筛孔自清理筛面滚筒筛结构示意图

1—滚筒装置；2—辅助清孔装置；3—进料斗；4—传动装置；5—电动机；6—筛上物排料口；7—可调支撑装置；8—滚轮；9—带筛下物排料口的下密封罩；10—上密封罩

3）反流筛是一种利用摩擦对固体废弃物进行分选处理的设备，其结构如图 3-49 所示，由筛箱、筛面、激振器、主振弹簧 k、连杆弹簧 k_0、导向杆和底架等零部件组成。当电机转动时，驱动偏心轴回转，从而弹性连杆带动机体作近似直线往复运动，以达到固体废弃物分选处理的目的。

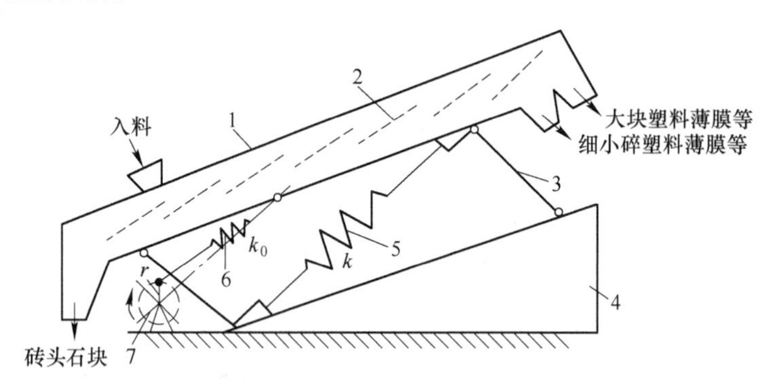

图 3-49　反流筛结构示意图

1—筛箱；2—筛面；3—导向杆；4—底架；5—主振弹簧；6—连杆弹簧；7—弹性连杆激振器

这种形式的振动筛，有多个具有不同倾角的筛面，根据所处理物料的不同可方便地调整各筛面的角度，结构简单，零部件少，维修点少且维修方便，但传给基础的动载荷较大，为克服这一缺点，可在底架和基础之间加隔振弹簧。

共振筛有惯性式共振筛和弹性连杆式共振筛（见图 3-50），它适用于中细粒废物筛分，也用于废物的脱水和脱泥等作业。惯性振动筛按振动器的型式可分为双轴惯性振动筛（见图 3-51）和自定中心振动筛（见图 3-52），它适用于干、湿和黏性废物的筛分。

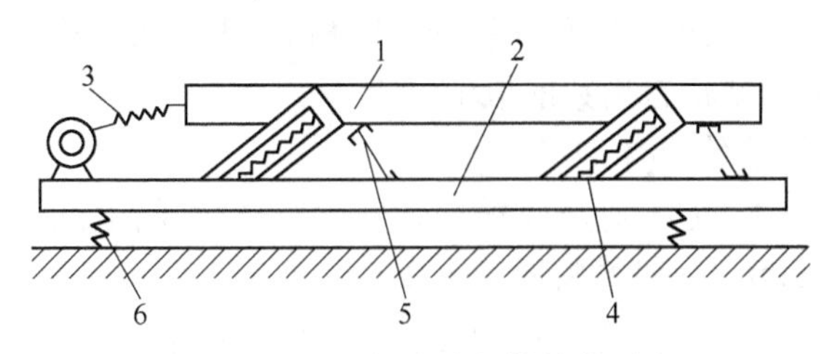

图 3-50 弹性连杆式共振筛结构示意图
1—筛箱；2—下机体；3—传动装置；
4—共振弹簧；5—导向板；6—隔振弹簧

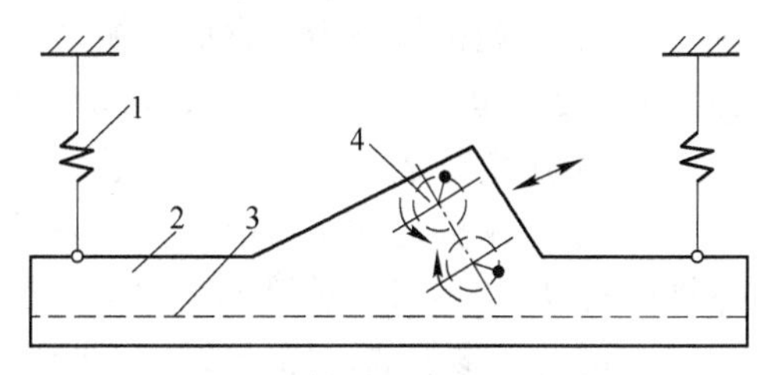

图 3-51 双轴惯性振动筛结构示意图
1—隔振弹簧；2—筛箱；3—筛面；4—激振器

（2）筛分机械设备的结构与工作原理。筛分机械设备的种类很多，下面以单轴惯性振动筛为例来介绍筛分机械设备的结构与工作原理。图 3-52 所示为自定中心振动筛，它是由单轴惯性激振器 1、箱体 2、带有隔振弹簧 3 的悬吊装置、前拉弹簧 4 和筛面 5 等组成。自定中心振动筛的工作原理如图 3-53 所示，它的皮带轮中心位于轴承中心与偏心块质心之间，并使皮带轮的中心线位于偏心块与振动机体合成的质心上，即使其保持下列关系

$$m\lambda = m_0 r \tag{3-80}$$

式中 m ——振动机体的质量；

λ ——筛箱的振幅；

m_0 ——偏心块的质量；

r ——偏心块质心到回转中心的距离。

这样，当筛机工作时，皮带轮只做回转运动，即皮带轮的中心在空间的位置保持不变，保证了皮带的使用寿命，因而自定中心振动筛获得了广泛的应用。

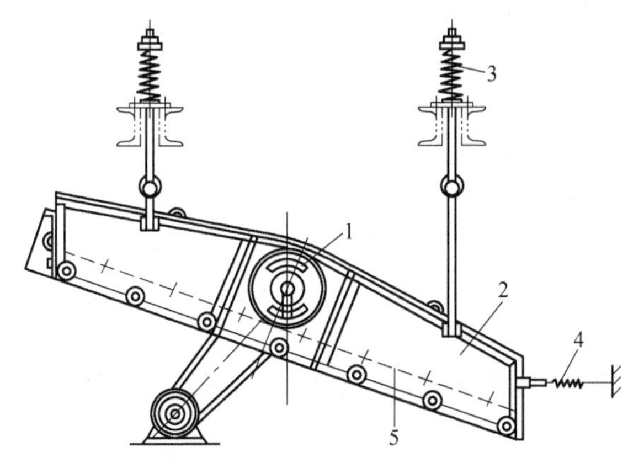

图 3-52 自定中心振动筛构造
1—激振器；2—筛箱；3—隔振弹簧；
4—前拉弹簧；5—筛面

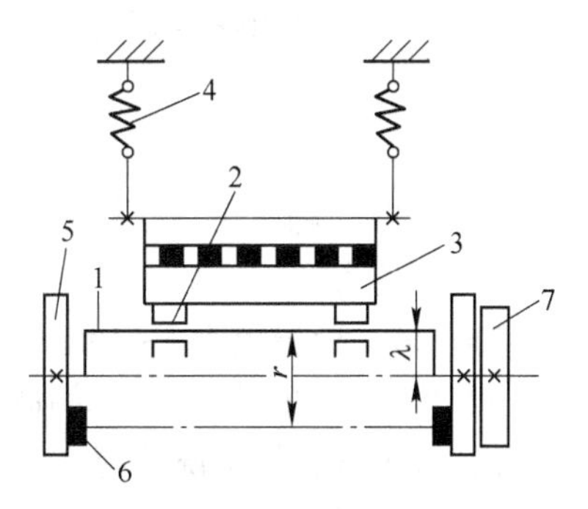

图 3-53 自定中心振动筛工作原理
1—主轴；2—轴承；3—筛箱；4—隔振弹簧；
5—圆盘；6—偏心块；7—皮带轮

3.3.2.3 惯性振动筛主要参数的选择与设计计算

物料在振动筛筛面上的运动状态确定后，正确选定其运动学参数和工艺参数，才能保证筛分过程的有效实现。

（1）物料运动状态指数的选择。物料运动状态指数主要是指正向滑行指数 D_k、反向

滑行指数 D_q 和抛掷指数 D，它们与振动强度 K、振动方向角 δ 和安装倾角 α_0 等有关。根据物料不同运动状态的选择原则，可确定物料运动状态指数的取值如下：

1）当采用滑行运动状态时，所选取的滑行指数 $D_k=2\sim3$；

2）当采用抛掷运动状态时，振动筛的抛掷指数 D 则需要根据物料的具体性质而定，难筛物料取 $D=3\sim5$；易筛物料取 $D=2\sim2.8$；一般物料取 $D=2.5\sim3.3$。

（2）运动学参数的选择计算。运动学参数主要包括振幅、振次、振动方向角、筛面安装倾角和物料运行实际平均速度等。

1）振幅的选择计算。振动筛的振幅变化范围很大，它不仅与振动筛的结构有关，而且还与所处理物料的工艺要求有关，应根据具体情况选择。

当选用正向滑行运动状态时，若已选定正向滑动指数 D_k 和振次 n，则振幅 λ 按下式计算

对于直线运动的振动筛振幅为

$$\lambda=\frac{900D_k g\sin(\mu_0-\alpha_0)}{n^2\pi^2\cos(\mu_0-\delta)} \tag{3-81}$$

对于圆运动的振动筛振幅为

$$\lambda=\frac{900D_k g\sin(\mu_0-\alpha_0)}{n^2\pi^2} \tag{3-82}$$

式中　μ_0——物料与筛面间的静摩擦角，(°)；

　　g——重力加速度，$9.8\mathrm{m/s^2}$。

当选用抛掷运动状态时，若已选定振次和抛掷指数 D，则振幅按下式计算

对于直线运动的振动筛振幅为

$$\lambda=\frac{900Dg\cos\alpha_0}{n^2\pi^2\sin\delta} \tag{3-83}$$

对于圆运动的振动筛振幅为

$$\lambda=\frac{900Dg\cos\alpha_0}{n^2\pi^2} \tag{3-84}$$

对于惯性振动筛一般采用中频中振幅，也有少数采用高频小振幅的，若 $n=700\sim1800\mathrm{r/min}$，单振幅为 1～10mm。对于弹性连杆式振动筛，通常采用低频大振幅，若 $n=400\sim1000\mathrm{r/min}$，单振幅为 3～30mm。

2）振动次数 n 的计算。振动筛振次的变化范围也比较大，它与振动筛的结构和工艺要求有关，应根据具体情况选择。

当选用正向滑行运动状态时，若已选定正向滑动指数 D_k，则振动次数按下式计算。

对于直线振动筛，则振动次数 n(r/min) 为

$$n=30\sqrt{\frac{D_k g\sin(\mu_0-\alpha_0)}{\pi^2\lambda\cos(\mu_0-\delta)}} \tag{3-85}$$

对于圆运动的振动筛，则振动次数 n(r/min) 为

$$n=30\sqrt{\frac{D_k g\sin(\mu_0-\alpha_0)}{\pi^2\lambda}} \tag{3-86}$$

当选用抛掷运动状态时，若已选定抛掷指数 D，则振动筛的振动次数按下列公式计算。

对于直线振动筛振，则振动次数 n(r/min) 为

$$n = 30\sqrt{\frac{Dg\cos\alpha_0}{\pi^2\lambda\sin\delta}} \tag{3-87}$$

对于圆运动的振动筛，则振动次数 n(r/min) 为

$$n = 30\sqrt{\frac{Dg\cos\alpha_0}{\pi^2\lambda}} \tag{3-88}$$

3）振动方向角 δ 的选择计算。振动筛的振动方向角选择主要根据所处理物料的性质，如物料的密度、水分、黏性、易碎性和磨琢性等。对于密度较大、易碎或粒度较小的物料，宜选用较小的振动方向角；对于水分较大、磨琢性较强或黏性较强的物料，宜选用较大的振动方向角。经验表明，处理难筛分物料振动方向角选用60°，对于易筛分物料则可采用 $\delta=30°\sim60°$，我国的直线振动筛采用 $\delta=45°$。

对于滑行运动，振动方向角可按下式计算

$$\delta = \arctan\frac{1-c}{\tan\mu_0(1+c)} \tag{3-89}$$

其中

$$c = \frac{D_q\sin(\mu_0+\alpha_0)}{D_k\sin(\mu_0-\alpha_0)}$$

对于抛掷运动，在不同的安装倾角 α_0 下，对应于每一个振动强度 $K=\lambda\omega^2/g$，都有一个最佳的振动方向角 δ。δ 可参照图 3-54 查取。

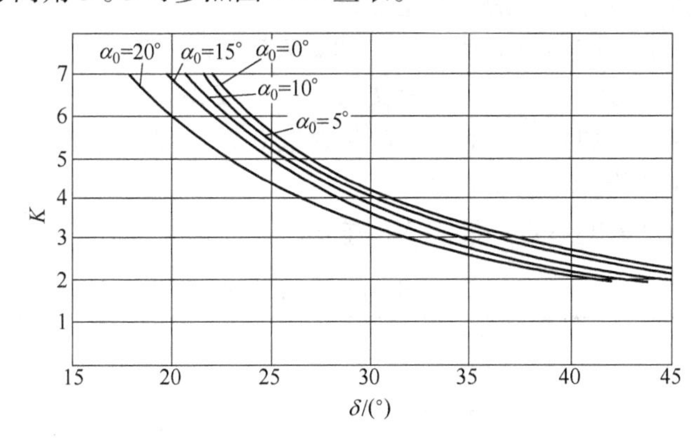

图 3-54 最佳振动方向角 δ 与振动强度 K 的关系

4）筛面安装倾角 α_0 的选择。筛面安装倾角 α_0 的大小取决于所要求的生产率和筛分效率。当其他参数确定后，筛面安装倾角大，则生产率高而筛分效率下降，反之则生产率低而筛分效率高，所以当产品质量要求一定时，就应选择一个合理的筛面安装倾角。根据实践经验，筛面倾角推荐使用下述数据：

惯性圆运动筛用于预先筛分，$\alpha_0=15°\sim30°$

惯性圆运动筛用于最终筛分，$\alpha_0=12°\sim20°$

分级用惯性直线运动筛和共振筛，$\alpha_0=0°\sim10°$

脱水脱介用的直线运动筛和共振筛，$\alpha_0=-7°\sim3°$

5）物料运行实际平均速度的计算。物料在筛面上的运动速度是一个重要的参数。物料运动状态主要包括滑行运动与抛掷运动，实际中物料的运动是上述运动的组合。

滑行运动状态下的实际平均速度 v_m(m/s) 为

$$v_m = C_h(v_k + v_q) \tag{3-90}$$

其中

$$v_k = \lambda\omega\cos\delta(1 + \tan\mu\tan\delta)P_{km}/(2\pi)$$

$$v_q = -\lambda\omega\cos\delta(1 - \tan\mu\tan\delta)P_{qe}/(2\pi)$$

式中　v_k——物料正向滑行理论平均速度，m/s；

v_q——物料反向滑行理论平均速度，m/s；

C_h——料层厚度影响系数，薄料层取 0.9~1.0，中厚料层取 0.8~0.9，厚料层取 0.7~0.8；

μ——物料与筛面间的动摩擦角；

P_{km}——物料正向滑行的速度系数，按参考文献［16］图 2-3 查取；

P_{qe}——物料反向滑行的速度系数，按参考文献［16］图 2-3 查取。

轻微抛掷运动状态下的实际平均速度 v_m(m/s) 为

$$v_m = C_hC_D(v_k + v_q) \tag{3-91}$$

式中　C_D——抛掷运动影响系数，按表 3-6 查取。

中速抛掷运动状态下物料运行的实际平均速度 v_m(m/s) 为

$$v_m = C_\alpha C_h C_m C_w v_d \tag{3-92}$$

其中

$$v_d = \lambda\omega\pi i_D^2\cos\delta(1 + \tan\alpha_0\tan\delta)/D$$

式中　v_d——物料抛掷运行的理论平均速度；

i_D——抛掷系数，按参考文献［16］图 2-7 查取；

C_α——安装倾角影响系数，按参考文献［16］表 2-4 查取；

C_m——物料形状影响系数，对于粉状物料取 0.6~0.7，对于块状物料取 0.8~0.9，对于颗粒状物料取 0.9~1.0；

C_w——滑行运动影响系数，按表 3-6 查取。

表 3-6　影响系数 C_D 与 C_w

抛掷指数 D	1	1.25	1.5	1.75	2	2.5	3
抛掷运动影响系数 C_D	1	1.1~1.3	1.2~1.4	1.3~1.5			
滑行运动影响系数 C_w				1.1~1.15	1.05~1.2	1~1.05	1

（3）工艺参数的选择计算。振动筛工艺参数包括筛面的宽度 B、长度 L、生产率 Q 和筛分效率 η。

1）筛面的长度与宽度的选择。筛面长度与宽度通常是根据使用现场要求的生产率和筛分效率综合确定。振动筛的 $L/B=1.5\sim2.5$，用于粗粒级筛分时，$L=3.5\sim4$m，用于中细粒级筛分时，$L=5.5\sim7.2$m，用于脱水脱介时，$L=6\sim7.2$m。

2）筛分效率 η 的计算。筛分效率是衡量筛分工作的主要工艺指标。筛分效率按下式计算：

$$\eta = (\text{实际的筛下物料量} / \text{理论上应该筛下的物料量}) \times 100\% \tag{3-93}$$

3）生产率 Q 的计算。振动筛的生产率 Q(t/h) 可按下式计算

$$Q = 3600hBv_{m}\rho \tag{3-94}$$

式中 h——筛面上物料层的厚度，m，当薄层筛分时，可取 h 为筛孔尺寸 a 的 1~2 倍，当厚层筛分时，则可取 $h=(10\sim20)a$，当普通筛分时，取 $h=(3\sim5)a$；

B——工作面宽度，m；

ρ——物料堆密度，t/m^3。

（4）动力学参数的计算：

1）隔振弹簧总刚度 k 的计算。计算隔振弹簧刚度时，既要考虑弹簧传给基础的动载荷不使建筑物产生有害振动，又要考虑弹簧应有足够的支承能力，所以选振动系统的频率比为 $z=\omega/\omega_{n}=2\sim10$。隔振弹簧的总刚度可按下式计算

$$k = \frac{1}{z^2}m\omega^2 \tag{3-95}$$

式中 m——参振质量，$m=m_{j}+(0.2\sim0.4)m_{m}$，$m_{j}$ 为机体的质量（含偏心块），m_{m} 为物料质量，kg；

ω——振动频率，rad/s。

2）激振器的偏心质量 m_0 及其偏心距 r 的计算

$$r = \frac{1}{\sum m_0\omega^2\cos\alpha}(k\sin^2\delta - m\omega^2)\lambda \tag{3-96}$$

式中 α——相位差角，$\alpha=\arctan\dfrac{0.14m\omega^2}{k\sin^2\delta - m\omega^2}$；

其他物理量意义同前。

式（3-96）中 m_0 和 r 均为未知数，根据激振器的结构给定 r 值，则 m_0 按式（3-96）求出。

3）电动机功率 P 的计算。电动机功率消耗在两个方面，一是完成工艺过程的振动阻尼所消耗的功率，二是轴承摩擦所消耗的功率。

振动筛的电机功率 P(kW)，可按下式计算

$$P = \frac{\omega^2}{2000\eta}(f\lambda^2 + f_1\sum m_0 rd\omega) \tag{3-97}$$

式中 f——振动系统的等效阻系数，$f=0.14m\omega$；

f_1——轴与轴承间的摩擦因数，取 0.007；

d——轴颈直径，m；

η——传动效率，$\eta=0.95$。

3.3.2.4 筛分机械设备的选用

选择筛分设备时，应根据所处理固体废物的颗粒大小、形状、尺寸分布、整体密度、含水率、黏结性等，来选择筛分设备的规格型号、筛孔尺寸、形状、筛面的开孔率、筛机转数、筛分效率、处理能力、可靠性、安全性和环保性等。在固体废物的预处理和分选作业中，欧美各国由于垃圾中废纸较多，多采用滚筒筛，我国固体废物比较复杂多采用平面振动筛。

3.3.3 固体废物重力分选技术与设备

3.3.3.1 固体废物重力分选技术

重力分选是利用混合固体在介质中的密度差进行分离的一种方法。重力分选的介质可

以是空气、水，也可以是密度大于水的液体（简称重液）。以空气为介质进行分选的称为风选，这种风选法被广泛用于生活垃圾中轻重不同成分的分离中。多数情况下，矿物废渣的分选是在水中进行的。

（1）重介质分选原理。通常把密度大于水的介质称为重介质。为了达到良好的分选效果，关键是重介质的选择，要求重介质的密度 ρ_C 应介于固体废物中轻物料密度 ρ_L 和重物料密度 ρ_W 之间，即 $\rho_L < \rho_C < \rho_W$。

当固体废物浸于重介质的环境中时，密度大于重介质的重物料下沉，集中于分选设备的底部即为重产物；而密度小于重介质的轻物料则上浮，集中在分选设备的上部即为轻产物，轻重产物分别排出完成分选操作。

（2）重介质。通常重介质是由高密度的固体微粒和水构成的固液两相分散体系，其特点为：一是密度比水大，二是该体系是非均匀介质。其中高密度的固体微粒起着加大介质密度的作用，故称其为加重质。最常用的加重质有硅铁、磁铁矿等。

硅铁的密度为 6.8g/cm^3，含硅量 13%~18%，配成重介质时密度为 3.2~3.5g/cm^3。由于硅铁具有耐氧化、硬度大、强磁性等特点，故分选效果好，而且用后可经筛分或磁选回收再生。

纯磁铁矿密度为 5.0g/cm^3，用含铁 60%以上的铁精矿粉所配成的重介质的密度可达 2.5g/cm^3。磁铁矿在水中不易氧化，可用弱磁选法回收再生。

选择加重质时应考虑如下几个方面：密度足够大，使用时不易泥化和氧化，来源丰富，价格低廉，便于制备和再生。对加重质的要求为：应有 60%~90%的粒度小于 200 目，且均匀地分散于水中，容积浓度一般为 10%~15%；另外，重介质还要黏度低、稳定性好且无腐蚀性。

3.3.3.2 重选机械设备的类型、构造与工作原理

（1）重选机械设备的类型。重力分选是根据固体废物中不同物质颗粒间的密度差异，在运动介质中利用重力、介质动力和机械力的作用，使颗粒群产生松散分层和迁移分离，从而得到不同密度产品的分选过程。固体废物的重力分选法有很多，按作用原理可分为风力分选、跳汰分选、重介质分选和惯性分选等。固体废物重力分选所用的机械设备主要有风力分选机、跳汰机、重介质分选机等机械设备。

（2）重选机械设备的构造与工作原理：

1）风力分选机械设备的结构与工作原理。图 3-55 所示为立式风力分选机的构造和工作原理图，根据风机与旋流器的安装位置不同，该分选机有（a）、（b）、（c）三种不同的结构形式，但其工作原理大同小异，经破碎后的城市垃圾从中部给入风力分选机，物料在上升气流作用下，垃圾中各组分按密度进行分离，重质组分从底部排出，轻质组分从顶部排出，经旋风分离器进行气固分离，该种分选机分选精度较高。

卧式风力分选机的构造与工作原理如图 3-56 所示。该机从侧面送风，固体废物经破碎机破碎和圆筒筛筛分使其粒度均匀后，定量给入机内，当废物在机内下落时，被鼓风机鼓入的水平气流吹散，固体废物中各种组分沿着不同的运动轨迹分别落入重质组分、中重质组分和轻质组分收集槽中，该机一般很少单独使用，常与破碎、筛分、立式风力分选机组成联合处理工艺。经验表明卧式风力分选机的最佳风速为 20m/s。

锯齿形、振动式和回转式风力分选机如图 3-57 所示。为了达到更好的分选效果，常

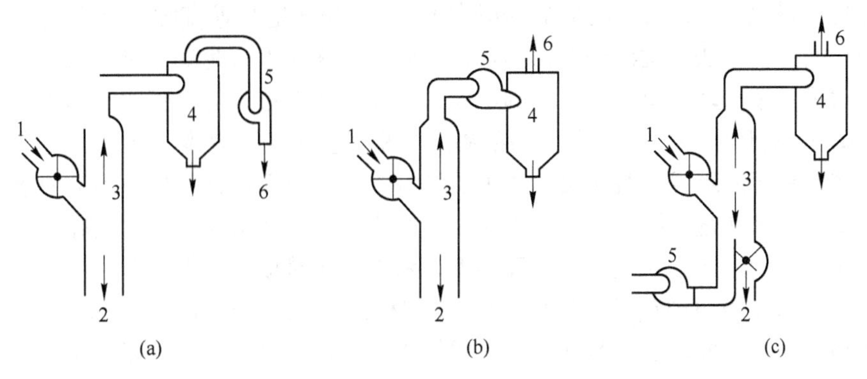

图 3-55 立式风力分选机的构造与工作原理

1—给料；2—排出物；3—提取物；4—旋流器；5—风机；6—空气

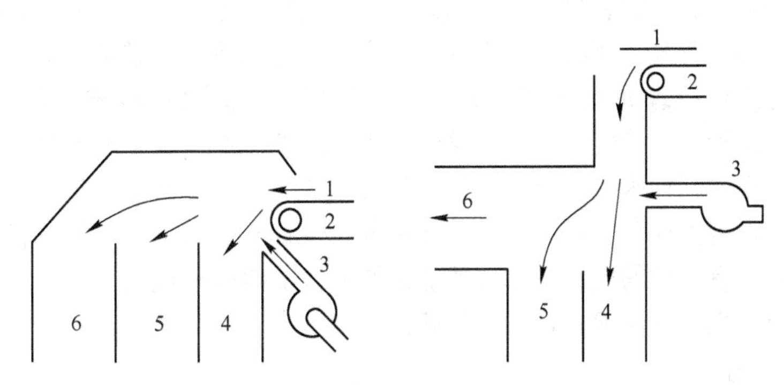

图 3-56 卧式风力分选机的构造与工作原理

1—给料；2—给料机；3—空气；4—重颗粒；5—中等颗粒；6—轻颗粒

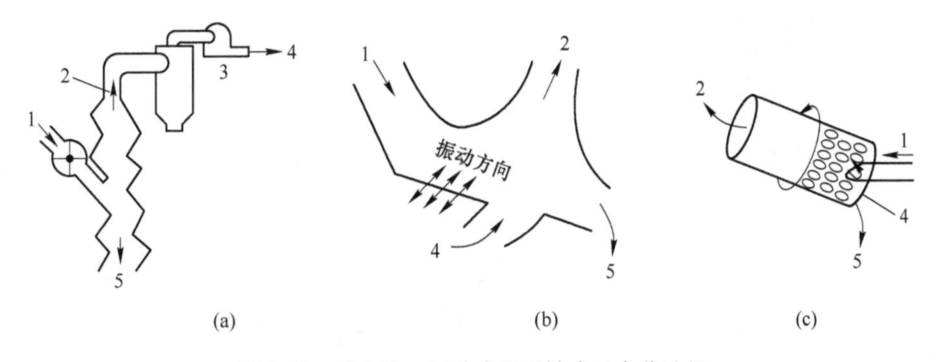

图 3-57 锯齿形、振动式和回转式风力分选机

（a）锯齿形气流分选；（b）振动式气流分选；（c）回转式气流分选

1—给料；2—提取物；3—风机；4—空气；5—排出物

把其他的分选手段与风力分选结合起来，如振动式风力分选机和回转式分选机，前者有振动和气流分选的作用，它是让给料沿一斜面振动，较轻的物料逐渐集中于表面层，随后由气流带走；后者有圆筒筛的筛分作用和风力分选的作用，当圆筒旋转时，较轻废物悬浮在气流中而被带往集料斗，较重的较小颗粒则透过筛孔落下，较重的大颗粒则在圆筒的下端排出。

2）跳汰分选机械设备的构造与工作原理。跳汰分选是在垂直脉冲介质流中按密度分选固体废物的一种方法。跳汰分选常用水作介质，故称为水力跳汰分选，水力跳汰分选设备称为跳汰机。按推动水流运动方式的不同，跳汰分选设备分为隔膜跳汰机和无活塞跳汰机两种。图 3-58 所示为隔膜跳汰机的结构示意图，它主要由槽体、筛网、隔膜、传动装置和排料装置等部分组成。跳汰机的槽中装满水，由于曲柄连杆机构的运动使隔膜做往复鼓动时，槽中的水便透过筛网产生上下交变的水流，物料在水介质中受到脉冲力作用，于是整个筛面上的物料层不断地被冲起又落下，颗粒间频繁接触，逐渐形成一个按密度分层的床面。一个脉冲循环中包括：床面先浮起，然后被挤压。在浮起状态，轻颗粒加速较快，运动到床面物上面；在压紧状态，重颗粒比轻颗粒加速快，沉入床面物的下层中，脉冲作用使物料分层，分层后，密度大的颗粒群集中于底层，其中小而重的颗粒透筛成为筛下物，密度小的轻物料群进入上层，被水流带到机外成为轻产物。

3）重介质分选机械设备的构造与工作原理。工业上应用的重介质分选机一般分为鼓形重介质分选机和深槽式、浅槽式、振动式、离心式分选机，比较常用的是鼓形重介质分选机，其结构与工作原理如图 3-59 所示。它的外形是一圆筒形转鼓，有四个辊轮支承，通过圆筒上的大齿轮带动旋转（转速为 2r/min），在圆筒的内壁沿纵向设有扬板，用以提升重产物到溜槽内，圆筒水平安装。固体废物和重介质一起由圆筒一端给入，在向另一端流动的过程中，密度大于重介质的颗粒沉于槽底，由扬板提升落入溜槽内，排出槽外成为重产物。密度小于重介质的颗粒随重介质流从圆筒溢流口排出成为轻产物。鼓形重介质分选机适用于分离较粗（40~60mm）的固体废物。

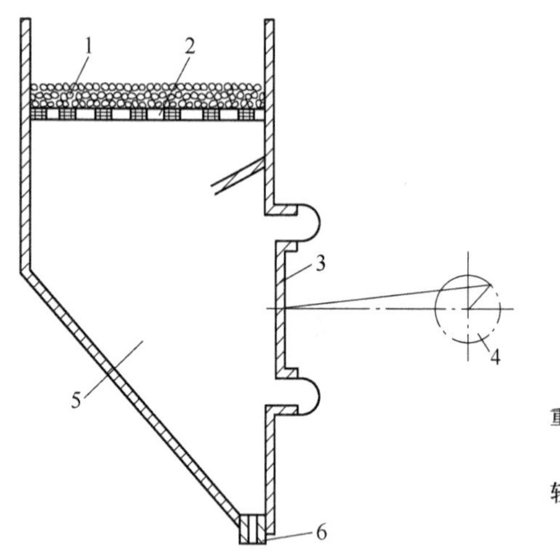

图 3-58 隔膜跳汰机的结构示意图

1—床料层；2—筛网；3—隔膜；4—曲柄连杆机构；5—水箱；6—排料口

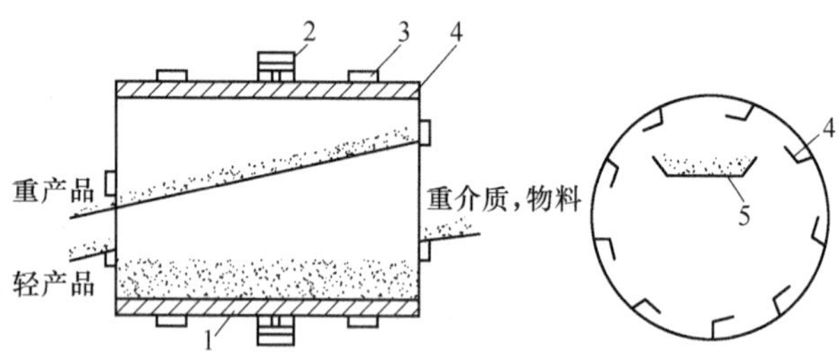

图 3-59 鼓形重介质分选机结构示意图

1—圆筒形转鼓；2—大齿轮；3—辊轮；4—扬板；5—溜槽

3.3.3.3 隔膜跳汰机主要参数的选择与计算

（1）跳汰室的宽度和长度的确定。跳汰室的筛网面积是影响跳汰机处理量的重要因素，增大筛网面积可以增大跳汰机的处理量。决定了跳汰室的规格后，应使筛网的有效面积尽量增大，以减少对水流的阻力，并使水流均匀地分布到整个筛面上。跳汰室的宽度影响物料的均匀给入与排出，其宽度越大，床层各部位松散度相差越显著，对跳汰过程不利。根据经验，跳汰机最大宽度为 1m，个别也有宽达 1.6m 的。每个跳汰室的长度要满足物料分层所需要的停留时间，通常，最大长度不超过 1m。

（2）冲程系数的计算。冲程系数是鼓动隔膜面积 A_0 与跳汰室筛网面积 A 之比，即

$$\beta = \frac{A_0}{A} \tag{3-98}$$

各种跳汰机的冲程系数是不同的，在隔膜跳汰机中，冲程系数 $\beta = 0.4 \sim 0.7$。选别细粒级物料的跳汰机，采用较小的冲程系数。

（3）冲程与冲次的确定。冲程与冲次决定着水流的速度和加速度，在隔膜跳汰机中，隔膜是由曲柄连杆机构驱动的，因此，隔膜沿运动方向的位移 s、速度 v 和加速度 a 为

$$\begin{aligned} s &= l(1 - \cos\omega t)/2 \\ v &= l\omega\sin\omega t/2 \\ a &= l\omega^2\cos\omega t/2 \end{aligned} \tag{3-99}$$

隔膜运动速度 v 与介质运动速度 u 的关系应满足下列条件，即

$$u/v = A_0/A = \beta \tag{3-100}$$

因此介质运动的位移 s_j、速度 u 和加速度 a_j 为

$$\begin{aligned} s_j &= \beta l(1 - \cos\omega t)/2 \\ u &= \beta l\omega\sin\omega t/2 \\ a_j &= \beta l\omega^2\cos\omega t/2 \end{aligned} \tag{3-101}$$

介质运动的最大速度与最大加速度为

$$\begin{aligned} u_{max} &= \beta\pi nl/60 \\ a_{max} &= \beta\pi^2 n^2 l/1800 \end{aligned} \tag{3-102}$$

式中　l——隔膜冲程；

　　n——冲次，r/min。

由式（3-102）可见，冲程与冲次越大，介质的运动速度和加速度就越大。如果跳汰机中的水流加速度超过重力加速度时，就会使床层运动过度松散，影响分选过程的进行。通常，对于粗粒级和大密度的物料，床层厚而筛下补加水量小时，可采用大冲程和小冲次；对于细粒级的物料，可采用小冲程和大冲次。跳汰机的冲程和冲次的选择与很多因素有关，所以，合理的冲程和冲次要根据作业要求和实践经验而选定。隔膜跳汰机的冲程一般为 10~20mm，冲次一般为 250~350r/min。

（4）筛下补加水量。筛下水可以增加床层的松散度。处理宽级别物料时，应减少筛下水，以便降低上升水流的速度，避免将细粒重物冲到尾料中去，并加强下降水流的速度，使大密度的细粒物料透过床层。处理窄级别物料时须增加筛下水量。

3.3.4　固体废物磁力分选技术与设备

磁选是基于垃圾各组分的磁性差异，利用磁选设备使垃圾各组分分离的一种方法。磁力分选有两种类型，一类是传统的磁选，它主要用于供料中磁性杂质的提纯、净化及磁性物料的精选；另一类是近年发展起来的磁流体分选法，可用于城市垃圾焚烧厂焚烧灰以及堆肥厂产品中铝、铁、铜、锌等金属的提取与回收。

3.3.4.1　固体废物磁力分选技术

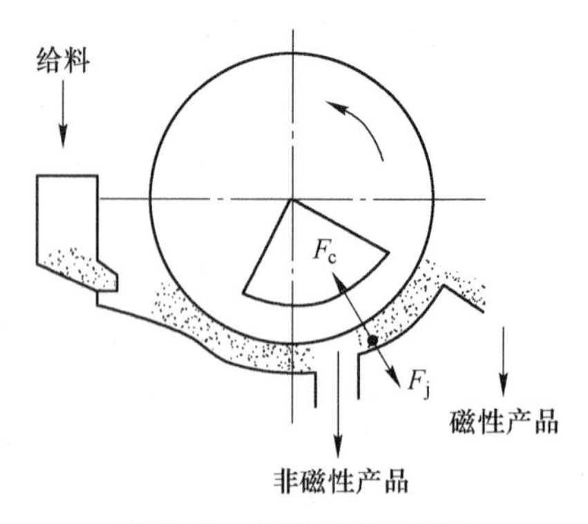

图 3-60　磁选过程示意图

如图 3-60 所示磁选过程是将固体废物给入磁选机中，其中的磁性颗粒在均匀磁场作用下被磁化，受到磁场吸引力的作用。除此之外，所有穿过分选装置的颗粒，都受到诸如重力、流动阻力、摩擦力、静电力和惯性力等机械力的作用。若磁性颗粒受力满足条件 $F_c > F_j$（其中 F_c 为作用于磁性颗粒的吸引力，F_j 为与磁性引力方向相反的各机械力的合力），则该磁性颗粒就会沿磁场强度增加的方向移动直至被吸附在滚筒或带式收集器上，而后随着传输带运动而被排出。非磁性颗粒所受的机械力占优势。磁选是基于固体废物各组分的磁性差异，作用于各种颗粒上的磁力和机械力的合力不同，使它们的运动轨迹也不同，从而实现分选作业。

3.3.4.2　磁选机械设备的类型、结构与工作原理

（1）磁选机械设备的类型。国内外生产的磁选机种类很多，其分类方法也各不相同。按产生磁场的方法不同，磁选机分为电磁磁选机和永磁磁选机；按选择方式的不同，磁选机分为干式磁选机和湿式磁选机；按结构的不同，磁选机分为筒式、盘式、辊式、环式和带式磁选机。目前，在废物处理系统中最常用的磁选设备是悬挂带式磁选机和辊筒式磁选机。悬挂式磁选机有利于吸除输送带表面的铁金属，辊筒式磁选机则有利于吸除贴近皮带底部的铁金属，因此，工程中将它们串联在一起使用，可提高分选效率。

（2）磁选机械设备的构造。图 3-61 为悬挂式磁力分选机机构示意图，在固体废物的传送带 3 上方悬挂一大型磁铁 2，并配有传动皮带 1，当固体废物通过磁铁下方时，磁性物质被吸附并随传动皮带 1 一起运动，到达非磁性区自动脱落。

图 3-62 为 J. Shimoiizaka 分选槽构造与工作原理。该磁流体分选槽的分离区呈倒梯形，上宽 130mm，下宽 50mm，高 150mm，纵向深 150mm，采用永磁磁系。分离密度较高的物料时，磁系用钐-钴合金磁铁。每块磁体的尺寸为 400mm × 123mm × 136mm，两个磁体相对排列，夹角为 30°。分离密度较低的物料时，磁系用磁铁氧化体磁体，图中阴影部分相

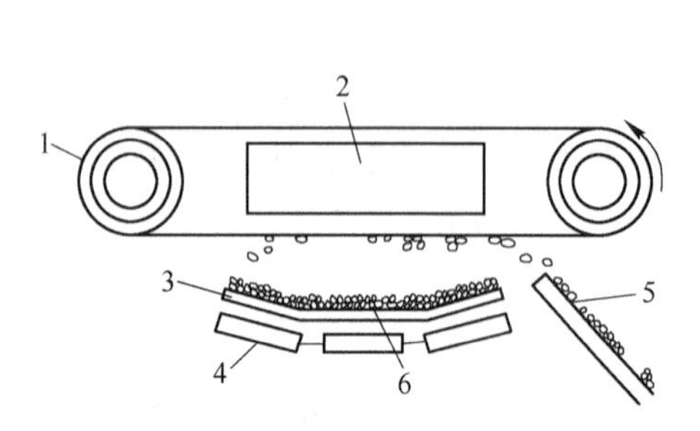

图 3-61　悬挂式磁力分选机机构示意图

1—传动皮带；2—悬挂式固定磁铁；3—传送带；4—托辊；5—金属物；6—来自破碎机的固体废物

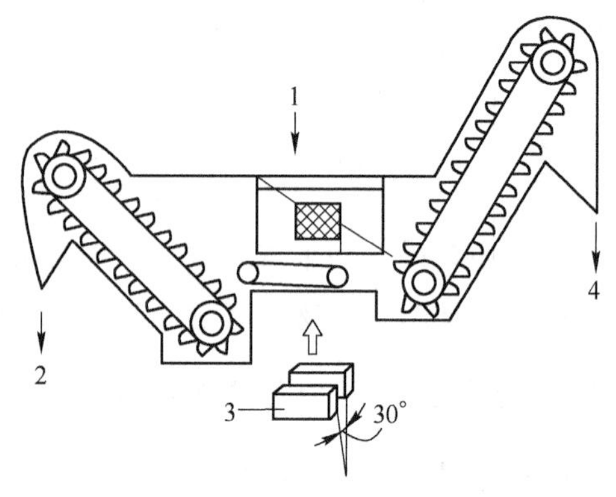

图 3-62　J. Shimoiizaka 分选槽构造与工作原理

1—给料；2—沉下物；3—磁铁；4—浮生物

当于磁体的空气隙，物料在这个区域中被分离。它可用于汽车的废金属碎块的回收、低温破碎物料的分离和从垃圾中回收金属碎块等。

湿式永磁圆筒式磁选机如图3-63所示，它的给料方向和圆筒旋转方向或磁性物质的移动方向相反。物料液由给料箱直接给入圆筒的磁系下方，非磁性物质由磁系左下方底板上的排料口排出，磁性物质随圆筒逆着给料方向移到磁性物质排料端，排入磁性物质收集槽中。这种设备适用于粒度不大于0.6mm强磁性颗粒的回收及从钢铁冶炼排出的含铁尘泥和氧化铁皮中回收铁。

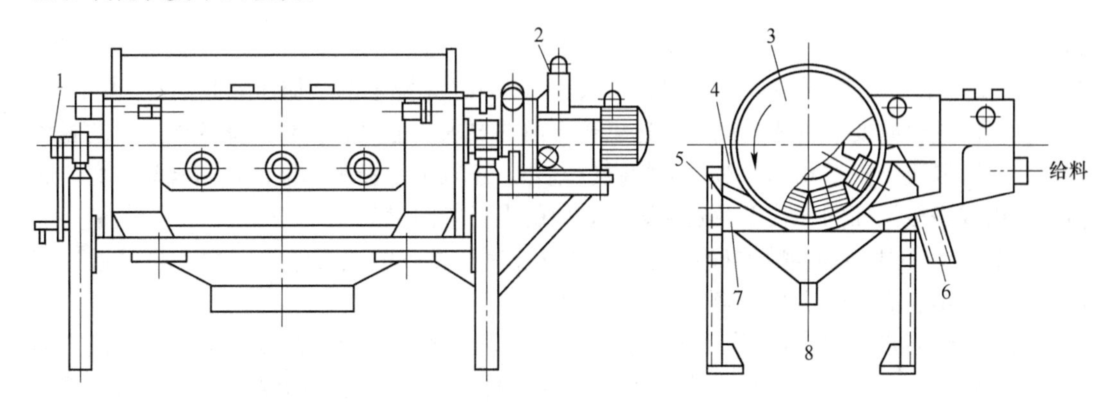

图3-63 永磁圆筒式磁选机

1—磁偏角调整部分；2—传动部分；3—圆筒；4—槽体；5—机架；
6—磁性物质；7—溢流堰；8—非磁性物质

3.3.4.3 筒式磁选机的设计

磁系是磁选机的重要组成部分，磁选机性能与磁系材料、磁系结构和磁系的磁场特性有直接关系，在此主要介绍磁系的设计。

A 磁系设计

(1) 筒式磁选机的磁场特性。磁选机的磁场特性取决于待选物料的性质和磁选工艺的要求。磁场特性主要是指磁场强度和磁场梯度在磁场空间的变化规律及其对磁力大小、分布的影响。研究表明，沿磁极（或磁极间隙）对称面上的磁场强度H(A/m)变化规律为

$$H = H_0 e^{-cy} = \frac{\pi}{2}\frac{u_m}{l}e^{-cy} \qquad (3\text{-}103)$$

式中 H——离磁极表面y处的磁场强度，A/m；

H_0——磁极表面（或极隙面）处的磁场强度，A/m；

u_m——相邻磁极间的磁位差或自由磁势，A；

l——磁极的间距，m；

c——磁场非均匀系数，m^{-1}；

y——离磁极表面（或极隙面）处的距离，m；

e——自然对数底。

磁场分均匀磁场和非均匀磁场。在磁选机中只采用不均匀磁场，因为磁场越不均匀，

作用在磁性物料上的磁力就越大，就越容易将磁性物料与非磁性物料分离。磁场强度的非均匀性用磁场梯度表示。磁场梯度是沿磁极法线方向磁场强度的变化量，用 dH/dy（或 gradH）表示。在非均匀磁场中，各点磁场强度的大小和方向不同，即 $dH/dy \neq 0$，dH/dy 越大，则磁场的非均匀性也越大；反之，磁场的非均匀性越小。

离磁极表面任一点 y 处的磁场力 F_c 为

$$F_c = H\mathrm{grad}H = \frac{cH_0^2}{\mathrm{e}^{2cy}} \tag{3-104}$$

其中

$$\mathrm{grad}H = -cH_0\mathrm{e}^{-cy} = -cH \tag{3-105}$$

式（3-105）中“－”号可省略，因为它只表示 grad$H$ 是随 y 的增加而降低。

设计磁选机时要尽可能地满足分选工艺方面的要求。但是，一台具体的磁选机的磁场特性，除了取决于磁系相邻一对磁极的磁位差外，还取决于极距、极面宽与极间隙宽的比值、磁极或磁极端面的形状以及磁极圆柱表面的半径等因素。

（2）磁系主要结构参数的确定。在磁系设计时，磁系的主要结构参数一般是通过理论估算，再结合必要的实验来确定。

1）磁极组高度的确定。当磁极组截面积一定时，随着磁极组高度的增加，磁极表面平均磁场强度增高，但磁极组高度增大到一定值时，表面平均磁场强度增加的幅度就减小，从参考文献［18］图 2-20 所示的铁氧体磁体截面长宽比不同时磁极表面磁感应强度与磁体尺寸比的关系曲线来看，曲线表现出开始平缓，常规磁系结构（如磁极间隙没有充填永磁材料）的磁极组高可选在曲线变平缓点处附近。如选在曲线平缓点以外，对磁选机的工作磁场稳定性有好处。

2）磁系的极面宽和极隙宽的比值与极距的确定。在磁选分离过程中，要求磁性物料在随运输装置移动过程中，受到均匀的磁力，能否得到较均匀的磁力取决于极面宽 b 与极隙宽 a 的比值。对于电磁系和具有剩余磁感大而矫顽力较小的铸造的铝镍钴磁系，它的适宜比值约为 1. 2~1. 5；而对于各向异性的具有较小的剩余磁感和矫顽力大的锶铁氧体，它们的适宜比值又和极面宽有关。如极面宽为 26cm 和 19. 5cm 时，适宜的比值为 3；极面宽为 13cm 时，适宜的比值为 2；极面宽为 6. 5cm 时，适宜的比值为 1. 3。

湿式筒式磁选机的适宜极距 l(m) 为

$$l \approx \frac{2\pi R_1(h + \Delta)}{R_1 - 2(h + \Delta)} \tag{3-106}$$

干式筒式磁选机的适宜极距 l(m) 为

$$l \approx \frac{2\pi R_1 d}{R_1 \ln(1 + d/\Delta) - 2d} \tag{3-107}$$

式中 h——料浆层厚度，m；

Δ——圆筒表面到磁极表面的距离，m；

R_1——磁极表面的排列半径，m；

d——被选分物料颗粒的粒度上限，m。

3）磁系极数的选定。在磁系的极距确定后，磁系的极数 n 可按下式计算

$$n = L/l + 1 \tag{3-108}$$

其中 $$L = R_1\alpha \qquad R_1 = R - \Delta \tag{3-109}$$

式中 L——磁系长度，m；

R——圆筒半径，m；

α——磁系包角；

其他物理量意义同前。

筒式磁选机的磁系包角为 90°~180°。湿式筒式磁选机的磁系包角为 106°~128°，它取决于磁系吸起段、运输段和脱水段的总长度。干式筒式磁选机的磁系包角：同心圆缺磁系为（2/3~3/4）×360°，同心全周或偏心全周磁系为 360°。

4）磁系宽度的影响。磁系宽度决定给料宽度，因而也就决定着磁选机的处理能力。增加磁系宽度必然增加筒长，从而提高磁选机的处理能力。目前我国生产的筒式磁选机的筒长为 900、1200、1500、1800、2100、2400、3000 和 4500 mm。但是，磁系宽度的增加受到磁选工艺因素和机械结构因素的制约，如磁选机的宽度过大，不易做到均匀给料，筒轴挠度大，保证不了筒皮和磁系表面间的间隙。

5）磁系半径的选定。磁系半径对磁选机单位筒长的处理能力有很大的影响。随着磁系半径的增大，分选工作区也相应地增长，在磁系内又可多装磁极，可提高处理能力和回收率。磁系半径增大，不仅使磁极表面的平均磁场强度有所提高，而且会使磁场的作用深度也有所增加。它们之间的关系是非线性的。磁系半径在某一范围内增大时，磁选机处理能力的提高幅度很显著，继续增大时，提高幅度不明显。

B 分选圆筒的设计

分选圆筒是由 3~5mm 厚的非导磁不锈钢板、铜板或玻璃钢制成。圆筒的端盖为铸铝件，用不锈钢螺钉和筒体连接。筒体的材质要求其磁导率越小越好，以减少磁通的损失，保证筒体表面有较高的场强。固定磁系湿选筒式磁选机的圆筒常用 1Cr18Ni9Ti 或 15Mn26Al4 等非导磁不锈钢板卷成。干选筒式磁选机，由于圆筒与磁系的相对运动的频率很高，筒体会产生感应电流，它力图减小磁场和筒体之间的相对运动，消耗部分电功率。筒体产生的电涡流还会使圆筒的温度升高。因此，磁频率较高的干选永磁磁选机的圆筒应该用玻璃钢制成。分选圆筒的直径应和磁系的结构尺寸相适应。不同直径的湿选筒式磁选机的转速通常为 20~40r/min。

C 分选槽体的设计

湿选筒式磁选机的分选槽体结构对磁选指标有重要的影响，必须适当地选择。槽体一般用非导磁不锈钢板或工业塑料板焊制而成。常见的槽体有顺流型、逆流型和半逆流型 3 种结构形式。

3.3.5 固体废物电力分选技术与设备

电选是在电选设备的电场中进行的，固体废物颗粒的导电率不同，带电量也不同，则其在电场中所受的作用力不同，运动行为就不同。废物带电方式很多，如摩擦带电、传导带电、感应带电、压热带电、电晕电场中带电等。

3.3.5.1 固体废物电力分选技术

电力分选称为电选，是利用固体废物中各种组分在高压电场中电性的差异而实现分选

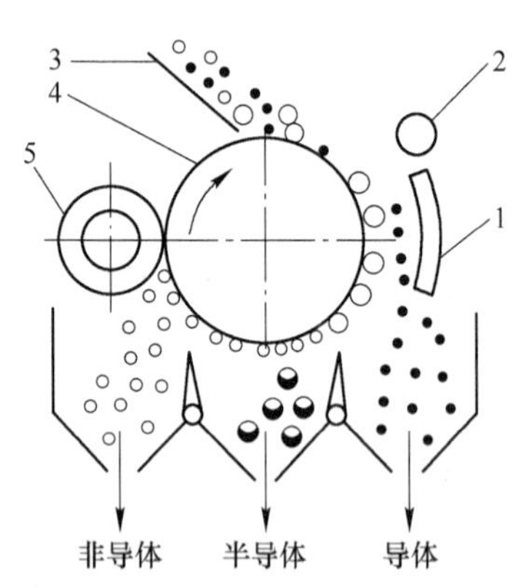

图 3-64 电分选机的工作原理图
1—电晕电极；2—偏转电极；3—导料板；4—辊筒电极；5—毛刷

的一种方法。物质根据其导电性，分为导体、半导体和非导体三种。大多数固体废物属于半导体和非导体，因此，电选实际是分离半导体和非导体的固体废物过程。图 3-64 所示为电分选机的工作原理图。废物由给料斗均匀地给到辊筒上，随着辊筒的旋转，废物颗粒进入电晕电场区，该区空间带有电荷，使导体和非导体颗粒都获得负电荷（与电晕电极电性相同），导体颗粒一面带电，一面又把电荷传给辊筒（接地电极），其放电速度快，因此，当废物颗粒随辊筒旋转离开电晕电场区而进入静电场区时，导体颗粒的剩余电荷少，而非导体颗粒则因放电速度慢，致使剩余电荷多。导体颗粒进入静电场后不再继续获得负电荷，但仍继续放电，直至放完全部负电荷，并从辊筒上得到正电荷而被辊筒排斥，在电力、离心力和重力分力的共同作用下，其运动轨迹偏离辊筒，而在辊筒前方落下。偏向电极的静电引力作用更加强了导体颗粒的偏离程度。非导体颗粒由于有较多的剩余电荷，将被吸附在辊筒上，带到辊筒的后方，被毛刷强制刷下。半导体颗粒的运动轨迹则介于导体和非导体颗粒之间，落入半导体产品受槽。

3.3.5.2 电选机械设备的类型与结构

（1）电选机械设备的类型及应用。电选机是实现不同电性物料分离的机械设备。电选机按电场特性可分为静电场电选机、电晕电场电选机和复合电场（静电场与电晕场组合）电选机。按结构特征可分为筒式、箱式、板式和带式电选机。一般物质大致可分为电的良导体、半导体和非导体，它们在高压电场中有着不同的运动轨迹，加上机械力的共同作用，即可把它们相互分离。电场分选对于塑料、橡胶、纤维、废纸、合成皮革、树脂等与某些物料分离，各种导体、半导体和绝缘体的分离等都非常简便有效。

（2）电选机械设备的结构。图 3-65 是辊筒式静电分选机的构造和工作原理。它是由辊筒、电极、给料斗、毛刷、振动给料器、导体产品受槽和非导体产品受槽等组成。分选物料粒度为 20mm 以下。该设备的工作过程为：含铝和废玻璃的物料从料斗通过振动给料器给到以 10r/min 的速度旋转的接地辊筒表面上。电极与辊筒水平轴线成锐角安装。电极形成的集中的狭弧状强烈放电场和高压静电场，电极电压达 20～30kV。混合颗粒一旦进入高压电场区，即受静电放电作用。导电弱的玻璃颗粒附在辊筒表面，并在玻璃集料斗区内离开辊筒，而导电强的铝或其他金属颗粒则对接地辊筒放电，落入相应的集料斗内。利用这种装置可清除玻璃中所含金属杂质的 70%。

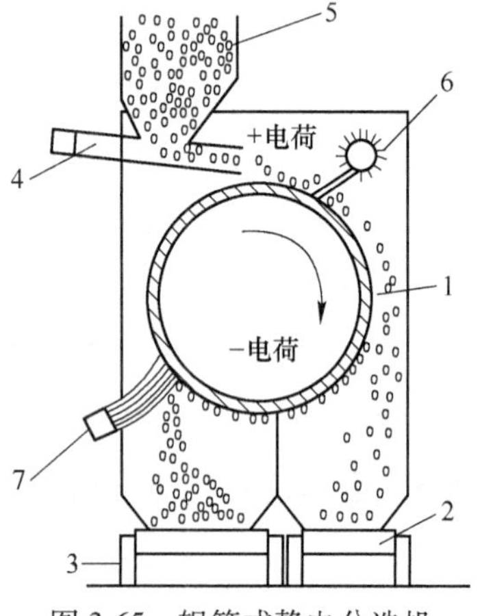

图 3-65 辊筒式静电分选机构造和工作原理
1—辊筒；2—导体产品受槽；3—非导体产品受槽；4—振动给料器；5—给料斗；6—电极；7—毛刷

图 3-66 所示为 YD-4 型高压电选机的构造，该机的特点是具有较宽的电晕场区、特殊的下料装置和防积灰

漏电措施，整机密封性能好，采用双筒并列式，结构合理紧凑，处理能力大，效率高，可作为粉煤灰专用设备。

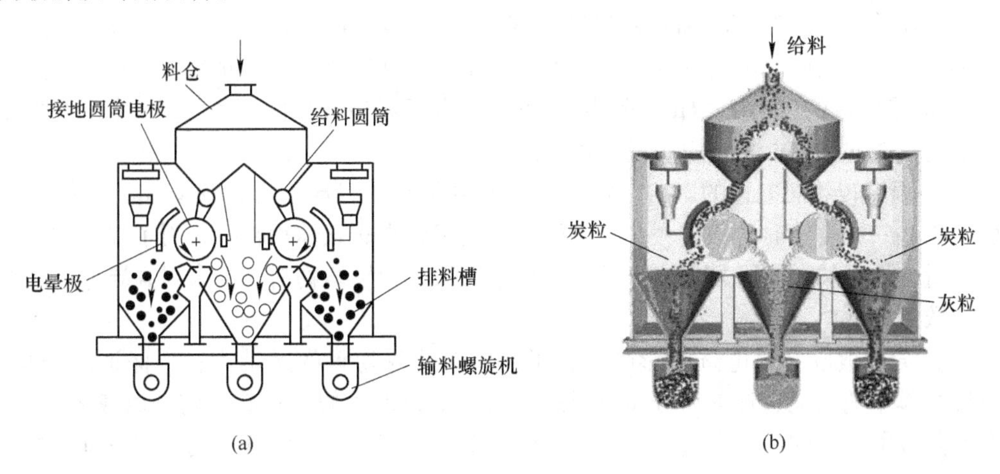

图 3-66 YD-4 型高压电选机
（a）构造图；（b）仿真图

3.3.5.3 电选的影响因素

电选机是一个结构简单的分选设备，然而电选过程却是一个较敏感而且较复杂的过程，这是因为影响电选过程的因素很多。下面以复合电场电选机为例来介绍影响电选过程的有关因素。

（1）电压对电选的影响。电压大小直接影响着电场强度，电压愈高，电场强度愈大。例如，在双辊筒电选机中，当电压由 15kV 升到 18kV 时，电晕电流将由 37μA 上升到 74.5μA。因此，加在电极上的电压是影响物料颗粒所受电力作用大小的重要因素，其变化能改变选分电场的特性，对选分效果影响较大。如欲提高导体产品的质量，电压可稍高些，如欲提高非导体产品的质量，电压则可稍低些。一般粒度较大时，则需提高电场力，黏度小时，电压则可低些。

（2）电极位置对电选的影响：

1）电晕电极离辊筒的角度和距离。电晕电极的角度和距离的变化，能改变电晕充电区范围和电晕电流的大小。电晕电极的作用主要是使料粒带电（充电），因而电晕电流的大小是决定选分效果好坏的关键。由于电晕电极角度的变化，使最大电晕电流值的位置发生了变化，电晕电极随着离辊筒距离的减小，电晕电流值增大。电晕电流的变化，直接影响选分效果，因此，应根据试验来确定适宜的位置，一般电晕电极离辊筒表面的距离为 20~45mm，同辊筒的角度大约为 15°~25°。

2）偏向电极离辊筒的距离和角度。偏向电极同辊筒相对位置的变化，能改变静电场的电场强度和电场梯度，偏向电极的距离愈小，静电场强度愈大，对料粒的作用力也愈大。偏向电极距离的变化和改变电压的效果不同，因为电压改变时，电晕电场和静电场同时发生变化，而偏向电极距离的变化只能对静电场起作用，改变料粒在静电场中所受的电力。当偏向电极距离太小时将引起火花短路，因此偏向电极的距离的选择应以不引起极间短路为原则。偏向电极离辊筒表面的距离一般为 20~45mm，它的角度为 30°~90°范围之内。

3）电晕电极和偏向电极之间的距离。电晕电极和偏向电极之间距离的变化，使电场的位置也随着相应地改变。随着两极间距离减小使电场强度减弱，并使电场位置向上推移。例如，当两极间距离由35mm减小到10mm时，电晕电流的峰值由37.5°向上推移到31.5°，电晕电流的数值由61μA减弱到5.5μA，相反随着两极间距离的增加，电场强度增大，电场位置向下移，偏向电极的作用推迟。

（3）辊筒转数对电选的影响。辊筒转数的调整与原料粒度和性质有关，一般粒度大时转数小些，粒度小时转数应大些。当原料中大部分为非导体物料时，为了提高非导体产品的质量，选用的转数可稍大些，而如原料中大部分为导体物料，为了提高导体产品的质量，转数可稍低些。

（4）分离板位置对电选的影响。为了适应电选时物料的运动途径，保证选分指标，在实际操作中适当地选择前后分离隔板的位置是十分重要的，尤其是前分离隔板的位置。前分离隔板的位置向后倾角过大或过小对分离都是不利的，确定分离隔板的适宜位置，应从产品质量，回收率和产率分配等方面来全面考虑。试验表明，前分离隔板的位置采用约为-30°的后倾角为宜。

（5）物料特性对电选的影响。对电选过程发生影响的主要是物料表面的水分，内部水分影响很小，因此物料不必完全干燥。辊筒式电选机要求原料中的水分不应超过1%。电选所处理的物料粒度为3~0.05mm，最好的选分粒度范围为40~80目粒级。

（6）给料方式和给料量对电选的影响。实践表明给料方式和给料量的多少对选分效果都有影响。一般电选时要求均匀给料，并使每个料粒都应该有接触辊筒的机会，否则未接触辊筒的导体物料不能将电荷放掉，便会随非导体料粒一同进入非导体产品中，影响选分效果。

给料量的大小对选分效果有很大的影响，因为随着给料量的增加，在接地辊筒表面分布的料层也随之变厚，使料粒相互干扰和夹杂的机会增多，易使选分效果下降，而给料量太小，又影响设备的处理能力，所以应根据生产需要和对产品的质量要求通过试验确定适宜的给料量。

3.3.6　固体废物浮力分选技术与设备

浮选是在固体废物与水调制的料浆中加入浮选剂，并通入空气形成若干细小气泡，使浮选物质颗粒粘附在气泡上，借助气泡的浮力在料浆的表面形成泡沫层，然后刮出回收，不浮的颗粒仍留在料浆中，通过适当的方法处理。

3.3.6.1　固体废物浮力分选技术

（1）浮力分选原理。浮选是在水介质中进行的。物质是否可浮选或其可浮选性的好坏，主要取决于这种物质被水湿润的程度，也即该物质的润湿性。许多无机废物极易被水润湿，而有机废物则不易被水润湿。易被水润湿的物质称为亲水性物质，不易被水润湿的物质称为疏水性物质。浮选就是根据不同物质被水润湿程度的差异而对其进行分离。在固体废物与水调制的料浆中加入浮选剂，通入空气并充分搅拌，在料浆内部产生大量的气泡，疏水性物料颗粒粘附在气泡上，并随气泡上浮聚集在液面上，把液面上泡沫刮出，形成泡沫产物，进行回收。而亲水性的物料颗粒仍留在料液中，通过这种方法，将固体废物中的润湿性不同物质进行分离。

（2）浮选剂。浮选剂大致可分为捕收剂、起泡剂和调整剂三大类。

1）捕收剂。捕收剂的主要作用是使欲浮的废物颗粒表面疏水，增加可浮性，使其易于向气泡附着。常用的捕收剂主要有异极性捕收剂（如黄药、油酸等）和非极性油类捕收剂（如煤油、柴油等）两种。

2）起泡剂。为了浮选所必需的大量而稳定的气泡，必须向浮选料浆中加起泡剂。起泡剂为一种表面活性物质，当其作用于水-气界面上时，可使界面张力降低，使小气泡趋于稳定，防止相互兼并，以保证有较大的分选界面，提高分选效率。常用的起泡剂有松油、松醇油、脂肪醇等。

3）调整剂。调整剂主要作用是调整捕收剂的作用及介质条件。其中促进欲浮废料颗粒与捕收剂作用的称为活化剂；抑制非欲浮颗粒可浮性的称为抑制剂；调整介质 pH 值的称为 pH 值调整剂；促使料浆中欲浮细粒联合变成较大团粒的称为凝聚剂；促使料浆中非欲浮细粒成分散状态的药剂称为分散剂。

3.3.6.2 浮选机的结构与工作原理

目前，我国使用最多的浮选设备是机械搅拌式浮选机，其构造如图 3-67 所示。大型浮选机每两个槽为一组，第一个槽为吸入槽，第二个槽为直流槽。小型浮选机多为 4~6 个槽为一组，每排可以配置 2~20 个槽。每组有一个中间室和浆面调节装置。

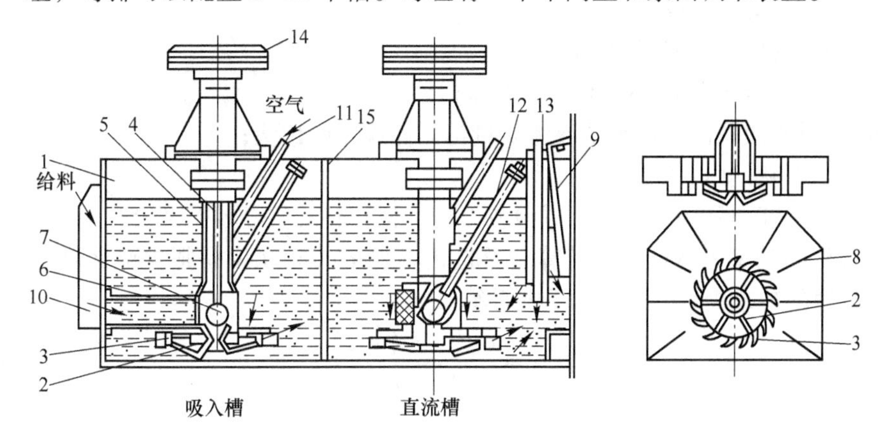

图 3-67 机械搅拌式浮选机构造

1—槽子；2—叶轮；3—盖板；4—轴；5—套管；6—进浆管；7—循环孔；8—稳流板；9，13—闸门；10—受浆槽；11—进气管；12—调节循环量的闸门；14—皮带轮；15—槽间隔板

浮选工作时，料浆由进浆管给入，给到盖板与叶轮中心处，由于叶轮的高速旋转，在盖板与叶轮中心处，造成一定的负压，空气由进气管和套管吸入，与料浆混合后一起被叶轮甩出，在强烈的搅拌下气流被分割成无数微细气泡，预选物料颗粒与气泡碰撞粘附在气泡上，随气泡升至料浆表面而形成泡沫层，经刮泡机刮出成为泡沫产品，再经消泡脱水后即可回收。浮选是固体废物资源化的一种重要技术，常用于从粉煤灰中回收炭，从煤矸石中回收硫铁矿，从焚烧炉渣中回收金属等。

3.3.6.3 机械搅拌式浮选机的参数计算

（1）叶轮直径 D 和转数 n 的计算。设计机械搅拌式浮选机时，常将其比作离心式水

泵，把浮选机内的搅拌叶轮看作水泵内的叶轮，浮选机的槽子看作水泵的外壳和出水管。根据离心水泵的扬程计算公式可得

$$H = \vartheta \frac{u^2}{2g} \tag{3-110}$$

式中 H——浆面到叶轮的料浆深度，m；

u——叶轮的圆周速度，m/s；

g——重力加速度，m/s^2；

ϑ——压头系数，$\vartheta=0.2\sim0.3$。

若把 $u=\pi Dn/60$ 和 $\vartheta=0.2$ 代入式（3-110），则得

$$n = \frac{189}{D}\sqrt{H} \tag{3-111}$$

由此可见，当槽子的深度增加时，如果叶轮的直径不变，为了保证料浆具有一定的静压头，必须增加叶轮的转数。目前，大多数浮选机的叶轮圆周速度在 8~10m/s 的范围内。

（2）浮选机处理量 Q 的计算。机械搅拌式浮选机的处理量 Q(t/h)（按干物料量计算），可用下式计算

$$Q = \frac{60zVK}{(\varepsilon + 1/\rho)t} \tag{3-112}$$

式中 z——浮选机的槽数；

V——浮选机的单槽容积；m^3；

K——有效容积系数，$K=0.65\sim0.75$；

ε——料浆液固比，料浆中液体质量与固体质量的比值；

ρ——物料密度，t/m^3；

t——浮选时间，min，根据试验或处理类似物料的实际数据确定。

（3）浮选机功率 P(kW) 的计算。浮选机叶轮的传动功率是根据流经叶轮的料浆上升到槽面所做的功来决定，它可按下式计算

$$P = \frac{9.8(Q_1 + Q_2)H\rho}{1000\eta} \tag{3-113}$$

式中 Q_1——吸入料浆量，m^3/s；

Q_2——循环料浆量，m^3/s；

H——浆面到叶轮的料浆深度，m；

ρ——料浆密度，kg/m^3；

η——叶轮的效率，$\eta=0.6\sim0.8$。

（4）浮选时间的确定。通常，根据浮选试验结果，并参照类似生产实例确定料浆在浮选机中的停留时间。设计浮选时间 t(min) 为

$$t = t_0\sqrt{q_0/q} + \Delta t \tag{3-114}$$

式中 t_0——实验室单槽浮选机的浮选时间，min；

q_0——实验室单槽浮选机的充气量，$m^3/(m^2 \cdot min)$；

q——工业浮选机的充气量，$m^3/(m^2 \cdot min)$；

Δt——根据经验增加的浮选时间，min，$\Delta t = kt_0$；

k——调整系数，$k=0.5\sim1.0$。

（5）浮选机槽数 z 的计算与确定。浮选机的槽数由料浆体积流量决定

$$z=\frac{Wt}{V_jK_2} \tag{3-115}$$

其中

$$W=\frac{K_1Q(\varepsilon+1/\rho)}{60} \tag{3-116}$$

式中　t——设计浮选时间，min；

W——计算的料浆体积流量，m^3/min；

V_j——选用的浮选机的几何容积，m^3；

K_2——浮选机有效容积与几何容积之比，分选有色金属时，$K_2=0.8\sim0.85$；分选黑色金属时，$K_2=0.65\sim0.75$；

K_1——处理量不均匀系数，当浮选前是球磨机时，$K_1=1.0$；当浮选前是湿式自磨机时，$K_1=1.3$。

本节所介绍的固体废物分选机械设备，在实际中主要依据待分选固体废物的性质和分选设备的性能来选用。

3.4　固体废物的脱水技术与设备

3.4.1　固体废物的脱水技术

某些固体废物，如在处理城市污水和工业废水过程中产生的沉淀物和漂浮物，它们的重要特征是含水率较高，且含有大量的有机物和丰富的氮、磷等营养物质，任意排入水体，将会大量消耗水体中的氧，导致水体水质恶化严重、影响水生生物的生存，或使渔业产量下降。这些固体废物中还有多种有毒物质、重金属和致病菌、寄生虫卵等有害物质，处理不当会传播疾病、污染土壤和农作物，通过生物链转嫁人类，成为二次污染源。如固体废物含水率高时，不利于其运输和后续处理，难以储存。因此，为使此类固体废物中的水与悬浮物分离，减少水分，降低容积，便于这些固体废物的后续处理和回收再生利用，就必须进行脱水处理。

3.4.1.1　城市固体废物的含水量

城市固体废物的含水量通常有湿重和干重两种表示方法。在湿重测定方法中，样品中的湿度被表示为该物质湿重的百分比；在干重测定方法中，样品中的湿度被表示为该物质干重的百分比。在固体废物管理领域中湿重测定方法是最常用的。湿重含水量可由以下公式计算

$$E=\frac{m_0-m_{105}}{m_0}\times100\% \tag{3-117}$$

式中　E——含水量，%；

m_0——样品的初始质量，kg；

m_{105}——样品在105℃干化后的质量，kg。

影响固体废物含水量的主要因素是固体废物中有机组分和无机组分之间的比例。当垃圾中有机组分所占比例较高时，垃圾含水率就高，反之则含水率低，两者之间具有明显的相关性。目前，我国城市燃煤区的垃圾含水率一般在20%~35%之间，燃气区垃圾含水率则可高达55%~65%。这是由于燃煤区的垃圾中含煤灰渣比例较高，而燃气区垃圾中厨余物等有机成分所占比例较高所致。

此外，城市固体废物的含水率还受气候和季节等条件的影响，也受运输方式如不同受集容器、收集时间、储存时间、密封好坏等因素的影响。

3.4.1.2　水分存在的形式及其常用的脱水方法

(1) 水分存在的形式。污泥中所含的水分，按其存在形式可分为间隙水、毛细结合水、表面吸附水和内部水四种，如图3-68所示。

1) 间隙水。存于污泥颗粒间隙中的水称为间隙水，约占污泥水分的70%左右，是污泥浓缩的主要对象。对于间隙水不直接与固体颗粒结合，因而很容易分离。通常采用浓缩法进行分离。当间隙水很多时，只需要在调节池或浓缩池中停留几小时，就可利用重力作用使间隙水分离出来。

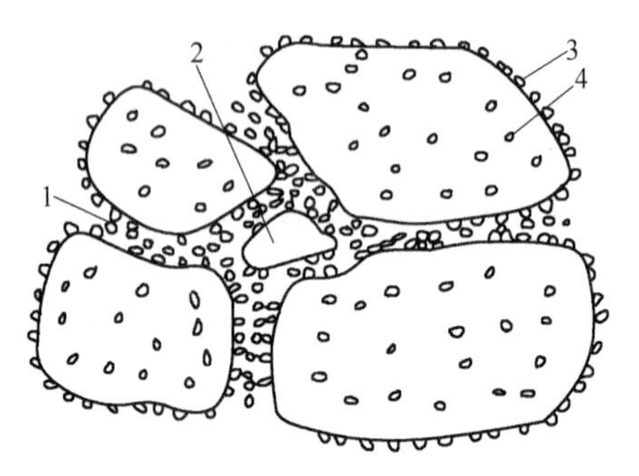

图3-68　污泥中水分的存在形式

1—毛细结合水；2—间隙水；3—吸附水；4—内部水

2) 毛细结合水。在细小污泥固体颗粒周围的水，由于产生毛细现象，可以构成以下几种结合水：在固体颗粒的接触面上，由于毛细压力的作用而形成的楔形毛细结合水，充满于固体本身裂隙中的毛细结合水。各类毛细结合水约占污泥中水分总量的20%。由于毛细现象形成的毛细结合水，受到液体凝聚力和液固表面附着力的作用，要分离出毛细结合水需要有较高的机械作用力和能量，可以用与毛细水表面张力相反的作用力，如离心力、负压抽真空、电渗力或热渗力等。常用离心机、真空过滤机或高压压滤机来除去这部分水。

3) 表面吸附水。吸附于污泥颗粒表面的水称为表面吸附水，表面吸附水约占污泥水分的7%左右。污泥常处于胶体颗粒状态，比表面积大，在表面张力作用下能吸附较多的水分。表面吸附水的去除较难，不能用普通的浓缩或脱水的方法去除，可用加热法去除。

4) 内部水。存在于污泥颗粒内部的水称为内部水，约占污泥水分的3%左右。内部水与固体结合很紧，用机械方法不能脱除，但可用高温加热法或冷冻法去除。

污泥中水分与污泥颗粒结合的强度由小到大的顺序大致为：

$$内部水 > 表面吸附水 > 毛细结合水 > 间隙水$$

该顺序也是污泥脱水的难易程度。另外，污泥脱水的难易程度还与污泥颗粒的大小及污泥中有机物的含量有关。污泥颗粒越细，有机物含量越高，其脱水的难度就越大。

(2) 常用的脱水方法。固体废物脱水的方法有很多，概括起来主要有浓缩脱水、机械脱水和干燥脱水等。浓缩脱水仅对自由水分的脱出有效，主要利用的是重力场和低强度离心力场的作用进行脱水；机械脱水对自由水分和部分间隙水分的脱除有效，主要是利用人工压应力场和高强度离心力场的作用进行脱水；干燥指的是利用人工热源，主要通过加热至水分蒸发汽化作用。

3.4.2 固体废物浓缩脱水技术与设备

固体废物的脱水主要用于污水处理厂排出的污泥及某些工业企业所排出的泥浆状废物的处理。脱水可达到减容、便于运输和进一步处理的目的。

3.4.2.1 固体废物浓缩脱水技术

常用的脱水方法有自然干化脱水和浓缩、过滤、干燥等几种机械脱水，自然干化脱水用于粗粒固体废物的脱水，而浓缩、过滤用于污水处理厂污泥的处理。固体废物常用的脱水方法及效果，见表3-7。

表3-7 固体废物常用的脱水方法及效果

脱水方法		脱水装置	脱水后含水率/%	脱水后状态
浓缩脱水		重力浓缩、气浮浓缩、离心浓缩	95~97	近似糊状
自然干法		自然干化场、晒砂厂	70~80	泥饼状
机械脱水	真空过滤	真空转鼓、真空转盘	60~80	泥饼状
	压力过滤	板框压滤机	45~80	泥饼状
	滚压过滤	滚压带式压滤机	78~86	泥饼状
	离心过滤	离心机	80~85	泥饼状
干燥法		各种干燥机	10~40	粉状、粒状
焚烧法		各种焚烧设备	0~10	灰状

3.4.2.2 浓缩机械设备的设计及选用

A 浓缩机的分类、结构与工作原理

（1）浓缩机的分类及选用。浓缩机主要用于污泥的浓缩，其目的是去掉污泥中的间隙水，缩小污泥的体积，为污泥的输送、利用和再处理创造条件。按浓缩的方法浓缩机可分为重力浓缩机、气浮浓缩机和离心浓缩机；按其传动方式浓缩机可分为中心传动和周边传动两种；按工作方式浓缩机可分为间歇式和连续式。间歇式浓缩机适用于小型污水处理厂或企业的污水处理厂，连续式浓缩机适用于大、中型污水处理厂；气浮浓缩机适用于浓缩密度接近于水的污泥；离心浓缩机较少用于污泥的浓缩。常见的污泥浓缩方法主要有重力浓缩法、气浮浓缩法和离心浓缩法三种。

（2）浓缩机的结构与工作原理。浓缩机种类较多，现以连续浓缩机为例来介绍浓缩机的结构与工作原理。重力浓缩法是最常用的一种污泥浓缩法，利用自然的重力沉降作用，使污泥中的固体自然沉降而分离出间隙水。重力浓缩适用于密度大于1g/cm^{3}的污泥，如初沉污泥、腐殖污泥和厌氧消化污泥。对于初沉污泥浓缩效果最佳，可将含固率1%~3%的初沉污泥浓缩至19%。

图3-69所示为连续式浓缩机的结构图，池底呈锥面，底坡度一般为1/100~1/12，自池中心的进泥口进入的污泥向池四周缓慢流动过程中，固体颗粒得到沉降分离，分离液则越过溢流堰流出。被浓缩到池底的污泥，经安装在中心旋转轴上的刮板机缓慢地旋转刮动，从排泥口用泥浆泵排出。

气浮浓缩法是依靠大量微小气泡附着在颗粒上，形成颗粒-气泡结合体，进而产生浮

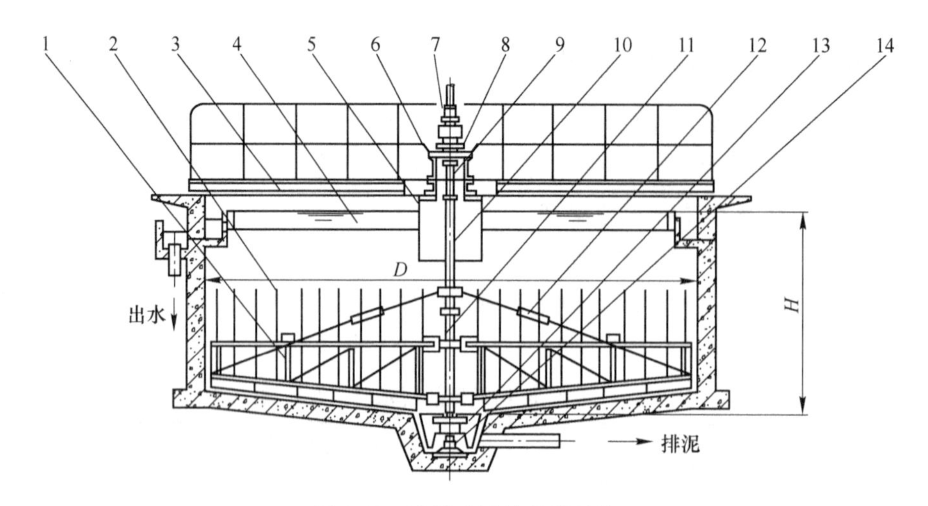

图 3-69 连续式浓缩机的结构

1—刮泥装置；2—栅条；3—钢梁；4—出水堰流；5—稳流筒；6—减速机座；7—行星摆线针轮减速器；8—联轴器；9—连接轴系统；10—长轴；11—短轴；12—拉紧调整系统；13—小刮泥板；14—轴承座总成

力把颗粒带到水表面而达到浓缩的目的。气浮浓缩法适合于密度接近于 1 的污泥，如好氧消化污泥、接触稳定污泥、不经初次沉淀的延时曝气污泥以及一些工业的废油脂等。气浮浓缩法与重力浓缩法相比，其浓缩程度高，固体物质回收率高，浓缩快，滞留时间短，占地面积少，刮泥机较方便，但基建和操作费用较高，管理复杂，运行费用为重力浓缩的 2~3 倍。气浮浓缩池有圆形和矩形两种结构，圆形气浮池的结构如图 3-70 所示，圆形池的刮浮泥板、刮沉泥板都安装在中心转轴上一起旋转。矩形池的刮浮泥板和刮沉泥板由电动机及链带联动刮泥，如图 3-71 所示。

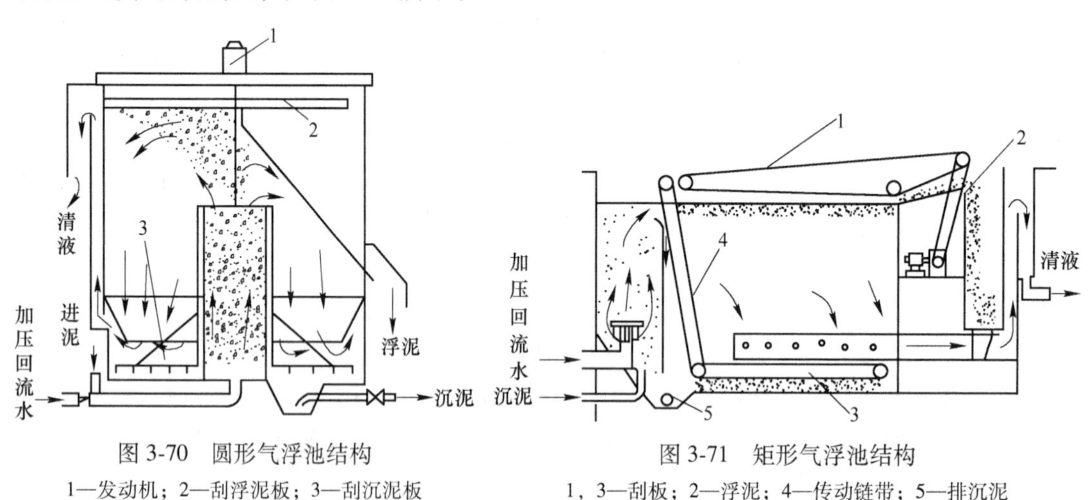

图 3-70 圆形气浮池结构

1—发动机；2—刮浮泥板；3—刮沉泥板

图 3-71 矩形气浮池结构

1，3—刮板；2—浮泥；4—传动链带；5—排沉泥

离心浓缩法是利用固体颗粒与水密度的差异，在高速旋转的离心机中，固体颗粒和水分别受到大小不同的离心力而使固液分离的过程。因离心力远大于重力（是重力的 500~3000 倍），因此，离心浓缩机具有占地面积小、造价低、但运行与机械维修费用较高等特点。目前，用于污泥离心分离的设备主要有倒锥分离板型离心机和螺旋卸料离心机两种。

图 3-72 所示为螺旋卸料离心机示意图。离心机由转筒和螺旋轴组成，污泥由中心管进入，经螺旋上喷口进入转筒，在离心力作用下进行固液分离，污泥甩向转筒内壁浓缩，借螺旋与转筒的相对运动，移向渐缩段进一步浓缩脱水再从渐缩段排出，离心澄清液从溢流口排出。

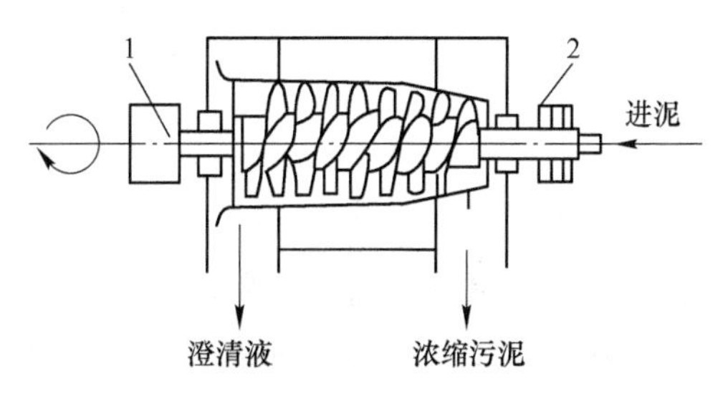

图 3-72　螺旋卸料离心浓缩机示意图
1—减速器；2—驱动滑轮

B　浓缩机的选择与设计计算

（1）浓缩机的选择。浓缩机的类型和规格的选择，首先是根据用户要求、所处理的物料性质、生产规模等选择。当使用场地较小而又要求有足够的沉降面积时，宜选用多层中心传动浓缩机；小型污水处理厂适宜选用间歇式浓缩机；大、中型污水处理厂适宜选用连续式浓缩机；浓缩密度接近于水的污泥适于选用气浮浓缩机。

（2）浓缩面积的计算。浓缩机的浓缩面积应该是通过沉降试验并参照同类生产厂的实际资料来确定，比较切合实际。在无试验条件和无资料的情况下，可按下式近似计算浓缩机的面积 $A(\mathrm{m}^2)$。

$$A = \frac{m(R_1 - R_2)K}{86.4v_0K_1} \tag{3-118}$$

其中

$$v_0 = 545(\rho - 1)d^2 \tag{3-119}$$

式中　m——给入浓缩机的固体质量，t/d；

R_1，R_2——浓缩前后料浆的液固比；

K_1——浓缩机有效面积系数，一般取 $K_1 = 0.85 \sim 0.95$，浓缩机直径大于 12m 的取大值；

K——料量波动系数，浓缩机直径小于 5m 的取 $K = 1.5$，大于 30m 时取 $K = 1.2$；

v_0——溢流中最大粒子在水中的自由沉降速度，mm/s；

ρ——固体物料密度，$\mathrm{g/cm^3}$；

d——溢流中固体颗粒最大直径，mm。

对于絮凝沉降，v_0 只能通过试验测定。浓缩机的面积必须保证料浆中沉降最慢的颗粒有足够的停留时间沉降至槽底。因此浓缩机的溢流速度 v 必须小于溢流中最大颗粒的沉降速度 v_0，选定的浓缩面积必须用式（3-120）验算，须保持 $v < v_0$，溢流速度 v 可按下式计算。

$$v = \frac{Q_y}{A} \times 1000 \tag{3-120}$$

式中　A——浓缩面积，$\mathrm{m^2}$；

Q_y——浓缩机的溢流量，$\mathrm{m^3/s}$。

（3）浓缩机的深度计算。耙式浓缩机的深度决定料浆在压缩层中的停留时间，为了保证底流的排料浓度，料浆在浓缩机中必须有足够的停留时间，所以浓缩机应具有一定的深度 H，即

$$H = h_1 + h_2 + h_3 \tag{3-121a}$$

其中

$$h_2 = \frac{D}{2}\tan\alpha \tag{3-121b}$$

$$h_3 = \frac{(1 + \rho\varepsilon)t}{24\rho S_{max}} \tag{3-121c}$$

式中　h_1——澄清区高度，为 0.5~0.8m；

h_2——耙臂运动区高度，m，可由式（3-121b）计算；

h_3——压缩区高度，m，可通过试验用式（3-121c）计算；

α——池底部水平倾角，一般取 $\alpha = 12°$；

ρ——物料密度，g/cm^3；

ε——料浆在压缩区中的平均液固比，可按料浆沉降到临界点时的液固比与排料底流液固比（均为实测）的平均值计算；

S_{max}——澄清 1t 干料所需的最大澄清面积，$m^2/(t \cdot d)$；

t——料浆浓缩至规定浓度所需要的时间（实测），h。

在选用国产化系列浓缩机时，其压缩区高度 h_3 应满足下式要求：

$$h_3 \leqslant H - (h_1 + h_2) \tag{3-122}$$

若计算的 h_3 不能满足式（3-122）的要求，应增加浓缩面积。

（4）浓缩机直径 D 的计算。浓缩机的直径 D(m) 可按下式计算

$$D = \sqrt{4A/\pi} = 1.13\sqrt{A} \tag{3-123}$$

式中物理量意义同前。

3.4.3　固体废物过滤脱水技术与设备

3.4.3.1　固体废物过滤脱水技术

（1）过滤的基本理论。过滤脱水是以过滤介质两边的压力差为推力，使污泥中的水分强制通过过滤介质成为滤液，固体颗粒被截流成为滤饼的固液分离过程。机械过滤脱水主要用于脱除污泥中毛细结合水和表面吸附水。过滤时滤液必须克服过滤介质和滤饼的阻力。污泥的比阻是衡量污泥脱水性能的重要指标，污水处理厂产生的不同污泥的比阻见表 3-8。

表 3-8　污水处理厂产生的不同污泥的比阻

污泥类型	初沉污泥	活性污泥	消化污泥	混凝后的消化污泥
比阻 /$m \cdot kg^{-1}$	$(1.5\sim5.0)\times10^{14}$	$(1.0\sim10.0)\times10^{13}$	$(1.0\sim6.0)\times10^{14}$	$(3.0\sim40.0)\times10^{11}$

（2）过滤脱水方式及过滤介质。机械过滤脱水的方式主要有三种：一是采用加压或抽真空的方式将滤液层内液体用空气或蒸汽排除的通气脱水法；二是采用压缩作用的压榨法，把浓度很高的污泥、半固体原料及滤饼为操作对象；三是采用离心力作为推动力除去料层内液体的离心脱水法。

过滤介质是滤饼的支撑物，它应具有足够的机械强度和尽可能小的流动阻力。常用的过滤介质主要有织物介质、粒状介质和多孔固体介质三大类。

1）织物介质。织物介质又称滤布，包括棉、毛、丝、麻等天然纤维及由各种合成纤

维制成的织物，以及由玻璃丝、金属丝等织成的网状物。

2）粒状介质。粒状介质包括细砂、木炭、石棉、硅藻土及工业废物等细小坚硬的颗粒状物质，多用于深层过滤。

3）多孔固体介质。多孔固体介质是具有很多微细孔道的固体材料，如多孔陶瓷、多孔塑料及多孔金属制成的管或板。此类介质大多耐腐蚀，且孔道细微，适用于处理只含少量细小颗粒的腐蚀性悬浮液及其他特殊场合。

选择过滤介质既要满足生产要求，又要经济耐用，以降低生产成本。

3.4.3.2 脱水机械设备的种类、结构与工作原理

（1）脱水机械设备的种类及应用。固体废物脱水处理常用于城市污水与工业污水处理厂产生的污泥，以及类似于污泥含水率的其他固体废物。污泥经浓缩处理后，含水率仍为95%~98%，需应用脱水设备来进一步地降低含水率。污泥脱水可分为自然脱水和机械脱水两类，污泥干化床、真空干化床、袋装脱水等均属自然脱水，其机理为自然蒸发与渗透。机械脱水设备众多，主要有真空过滤机、带式过滤机、盘式真空过滤机、板框压滤机、离心脱水机、滚压式脱水机等，如图3-73所示。

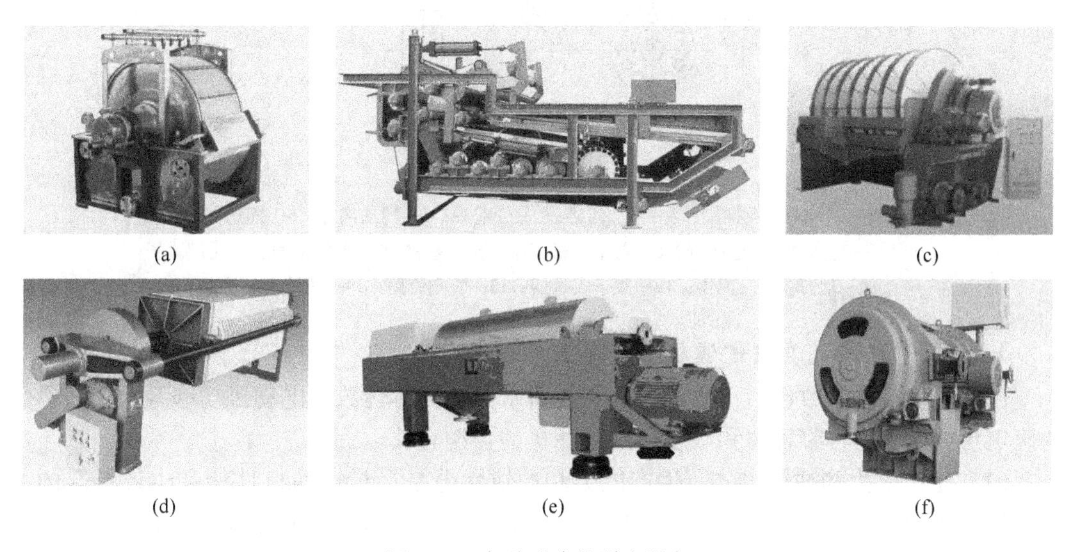

(a) (b) (c) (d) (e) (f)

图3-73 各种形式的脱水设备

（a）外滤式真空过滤机；（b）带式过滤机；（c）盘式真空过滤机；（d）板框压滤机；（e）离心脱水机；（f）滚压式脱水机

（2）脱水机械设备的结构与工作原理。脱水机械设备种类繁多，在此仅介绍转筒式真空过滤机的结构与工作过程。转筒式真空过滤机的结构如图3-74所示，该机由转筒、主轴承、污泥储槽、传动装置、搅拌器、分配头、刮刀、真空系统和压缩空气系统等组成。过滤介质（滤布）覆盖在转筒1表面，转筒部分浸没在污泥储槽2中，浸没面积占整个转筒表面积的30%~40%，转筒转数为0.13r/min，转筒被径向隔板分隔成若干个互不相通的扇形间格3，每个间格有单独的连通管与分配头相连，分配头4由转动部件5和固定部件6组成，固定部件有缝7与真空管路13相通，孔8与压缩空气管路14相通，转动部分随筒体一起旋转，其上有许多孔9，并通过联通管与各扇形间格相连。真空转筒每旋转一周依次经过滤饼形成区、吸干区、反吹区及休止区，完成对污泥的过滤及剥落。

转筒式真空过滤机的主要性能参数：真空度 0.053~0.08MPa；过滤产率，活性污泥 6~12kg/(m^2·h)，消化污泥 20~40 kg/(m^2·h)。

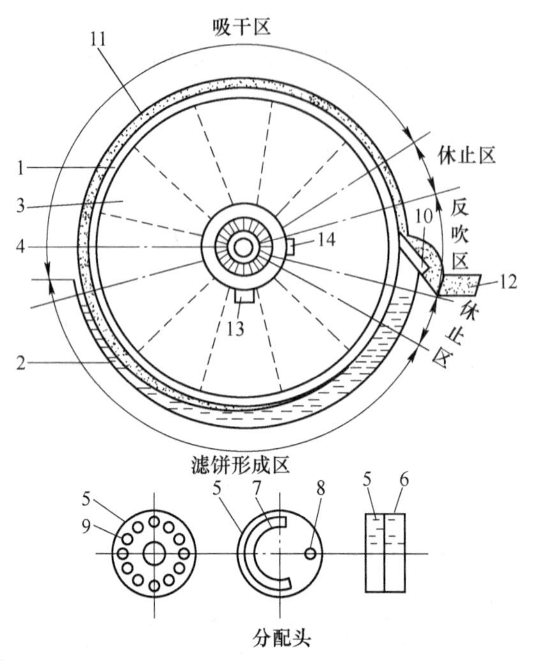

图 3-74　转筒式真空过滤机

1—转筒；2—污泥储槽；3—扇形间格；4—分配头；5—转动部件；6—固定部件；7—与真空泵相通的缝；8—与空压机相通的孔；9—与各扇形间格相通的孔；10—刮刀；11—泥饼；12—皮带输送器；13—真空管路；14—压缩空气管路

3.4.3.3 转筒式真空过滤机工作参数的设计计算

过滤机的工作参数包括：生产能力和滤饼水分、筒体转数、电动机功率等。这些参数的确定与被处理的料浆种类和浓度以及过滤机的类型有关。

(1) 生产能力和滤饼水分。生产能力和滤饼水分是衡量过滤机性能和生产情况的主要指标。生产能力的大小通常用过滤机利用系数来表示，即用每平方米过滤面积每小时生产干污泥粉的吨数表示。滤饼水分是指滤饼中含水质量的百分比，如滤饼水分为 11%，是指 1t 滤饼中含有 0.11t 水。

筒式过滤机的利用系数 E(t/(m^2·h))可用下式计算

$$E = 60nh\rho(1 - W) \tag{3-124}$$

式中　n——筒体转速，r/min；

h——滤饼厚度，m；

ρ——滤饼密度，t/m^3；

W——滤饼水分。

(2) 筒体转数和耙式搅拌器摆动次数的确定。筒体转数对生产能力和滤饼水分影响很大，筒体转数随被过滤的物料性质和浆液浓度而定。过滤浮选物料时，可取 n=0.15~0.6r/min；过滤磁选物料时，可取 n=0.5~2.0r/min。易过滤的物料选用较高转数；反之，选用较低转数。为了适应过滤不同物料的要求，筒体转数应有一个变化范围，因此，过滤机传动系统中需有一台无级变速箱，以便根据使用条件具体选用一个最佳的筒体转数。耙式搅拌器的摆动次数通常为20~60次/min。除个别易沉淀的物料外，一般均采用低的搅拌次数。

(3) 电动机功率的计算。真空过滤机在工作中所消耗的功率主要用于克服两端主轴颈或辊圈的摩擦阻力矩、分配头处分配盘与错气盘间的摩擦阻力矩、刮刀刮取滤饼的阻力矩、筒体上滤饼重力对筒体产生的阻力矩、搅拌器搅拌料浆的阻力矩和传动系统各部分的摩擦损失等。过滤机所需的电动机功率可用理论公式计算，也可用经验公式计算，这里仅介绍确定电动机功率的经验公式。

筒体和搅拌器分别传动的外滤式筒型真空过滤机，筒体的电动机功率 P(kW) 用下式计算

$$P = (1.2 \sim 1.5)\sqrt{A/10} \tag{3-125}$$

式中 A——过滤面积，m^2；过滤效率高，传动效率低时，式中系数取大值，反之取小值。

搅拌器的电动机功率 P_1(kW) 按下式计算

$$P_1 = (1.0 \sim 1.3)P \tag{3-126}$$

内滤式筒型真空过滤机，电动机功率 P(kW) 按下式计算

$$P = (1.7 \sim 2.0)\sqrt{A/10} \tag{3-127}$$

式中 A——过滤面积，m^2；筒体直径大，传动系统效率低，过滤效率高时，式中系数取大值，反之取小值。

3.4.4 固体废物振动脱水技术与设备

3.4.4.1 概述

我国环境污染的治理，可以说大部分都是被动治理，若没有环保部门或政府部门的强制命令，很少会有企业部门去主动实施，特别是当前个体经营的比例逐渐增大，使得这种形势更加严峻，因此，开发研制出符合我国国情、投资少、操作便捷、效果良好和能耗低的环保节能型治理设备，是十分重要的。所以积极做好污染减排工作，是当前和今后一个时期企业履行社会环保责任的首要任务。

伴随着经济发展和城市化建设的不断推进，城市环境问题日益突出，给自然环境造成了巨大的压力。由于在相当长的一段时期，人们对环境污染的后果缺乏认识，致使城市环境污染问题日益严重。如位于市内的各酿酒厂和造纸厂，酒糟和白液的处理是一个大问题，处理不当，就会污染大气和周围环境，这不仅对本厂职工的身心健康带来极大的危害，而且对工厂周围的成千上万的居民也带来极大的危害，特别是在炎热的夏季，存放酒糟的大池发出使人窒息的气味，污染大气，造成公害，严重影响了社会环境和居民的正常生活。所以对酒糟和白液的妥善处理，是一项非常有意义的工作。利用振动脱水机对某酿酒厂酒糟进行脱水处理，一次性脱水60%以上，其中筛下的水经过处理可再利用，而通过脱水的酒糟则是理想的家禽饲料，若对筛上物进一步烘干处理可制成鸡饲料。用该设备处理造纸厂白液，可回收白液中的纸浆，提高造纸厂回收率。若酿酒厂的酒糟和造纸厂的白液都用振动脱水机进行脱水处理，对固体废弃物资源化综合利用和消除污染公害，进行

环境保护，都具有十分重要的意义。

3.4.4.2　振动脱水机的类型

将振动技术用于固体废物脱水的新型振动脱水设备有：多路给料高频振动脱水机（见图3-75）、振动离心脱水机（见图3-76）、多层式振动脱水机（见图3-77）、锥形振动脱水机（见图3-78）和多层多路给料振动脱水机（见图3-79）。

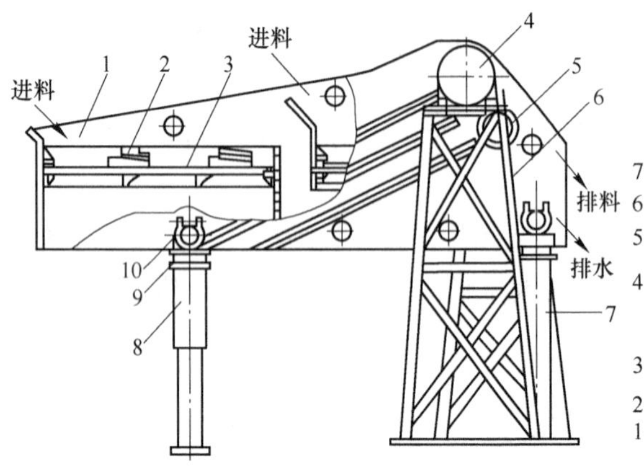

图3-75　多路给料高频振动脱水机

1—箱体；2—压紧装置；3—筛面；4—异步电机；5—激振器；6—电机架；7—固定底座；8—可调底座；9—隔振弹簧；10—弹簧上支座

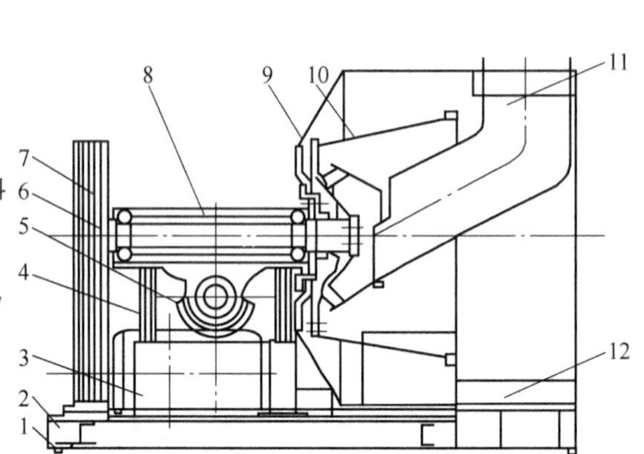

图3-76　振动离心脱水机

1—隔振橡胶弹簧；2—基础支架；3—电机；4—隔振板弹簧；5—激振器；6—主轴；7—皮带轮；8—主箱体；9—壳体；10—筛篮；11—入料端；12—出料端

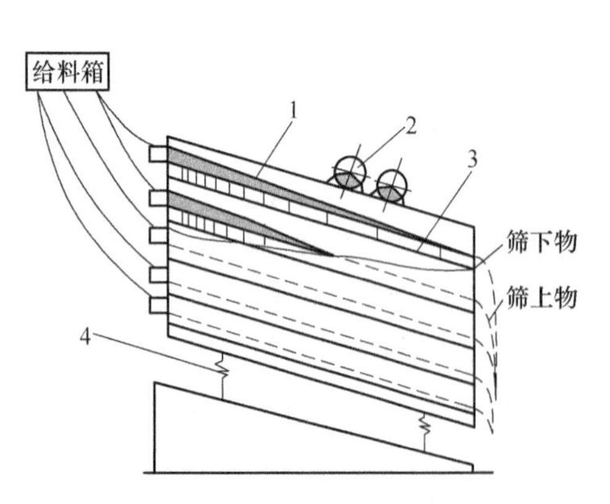

图3-77　多层式振动脱水机

1—筛面；2—激振器；3—盲板；4—隔振弹簧

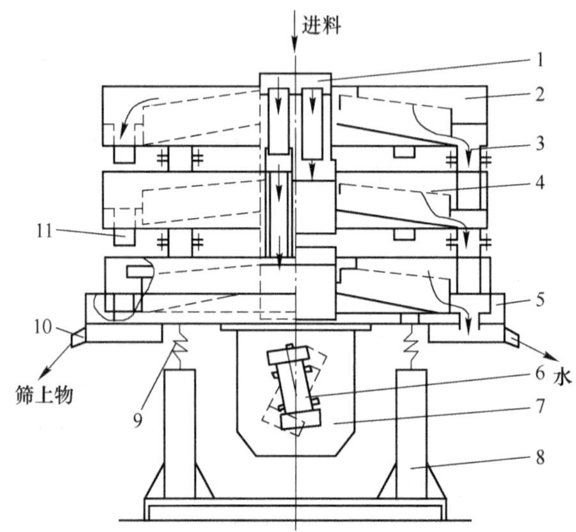

图3-78　锥形振动脱水机

1—进料口；2—筛箱；3—下水口；4—筛板；5—底盘；6—振动电机；7—电机座；8—机架；9—隔振弹簧；10—粗料排料口；11—粗料下料口

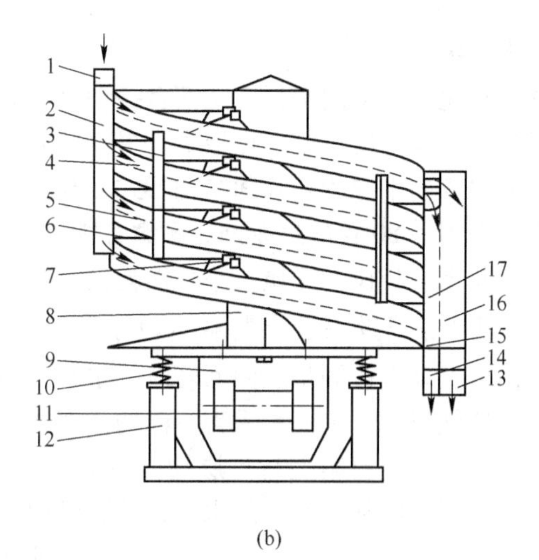

(a) (b)

图 3-79 双向半螺旋多层多路给料振动脱水机

（a）外形图；（b）结构示意图

1—进料口；2—进料箱；3—扇形筛板；4—箱体；5—加强筋；6—隔板；
7—压紧块；8—立柱；9—电机座；10—隔振弹簧；11—振动电机；12—机座；
13—排料口；14—排水口；15—底盘；16—筛上物料箱；17—筛下物料箱

图 3-75 所示的多路给料高频振动脱水机由两台异步电动机分别驱动两激振器来实现直线运动，采用高频小振幅，振次为 $n=2940\mathrm{r/min}$，单振幅为 1~2mm，工作在远超共振状态，筛面为尼龙筛条缝筛板，耐磨性能好，筛机运转时筛面能产生二次振动，所以筛孔不易堵塞，在某铁矿选场用于处理尾矿，效果很好；也适用于对酒糟和造纸厂白液等的脱水处理，脱出的水可进行进一步的净化处理回用。图 3-76 所示为振动离心脱水机，它是利用振动来强化含水物料离心脱水的设备。含水物料（如煤泥）从入料端进入振动离心脱水机，物料被旋转的分配锥加速而迅速向筛网和转子体间的空间运动，在离心力的作用下，较小颗粒的物料紧贴在筛面上，液体和部分小于 0.4mm 的物料通过物料间隙被甩出筛网，较大物料在重力和离心力作用下沿筛篮进入排料端，贴在筛面上的细小物料在轴向振动力的作用下进入排料端排出离心机，从筛网甩出的液体进入集水槽。振动离心脱水机适于对固体废物如煤泥等的脱水处理。多层式振动脱水机和锥形振动脱水机结构简单，采用的是振动电机激振，机加工减少，安装维护简单方便，均适于金属矿山尾矿、酒糟和造纸厂白液等的脱水处理。

3.4.4.3 多层多路给料振动脱水机

A 多层多路给料振动脱水机的结构特点

多层多路给料振动脱水机的结构如图 3-79 所示。它是由机体、隔振弹簧、振动电机和机座等组成。机体由进料口 1、进料箱 2、箱体 4、加强筋 5、隔板 6、立柱 8、排料口 13、排水口 14 和底盘 15 等组成。他们彼此间用焊接法相连接，双向半螺旋式箱体 4 从上往下共 4 层，内装有数块扇形筛板构成 8 路筛面，筛面采用了 80 目的尼龙网。电机座 9 采用螺栓与底盘相连，电机底座上对称安装特性相同的两台振动电机 11。整个机体连同振动电机坐落在机座 12 上的复合弹簧上。当两台振动电机同步反向回转时，水平方向的激振力相互抵消，垂直方向的激振力相互叠加，使螺旋面上的物料作抛掷运动，实现对物料的脱水分级。

该振动脱水机采用平行安装两台振动电机激振，具有结构简单，制造容易，安装、拆卸、调试、操作方便，维修点极少，分离效果好和处理能力强等特点；该振动脱水机由于采用了多层双向半螺旋式筛面结构形式，与完成同功能和同面积的脱水机相比，占地面积小，由于采用了 80 目的尼龙网，耐磨性能好，与不锈钢丝编织网相比，使用寿命长，与同面积的脱水机相比参振质量小，能耗低。

B　固液分离及筛面上物料运动分析

当两台振动电机同步反向回转时，水平方向的激振力相互抵消，垂直方向的激振力相互叠加，这就形成了单一沿垂直方向的激振力，驱动筛机沿垂直方向振动。进入料箱的液固混合物料，由进料箱上与每层筛面对应的进料口，把液固混合物料分别送到每层筛面上，其液固混合物料中大量的水透过筛孔沿螺旋底面流向排水口，而筛面上含水量少的固体物料由于筛机不停地振动被抛起，使物料松散，并加以分层，粗物料在上层，细物料在下层，当物料落下与筛面接触时，在重力和离心力作用下含水物料中的水透筛落到螺旋底板上，沿螺旋面向排水口流动而从排水口排出，流入集水池被收集起来以便再利用。大于筛孔尺寸的物料，在重力和弹性力作用下，沿螺旋面向排料口运动，最终从排料口排出机外，实现对液固混合物料的脱水分级。图 3-80 示出了固体物料在筛面上的运动情况。

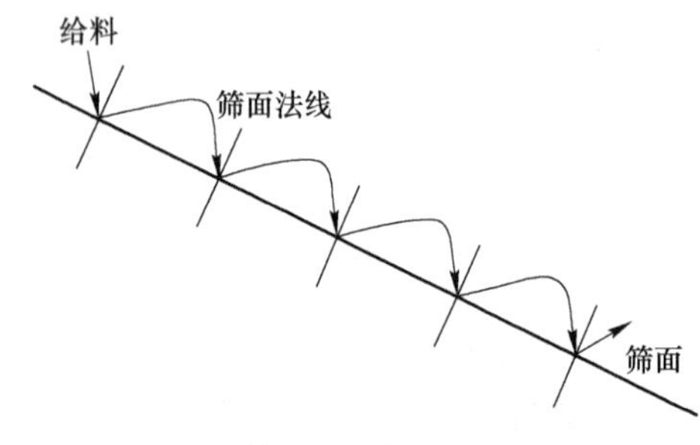

图 3-80　固体物料在筛面上的运动情况

C　多层多路给料振动脱水机动态特性

根据双向半螺旋多层多路给料振动脱水机结构图，将其简化为图 3-81 所示的力学模型。根据双向半螺旋多层多路给料振动脱水机力学模型，建立该振动系统的振动微分方程为

$$m\ddot{z} + c_z\dot{z} + k_z z = 2m_0 r\omega^2 \sin\omega t \quad (3\text{-}128)$$

其中　$m = m_j + K_m m_m$

式中　m_j——振动脱水机质量；

K_m——物料结合系数；

m_m——筛面上物料质量；

c_z——等效阻尼系数；

k_z——隔振弹簧垂直方向上的刚度；

m_0——偏心块质量；

r——偏心块回转半径；

ω——偏心块回转角速度；

z，$\dot{z}$，$\ddot{z}$——振动质体 z 方向的位移、速度、加速度。

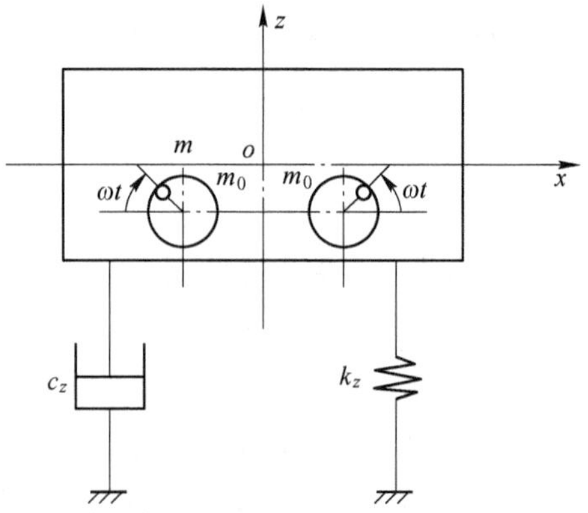

图 3-81　多层多路给料振动脱水机力学模型

由于阻尼的存在，自由振动会逐渐消失直到筛机达到稳定振动。设振动方程的稳态解为

$$x = \lambda_z \sin(\omega t - \alpha_z) \tag{3-129}$$

将式（3-129）求导两次代入式（3-128），得

$$\begin{aligned} & -m\lambda_z\omega^2\sin(\omega t - \alpha_z) + c_z\lambda_z\omega\cos(\omega t - \alpha_z) + k_z\lambda_z\sin(\omega t - \alpha_z) \\ &= 2m_0 r\omega^2\sin(\omega t - \alpha_z + \alpha_z) \\ &= 2m_0 r\omega^2\sin(\omega t - \alpha_z)\cos\alpha_z + 2m_0 r\omega^2\cos(\omega t - \alpha_z)\sin\alpha_z \end{aligned} \tag{3-130}$$

由式（3-130），得

$$\begin{aligned} -m\lambda_z\omega^2 + k_z\lambda_z &= 2m_0 r\omega^2\cos\alpha_z \\ c_z\lambda_z\omega &= 2m_0 r\omega^2\sin\alpha_z \end{aligned} \tag{3-131}$$

由式（3-131）可得振动质体的振幅 λ_z 和相位差角 α_z 分别为

$$\lambda_z = \frac{2m_0 r\omega^2\cos\alpha_z}{k_z - m\omega^2},\quad \alpha_z = \arctan\frac{c_z\omega}{k_z - m\omega^2} \tag{3-132}$$

D　多层多路给料振动脱水机的设计计算

a　运动学参数的确定

振动脱水机的运动学参数有筛面倾角 α_0、振动方向角 δ、振幅 λ_z、振次 n 和物料运动速度 v 等。为了获得较高的脱水效率，通常选取物料作抛掷运动状态，取抛掷指数 $D < 3.3$。

（1）筛面下倾的脱水机，一般筛面倾角为 $\alpha_0 = 4° \sim 7°$，该机选取 7°。

（2）振动方向角 δ 一般在 30°～60°范围内选取，该机选取 45°。

（3）根据用途和处理物料性质的不同，振幅的大小也不同，可按式（3-132）计算，对于惯性振动机一般为中频中幅，振幅为 1～10mm，该机振幅选取 3mm。

（4）振动次数 n 的计算。振动次数 n 可按下式计算

$$n = 30\sqrt{\frac{Dg\cos\alpha_0}{\pi^2\lambda_z\sin\delta}} \tag{3-133}$$

式中　g——重力加速度。

该机选用 $n = 960\text{r/min}$ 的振动电机。

（5）物料运动速度 v 的计算。物料运动速度 v 可按下式计算

$$v = \lambda_z\omega\cos\delta\frac{\pi i_D^2}{D}(1 + \tan\alpha_0\tan\delta) \tag{3-134}$$

式中　i_D——抛离系数，查参考文献［16］中的图 2-7。

b　工艺参数的计算

（1）筛面的形式与尺寸。为了增大脱水机的工作面积，筛面分为上下独立的 4 层，左右各 4 路，筛面呈半螺旋状，螺旋面的外半径 $R = 800\text{mm}$，螺旋面的内半径 $r = 300\text{mm}$。

（2）每路处理能力 Q(kg/h) 的计算。处理能力按流量法计算

$$Q = 3600Bhv\rho \tag{3-135}$$

式中　B——筛面的宽度，m；

h——筛面上物料层的厚度，m；

v——物料运动的平均速度，m/s；

ρ——物料的松散密度，kg/m^3。

c 动力学参数的计算

(1) 参振质量 m 的计算。参振质量 m(kg) 可按下式计算

$$m = m_j + K_m m_m \tag{3-136}$$

式中 m_j——振动机体的实际质量，kg；

K_m——物料结合系数，取 0.2~0.4；

m_m——物料质量，$m_m = 8QL/(3600v)$；

L——每路筛面的有效长度，m。

(2) 隔振弹簧总刚度 k 的计算。隔振弹簧总刚度 k(N/m) 可按下式计算

$$k = \frac{1}{z^2} m\omega^2 \tag{3-137}$$

式中 z——频率比，取值为 3~10；

ω——振动频率，$\omega = n\pi/30$。

(3) 所需激振力幅 F 的计算。所需激振力幅 F (N) 可按下式计算

$$F = \frac{1}{\cos\alpha_z}(k - m\omega^2)\lambda_z \tag{3-138}$$

其中

$$\alpha_z = \arctan\frac{0.14m\omega^2}{k - m\omega^2} \tag{3-139}$$

式中各物理量意义同前。

(4) 电机的选择。根据式 (3-138) 计算出的所需激振力幅值选择振动电机。

3.4.5 脱水工程案例

(1) 某热连轧废水污泥处理工艺流程。轧钢厂生产过程中需要大量的循环水，循环水经过沉淀、过滤等处理，会产生大量含有油和氧化铁皮的污泥。这部分污泥必须经过浓缩、脱水处理，达到固液分离才能外运。图 3-82 所示为某热连轧工程废水污泥处理系统流程图。

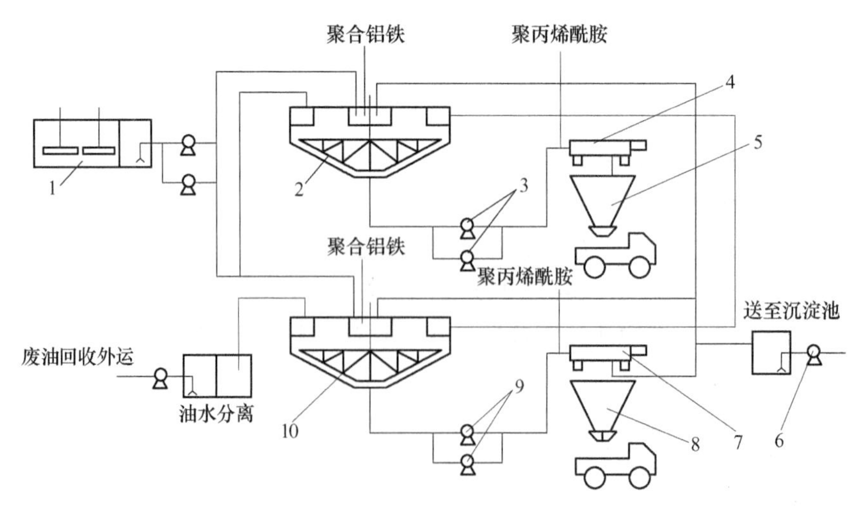

图 3-82 污泥处理系统流程图

1—调节池；2，10—浓缩池；3，9—底流污泥提升泵；4，7—脱水机；5，8—储泥斗；6—上清液提升泵

某热连轧工程废水污泥处理系统处理的污泥主要来源于过滤器反冲洗水。过滤器反冲洗水排至调节池，调节池内设有搅拌机。污泥由提升泵提升至浓缩池，污泥浓缩后，上清液由泵提升回用或外排。浓缩池底流污泥经螺杆泥浆泵送至离心脱水机，污泥经离心脱水形成含水率小于40%的泥饼，储存于泥斗中外运。离心机排出的上清液排入浓缩池内。浓缩池内需投加聚合铝铁絮凝剂，离心脱水机前投加高分子聚丙烯酰胺絮凝剂。

（2）污泥循环气流脱水干燥工艺流程。污泥循环气流脱水干燥工艺流程如图3-83所示。脱水污泥经过混合给料机与来自焚烧炉的循环干燥用气（400~500℃）一起送入磨碎机形式的干燥粉碎机。先在装有多个旋转锤的一次粉碎室内受到冲击粉碎，然后通过转盘的边缘部分进入二次粉碎室，经过中心部分与边缘部分之间复杂的回旋运动被粉碎到规定的粒度。在二次粉碎室内，装在转盘上的回转齿可引起激烈的涡流，机盘上的固定齿则能促进这种涡流，并能防止粗大的污泥颗粒随转盘同步旋转，以提高干燥粉碎效率。

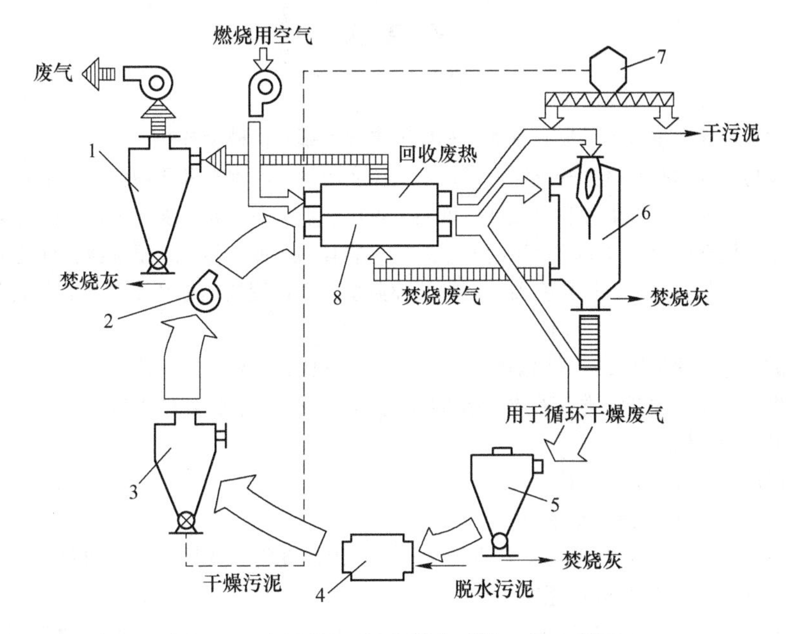

图3-83　污泥循环气流脱水干燥工艺流程图

1，3，5—旋风分离器；2—循环风机；4—干燥粉碎机；6—焚烧炉；7—干污泥储槽；8—热交换器

****

本章小结

本章讨论了以下内容：

（1）介绍了固体废物压实的基本概念、压实原理、压实程度的评价指标、压实质量的影响因素，叙述了水平压实器、三向联合压实器、回转式压实器、袋式压实器、城市垃圾压实器、高履带压实机和钢轮压实机的结构、工作原理、压缩处理工艺流程和压实器参数的选择。

（2）介绍了固体废物粉碎技术、原理与方法、主要控制指标和基本粉碎工艺流程等基本概念；叙述了颚式、锤式、反击式、辊式、剪切式、振动式、低温式、湿式及半湿式等粉碎机与磨机的结构、工作原理；详细介绍了破碎机、磨碎机主要参数的选择与设计计算。

（3）叙述了固体废物的筛分分选、重力分选、磁力分选、电力分选和浮力分选等分选技术，介绍了固定筛、滚筒筛、反流筛、振动筛、风力分选机、跳汰机、重介质分选机、悬挂式磁选机、圆筒式磁选机、辊筒式静电分选机、高压电选机和搅拌式浮选机等分选设备的结构和分选原理；详细叙述了惯性振动筛、隔膜跳汰机、圆筒式磁选机、电选机和机械搅拌浮选机参数的选择与设计计算。

（4）介绍了固体废物中水分存在的形式和常用的脱水方法，固体废物浓缩脱水、过滤脱水和振动脱水技术，叙述了连续式浓缩机、气浮浓缩机、螺旋卸料离心机和振动脱水机的结构与工作原理；介绍了浓缩机、转筒式真空过滤机和振动脱水机参数的选择和设计计算。

思 考 题

3-1 固体废物的物理处理技术包括哪几方面？相应的需要用哪些机械设备？

3-2 简述固体废物压实的基本概念和压实原理。影响压实质量的因素有哪几种？详细说明。

3-3 固体废物压实程度的评价指标有哪几项？说明空隙比、空隙率、湿密度和干密度的定义？

3-4 固体废物压实设备有哪两大类？常用的固定式压实器有哪几种？移动式压实器有哪几种？

3-5 详细说明根据哪几方面来选择压实器，有哪几种典型的固体废物压缩压实流程？简述城市垃圾压缩过程。

3-6 固体废物破碎的目的是什么？采用哪些机械设备？各有什么特点？如何选用？

3-7 辊式破碎机有哪几种类型？主要参数包括哪些？反击式破碎机有哪几种类型？

3-8 试说明球磨机粉磨原理。

3-9 试比较低温破碎和常温破碎的特点。

3-10 说明湿法破碎的原理及适用范围。

3-11 固体废物的分选方法分为哪两类？各有什么特点？固体废物分选采用哪些机械设备？各有什么特点？如何选用？并说明其分选原理。

3-12 说明筛分效率的含义，影响筛分效率的因素有哪些？说明固体废物筛分机械的类型、结构与工作原理。

3-13 说明重介质分选原理，重介质与加重介质的含义。常用的加重介质有哪几种？

3-14 说明重选机械设备的类型、构造与工作原理。

3-15 详细说明固体废物磁力分选技术、磁选机械设备的类型、构造与工作原理。

3-16 说明固体废物电力分选技术、电选机械设备的类型、构造与工作原理。电选的影响因素有哪些？

3-17 详述固体废物浮力分选技术，浮选剂大致可分为哪三大类？说明浮选机的结构与工作原理。

3-18 固体废物中水分存在的形式有哪几种？常用的脱水方法有哪几种？

3-19 固体废物脱水采用哪些机械设备？各有什么特点？如何选用？

3-20 固体废物浓缩的目的是什么？固体废物浓缩采用哪些机械设备，各有什么特点？如何选用？

3-21 机械过滤脱水的方式主要有哪三种？常用的过滤介质主要有哪三大类？

3-22 详述转筒式真空过滤机的结构和工作原理。

3-23 筒式真空过滤机的工作参数包括哪几项？

4 固体废物的热处理技术与设备

【学习指南】

本章主要学习固体废物热处理（焚烧、热解）方法和特点，固体废物的蒸发燃烧、分解燃烧、表面燃烧三种形式；了解固体废物的焚烧与热解原理，固体废物的燃烧与热解过程及其影响因素，固体废物焚烧系统，废气排放与污染控制系统，热解反应流程及特点；掌握固体废物焚烧与热解设备的结构与工作原理，焚烧炉的设计原则和要点，焚烧炉的设计与烟囱高度的设计计算，热解工程应用及废物焚烧机械设备的选用。

固体废物的热处理就是通过高温分解和深度氧化破坏固体废物的结构和组分，达到废物减容、无害化和回收利用的处理过程。热处理方法主要有烧结、焚烧、热分解、熔融、干化、湿气氧化等。在固体废物热处理工程中，主要用的是焚烧和热分解处理技术。

4.1 固体废物的热处理技术

4.1.1 固体废物热处理技术的种类

常见的热处理方法有：烧结、湿式氧化、干化、熔融、焚烧、热分解等。

（1）烧结。固体废物烧结技术指的是把固体废物和一定量的添加剂混合，在高温炉中形成致密化强固体材料的过程。

（2）湿式氧化。固体废物的湿式氧化技术，指的是已成功用于处理含可氧化物浓度较低的废物处理技术。湿式氧化的基本原理是：在高压下有机化合物的氧化速率大大增加，因此在对有机溶液加压的同时加热到一定温度，而后引入氧气就会发生完全液相的氧化反应，这样就破坏了绝大多数的有机化合物。

（3）干化。固体废物的干化处理技术，指的是利用热能把废物中的水分蒸发掉，从而减少固体废物的体积，有利于后续的处理处置。该技术主要用于污泥等高含水率废物的处理。

（4）熔融。固体废物的熔融技术，指的是利用热在高温下把固态废物熔化为玻璃状或玻璃-陶瓷状物质的过程。

（5）焚烧。固体废物的焚烧技术是一种常用的热处理技术，该技术是通过深度氧化和高温分解，使有机物转化为无机废物，较大程度地减少固体废物的体积，杀灭细菌和病毒，回收热能。

（6）热分解。固体废物的热分解技术，指的是在缺氧的条件下进行热处理的过程，经过热分解的有机化合物发生降解，产生多种次级产物，形成可燃气体、有机液体和固体残渣等可燃物。

4.1.2　固体废物热处理技术的特点

固体废物热处理技术与其他处理方法比较，热处理技术具有以下特点：

（1）减容效果好。对城市生活垃圾进行焚烧处理，其体积可减小 80%~90%。

（2）消毒彻底。利用高温处理技术，可使固体废物中的有害成分完全分解，病原菌被彻底杀灭，尤其对于可燃性致癌物、病毒性污染物、剧毒性有机物等，几乎是唯一有效的处理方法。

（3）减轻或消除对环境的影响。热处理技术可大大降低填埋场渗滤液的污染物浓度和释放气体中可燃及恶臭成分。

（4）回收资源和能量。通过对固体废物的热处理，可以从中回收有价值的物品和热能量，如利用焚烧垃圾来发电或供暖等。

（5）固体废物的热处理技术操作运行复杂，投资运行费用高，还会产生二次污染。在废物热处理中，都会释放出 SO_2、NO_x、HCl 飞灰和二噁英等。

4.2　固体废物的焚烧处理技术与焚烧系统

固体废物的焚烧处理是指将可燃性固体废物与空气中的氧在高温下发生燃烧反应，使其氧化分解，达到减容、去除毒性并回收能源的高温处理过程。通过焚烧处理的废物体积可减少 80%~90%，残余物为化学性质比较稳定的无机质灰渣，燃烧过程中产生的有害气体和烟尘，经处理达标后可排放。焚烧处理由于占地面积少、可全天候操作、适应性广、废物稳定效果好，是目前固体废物处理的主要方法之一。适于焚烧的固体废物有木材、废纸、废纤维素、有机污泥、有机粉尘、动物性残渣、城市垃圾、可燃性的无机固体废物和其他各种混合废物等。固体废物焚烧处理所用的设备有炉排型焚烧炉、流化床式焚烧炉和回转窑式焚烧炉。

4.2.1　固体废物焚烧处理技术

固体废物的焚烧实质上是废物剧烈、快速氧化反应而产生光和热使温度升高的一种反应过程。很显然，燃烧过程同时伴随着化学反应、流动、传热和传质等化学过程和物理过程，是一个极其复杂的综合过程，而各个过程间是相互影响、相互制约的。

4.2.1.1　固体废物的燃烧形式

根据不同可燃物的种类，固体废物燃烧具有以下三种形式：

（1）蒸发燃烧。如类似石蜡的物质，受热后融化为液体，再进一步受热产生蒸汽，然后与空气扩散混合燃烧。这种燃烧的速度，受物料的蒸发速度和空气中的氧与燃料蒸汽之间的扩散速度控制。

（2）分解燃烧。如木材、废纸等纤维素类物质，受热后分解为挥发性组分和固定碳，挥发性组分中可燃气体进行扩散燃烧，而碳则进行表面燃烧。在分解燃烧过程中，需要一定的热量和温度，物料中的传热速度是影响这种燃烧速度的主要因素。

（3）表面燃烧。表面燃烧是指类似木炭、焦炭的固体废物，受热后不经过融化、蒸发、分解等过程，而直接燃烧。这种燃烧方式的燃烧速度，受燃料表面的扩散速度和化学反应速度的控制。表面燃烧又称为多相燃烧或置换燃烧。

固体废物中可燃组分的种类十分复杂，所以固体废物的燃烧过程是蒸发燃烧、分解燃烧和表面燃烧的综合过程。

4.2.1.2　固体废物的燃烧过程

固体废物的焚烧处理，大多属于分解燃烧，焚烧过程可简化成干燥加热、燃烧和燃尽三个阶段。这三个阶段并非界限分明，尤其是对混合垃圾之类的焚烧过程而言更是如此。从炉内实际过程看，送入的垃圾中有的物质还在预热干燥，而有的物质已经开始燃烧，甚至已经燃尽了。对同一物料来讲，物料表面已进入了燃烧阶段，而内部还在加热干燥。这就是说上述三个阶段只不过是焚烧过程的必由之路，其焚烧过程的实际工况将更为复杂。

（1）干燥阶段。干燥指的是利用热能使固体废物中的水分汽化，并排出生成水蒸气的过程。对于机械送料的运动式炉排焚烧炉而言，从物料送入焚烧炉起到物料开始析出挥发分着火，都认为是干燥阶段。随着物料送入炉内的进程，其温度逐步升高，表面水分开始逐步蒸发，当温度升高到100℃左右，相当于达到一个大气压下水蒸气的饱和状态时，物料中的水分开始大量蒸发，物料不断干燥。当水分基本析出后，物料温度开始迅速上升，直到着火进入真正的燃烧阶段。在干燥阶段，物料的水分是以蒸汽状态析出的，因此需要吸收大量的热量，即水的汽化热。

物料含水分越多，干燥阶段也就越长，从而使炉内温度降低。水分过高，会使炉温降低太大，难以着火燃烧，此时需要投入辅助燃料燃烧，以提高炉温，改善干燥着火条件。有时也可采用干燥阶段与焚烧阶段分开的设计，一方面使干燥阶段产生大量的水蒸气不与燃烧的高温烟气混合，以维持燃烧段烟气和炉墙的高温水平，保证燃烧阶段有良好的燃烧条件；另一方面干燥吸热是取自完全燃烧后产生的烟气，燃烧已经在高温下完成，再取其燃烧产物作为热源，就不会影响燃烧阶段本身了。

（2）燃烧阶段。固体废物基本完成干燥阶段后，如果炉内温度足够高，且又有足够的氧化剂，就会很顺利地进入真正的燃烧阶段。燃烧阶段包括同时发生的强氧化、热解和原子基团碰撞三个化学反应。

1）强氧化反应。强氧化反应是固体废物的直接燃烧反应过程。在理论完全燃烧状态下，用空气作氧化剂，焚烧碳、甲烷和典型废物 $C_xH_yCl_z$ 的燃烧反应为：

$$C + O_2 = CO_2 \tag{4-1}$$

$$CH_4 + 2O_2 = CO_2 + 2H_2O \tag{4-2}$$

$$C_xH_yCl_z + \left(x + \frac{y-z}{4}\right)O_2 = xCO_2 + zHCl + \left(\frac{y-z}{2}\right)H_2O \tag{4-3}$$

式中，x、y、z 分别为 C、H、Cl 的原子数。

2）热解反应。热解反应是指在无氧或近乎无氧条件下，利用热能破坏含碳高分子化合物元素间的化学键，使含碳化合物破坏或者进行重组的过程。

在燃烧阶段，有机固体废物中的大分子含碳化合物受热后，总是先进行热解，随即析出大量的气态可燃气体成分，如 CO、CH_4、H_2 或者分子量较小的 C_xH_y 等，这些小分子的气态可燃成分很容易与氧接触进行均相燃烧反应。热解过程挥发分析出的温度区间在

200~800℃范围内。同一物料在热解过程不同的温度区间下，析出的成分和数量均不相同。不同的废物，其析出量的最大值所处的温度区间也不相同。因此，焚烧混合固体废物时，其炉温的范围，应该充分考虑待燃烧废料的组成情况。特别要注意热解过程会产生的某些有害成分，这些成分如果没有充分被氧化燃烧掉，则必然导致不完全燃烧而污染环境。

3）原子基团碰撞。原子基团碰撞实质上是 H、O、Cl、CH、CN、OH、C_2、HCO、NH_2、CH_3等原子基团气流的电子能量跃迁以及分子的旋转和振动产生的红外线、可见光和紫外线，通常在 1000℃左右就能形成火焰，加速了固体废物的分解。

（3）燃尽阶段。固体废物在主燃烧阶段进行反应后，参与反应的物质浓度自然就减少了。反应生成的惰性物质（气态的 CO_2、H_2O 和固态的灰渣）增加。由于灰层的形成和惰性气体的比例增加，加大了剩余的氧化剂穿透灰层进入物料的深部与可燃成分反应的难度。整个反应的减弱，使物料周围的温度也逐渐降低，反应处于不利状况。因此，要使物料中未燃的可燃成分反应燃尽，就必须保证足够的燃尽时间，从而使整个焚烧过程延长。也就是说，燃尽阶段的特点是可燃物浓度减少，惰性物增加，氧化剂进入的难度相对较大，反应区温度降低。要改善燃尽阶段的工况，通常采用翻动、拨火等办法来有效地减少物料外表面的灰尘，控制稍多一点的过剩空气量，增加物料在炉内的停留时间等。

4.2.1.3 影响固体废物焚烧的因素

影响固体废物焚烧的主要因素有：废物性质、燃烧温度、停留时间、过量空气系数和湍流度等因素。其中燃烧温度、停留时间、过量空气系数和湍流度四因素，是反映焚烧炉性能的主要指标。

（1）废物性质。城市垃圾的热值、组成和粒度大小等是影响垃圾焚烧效果的主要因素。热值越高，燃烧过程越容易进行，焚烧效果越好。垃圾粒度越小，单位质量或体积垃圾的比表面积越大，与周围氧气的接触面积也就越大，焚烧过程中的传热与传质效果也就越好，燃烧越完全。

（2）燃烧温度。燃烧温度指的是废物燃烧所能达到的最高温度，燃烧温度越高，燃烧越充分，二噁英类物质的去除也越彻底。焚烧温度对焚烧处理的影响，主要表现在温度的高低和焚烧炉内温度分布的均匀程度。随着环保排放要求的提高，近年来固体废物的焚烧温度也有明显的提高。目前通常要求生活垃圾焚烧温度在 850~1000℃，医疗垃圾、危险固体废物的焚烧温度要达到 1150℃。固体废物焚烧温度应根据实际情况确定，过高的焚烧温度不仅增加了燃料消耗量，而且还会增加废物中金属的挥发量及氮氧化合物的量，引起二次污染。因此，不宜随意确定较高的焚烧温度。

（3）停留时间。停留时间主要是指固体废物在焚烧炉内的停留时间和烟气在焚烧炉内的停留时间。固体废物在焚烧炉内的停留时间取决于废物在焚烧过程中蒸发、热分解、氧化、还原反应等反应速度的大小。烟气停留时间取决于烟气中颗粒污染物和气态分子的分解、化学反应速率等。在其他条件不变时，废物和烟气停留时间越长，焚烧反应越彻底，焚烧效果越好。停留时间过长会使焚烧炉处理能力减少，经济上也不合算。反之，停留时间过短，也会造成固体废物和其他可燃成分不能完全燃烧。由于生活垃圾含水率大，进行焚烧处理时，通常要求垃圾停留时间能达到 1.5~2h 以上，烟气停留时间能达到 2s 以上。

（4）过量空气系数。为了保证废物完全燃烧，实际空气供给量要高于理论空气需要量，即废物焚烧所需实际空气量，实际空气量与理论空气量之比值称为过量空气系数，也称为过量空气率或空气比。过量空气系数 α 可按下式计算

$$\alpha = \frac{V}{V_0} \tag{4-4}$$

式中 V——实际空气量；

V_0——理论空气量。

过量空气系数过低，会使废物燃烧不完全，甚至冒黑烟，有害废物燃烧不彻底；增大过量空气系数可增加焚烧炉内的湍流度，有利于废物的燃烧；但过高的过量空气系数会导致炉温降低，影响废物焚烧效果，造成燃烧系统的排气量和热损失增加。因此，应控制适当的过剩空气量。固体废物焚烧时，过量空气系数一般为1.5~1.9，有时甚至要大于2，才能使废物较完全地焚烧。

固体废物焚烧炉炉膛出口的过量空气系数 α 推荐值，见表4-1。

表4-1 炉膛出口的过量空气系数 α 推荐值

燃烧设备及燃料	固态排渣煤粉炉		链条炉	沸腾炉	燃油及燃气炉	垃圾焚烧炉
	无烟煤	烟煤、褐煤	各种煤	各种煤	油、气	有机固体废物
推荐值 α	1.20~1.25	1.15~1.20	1.3~1.5	1.1~1.2	1.05~1.10	1.5~2.5

（5）湍流度。湍流度是表征固体废物和空气混合程度的指标。湍流度越大，废物和空气的混合程度越好，有机可燃物越能及时充分获取燃烧所需的氧气，燃烧反应越完全。

（6）其他因素。影响废物焚烧的其他因素包括废物在炉中的运动方式及废物层的厚度等。对炉中的废物进行翻转、搅拌，可以使废物与空气充分混合，改善条件。炉中的废物厚度必须适当，厚度太大，在同等条件下可能导致不完全燃烧，厚度太小又会减少焚烧炉的处理量。

综上所述，在焚烧过程中，这些影响因素不是孤立的，它们相互依赖、相互制约，某种因素产生的正效应可能会导致另一种因素的负效应。所以应从综合效应来考虑整个燃烧过程的因素控制。

4.2.1.4 固体废物的热值

固体废物能否进行焚烧处理，主要取决于废物的可燃性及热值（或发热量）。固体废物的热值是指单位质量的固体废物完全燃烧时所释放出的热量，其单位是kJ/kg。要使固体废物维持燃烧，则要求其燃烧时释放的热量，足以提供加热废物达到燃烧温度所需要的热量和发生燃烧反应所必需的活化能，否则，需要添加辅助燃料才能维持燃烧。城镇垃圾的热值大于3350kJ/kg时，燃烧可自动进行，无需添加辅助燃料。例如，美国城市垃圾中可燃成分多，热值较大，能维持燃烧。目前，我国城镇垃圾中可燃成分较少，热值低，需要添加辅助燃料才能维持燃烧。

热值常用高位热值（或粗热值HHV）和低位热值（或净热值NHV）两种方法表示。高热值指的是在一定温度下废物完全燃烧所产生的全部热量，即全部氧化释放出的化学能，包括燃烧产生的全部水蒸气消耗的汽化热。低位热值与高位热值的意义相同，只是产物水的状态不同，前者为液态水，后者为气态水，两者之差就是水的汽化潜能。因此，高位热值扣除烟气中水蒸气消耗的汽化热后，就是低位热值。废物的发热量或热值可通过标准实验测定，即用氧弹量热仪实验测出废物的高位热值，然后用下式计算低位热值

$$NHV = HHV - 2420\left[w(H_2O) + 9\left(w(H) - \frac{w(Cl)}{35.5} - \frac{w(F)}{19}\right)\right] \tag{4-5}$$

式中 NHV——低位热值，kJ/kg；

HHV——高位热值，kJ/kg；

$w(H_2O)$——焚烧产物中水的质量分数,%；

2420——水的汽化热，kJ/kg；

$w(H)$，$w(Cl)$，$w(F)$——固体废物中氢、氯、氟含量的质量分数,%。

若固体废物的元素组成已知，则可利用 Dulong 方程式近似计算出低位热值

$$NHV = 2.32\left[14000m_C + 45000\left(m_H - \frac{1}{3}m_O\right) - 760m_{Cl} + 4500m_S\right] \tag{4-6}$$

式中 m_C，m_O，m_H，m_{Cl}，m_S——废物中碳、氧、氢、氯和硫的摩尔质量。

如果混合固体废物的总质量已知，废物中各组成物的质量和热值已测定，则混合固体废物的热值可用下式计算

固体废物总热值=∑（各组成物热值×各组成物质量）/固体废物总质量

不同组分的废物，其热值不同，城镇垃圾各组分热值及元素组成，见表4-2。

表4-2 城镇垃圾典型组成及热值

成 分	惰性残余物（燃烧后）		热值/kJ·kg^{-1}	质量分数/%				
	范围/%	典型值/%		C	H	O	N	S
食品垃圾	2~8	5	4650	48.0	6.4	37.6	2.6	0.4
废纸	4~8	6	16750	43.5	6.0	44.0	0.3	0.2
废纸板	3~6	5	16300	44.0	5.9	44.6	0.3	0.2
废塑料	6~20	10	32570	60.0	7.2	22.8	—	—
破布	2~4	25	7450	55.0	6.6	31.2	4.6	0.15
废橡胶	8~20	10	3260	78.0	10.0	—	2.0	—
破皮革	8~20	10	7450	60.0	8.0	11.6	10.0	0.4
园林废物	2~6	4.5	6510	47.8	6.0	38.0	3.4	0.3
废木料	0.6~2	1.5	18610	49.5	6.0	42.7	0.2	0.1
废玻璃	6~99	98	140	—	—	—	—	—
罐头盒	90~99	98	700	—	—	—	—	—
非铁金属	90~99	96	—	—	—	—	—	—
铁金属	94~99	98	700	—	—	—	—	—
土、灰、砖	60~80	70	6980	26.3	3.0	2.0	0.5	0.3

实际上，焚烧过程是在焚烧装置中进行的。因为空气的对流辐射、可燃部分的未完全燃烧、残渣中显热以及烟气的显热等原因，都会造成热能的损失。所以燃烧后可以利用的热能，应从焚烧反应产生的总热量中减去各种热损失。焚烧的利用包括供热和发电。实践表明，由热能转变为机械功再转变为电能的过程，能量损失很大。因此，垃圾焚烧的热能常常用于热交换器及废热锅炉产生热水或蒸汽。

4.2.2 固体废物焚烧系统

不同的焚烧技术和工艺流程有各自的特点。现代大型固体废物，特别是生活垃圾焚烧

技术的基本过程大体相同，固体废物焚烧系统主要有处理、储存、进料、焚烧室、烟气排放和污染控制等系统构成。

4.2.2.1　固体废物的处理与储存

固体废物进入焚烧系统之前应满足物料中的不可燃成分降低到5%左右，粒度小而均匀，含水率降低到15%以下，不含有毒性的物质。因此，需要人工拣选、破碎、分选、脱水与干燥等工序的物理处理环节，另外，为了保证焚烧系统的操作连续性，需要建立焚烧前废物的储存场所，使设备具有必要的机动性。

4.2.2.2　进料系统

焚烧炉进料系统分为间歇式与连续式两种。因为连续进料有许多优点，如炉容量大、燃烧带温度高、易于控制等，所以现代大型焚烧炉均采用连续进料方式。连续进料系统是由一台抓斗吊车将废物由储料仓中提升，入炉前卸进料斗。料斗经常处于充满状态，以保证燃烧室的密封。料斗中废物再通过导管，由重力作用给入燃烧室，提供连续的物料流。

4.2.2.3　焚烧室

燃烧室是固体废物焚烧系统的核心，由炉膛、炉排及空气供应系统组成。炉膛由耐火材料砌筑或水管壁构成。燃烧室按构造可分为室式炉（箱式炉）、多段炉、回转炉、流化床炉等。室式炉大多都有多个燃烧室，第一燃烧室温度在700~1000℃之间，固体废物在其中进行干燥、气化和初始燃烧等过程。第二、第三燃烧室的作用是进一步氧化第一室中未燃尽的可燃性气体和细小颗粒。焚烧炉燃烧室容积过小，可燃物质不能充分燃烧，造成空气污染和灰渣处理的问题；燃烧室容积过大，会降低使用效率。

炉排是炉室的重要组成部分，其功能有两点：一是传送废物燃料通过燃烧带，将燃尽的灰渣转移到排渣系统；二是在其移动过程中使燃料被适当地搅动，促使空气由下向上通过炉排料层进入燃烧室，以助燃烧。炉排类型结构较多，最常见的有往复式、摇动式与移动式三种。设计与选择炉排时，应满足下列要求：（1）耐高温（辐射热）和耐多种固体废物的腐蚀；（2）调节空气量与控制温度；（3）调节物料停留时间；（4）调节被处理物料的燃烧层高度（厚度）；（5）有控制地供给稳定的热量；（6）调节灰渣的冷却程度；（7）控制燃烧气在进入辐射燃烧层表面之前的温度；（8）观察火层和燃烧气体；（9）技术设计上应达到防止再次起火、灰渣的正常传递、损坏部件的可更换性、适当的测量与控制系统等。

助燃空气供风系统是保证废物在燃烧室中有效燃烧所需风量的保障系统，由送风或抽风机送向炉排系统。将足够的风量供于火焰的上下。火焰上送风是使炉气达到湍流状态，保障燃料完全燃烧。火焰下进风是通过炉排由下向燃烧室进风，控制燃烧过程，防止炉排过热。

供风量应高于理论需氧量的空气计算值，过量风除保证完全燃烧外，还有控制炉温的作用。实际供风量往往高于理论量的一倍。

4.2.2.4　废气排放与污染控制系统

废气排放与污染控制系统包括烟气通道、废气净化设施与烟囱三部分。焚烧过程产生的主要污染物是粉尘与恶臭，尚有少量N、S的氧化物。主要污染控制对象是粉尘与恶臭。粉尘污染控制的常用设施是沉降室、旋风分离器、湿式泡沫除尘设备、过滤器、静电除尘器等。废气通过选用的除尘设施，含尘量应达到国家允许排放废气的标准。目前，恶臭的控制尚无十分有效的方法，只能根据某种气味的成分，进行适当地物理与化学处理，减轻排出废气的异味。烟囱的作用一方面是建立焚烧炉中的负压度，使助燃空气能顺利通过燃烧带；另一方面是将燃烧后的废气由顶口排入高空大气，使剩余的污染物、臭味与热量通过高空大气的稀释扩散作用，得到进一步的缓冲。

4.2.2.5 排渣系统

燃尽的灰渣通过排渣系统及时排出，保证焚烧炉正常操作。排渣系统由移动炉排、通道及与履带相连的水槽组成。灰渣在移动炉排上由重力作用经过通道，落入储渣室水槽，经水冷却的灰渣，由传送带送至渣斗，用车辆运走或用水力冲击设施将炉渣冲至炉外运走。

4.2.2.6 焚烧炉的控制与测试系统

由于固体废物焚烧过程中，所处理的物料种类和性能变化很大，因而燃烧过程的控制也更加复杂，采用适当的控制系统，对克服焚烧固体废物所带来的许多问题，保证焚烧过程高效率地运行是必要的。焚烧过程的测量与控制系统包括：空气量控制、炉温控制、压力控制、冷却系统控制、集尘器容量控制、压力与温度的指示、流量指示、烟气浓度及报警系统等。

4.2.2.7 能源回收系统

固体废物焚烧系统的流程，如图 4-1 所示。回收垃圾焚烧系统的热资源是建立垃圾焚烧系统的主要目的之一。焚烧炉热回收系统有三种方式：（1）与锅炉合建焚烧系统，锅炉设在燃烧室后部，使热转化为蒸汽回收利用；（2）利用水墙式焚烧炉结构，炉算以纵向循环水列管替代耐火材料，管内循环水被加热成热水，再通过后面相连的锅炉生成蒸汽回收利用；（3）将加工后的垃圾与燃料按比例混合，作为大型发电站锅炉的混合燃料。

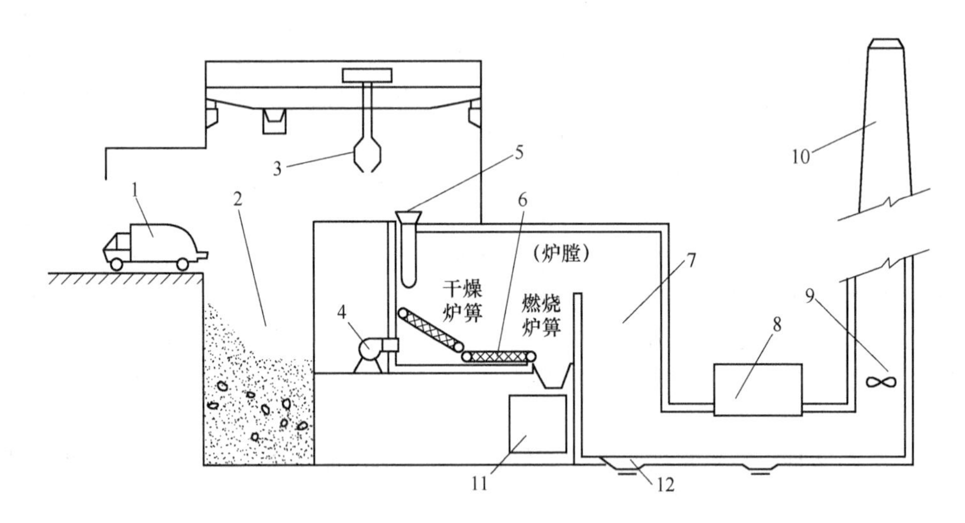

图 4-1 固体废物焚烧系统的流程

1—运料卡车；2—储料仓库；3—吊车抓斗；4—强制送风机；5—装料漏斗；6—自动输送炉算；7—燃烧室与热回收装置；8—废气净化装置；9—引风机；10—烟囱；11—灰渣斗；12—冲灰渣沟

4.3 固体废物焚烧设备及选用

固体废物焚烧是高温分解和深度氧化的综合过程。固体废物经过焚烧处理，体积一般可减少 80%~90%；对于有害固体废物，焚烧可以破坏其结构或杀灭病原菌，达到解毒、除害的目的。几乎所有的有机废物均可以用焚烧法处理，回收热能用于发电或供热。所以，可燃固体废物的焚烧处理，能同时实现减量化、无害化和资源化，是一条重要的处理处置与资源化途径。一个焚烧系统往往包括原料储存设备、加料设备、焚烧设备、烟气净化设备及过程的检测与控制设备，焚烧设备是整个焚烧系统的关键设备。

4.3.1 固体废物焚烧设备的基本构成

固体废物焚烧机械设备的结构如图 4-2 所示。它由进料漏斗、推料器、焚烧炉排、焚烧炉炉体和助燃设备等组成。

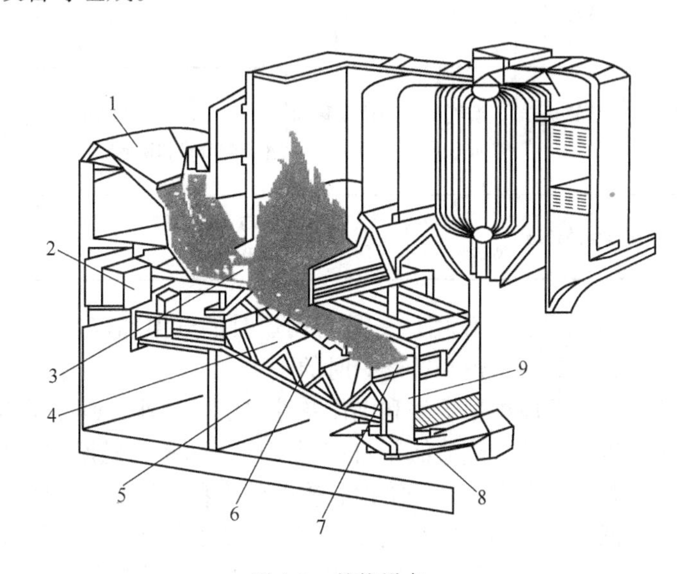

图 4-2 焚烧设备

1—垃圾供料斗；2—炉排控制盘；3—垃圾推料器；4—炉排；5—出灰管；6—风箱；7—落灰调节器；8—排渣系统；9—落灰管

（1）进料漏斗。进料漏斗是将固体废物吊车抓斗投入的垃圾暂时储存，再继续送入焚烧炉内的设备。它具有连接滑道的喇叭状漏斗，另附有单向双瓣阀，以备停机时或漏斗没有盛满垃圾时，防止外部的空气进入炉内或炉内的火焰窜出炉外。

（2）给料系统。给料系统是将储存在漏斗内的垃圾，连续供给焚烧炉内燃烧的装置。一般机械炉排焚烧炉多采用推料器或炉排并用式、螺旋进料器或旋转进料器。

（3）推料器。推料器是根据要求调节好垃圾供应量，连续稳定均匀地向炉内供应垃圾。常用的推料器有：炉排并用式、螺旋进料器和旋转进料器。炉排并用式是将干燥炉排的上部伸到漏斗下方，随着炉排的运动，把漏斗内的垃圾送入。采用螺旋进料器可起到破碎的功能，垃圾的进料量调整，是通过螺旋转数来控制的。旋转进料器是用于具有前破碎处理的垃圾焚烧系统。

（4）焚烧炉炉体。焚烧炉的炉床主要有机械炉排、流化床、回转窑三种形式。炉膛有多种形式，但其结构设计大致相同，一般由钢架加上耐火材料砌筑等。炉膛的容积应满足燃烧烟气滞留时间等设计要求，并要考虑烟气的混合效果、二次空气的喷入、助燃器的布置等。在炉墙上设置有二次风供给装置、人孔与观察孔等。炉膛设计除了满足一般锅炉设计要求外，还要考虑垃圾的特有性质，如易结焦、结块、垃圾的磨损、炉温的保持等。

根据燃烧烟气和垃圾移动方向的关系，可将炉膛分为表4-3所示的四种方式，设计时应考虑焚烧垃圾的性质以选择合适的炉型。

表 4-3 焚烧炉炉膛的种类、特点及适用范围

方　式	顺流式	逆流式	交流式	二次流式
示意图				
特点	烟气流向和垃圾移动方向相同	烟气流向和垃圾移动方向相反	炉出口位于排炉的中间，介于顺流式和逆流式之间	将烟气的上方与下方隔开，具有介于顺流式和逆流式的效果
适用范围	低水分、高热值的垃圾	高水分、低热值的垃圾	适用于前两者之间的垃圾	适用于垃圾性质变化较大的垃圾

（5）助燃设备。助燃设备的作用：一是启动炉时的升温和停炉时的降温；二是焚烧低热值垃圾时的助燃；三是新筑炉和补修炉时的干燥。

助燃设备的位置和数目应根据炉型和操作特性决定。另外，燃烧器容量根据启动炉和停炉时的升降幅度，以及当垃圾热值低于自燃界限时，两者助燃所需的容量，取其大者。助燃装置所采用的燃料，应在考虑其经济性、采购的难易程度、公害防治及操作特性等因素后再加以选择。一般可使用的燃料有重油、煤油及柴油等液体燃料及液化石油气、天然气等气体燃料。液体燃料用助燃装置由储存槽、供应槽及燃烧器组成。

（6）气体排放与污染控制系统。气体排放与污染控制系统包括烟气通道、废气净化设施与烟囱。焚烧过程中产生的主要污染物是粉尘与臭味，还有少量的氮硫氧化物，污染控制的主要对象是粉尘和气味。控制粉尘污染常用的机械设备是旋风除尘器、湿式泡沫除尘器、过滤器、静电除尘器和沉降室等。通过处理使含尘量达到国家允许排放废气的标准。臭味是通过物理化学处理措施减轻排出气体的异味。烟囱是用来建立焚烧炉中的负压度，使助燃空气能顺利通过燃烧带，并且将燃烧后的废气从顶口排入大气，通过高空大气的稀释扩散作用使废气的浓度得以降低。

（7）排渣系统。排渣系统由移动炉排、通道及与履带相连的水槽组成。燃尽的残渣通过排渣系统及时排出，保证焚烧炉正常运行。焚烧过程的监测控制系统包括空气量的控制、炉温控制、压力控制、除尘容量控制、压力与温度的指示、流量指示、烟气浓度及报警系统等。

（8）回收系统。回收系统的作用是回收垃圾焚烧系统的热能资源，使热能转化为蒸气回收利用。

4.3.2 固体废物焚烧炉的类型

固体废物焚烧炉种类繁多，按焚烧室的个数分类，有单室焚烧炉和多室焚烧炉之分；

按所处理废物对环境和人类健康的危害大小以及所要求的处理程度，焚烧炉可分为城市垃圾焚烧炉、工业固体废物焚烧炉和危险废物焚烧炉；按炉型分类，主要有炉排型焚烧炉、流化床式焚烧炉和回转窑式焚烧炉三种类型，其中每一种类型的炉子又视其具体结构的不同，分为若干种类型。

4.3.2.1　炉排型焚烧炉

（1）固定炉排焚烧炉。将废物置于炉排上进行焚烧的炉子称为炉排型焚烧炉。炉排型焚烧炉可分为固定炉排焚烧炉和活动炉排焚烧炉两种。图4-3所示的单室焚烧炉和图4-4所示的多室焚烧炉均为固定炉排焚烧炉。当用单室焚烧炉处理挥发性成分含量高、热分解速度快且干燥过程中产生臭气和有害气体物质时，常会产生不完全燃烧现象。因此，除了用来处理少数工业垃圾以外，在生活垃圾处理领域应用极少。由于污染严重，单室焚烧炉已经逐渐被淘汰。多室焚烧炉是有多个燃烧室的焚烧炉，可使固体废物的燃烧过程分为固体燃烧和气相燃烧两步进行。处理燃烧气体量较多的物质时，使用多室焚烧炉，在生活垃圾处理领域应用较多。

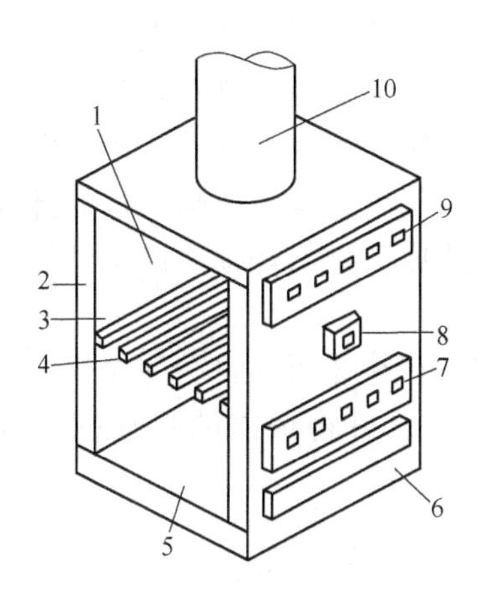

图4-3　单室焚烧炉

1—燃烧室；2—耐火层；3—垃圾；4—炉条；5—灰槽；6—清扫口；7—炉排下部空气孔；8—助燃；9—炉排上部空气孔；10—烟囱

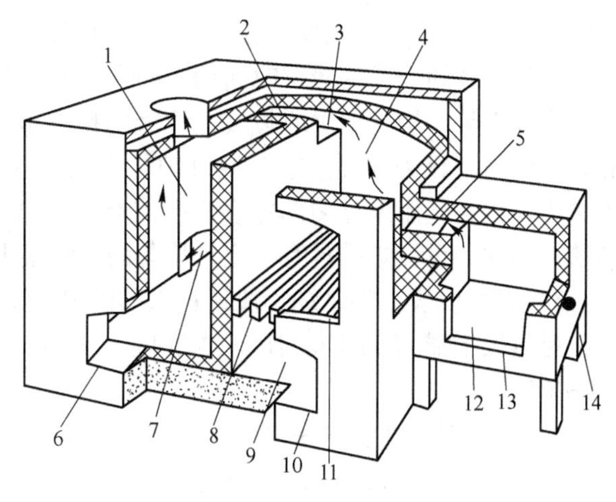

图4-4　多室焚烧炉

1—二次燃烧室；2—混合室；3~5—火焰道；6，10—清扫口；7—中间口；8—炉条；9—灰槽；11—一般垃圾供料口；12—炉床；13—医疗垃圾供料口；14—医疗垃圾助燃器口

（2）活动炉排焚烧炉。活动炉排焚烧炉也称为机械炉排焚烧炉。炉排是活动炉排焚烧炉的心脏部分，可使焚烧操作自动化、连续化，其性能直接影响垃圾的焚烧处理效果。按炉排构造不同可分为链条式、阶梯往复式、多段波动式等。应用较广的阶梯往复式活动炉排焚烧炉的结构如图4-5所示，在垃圾推送方向相隔布置固定炉条和可动炉条，可动炉条的往复运动推送并搅拌垃圾，炉条运动方向与垃圾移动方向相向，一般为油压驱动。

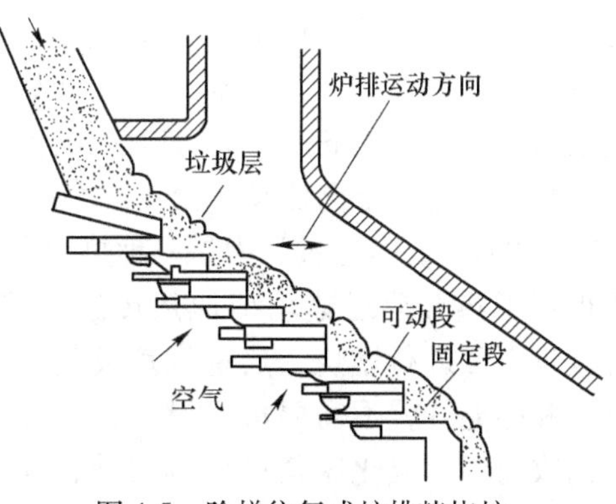

图4-5　阶梯往复式炉排焚烧炉

活动炉排焚烧炉的燃烧过程可分为三个阶段：干燥阶段、燃烧阶段和燃尽阶段。各段的供应空气量与运行速度可以调节。

1）干燥阶段。城市垃圾的含水率较高，焚烧时的干燥任务很重，对机械送料的运动式炉排炉，从物料送入焚烧炉起到物料开始析出挥发分着火，都被认为是干燥阶段。垃圾的干燥包括：炉内高温燃烧空气、炉侧壁及炉顶的放射热的干燥；从炉排下部提供的高温空气的通气干燥；垃圾表面和高温燃烧气体的接触干燥；垃圾中部分垃圾的燃烧干燥。利用炉壁和火焰的辐射热，垃圾从表面开始干燥，部分产生表面燃烧。干燥垃圾的着火温度一般为200℃左右。如果提供200℃以上的燃烧空气，干燥的垃圾便会着火，燃烧便从这部分开始。垃圾在干燥带上的滞留时间约为30min。

2）燃烧阶段。物料基本完成了干燥过程后，如果炉内温度足够高，且又有足够的氧化剂，物料就会顺利进入真正的焚烧阶段。燃烧阶段包括同时发生的强氧化、热解和原子基团碰撞三个化学反应。在干燥阶段垃圾干燥、热分解产生还原性气体，在本段产生旺盛的燃烧火焰，在后燃烧段进行静态燃烧（表面燃烧）。燃烧段和后燃烧段的界线称为“燃烧终了点”，即使是垃圾特性变化，也应通过调节炉排速度而使“燃烧终了点”位置尽量不变。垃圾在燃烧段的滞留时间约30min。总体燃烧空气的60%～80%在此段供应。为了提高燃烧效果，均匀地供应垃圾，垃圾的搅拌混合和适当的空气分配（干燥段、燃烧段和燃尽段）等极为重要。空气通过炉排进入炉内，所以空气容易从通风阻力小的部分流入炉内，但空气流入过多部分会产生“烧穿”现象，易造成炉排的烧损并产生垃圾熔融结块，因此，设计炉排具有一定且均匀的风阻很重要。

3）燃尽阶段。将燃烧阶段送过来的固定碳素及燃烧炉渣中未燃尽部分完全燃烧。垃圾在燃尽段上滞留约1h。保证燃尽段上充分的滞留时间，可将炉渣的热灼减率降至1%～2%。

4.3.2.2 流化床式焚烧炉

流化床焚烧炉以前用于焚烧轻质木屑等，但近年来开始用于焚烧污泥、煤和城市生活垃圾。其特点是适用于焚烧高水分的污泥类等。

图4-6所示为流化床焚烧炉的结构，一般将垃圾破碎到20cm以下投入到炉内，垃圾在炉的上方与不断翻腾的灼热砂粒充分接触混合，瞬时间气化并燃烧。空气量很小时，砂粒不运动，则称“静态床”。只有当空气量加到一定量时，砂粒开始运动，则称“流化床”。如果再进一步增加通入的空气量，砂粒就会与空气流同方向流动，处于“气动传输状态”。600～700℃时，砂粒被认为是一种热的介质，由于垃圾得到了热介质迅速均衡地热传递，就开始燃烧。垃圾投入后进行燃烧，热量从垃圾焚烧过程中不断维持和补充，就不需要再加燃料，而且产生的余热可回收利用。流化床焚烧炉具有结构简单、炉体较小、炉内可动部分设备少、故障少、热启动较为容

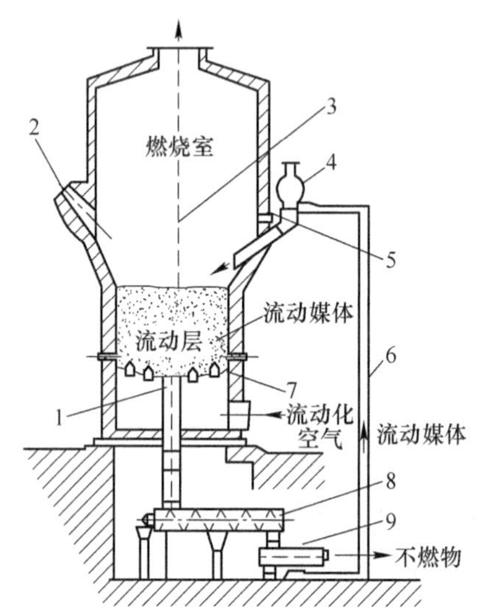

图4-6 流化床焚烧炉的结构

1—不燃物拔出管；2—助燃器；3—流动床炉内；4—供料器；5—二次燃烧空气喷嘴；6—流动媒体循环装置；7—散气板；8—不燃物拔出装置；9—振动筛

易、焚烧效率高达90%以上、处理能力为100t/d以下、对入炉垃圾粒度有一定要求等特点。该焚烧炉更适宜燃烧发热值低、含水分高的垃圾。

4.3.2.3 回转窑式焚烧炉

回转窑式焚烧炉是一种适用于处理污泥、废塑料、废树脂、硫酸沥青渣、城市垃圾、医疗垃圾等多种固体废物的焚烧设备，其结构如图4-7所示。窑身为一卧式可旋转的圆柱体，其轴线与水平稍呈倾斜角（1/100~1/300），回转窑滚筒的长径比一般为$L/D=2\sim10$，窑的下端有二次燃烧室。废物从窑的上部进入，随着窑的转动向下端移动。空气与物料行进的方向可以同向也可逆向。进入窑炉的物料与废气相遇，一边受热干燥（200~300℃），一边随窑炉的回转运动而破碎，然后在窑的后段进行分解燃烧（700~900℃），窑内来不及燃烧的可燃气体，进入二次燃烧室充分燃烧，焚烧的残渣在高温烧结区（1100~1300℃）熔融，排出炉外。如果需要辅助燃料可在焚烧炉的上端或二次燃烧室加入。

回转窑的优点是操作弹性大，适用范围广，是处理多种混合固体废物的较好设备，用回转窑处理某些含重金属的固体废物得到的熔融烧结块粒度均匀，处理处置或利用均极为方便。另外，由于回转窑机械结构简单，所以很少发生事故且能长期连续运转；回转窑的主要缺点是热效率低，排出的尾气常带有恶臭味。

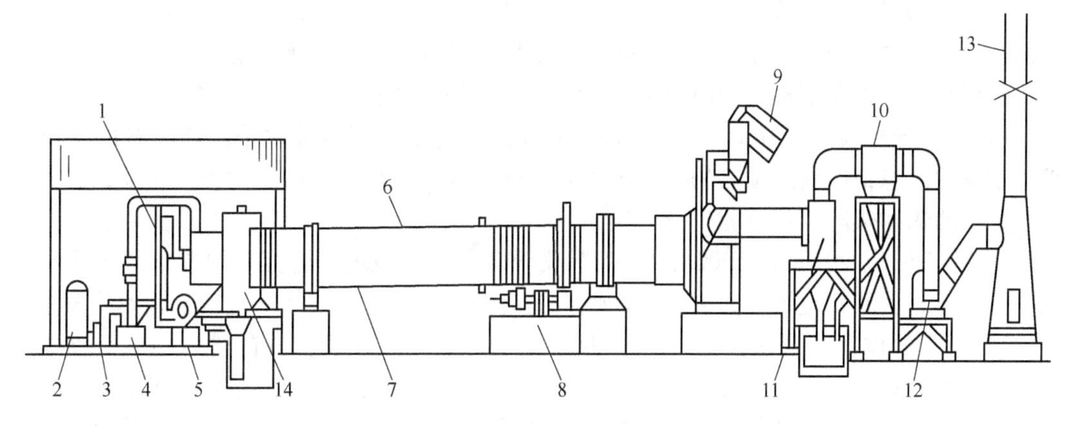

图4-7 回转窑焚烧炉

1—燃烧喷嘴；2—重油蓄槽；3—油泵；4—三次空气风机；5——次及二次空气风机；6—回转窑焚烧炉；7—取样口；8—驱动装置；9—投料传送带；10—除尘器；11—旋风分离器；12—排风机；13—烟囱；14—二次燃烧室

4.3.3 固体废物焚烧炉的设计

4.3.3.1 焚烧炉的设计原则和要点

固体废物焚烧炉设计的基本原则是使废物在炉膛内按规定的焚烧温度和足够的停留时间，达到完全燃烧，从而最大限度地实现废物的无害化、减量化。这就要求做到以下几点：

（1）选择适宜的炉床。选择适宜的炉床，也就是说燃烧室容积应该足够纳入所需焚烧的固体废物量，包括提供气体在炉内停留时间所需要的空间容积。

（2）合理设计炉膛。合理设计炉膛的形状和尺寸，增加固体废物与氧气接触的机会，使固体废物在焚烧过程中保持一定的高温状态，使水汽易于蒸发，加速燃烧。

（3）保证燃烧空气量。在炉膛内必须保证有超过化学计算量的燃烧空气供应。

（4）控制空气与废物充分混合。控制空气及燃烧气体的流速与流向，使气体得以均匀混合，达到最大湍流度，使固体废物和气体充分混合。

一般来说，停留时间和湍流度的可调节范围较小，只能在燃烧室的设计中进行详细的分析和计算，而燃烧温度和空气量可以在运行的过程中进行调控。

在焚烧炉设计过程中，还应注意考虑以下要点：

（1）对焚烧固体废物多样性的适应性。待焚烧的固体废物通常都不是形态和性质都一致的单一体，如果仅仅为了某种固体废物进行设计，则功能未必能充分发挥，在设计的开始如果考虑焚烧物料的多样性，则可以增加其应用范围。

（2）设备的腐蚀问题。由于焚烧烟气中含有多种致酸成分。且多处于高温状态，容易引起高温腐蚀。所以，应该充分考虑有效的防腐对策，如选择耐酸材料、涂防腐层或加衬等。

（3）温度变化的环境影响。炉内气体在流经不同区段时温度变化很大，在流程中所接触的不同材料，应该充分考虑其耐温性的变化，以及由此引起的应力变化。

4.3.3.2 焚烧炉的设计

（1）炉膛几何形状及气流模式的确定。燃烧室的几何形状要与炉排构造协调，在导流废气的过程中，为废物提供一个干燥和完全燃烧的环境，确保废气能在高温环境中有充分的停留时间，以保证毒性物质分解，还需兼顾锅炉布局及热能回收效率。

1）对于低位发热量在 2000~4000kJ/kg 及高水分的垃圾，适宜采用逆流式的炉床与燃烧室搭配形态，即指经预热的一次风进入炉床后，与垃圾物流的运动方向相反，燃烧气体与炉体的辐射热利于垃圾的充分干燥。

2）对于低位发热量在 5000kJ/kg 以上及低含水量的垃圾，适宜采用顺流式炉床与燃烧室搭配形态，此时垃圾移送方向与助燃空气流向相同，燃烧气体对垃圾干燥效果较差。

3）对于低位发热量在 3500~6300kJ/kg 的垃圾，可采用交流式的炉床与燃烧室搭配形态，使垃圾移动方向与燃烧气体流向相交。这种燃烧模式的选择有很大的灵活性，若焚烧质佳的垃圾，则垃圾与气体流向的交点偏向燃烧侧（即成顺流式）；反之则偏向干燥炉床侧（即成逆流式）。

4）对于热值变化较大的垃圾，则可采用复流式的搭配形态。燃烧室中间由辐射天井隔开，使燃烧室成为两个烟道，燃烧气体由主烟道进入气体混合室，未燃气体及混合不均的气体由副烟道进入气体混合室，燃烧气体与未燃气体在气体混合室内可再燃烧，使燃烧作用更趋于完全。

（2）燃烧室热负荷和容积的计算。燃烧室热负荷决定了燃烧室的大小，其定义为：燃烧室单位容积、单位时间燃烧的废物所产生的热量（低热值），单位是 $kJ/(m^3 \cdot h)$。燃烧室热负荷设计过大时，燃烧室体积变小，炉膛温度升高，容易加速炉壁的损伤以及在炉排和炉壁上的结焦；且烟气在燃烧室的停留时间缩短，烟气中可燃组分燃烧不完全，甚至在后续烟道中再次燃烧造成事故。当燃烧室热负荷设计过小时，燃烧室容积增大。炉壁的散热损失造成炉膛温度的降低，特别是当废物热值较低时，会使燃烧不稳定，造成灰渣中热灼减量的增加。连续式焚烧炉燃烧室热负荷一般为 33.48~62.79$MJ/(m^3 \cdot h)$。

燃烧室容积 V_S 大小应同时兼顾燃烧室热负荷及燃烧效率两种准则，即同时考虑垃圾的低位发热量与燃烧室热负荷的比值（即 Q/Q_V），以及燃烧烟气产生率与烟气停留时间的乘积（$G \cdot t$），取两者中较大值，即

$$V_S = \max\left(\frac{Q}{Q_S},\ Gt\right) \tag{4-7}$$

式中　V_S ——燃烧室容积，m^3；

Q ——单位时间内垃圾及辅助燃料燃烧产生的低位发热量，kJ/h；

Q_S ——燃烧室热负荷，$kJ/(m^3 \cdot h)$；

G ——废气体积流率，m^3/s；

t ——气体停留时间，s。

（3）炉排燃烧率和炉排面积的计算。炉排燃烧率 Q_{cr}（$kg/(m^2 \cdot h)$）是指炉排单位面积、单位时间可以燃烧的固体废物量，即

$$Q_{cr} = \frac{Q_m}{t_d A} \tag{4-8}$$

式中　A ——炉排面积，m^2；

Q_m ——每天固体废物焚烧量，kg/d；

t_d ——每天的运行时间，h/d。

由此可见，炉排燃烧率越大，焚烧炉的处理能力也就越大，焚烧炉的性能越好。对于规格、大小一定的焚烧炉，废物热值越高、灰渣的热灼减量越大、助燃空气温度越高，炉排燃烧率的取值就应越大。一般来说，间歇焚烧炉通常为 120～160$kg/(m^2 \cdot h)$，而连续式焚烧炉为 200$kg/(m^2 \cdot h)$。

在设计时所需炉排面积的大小，应同时考虑垃圾处理量及其热值，以使所选定的炉排面积能满足垃圾完全燃烧的要求。具体方法是，综合考虑垃圾单位时间产生的低位发热量与炉排面积热负荷之比（Q/Q_R），以及单位时间内垃圾的处理量与炉排燃烧率之比（Q_m/Q_{cr}），炉排面积按两者中较大值确定，即

$$A_x = \max\left(\frac{Q}{Q_R},\ \frac{Q_m}{Q_{cr}}\right) \tag{4-9}$$

式中　A_x ——所需炉排面积，m^2；

Q ——单位时间内垃圾及辅助燃料燃烧产生的低位发热量，kJ/h；

Q_R ——炉排面积热负荷，$kJ/(m^2 \cdot h)$，1.25～3.75 $GJ/(m^2 \cdot h)$；

Q_m ——单位时间内垃圾处理量，kg/h；

Q_{cr} ——炉排燃烧率，$kJ/(m^2 \cdot h)$。

（4）助燃空气的确定。助燃空气通常分两次供给，一次空气由炉床下方送入燃烧室，二次空气由炉床上方燃烧室侧壁送入。通常一次空气占助燃空气总量的 60%～70%，预热至 150℃左右，由鼓风机送入；其余助燃空气当成二次空气。一次空气在炉床干燥段、燃烧段及后燃烧段的分配比例一般为 15%、75%及 10%。二次空气进入炉内时，以较高的风压从炉床上方吹入燃烧火焰中，扰乱燃烧室内的气流，可使燃烧气体与空气充分接触，增加其混合效果。操作时为配合燃烧室热负荷，防止炉内温度变化剧烈，可调整预热助燃空气的温度。二次空气是否需要预热，要根据热平衡的条件来决定。

4.3.3.3 烟囱高度的设计

烟囱是炉内排烟的最后退路。它的一个作用是使炉内自然通风，以维持正常的氧化燃烧。另一个作用则是将烟气排入高空，尽量地减小或避免垃圾焚烧排烟中污染物质对地面的污染。一个高架烟囱所造成的地面污染物浓度，总是比低烟囱所造成的污染浓度低，降低的程度与烟囱高度、离污染源的距离及气象条件有关。高架烟囱是目前解决地面污染经济有效的方法。

（1）烟囱有效高度的计算。烟囱里排出的烟气，常常会继续上升，经过一段距离之后会逐渐变平。因此烟气中心的最终高度比烟囱高，这种现象称为烟气抬升。其原因：一是烟气在烟囱内向上运动，具有的动能使它离开烟囱后继续上升，称之为动力抬升；二是当烟气的温度比周围空气的温度高时，其密度较小，在浮力作用下上升，称之为浮力抬升或热力抬升。

由于烟气的抬升作用，相当于烟囱的几何高度增加了。因此，烟囱的有效高度 h 等于烟囱的几何高度 h_1 与烟气的抬升高度 h_2 之和。

烟囱的有效高度 h，可按下式计算

$$h = h_1 + h_2 \tag{4-10}$$

烟气的抬升高度由动力抬升高度 h_d 和浮力抬升高度 h_f 组成，则烟气的抬升高度 h_2，可按下式计算

$$h_2 = h_d + h_f \tag{4-11}$$

所以有

$$h = h_1 + h_d + h_f \tag{4-12}$$

烟囱的有效高度又称为有效源高，污染物着地的最大浓度与有效源高的平方成反比。

（2）烟气抬升高度的计算：

1）烟气抬升高度的影响因素。热烟气从烟囱中喷出、上升、逐渐变平，是一个连续的渐变过程，在有风时热烟流的抬升过程可分为以下四个阶段，即：①喷出阶段，主要依靠烟气本身的初始动量向上喷射；②浮升阶段，由于烟气和周围空气之间的温差获得浮力而上升；③瓦解阶段，这时烟气与周围的空气混合，大气湍流作用明显地加强，烟气失去了动力与浮力，自身结构破裂瓦解而随风飘动；④变平阶段，在大气湍流作用下，烟云上下左右扩散，体积胀大，沿风向逐渐变平。

2）抬升高度公式。已有的抬升高度计算公式很多，大多是根据实验中总结出来的经验或半经验公式，这里介绍我国《制定地方大气污染排放标准的技术方法》中推荐的抬升公式。

①当烟气热排放率 $Q_h \geqslant 2100\text{kJ/s}$，且 $\Delta T \geqslant 35\text{K}$ 时

$$h_2 = \frac{n_0 Q_h^{n_1} h_1^{n_2}}{\bar{u}} \tag{4-13}$$

$$Q_h = 0.35 P_a Q_V \frac{\Delta T}{T_s} \tag{4-14}$$

式中 Q_h——烟气热释放率，kJ/s；

Q_V——实际排烟率，m^3/s；

ΔT——烟气与环境大气的温差，$\Delta T = T_s - T_a$，K；

T_s——烟气出口温度，K；

T_a——环境大气平均温度，取当地近5年平均值，K；

h_1——烟囱距地面的几何高度，m；

P_a——大气压力 hPa，可取邻近气象台的季或年的平均值；

n_0，n_1，n_2——系数，按表 4-4 选取；

$\bar{u}$——烟囱口处平均风速，m/s，按幂指数关系换算到烟囱出口高度的平均风速。

当 $z_2 \leqslant 200$m 时，

$$\bar{u} = u_1 \left(\frac{z_2}{z_1}\right)^m \tag{4-15}$$

当 $z_2 > 200$m 时，

$$\bar{u} = u_1 \left(\frac{200}{z_1}\right)^m \tag{4-16}$$

式中　u_1——附近气象台（站）z_1 高度5年平均风速，m/s；

z_1——相应气象台（站）测风仪所在高度，m；

z_2——烟囱出口处高度（与 z_1 有相同高度基准），m；

m——稳定度参数。

表 4-4　系数 n_0，n_1，n_2 值

Q_h/kJ·s^{-1}	地表状况（平原）	n_0	n_1	n_2
$Q_h \geqslant 21000$	农村或城市远郊区	1.427	1/3	2/3
	城区及近郊区	1.303	1/3	2/3
$2100 \leqslant Q_h < 21000$ 且 $\Delta T > 35$K	农村或城市远郊区	0.332	3/5	2/5
	城区及近郊区	0.292	3/5	2/5

②当 1700kJ/s< Q_h <2100kJ/s 时，烟气抬升高度按下式计算

$$h_2 = \Delta H_1 + (\Delta H_2 - \Delta H_1)\left(\frac{Q_h - 1700}{400}\right) \tag{4-17}$$

其中

$$\Delta H_1 = \frac{2 \times (1.5u_s D + 0.01Q_h) - 0.048 \times (Q_h - 1700)}{\bar{u}}$$

式中　u_s——排气筒出口处烟气排出速度，m/s；

D——排气筒出口直径，m；

ΔH_2——按式（4-13）所计算的抬升高度，m。

③当 $Q_h \leqslant 1700$kJ/s 或 $\Delta T < 35$K 时，烟气抬升高度按下式计算

$$h_2 = \frac{2 \times (1.5u_s D + 0.01Q_h)}{\bar{u}} \tag{4-18}$$

④凡地面以上 10m 高处年平均风速 $\bar{u}$ 小于或等于 1.5m/s 的地区，按下式计算抬升高度

$$h_2 = 5.5Q_h^{1/4} \times \left(\frac{D\mathrm{d}T_a}{\mathrm{d}z} + 0.0098\right)^{-3/8} \tag{4-19}$$

式中 $\frac{dT_a}{dz}$ ——排放源高度以上环境温度垂直变化率，K/m。取值不得小于0.01K/m。

（3）烟囱高度的设计。确定烟囱高度的主要依据，就是要保证该排放源所造成的地面污染物浓度不得超过某个规定值，这个规定值就是国家环保部门所规定的各种污染的地面浓度值。

烟囱高度的计算法各不相同，本书介绍按地面最大浓度公式计算烟囱的高度。设国家环境空气质量标准中规定的污染物浓度为 c_0，当地本底污染物浓度为 c_b，新设计烟囱高度所排放污染物产生的地面最大污染物浓度应满足 $c_{max} \leqslant c_0 - c_b$ 。

σ_y/σ_z 为常数时（σ_y、σ_z 为扩散系数），按地面最大浓度公式，可计算出烟囱高度 h_1，即

$$h_1 \geqslant \sqrt{\frac{2Q}{\pi e u (c_0 - c_b)} \times \frac{\sigma_z}{\sigma_y}} - h_2 \tag{4-20}$$

式中 h_2 ——根据选定的烟气抬升公式所计算出的烟气抬升高度；

σ_y/σ_z ——一般取0.5~1.0，相当于大气处于中性至中等不稳定状态时的情况。

我国《生活垃圾焚烧污染控制标准》规定，焚烧炉烟囱高度按环境影响评价要求确定的值不能低于表4-5规定的高度。

表4-5 焚烧炉烟囱高度要求

处理量/t·d^{-1}	烟囱最低允许高度/m
<100	25
100~300	40
>300	60

注：在同一厂区内如同时有多台垃圾焚烧炉，则以各焚烧炉处理量总和作为评判依据。

规定中还要求；1）焚烧炉烟囱周围半径200m距离内有建筑物时，烟囱应高出最高建筑物3m以上；不能达到该要求的烟囱，其大气污染物排放限值应按焚烧炉大气污染物排放限值的50%严格执行；2）由多台焚烧炉组成的生活垃圾焚烧厂，烟气应集中到一个烟囱排放或采用多筒集合式排放。

4.3.4 固体废物焚烧设备的选用

常用焚烧机械设备的选用情况，见表4-6。

表4-6 焚烧机械设备的选用

分类	物理性质分组	焚烧设备							
		栅格式燃烧室	单层燃烧室				沸腾床燃烧室	悬浮床燃烧室	高温熔化炉
			固定式	旋转式	多段式	转窑式			
有机泥	水处理污泥	#	0	0	#	#	#	#	#
	废油漆	0	0	#	#	#	#	Δ	
	其他泥渣	0	0	0	#	#	#	Δ	#

续表 4-6

分类	物理性质分组	焚烧设备							
		栅格式燃烧室	单层燃烧室				沸腾床燃烧室	悬浮床燃烧室	高温熔化炉
			固定式	旋转式	多段式	转窑式			
废油	焦油、沥青	Δ	O	O	Δ	#	Δ	Δ	Δ
废油	含油废物	#	O	O	Δ	□	O	Δ	#
废塑料		O	#	#	Δ	O	O	Δ	#
橡胶废料		Δ	#	#	Δ	O	O	Δ	#
动植物残骸		#	O	O	Δ	#	#	□	#
废纸		#	□	□	Δ	#	#	□	#
木		#	□	□	Δ	#	#	□	#
废织物		#	□	□	Δ	#	#	□	#
混合垃圾		#	□	□	Δ	#	#	□	#

注：#表示推荐采用；Δ 表示不能用；□ 表示可用；O 表示可混合燃烧。

4.4　固体废物的热解处理技术

固体废物的热解是指利用有机物的热不稳定性，在无氧或缺氧条件下受热，分解生成气态、液态和固态可燃物质的化学分解过程。热解法和焚烧法的区别在于：焚烧是需氧化反应过程，热解则是无氧或缺氧反应过程；焚烧产物主要是 CO_2 和 H_2O；热解产物则包括可燃气态低分子物质（如氢气、甲烷、一氧化碳）、液态产物（如甲醇、丙酮、乙酸、乙醛等有机物及焦油、溶剂油等），以及焦炭或炭黑等固态残渣；焚烧是一个放热过程，热解则是吸热过程；焚烧产生的热能量大时可用于发电，热能量小时可作热源或产生蒸汽，适于就近使用；而热解产生的储存性能源产物，诸如可燃气、油等可以储存或远距离输送。

固体废物经热解处理后可得到除便于储存和运输的燃料及化学产品外，在高温条件下所得到的炭渣还会与物料中某些无机物和金属成分构成硬而脆的惰性固态产物，使其后续的填埋处置作业更为安全和便利。国外利用热解法处理固体废物虽然还存在一些问题，但已达到工业规模，实践表明热解是一种很有发展前景的固体废物处理方法。其工艺适于处理包括城市生活垃圾、污泥、废塑料、废树脂、废橡胶、人畜粪便等工农业废物在内的具有一定能量的有机固体废物。

4.4.1　固体废物的热解技术

4.4.1.1　热解原理

固体废物热解过程是一个复杂的化学反应过程，包括大分子的键断裂、异构化和小分子的聚合等反应，最后生成各种较小的分子。热解过程可用如下反应式表示：

有机固体废物 $\xrightarrow{\text{加热}}$ 气体（H_2、CH_4、CO、CO_2）+ 有机液体（有机酸、芳烃、焦油）+ 固体（炭黑、灰渣）

固体废物经过热解后容量大，残渣较少，而且这些残渣化学性质稳定，具有一定的热值，可用作燃料添加剂或路基材料、混凝土骨料等。以纤维素为例，经过热解反应后的产物为：

$$3C_6H_{10}O_5 \xrightarrow{\text{加热}} 8H_2O + C_6H_8O(\text{焦油}) + 2CO + 2CO_2 + CH_4 + H_2 + 7C$$

从物质迁移、能量传递的角度对其进行分析，在生物质热解过程中，热量首先传递到颗粒表面，再由表面传到颗粒内部。热解过程由外至内逐层进行，生物质颗粒被加热的成分迅速裂解成木炭和挥发分。其中，挥发分由可冷凝气体和不可冷凝气体组成，可冷凝气体经过快速冷凝，可以得到生物油。一次裂解反应生成生物质炭、一次生物质油和不可冷凝气体。在多孔隙生物质颗粒内部挥发分将进一步裂解，形成不可冷凝气体和热稳定的二次生物油。同时，当挥发分气体离开生物颗粒时，还将穿越周围的气相组分，再进一步裂化分解，被称为二次裂解反应。生物质热解过程最终形成生物油、不可冷凝气体和生物质。

从热解开始到结束，有机物都处在一个复杂的热解过程中，不同温度区间所进行的反应过程不同，产出物的组成也不同。总之，热解的实质是加热有机大分子，使之裂解成小分子析出的过程，但热解过程并非机械的由大变小的过程，它包含了许多复杂的物理化学反应。

4.4.1.2　热解过程及其影响因素

（1）热解过程。根据热解过程的温度变化和产物的生成情况等，可分为干燥阶段、预热解阶段、固体分解阶段和炭化阶段。

1）干燥阶段的温度为120~150℃，生物质中的水分进行蒸发，废料只发生物理变化，而化学组成几乎不变。

2）预热解阶段的温度为150~275℃，物料的热反应比较明显，化学组成开始变化，生物质中的不稳定成分如半纤维素分解成二氧化碳、一氧化碳和少量醋酸等物质。上述两个阶段均为吸热过程。

3）固体分解阶段的温度为275~475℃，是热解的主要阶段，在缺氧的条件下，物料受热分解，发生了各种复杂的物理、化学反应，产生大量的分解产物。生成的液态产物中含有醋酸、木焦油和甲醇（冷却时析出来）；气体产物中有二氧化碳、一氧化碳、甲烷、氢等，可燃成分含量增加。这个阶段要放出大量的热。

4）炭化阶段（煅烧阶段）的温度为450~500℃，生物质依靠外部供给的热量进行木炭的燃烧，使木炭中的挥发物质减少，固定碳含量增加，为放热阶段。

在热解实际过程中，上述这四个阶段的界限难以明确划分，各阶段的反应过程会相互交叉进行。

（2）影响热解过程的因素。影响热解过程的主要因素有温度、加热速率、反应时间、废物的成分、热解炉的类型及作为氧化剂的空气供氧程度等，这些因素都对热解反应过程产生明显影响。

1）温度对热解的影响。温度是热解过程最重要的控制参数。温度变化对产品质量、成分比例有很大影响。在较低温度下，有机废物大分子裂解成较多的中小分子，油类含量相对较多。随着温度升高，除大分子裂解外，许多中间产物也发生二次裂解，C_5以下分

子及 H_2成分增多，气体产量成正比增长，而各种酸、焦油、炭渣等相对减少。

气体成分与温度有以下变化规律：随着温度升高，由于脱氢反应加剧，使得氢气含量增加，CH_4减少。而 CO 和 CO_2的变化规律则比较复杂，低温时，由于生成水和架桥部分的分解次甲基键进行反应，使得 CO_2、CH_4等增加，CO 减少。但在高温阶段，由于大分子断裂及水煤气还原反应的进行，CO 含量逐渐增加。CH_4的变化与 CO 正好相反，低温时含量较小，但随着脱氢和氢化反应的进行，CH_4含量逐渐增加，高温时 CH_4分解成氢气和固形炭，因而含量下降，但下降较缓慢。

2）加热速率对热解的影响。加热速率对热解产品的成分比例影响较大。在低温、低速率加热条件下，有机物分子有足够的时间在其最薄弱的接点处断裂，重新结合为热稳定性固体，难以进一步分解，得到的固体含量多；而在高温、高速率加热条件下，有机物分子的分子键会全面裂解，产生大范围的低分子有机物，热解产物中气体的组分增加。显然，气体产量随加热速度的增加而增加，水分、有机液体含量及固体残渣则相应减少，且加热速度对气体成分也有影响。表 4-7 所示为垃圾高温热分解加热速度对产物气体成分的影响。

表 4-7 垃圾高温热分解加热速度对产物气体成分的影响

气体组成与产量	加热速率/K · min^{-1}							
	800	130	80	40	25	20	13	10
O_2/%	15.0	19.2	23.1	21.2	25.1	24.7	23.7	22.0
CO/%	42.6	39.6	35.2	36.3	31.3	30.4	30.1	29.5
CO_2/%	0.9	1.6	1.8	2.5	2.3	2.1	1.3	1.1
H_2/%	17.9	9.9	12.15	10.0	15.0	13.7	16.9	22.0
CH_4/%	17.5	21.7	20.0	20.0	20.1	19.9	21.5	20.8
N_2/%	6.1	8.1	7.7	6.0	6.6	8.2	8.3	5.4
热值/MJ · m^{-3}	13.8	14.1	13.2	13.2	13.2	12.3	13.7	14.4
产气量/m^3 · t^{-1}	343	324	212	192	210	204	227	286

3）反应时间对热解的影响。反应时间是指固体废物完成反应在炉内的停留时间。它决定了分解转化率，影响热解产物的成分和总量。反应时间越长，热解的气态和液态产物越多。反应时间短，小分子的气态产物相对较多。为了充分利用原料中的有机质，尽量脱出其中的挥发分，应延长废物在反应器中的保温时间。反应时间与物料的粒度、含水率、成分及结构、反应器内的温度水平、热解方式等因素有关。不同废物原料的可热解性不同。有机物成分含量多，热值高，可热解性相对较好，产品热值高，可回收性好，残渣少。废物含水率低，则干燥过程耗热量少，将废物加热到工作温度所需时间短。废物颗粒粒径小，将有利于传热，保证热解顺利进行，反应时间短。废物分子结构复杂，反应时间长。反应温度高，加快物料被加热的速度，反应时间缩短。热解方式对反应时间的影响更明显，直接热解方式的反应时间比间接热解方式要短得多。

4）催化剂对热解的影响。不同的催化剂掺入生物质热解中，所引起的效果也有所不同。例如，碱金属碳酸盐能提高气体和炭产量，降低生物油的产量，而且能促进原料中氢的释放，使空气产物中 H_2、CO 的含量比增大；K^+能促进 CO、CO_2的生成，但几乎不影

响 H_2O 的生成；NaCl 能促进纤维素反应中 H_2O、CO、CO_2的生成；加氢裂化能增加生物油的产量，并使油的分子量变小。催化裂解的关键是催化剂。常用的催化剂包括 ZMS-5 沸石催化剂、H-Y 沸石催化剂、REY 沸石催化剂、Ni-REY 催化剂等，催化剂的活性点强度和浓度、比表面积、平均孔径、孔径的尺寸分布等都影响反应速度和对产物的选择性。

5）热解炉类型对热解的影响。热解炉是热解反应进行的场所，不同的热解炉有不同的热解床条件和物流方式。一般说来，固定热解床处理量大，而流态化热解床温度可控性能好，气体与物料逆流行进，有利于延长物料在热解炉内的滞留时间，从而提高有机物的转化率。而气体与物料顺流行进方式可促进热传导，加快热解过程。

4.4.2 固体废物的热解工艺

4.4.2.1 热解工艺的分类

热解过程因热解温度、加热方式、热解炉结构以及产品状态等方面的不同，热解工艺也各不相同。按供热方式可分为直接加热和间接加热；按热解温度的不同可分为低温热解、中温热解、高温热解。除以上分类以外，还可按热解产物的聚集状态分为气化方式、液化方式和碳化方式；按热解炉的结构可分为固定床、移动床、流化床和旋转炉等；按热解与燃烧反应是否在同一设备中进行可分为单塔式和双塔式。但热解工艺通常按供热方式或热解温度进行分类。

（1）按供热方式分类：

1）直接加热法。热解过程所需的热量是由被热解物（所处理的废物）部分直接燃烧或者向热解反应器提供补充燃料燃烧时所产生的热。由于燃烧需提供氧气，因而会产生 CO_2、H_2O 等惰性气体混在热解可燃气中，结果稀释了可燃气，降低了热解气体的热值。如果采用空气做氧化剂，热解气体中不仅有 CO_2、H_2O，而且含有大量的 N_2，更是稀释了可燃气，使热解气体的热值降低。因此，采用的氧化剂不同，其热解气体的热值也不同。

直接加热法的设备简单，可采用高温热解，其处理量大，产气率高，但所产气体的热值并不高，还不能作为单一燃料直接利用。

2）间接加热法。此法是将被热解的物质与热介质分离开在热解反应器（或热解炉）中进行热解的一种方法，可以利用墙式导热或中间介质来传热（热砂或熔化的某种金属床层）。墙式导热方式由于热阻大，熔渣可能会出现包覆传热墙面或腐蚀等问题，以及不能采用更高的热解温度，因而使用受到限制；采用中间介质传热，虽然可能出现固体传热或物料与中间介质的分离等问题，但两者综合比较，中间介质传热要比墙式导热方式好一些。

间接加热法的主要优点在于解热气态产物的热值较高，完全可作为燃气直接使用。但间接加热法产气率和产气量比直接加热法要低得多。

（2）按热解温度分类：

1）低温热解。低温热解温度一般都在 600℃以下。农业、林业产品加工后的废物用来生产低硫、低灰的炭，就可采用这种方法。根据原料和加工的深度不同，可制成不同等级的活性炭或用作水煤气原料。

2）中温热解。中温热解温度一般在 600~700℃之间，中温热解主要用在比较单一的物料作为能源和资源回收的工艺上，像废轮胎、废塑料转换成类重油物质的工艺，所得到的类重油物质既可作为能源又可作化工初级原料。

3）高温热解。高温热解温度一般在1000℃以上。高温热解采用的加热方式几乎都是直接加热。如果采用高温纯氧热解工艺，反应器中氧化-熔渣区段的温度可高达1500℃，从而将热解残留的惰性固体（金属盐类及其氧化物和氧化硅等）熔化，以液态渣形式排出反应器，再经清水淬冷后粒化，从而可大大减少固态残余物的处理困难。这种粒化的玻璃态渣可做建筑材料的骨料。

4.4.2.2 热解反应流程及特点

热解反应是由一系列化学和物理转化构成的非常复杂的反应过程，有关其机理的研究也仅限于煤的热解，而对于有机固体废物热解的研究相对较少。热解反应主要流程如图4-8所示。

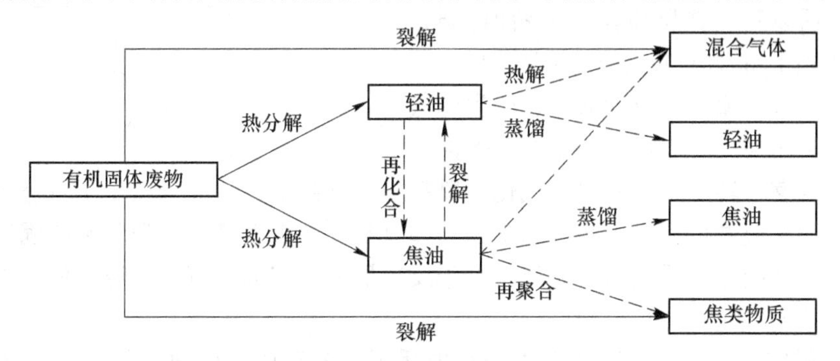

图4-8 热解反应主要流程

热解的特点是：垃圾热解需要吸收大量的热；垃圾热解的产物主要是可燃的低分子化合物，气态的有 CH_4、CO、H_2，还有液态的甲醇、丙酮、乙酸、乙醛等有机物及焦油、溶剂油等，以及固态的焦炭或炭黑等；热解的产物是燃料油及燃料气，便于储存和远距离输送。

热解过程可以将固体废物中的有机物部分转化为以燃气、燃油和炭黑为主的资源性能源，经济性好；热解生成的气或油能在低过量空气系数条件下燃烧，因此废气量较小，减少了对大气的二次污染；热解能把废物中的硫和重金属等大部分有害成分固定在炭黑中，从中可回收重金属；废物热解过程 NO_x、SO_x、HCl 等物质产生量少；由于保持还原条件，Cr^{3+}不会转化为 Cr^{6+}；热解能处理不适于焚烧的难处理物，如有毒有害的医疗垃圾的热解处理；残渣腐败性有机物量少，能防止填埋场公害；热解操作简便安全（一次性进料，一次性除渣），凡是可进行焚烧处理的废物都可以进行热解处理。

4.5 固体废物热解设备

固体废物热解设备种类很多，主要根据燃烧床条件及内部物流方向进行分类。燃烧床有固定床、流化床、旋转炉、分段炉等。物料方向是指反应器内物料与气体相向流向，有间向流、逆向流、交叉流。

4.5.1 固体废物热解设备种类

（1）固定床反应器。图4-9所示为一典型的固定床热解炉工作示意图，经选择和破碎的固体废物，从反应器顶部加入，反应器中物料与气体界面温度为 93 ~ 315℃，物料通过燃烧床向下移动。燃烧床由炉箅支持，在反应器的底部引入预热的空气或氧。此外，温度通常为 980 ~ 1650℃。这种反应器的产物包括从底部排出的灰渣和从顶部排出的气体。排出的气体中含一定的焦油、木醋等成分，经冷却洗涤后可作燃气使用。

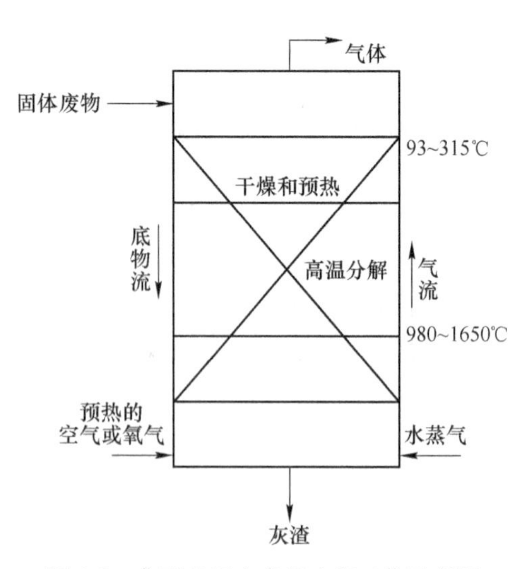

图 4-9 典型的固定床反应器工作示意图

在固定燃烧床反应器中，维持反应进行的热量是由废物燃烧所提供的。由于采用逆流式物流方向，所以物料在反应器中滞留时间长，从而保证了废物最大程度地转换成燃料。同时，反应器中气体流速相应较低，在产生的气体中夹带的颗粒物也比较少。固体物质损失少，加上高的燃料转换率，使得未气化的燃料损失减到最少，并且减少了对空气潜在的污染。但固定床反应器也存在一些技术难题，如有黏性的燃料诸如污泥和湿的固体废物需要进行预处理，才能加入反应器。另外，由于反应器内气流为上行式，温度低，含焦油等成分多，故易堵塞气化部分管道。

（2）回转窑式分解炉。回转窑式分解炉适用于各种废物的热分解，依供热方式可分为外热式和内热式两种类型。

图 4-10 是外热式回转窑热解系统简图。回转窑外有加热炉，加热炉与回转窑完全隔开，回转窑稍向下倾斜。加热炉内设有燃料喷嘴，由喷嘴喷出的燃料燃烧，对回转窑间接加热，废物由螺旋加料器加入回转窑，回转窑两侧有机械密封，防止外界空气进入炉内。废物在回转窑内热解，热解气与有机物呈逆流流动，分解残渣在转护下端由螺旋出料机排出。外热式回转窑因没有空气流入，是在还原气氛中进行热分解，所以炭黑等产品没有被氧化，品质较好，分解的燃气没有 CO_2 及氮产生，因此燃气具有较高的热值。采用加热炉间接加热，能做到均匀加热，并且温度沿转炉轴向合理分布，能使原料在最适合的温度条件下进行热解。投入的原料也不需细粒化，粗破碎片也能分解。

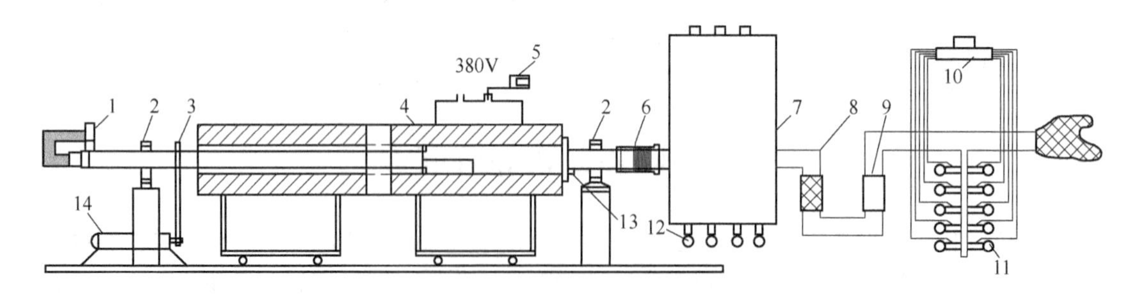

图 4-10 外热式回转窑结构示意图

1—数字式温度计；2—轴承；3—链轮传动机构；4—回转窑筒体；5—温度控制仪；6—密封；7—蛇形管式冷凝器；8—过滤器；9—累计流量计；10—计算机；11—气体采样装置；12—焦油收集器；13—给料口；14—无级变速电机

采用内热式回转窑分解时，需要的热量由部分废物和热分解生成的固态残留物的燃烧所提供，高温气体和废弃物逆流直接接触。有机废物高温热分解时产生以 H_2、CO、CH_4 为主的可燃性气体，液状物极少。由于炉内发生部分燃烧，所以产生的燃气被稀释，与其他热分解法相比，燃气热值低，利用和储存较困难。

（3）流化床反应器。流化床反应器如图4-11所示。在流化床中，气体与燃料同流向相接触。由于反应器中气体流速高到可以使颗粒悬浮，固体废物颗粒不再像在固定床反应器中那样连续地靠在一起，所以反应性能更好，反应速度更快。在流化床的工艺控制中，要求废物颗粒本身可燃性好，还未适当气化之前就随气流溢出。另外，温度应控制在避免灰渣熔化的范围内，以防灰渣熔融结块。

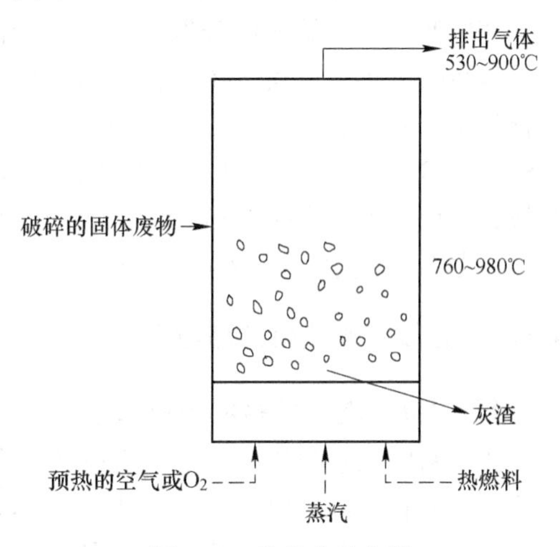

图 4-11　流化床反应器

流化床适应于含水率高或含水率波动大的废物燃料，且设备尺寸比固定床的小，但流化床反应器热损失大，气体中不仅带走大量的热，而且也带走较多未反应的固体燃料粉末。所以在固体废料本身热值不高的情况下，需提供辅助燃料以保持设备正常运行。

（4）双塔循环式热解反应器。双塔循环式热解反应器包括固体废物热分解塔（见图4-12）和固形炭燃烧塔（见图4-13）。二者共同点都是将热分解及燃烧反应分开在两个塔中进行。

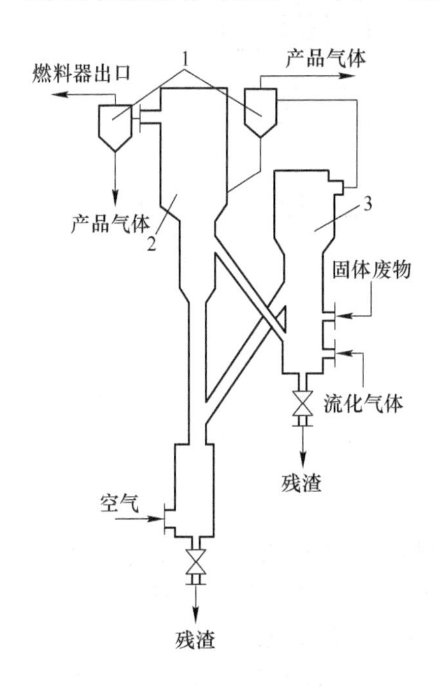

图 4-12　固体废物热分解塔
1—分离器；2—燃烧炉；3—热分解炉

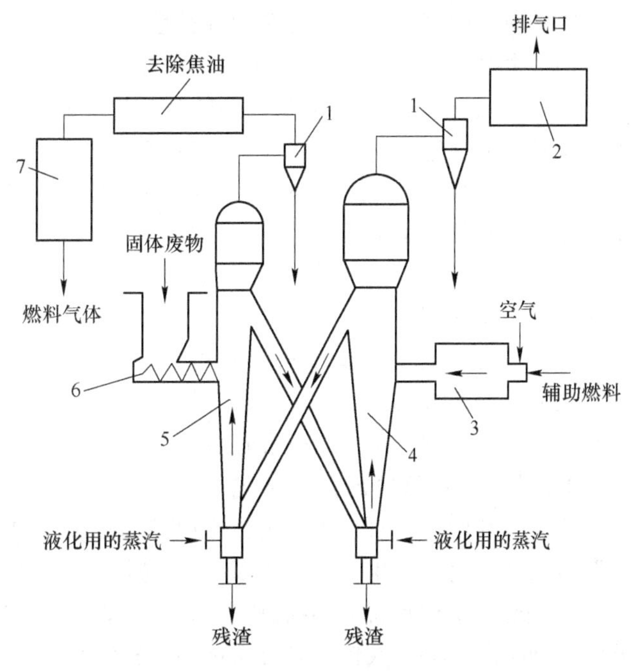

图 4-13　固形炭燃烧塔
1—旋风分离器；2—燃料气体洗涤装置；3—辅助燃料炉；4—炭燃烧炉；5—热分解槽；6—加料器；7—气体冷却洗涤器

热解所需的热量由热解生成的固体碳或燃气在燃烧塔内燃烧供给。惰性的热媒体（砂）在燃烧炉内吸收热量并被流化气鼓动成流态化，经联络管返回燃烧炉内，再被加热返回热解炉。受热的废物在热解炉内分解，生成的气体一部分作为热解炉的流动化气体循环使用，一部分为产物。刚生成的炭及油品，在燃烧炉内作为燃料使用，加热热媒体。在两个塔中使用特殊的气体分散板，伴有旋回作用，形成浅层流动层。固体废物中的无机物、残渣随流化的热媒体（砂）的旋回作用从两塔的下部边与流化的砂分级，边有效地选择排出。双塔的优点是：燃烧的废气不进入产品气体中，可得高热值（1.67×10^4～$1.88\times10^4 kJ/m^3$）的燃料气；在燃烧炉内热媒体（砂）向上流动，可防止热媒体（砂）等结块；因炭燃烧需要的空气量少，向外排出的废气少；在流化床内温度均一，可以避免局部过热；由于燃烧温度低，产生的 NO_x 少，特别适合于处理热塑性含量高的垃圾的热解。

4.5.2 固体废物热解工程应用

4.5.2.1 废塑料热解制油工艺

废塑料的热解类似于城市生活垃圾的热解，但其热解产物主要是附加价值更高的燃料油或化工原料。废塑料的热解处理技术已经成为世界各国研究开发的热点，尤其是废塑料的热解制油技术已经开始进入工业实用化阶段。

废塑料热解制油工艺可分为两步进行：一是通过初步的热解反应得到热解油类的初次产品；二是通过对热解油类的催化裂解得到高品质的油类产品。

废塑料热解制油工艺主要有两种类型。

（1）将废塑料加热熔融，通过热解生成简单的碳氢化合物，再在催化剂的作用下产生油。此工艺经济性较好，产物量较大，但是建设费用较高，塑料作为唯一的生产原料，收集和运输费用通常也较高。

（2）热解制油工艺流程分为热裂解和催化裂解两个阶段，如图 4-14 所示。此工艺最主要的特点是第一步塑料热解得到重油，达到了减容增效的目的，第二步只要将重油收集在一起，集中进行催化裂解即可。

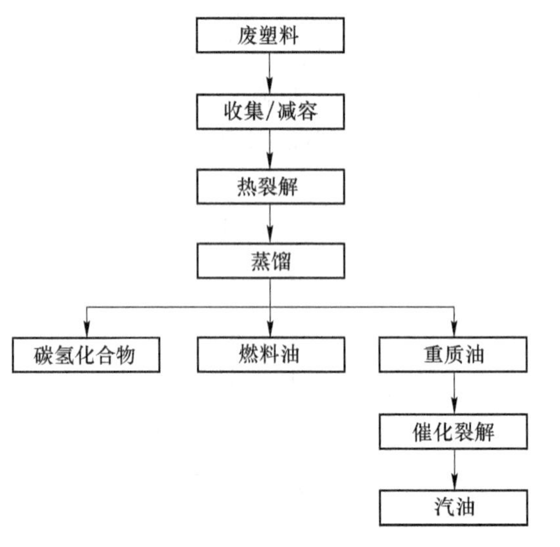

图 4-14 废塑料热解制油工艺流程

4.5.2.2 废橡胶的热解工艺

废橡胶热解主要是指废轮胎、废皮带和废胶管等的热解。由于人工合成的氯丁橡胶、丁腈橡胶热解时会产生 HCl 及 HCN，不易热解，并且需要很好的废气净化系统。

轮胎热解所得产品的组成中，气体占 22%（质量百分比）、液体占 27%、炭灰占 39%、钢丝占 12%。气体组成主要有甲烷（15.13%）、乙烷（2.95%）、丙烯（2.5%）、一氧化碳（3.8%），水、二氧化碳、氢气和丁二烯也占一定的比例。液体主要组成是苯（4.75%）、甲苯（3.62%）和其他芳香族化合物（8.50%）。废轮胎热解工艺流程如图 4-15 所示。

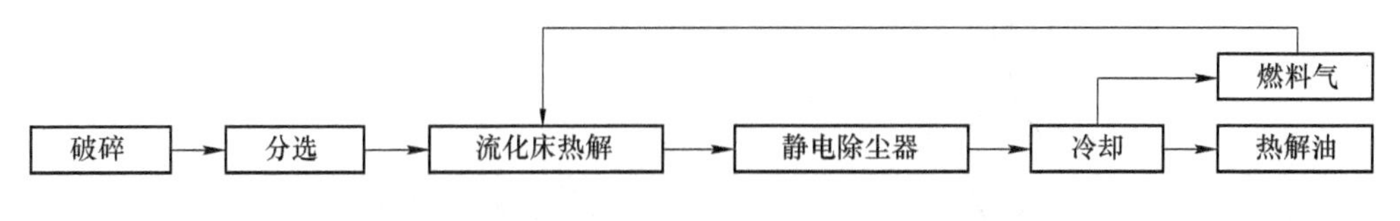

图 4-15 废轮胎热解工艺流程

废轮胎经剪切破碎机破碎至粒径小于5mm，轮缘及钢丝帘子布等大部分被分离出去，经磁选去除金属丝，轮胎颗粒经螺旋加料器等进入电加热反应器中。流化床的气流速率为500L/h，流化气体由氮及循环热解气组成。热解气流经除尘器与固体分离。再经静电除尘器去除炭灰，在深度冷却器和气液分离器中将热解所得油品冷凝，未被冷却的气体作为燃料气为热解提供热能或作为流化气体使用。

4.5.2.3 Landgard 系统工艺

该法是由 Monsanto Enviro-Chem System，Inc. 开发的。Landgard 系统工艺流程如图 4-16 所示。垃圾经锤式破碎机破碎至粒径 10cm 以下，放于储槽内，用油压活塞送料机自动连续地向回转窑送料。垃圾与燃烧气体对流而被加热分解产生气体。空气用量为理论用量的 40%，使垃圾部分燃烧，调节气体的温度在 730~760℃。为了防止残渣熔融，需保持在 1090℃以下，1kg 垃圾约产生 1.5m^3气体，发热量为 $4.6\times10^3 \sim 5.0\times10^3$ kJ/m^3。热值的大小与垃圾组分有关。焚烧残渣由水封熄火槽急冷，从中可回收铁和玻璃。热解产生的气体在后燃室完全燃烧，进入废热锅炉可产生压力为 4762.3kPa 的蒸汽用于发电。此分解流程由于前处理简单，对生活垃圾组成适应性强，装置构造简单，操作可靠性高。

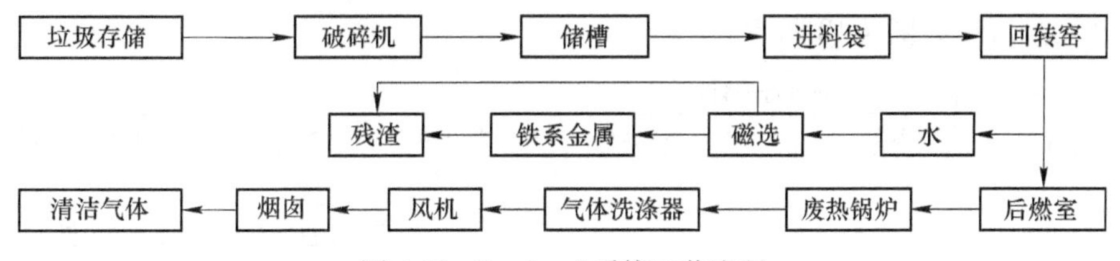

图 4-16 Landgard 系统工艺流程

在美国马里兰州的 Baltimore 市由 EPA 资助建设处理能力为 1000t/d 的实验工厂，处理量为该市居民排出垃圾总量的一半。该系统的回转窑长 30m，直径 60cm，转速 2r/min，二次燃烧产生的气体用两个并列的废热锅炉回收 91000kg 的蒸汽。

4.5.2.4 Garrett 系统工艺

Garrett 系统工艺流程如图 4-17 所示。收集来的垃圾倒入储藏坑中，垃圾从储藏坑中被抓斗抓起后由带式输送机送入破碎机，垃圾被破碎至粒径为 5cm 大小的颗粒，经风力分选后进行干燥脱水，再通过筛分以除去不燃组分。不燃组分被送到磁选及浮选，在浮选作业中可回收 70% 的玻璃和金属。由风力分选获得的轻组分经二次破碎成为粒径为 0.36mm 大小的颗粒，再由气流输送入管式热分解器——外加热式分解炉。该炉温度约为 500℃，常压，无催化剂。有机物在送入的瞬间即进行分解，产品经旋风分离器去除炭末，再经冷却塔后热解油被冷凝，分离后得到产品油。气体作为加热管式炉的燃料。Garrett 系统工艺，由于是间接加热得到的油、气，其热值都较高。1t 垃圾可得 136L 油（热值为 2.09×10^4kJ/kg）、约 60kg 铁和 70kg 炭（热值为 5.0×10^4kJ/kg）。

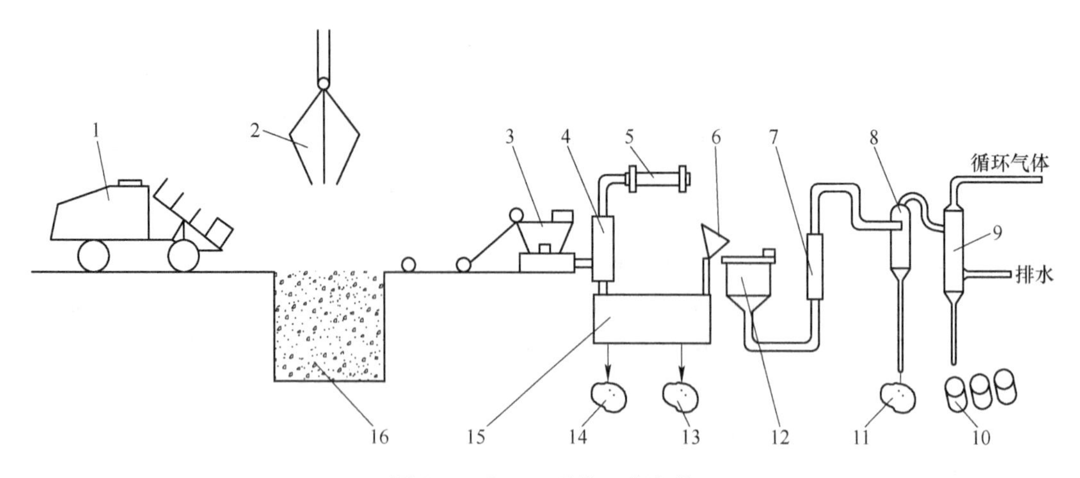

图 4-17 Garrett 系统工艺流程

1—垃圾车；2—抓斗；3——一次破碎机；4—风力分选器；5—干燥器；6—筛分机；7—管式热分解器；8—旋风分离器；9—冷却塔；10—热分解油；11—炭黑；12—二次破碎机；13—金属；14—玻璃；15—金属及玻璃处理系统；16—垃圾储藏坑

4.5.2.5 垃圾焚烧发电工艺

某城市日产垃圾 3700t 左右，多年来该市处理垃圾只用填埋法处理，造成每年占地 $10hm^2$，城郊 6 个垃圾场已饱和，年处理处置费高达 2300 万元人民币。随着科技发展，当地政府把垃圾处理列为政府形象工程，出台倾斜政策，鼓励企业参与社会垃圾处理，通过中日绿色援助计划，在我国兴建的第一座垃圾焚烧热利用示范工程，焚烧垃圾进行发电。垃圾发电工艺流程如图 4-18 所示。

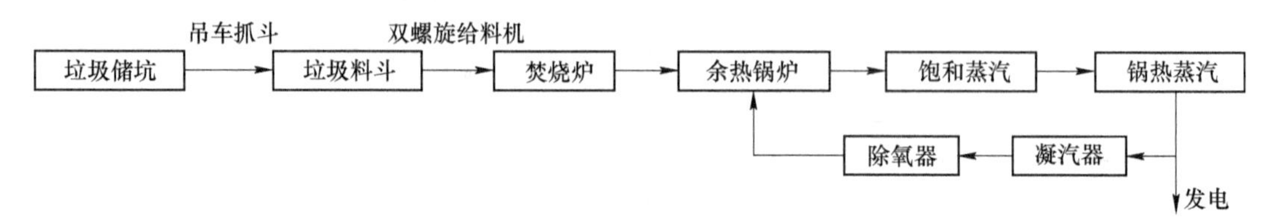

图 4-18 垃圾发电工艺流程

* *

本 章 小 结

本章讨论了以下内容：

(1) 介绍了固体废物热处理的烧结、湿式氧化、干化、熔融、焚烧、热分解等方法和特点，固体废物的蒸发燃烧、分解燃烧、表面燃烧三种形式；详述了固体废物燃烧过程的干燥、燃烧和燃尽三个阶段，影响固体废物焚烧的因素、固体废物的热值、固体废物焚烧系统、废气排放与污染控制系统。

(2) 叙述了固体废物焚烧机械设备的进料漏斗、推料器、焚烧炉排、焚烧炉体和助燃设备等基本构成；详细介绍了炉排型焚烧炉（包括固定炉排焚烧炉、活动炉排焚烧炉）、流化床式焚烧炉、回转窑式焚烧炉的结构与工作原理，焚烧炉的设计原则和要点，焚烧炉的设计，烟囱高度的设计计算，固体废物焚烧机械设备的选用。

（3）介绍了固体废物的热解原理、热解过程及其影响因素，热解工艺的分类，热解反应流程及特点。

（4）介绍了固体废物热分解设备的种类；详细叙述了固定床反应器、回转窑式分解炉、流化床反应器和双塔循环式热解反应器（包括热分解塔、固形炭燃烧塔）的结构与固体废物热解工程应用（包括废塑料热解制油工艺、废橡胶的热解工艺、Landgard 系统工艺、Garrett 系统工艺和垃圾焚烧发电工艺）。

思考题

4-1 固体废物热处理方法常见的有哪几种？详细说明。

4-2 固体废物热处理技术有何特点？

4-3 固体废物燃烧具有哪三种形式？固体废物的燃烧过程有哪三个阶段？影响固体废物焚烧的因素有哪些？

4-4 说明固体废物的热值的含义。固体废物焚烧系统都包括哪 7 部分？固体废物焚烧机械设备由哪 4 部分组成？

4-5 设计与选择炉排时，应满足哪些要求？

4-6 根据燃烧烟气和垃圾移动方向的关系，可将炉膛分为哪几种方式？说明其特点和适用范围。

4-7 按炉型分类，焚烧炉主要有哪三种类型？说明其结构特点。详述焚烧炉的设计原则和要点。

4-8 根据热解过程的温度变化和产物的生成情况等，热解过程可分为哪四个阶段？详细说明。

4-9 简述固体废物的热解过程。影响热解过程的因素有哪几项？详细说明。

4-10 按供热方式可分为哪两种热解方式？按热解温度的不同可分为哪几种热解？

4-11 说明热解的特点？画出热解反应的主要流程图。

4-12 固体废物热解燃烧床有哪几种？说明其结构及优缺点。

4-13 焚烧与热解之间有什么区别？

4-14 说明废旧橡胶、废旧塑料的热解处理方法。

5 固体废物的生物处理技术与设备

【学习指南】

本章主要学习微生物种类及其生长所需的条件、微生物的代谢作用与类型、固体废物的生物处理方法、堆肥化的定义、堆肥化的基本原理、堆肥过程的影响因素、堆肥工艺的分类和好氧堆肥化的工艺流程；学习参与厌氧分解微生物的种类、厌氧消化过程、厌氧消化的影响因素、厌氧消化微生物和厌氧消化工艺类型；了解垃圾堆肥设备和厌氧消化反应器的结构与工作原理；掌握堆肥产品腐熟度的评价、水压式沼气池的设计计算及城市污泥与粪便的厌氧发酵处理。

固体废物中往往还有大量的碳水化合物、蛋白质、脂肪、氨基酸、脂肪酸等生物组分的大分子有机物及其中间代谢物，这里统称生物质。生物质通常比较容易被微生物降解，可以采用生化法处理。固体废物的生物处理指的是利用微生物群落或游离酶对有机废物中的生物质的氧化、分解作用消除其生物活性，使之稳定化、无害化的过程，其降解产物可以作为燃料、农肥和其他原料而加以利用，是一种有效而经济的技术途径。常见的可生物处理的固体废物如表 5-1 所示。

表 5-1 可生物处理的固体废物

固体废物种类	主 要 来 源
城镇固体废物	主要有污水处理厂剩余污泥和有机生活垃圾
工业固体废物	主要包括含纤维素类固体废物、高浓度有机污水、发酵工业残渣（菌体及废原料）
畜牧业固体废物	主要是指禽畜粪便
农林业固体废物	主要是指植物秸秆，如稻谷的秸秆、壳、蔗渣、棉壳、向日葵壳、玉米芯、高粱秸秆等
水产业固体废物	主要指的是海藻、鱼、虾、蟹类加工后的废弃物
泥炭类	包括褐煤和泥类

从固体废物中回收资源和能源，减少最终处理处置的废物量，从而减轻其对环境污染的负荷，已成为当今世界所共同关注的课题。固体废物的生物处理方法有许多种，如堆肥化、厌氧消化、纤维素水解、有机废物生物制氢技术等。其中，堆肥化作为大规模处理固体废物的常用方法得到了广泛的应用，并已取得较成熟的经验。近年来，随着对固体废物资源化的重视，生物处理方法在城市垃圾和农业固体废物处理方面得到了开发和利用。

固体废物的生物处理作用主要体现在以下几个方面：

(1) 固体废物减量化。固体废物经过生物处理后，其中的有机物可以减少 30%～50%。对于以有机物为主的生活垃圾来说，固体废物的减量化尤其显著。

（2）回收能源。人们生活中大量使用各种生物质，利用生物技术使生物质转化为可以直接利用的能源，即开发固体废物的生物能，已成为一种时代潮流。例如，厌氧消化可以使污泥和生活垃圾中的有机物转化为具有较高能源价值的沼气，还可以将其转化成热能或电能，从而实现固体废物的资源化利用。

（3）回收物资。通过生物处理技术，从固体废物中回收有用的物质，除应用较广泛的生产堆肥化产品外，还有纤维素水解生产化工原料和其他生物制品，养殖蚯蚓生产生物蛋白以及生物制氢回收利用氢气技术等。

（4）杀菌消毒作用。有机物分解过程中，厌氧环境以及反应热所导致的高温过程，对于固体废物的杀菌起到较好的作用，实现固体废物的无害化处理。

（5）稳定化作用。在生物处理工程中，固体废物中的有机物转化为水和二氧化碳、甲烷、氨气、硫化氢等气体，以及性质稳定的难以降解的有机物，不仅可以达到稳定化的效果，而且其产物不会对环境造成污染。

5.1　固体废物生物处理的理论基础

人类通过各种手段，借助于自然界中依靠有机物生活的微生物分解有机物的生物能，对固体废物进行生物处理，实现固体废物的稳定化、无害化和资源化的技术，统称为固体废物的生物转换技术。根据处理过程中起作用的微生物对氧气要求不同，生物处理可分为好氧生物处理和厌氧生物处理两类。而堆肥是一种最常见的固体生物转换技术，是固体废物稳定化、无害化的重要方式。

5.1.1　微生物的种类

在固体废物生物处理过程中，有各种微生物在发挥作用，微生物种类繁多，大致分类如图5-1所示。对于所有微生物来说，凡是生活时需要氧气的都可以称为好氧微生物，只有在无氧环境中才能生长的称为厌氧微生物，在无氧和有氧的环境中都能生活的统称为兼氧性微生物。起主要作用的是原核微生物（包括真细菌和古细菌），统称为细菌。在有机物的生物反应过程中，起重要作用的真核生物包括霉菌、酵母菌。

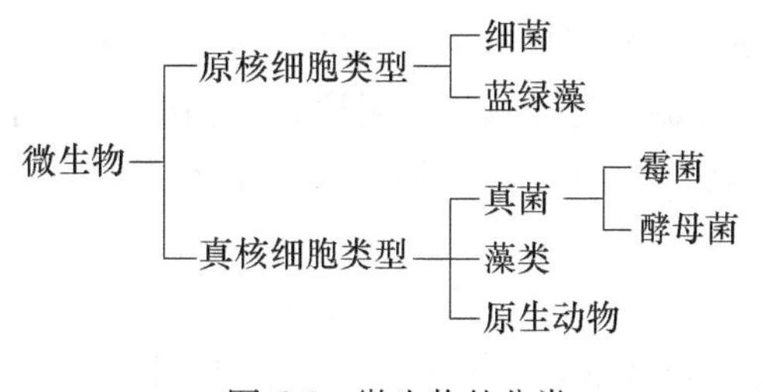

图5-1　微生物的分类

（1）细菌。细菌是微小的、单细胞、没有真正细胞核的原核生物。根据外形，细菌分为球菌、杆菌、螺旋菌三类。由于细菌所能利用的无机物和有机物的种类非常多，因此在工业生产中得到了广泛的应用。

（2）霉菌。霉菌是多细胞的真菌，不能进行光合作用，属于异养微生物，与细菌不同，绝大多数的霉菌在水分很少时也能生存。由于霉菌能在恶劣的环境条件下降解多种有机化合物，在工业生产中，霉菌被广泛地应用于高附加值化合物的合成，如有机酸（柠檬酸、葡萄糖酸）、各种抗生素（青霉素、灰黄素）以及酶（纤维素酶、蛋白梅、淀粉酶等）。

（3）酵母菌。酵母菌是单细胞的真菌，其菌体呈圆形。从工业生产的角度说，酵母菌分为“野生的”和“驯化的”两类。野生酵母菌几乎没有使用价值，但是驯化的酵母菌被广泛应用于将碳水化合物发酵为酒精和二氧化碳。

5.1.2 微生物生长所需的条件

为了能维持正常的新陈代谢和生长繁殖功能，微生物必须要获得能源，碳源以及无机盐 N、P、S、Ca、Mg，有时还需要生长因子。

（1）能源和碳源。最常见的碳源是有机碳和 CO_2。利用有机碳合成细胞物质的微生物称为异养微生物，利用 CO_2 获得碳源的称为自养微生物。从 CO_2 到细胞物质的转化是一个还原反应，需要吸收能量。因此，自养微生物在合成时会比异养微生物消耗更多的能量，从而导致了自养微生物的生长率往往较低。细胞合成的能源可以是太阳光，也可以是一个化学反应所产生的能量。能利用太阳光作为能源的生物叫做光能营养微生物。光能营养微生物可以是异养微生物，也可以是自养微生物（藻类和光合细菌）。利用化学反应来获得能量的称为化能营养微生物。与光能营养微生物一样，化能营养微生物既有异养微生物（原生动物、真菌和大部分的细菌），又有自养微生物（硝化细菌）。化能自养微生物能氧化一定的无机物（如氨、亚硝酸盐、硫离子等），利用所产生的化学能，还原 CO_2，合成有机物。化能异养微生物利用有机物作为生长所需的能源和碳源。

（2）无机盐和生长因子。无机盐往往也是微生物生长的限制因素。微生物所需的主要无机盐元素包括 N、S、P、K、Mg、Ca、Fe、Na 和 Cl，以及一些微量元素，如 Zn、Mn、Mo、Se、Co、Cu、Ni 和 W。一些微生物在生长过程中，还需要某些不能自身合成的，同时又是生长所必需的由外界所供给的营养物质，这类物质称为生长因子。

（3）环境条件。环境条件如温度和 pH 值对微生物的生长具有重要作用，尽管微生物能够在某个温度和 pH 值范围内生存，但是最适宜于微生物生长的温度范围和 pH 值范围却很窄。温度在最适宜温度之下时对细菌生长速率的影响作用要大于温度高于最适宜温度时。当温度低于最适宜温度时，温度每升高 10℃，生长速率大约增加到原来的 2 倍。在 pH 值中性（6~9）的条件下，微生物生长较好，且这时 pH 值不是微生物生长的一个重要影响因素。通常细菌生长的最适宜的 pH 值为 6.5~7.5。当 pH 值大于 9.0 或小于 4.5 时，未解离的弱酸或弱碱分子比氢离子或氢氧根离子更容易进入细菌细胞内部，改变细胞内部的 pH 值，从而导致细胞被破坏。水分是微生物生长的另外一个非常重要的环境因素。在堆肥工艺中，为了保证细菌的正常活动，都需要向废物中添加水分。为了保证细菌的正常生长，环境中不能含有细菌生长的抑制剂，如重金属、氨、硫离子以及其他有毒物质。

5.1.3 微生物的代谢作用与类型

微生物同所有生物一样，在生命活动过程中从周围环境吸收养料，并在体内不断进行物质转化和交换作用，这种过程称为新陈代谢，简称代谢。代谢作用大体分为两大类：物质分解及提供能量的代谢称为分解代谢；消耗能量合成生物体的代谢称为合成代谢。这两种代谢是不可分割、互为依存的。

根据代谢类型和对分子氧的需求，可将化能异养微生物作进一步的分类。好氧呼吸作用的过程是：首先在脱氢酶的作用下，基质中的氢被脱下，同时氧化酶活化分子氧，从基质中脱下的电子通过电子呼吸链的传递与外部电子受体分子氧结合成水，并放出能量。而在厌氧呼吸作用过程中，则没有分子氧的参与，因为厌氧呼吸作用所产生的能量少于好氧呼吸作用，所以，异养厌氧微生物的生长速率低于异养好氧微生物生长的速率。

在好氧呼吸作用中，电子受体是分子氧。只能在分子氧存在的条件下，依靠好氧呼吸来生存的微生物称为绝对好氧微生物。有些好氧微生物在缺氧时可以利用如硝酸根离子、硫酸根离子等氧化物作为电子受体来维持呼吸作用，其反应过程称为缺氧过程。

只能在无分子氧的条件下，通过厌氧代谢来生存的微生物叫绝对厌氧微生物。还有另外一种微生物及可以在有氧环境中也可以在无氧环境中生存，这种微生物叫兼性微生物。根据代谢过程的不同，兼性微生物又可分为两种：一种是真正的兼性微生物在有氧的环境下进行好氧呼吸，而在无氧的环境下则进行厌氧发酵。另一种兼性微生物实际上是厌氧微生物，该微生物始终进行严格的厌氧代谢，只是对分子氧的存在具有较强的忍耐能力。

5.1.4 生物处理方法

根据处理过程中起作用的微生物对氧气要求的不同，固体废物的生物处理可分为好氧生物处理和厌氧生物处理两类。

（1）好氧生物处理方法。好氧生物处理方法是一种在提供游离氧的条件下，以好氧微生物为主使有机物降解、稳定的无害化处理方法。固体废物混合物中存在各种相对分子质量大、能位高的有机物作为微生物的营养源，经过一种生化反应，逐级释放能量，最终转化为相对分子质量小、能位低的物质而稳定下来，达到无害化的要求，以便利用或进一步处理，使其回到自然环境中去。

（2）厌氧生物处理方法。厌氧生物处理方法是一种在没有游离氧的条件下，以厌氧微生物为主对有机物降解、稳定的无害化处理方法。在这种厌氧生物处理过程中，复杂的有机化合物被降解，转化为简单、稳定的化合物，同时释放能量。其中大部分能量以甲烷形式出现，这是一种可燃气体，可回收利用。同时，仅有少量有机物被转化、合成为新的细胞组成部分。

5.2 固体废物的堆肥化处理技术

5.2.1 堆肥化的定义

堆肥化是在人工控制条件下，在一定温度、湿度、pH、碳氮比和通风条件下，利用微生物的生化作用，使来源于生物的有机废物降解，转化为肥料的过程。堆肥是堆肥化的产物，堆肥是有机废物经过好氧降解后形成一种固态的、松碎的淡褐色或深褐色产品，其中含有大量的微生物，在这种混合材料中，需要持续存在空气（氧气）和水分，是一种人工的腐殖质，用作肥料施用后，可增加土壤中稳定的腐殖质，形成土壤的团粒结构。堆肥能够改善土壤的物理、化学、生物性质，使土壤环境保持适合于农作物生长的良好状态，腐殖质还具有增进化肥肥效的作用。根据微生物生长环境，可将堆肥化分为好氧堆肥化和厌氧堆肥化两种。好氧堆肥化是指在有氧的状态下，好氧微生物对固体废物中的有机物进行分解转化的过程，最终产物主要是二氧化碳、水、热量和腐殖质；厌氧堆肥化是指在无氧状态下，厌氧微生物对固体废物中的有机物进行分解转化的过程，最终产物是甲烷、一氧化碳、热量和腐殖质。

通常所说的堆肥化一般是指好氧堆肥化，这是因为厌氧微生物对有机物的分解速度缓慢，处理效率低，容易产生恶臭，其工艺条件比较难以控制。欧洲一些国家对堆肥化的概念进行了统一，定义堆肥化就是“在有控制的条件下，微生物对固体和半固体有机废物的好氧中温或高温分解，并产生腐殖质的过程”。

5.2.2 堆肥化的基本原理

（1）好氧堆肥原理。好氧堆肥是在通气良好、氧气充足的条件下，借助好氧微生物的生命活动降解有机物，好氧堆肥的堆温通常较高，一般在55~65℃，极限温度可达80℃，所以好氧堆肥也称为高温堆肥。

在堆肥化过程中，首先是在固体废物中的可溶性物质透过微生物的细胞壁和细胞膜被微生物直接吸收；然后是不溶的胶体有机物质先吸附在微生物体外，依靠微生物分泌的胞外酶分解为可溶性物质，再渗入细胞。微生物通过自身的生命代谢活动，进行分解代谢和合成代谢，把一部分吸收的有机物氧化为简单的无机物，并释放出生物生长、活动所需的能量；把另一部分有机物转化为新的细胞物质，使微生物生长繁殖，产生更多的生物体。图5-2简要表明了这一过程。

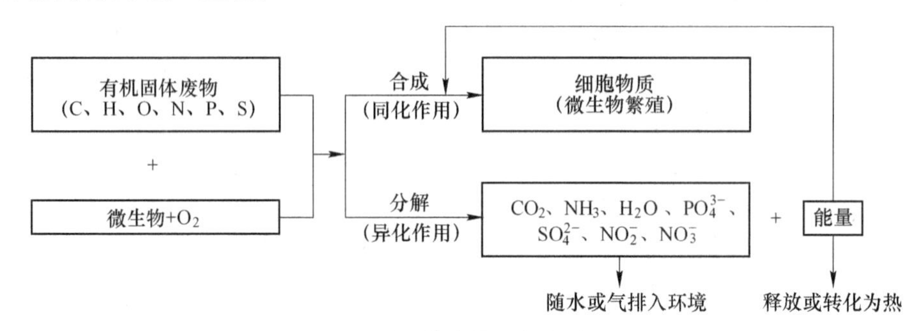

图5-2 有机固体废物的好氧堆肥过程

（2）好氧堆肥过程。在好氧堆肥过程中，由于有机质的生物降解而产生热量，如果产生的热量大于散发的热量，堆肥物料的温度则会上升。此时，热敏感的微生物就会死亡，耐高温的细菌就会迅速生长、大量繁殖。根据好氧堆肥的升温过程，可将其分为以下三个阶段：

1）中温阶段。这是堆肥过程的起始阶段，在这个阶段堆层基本呈15~45℃中温，嗜温细菌、真菌和放线菌等嗜温性微生物较为活跃，并用堆肥中最容易分解的可溶性物质进行旺盛的生命活动而迅速增殖，释放出能量，使堆肥温度不断升高。这些嗜温微生物主要以糖类和淀粉类为基础，真菌菌丝体能够延伸到堆肥原料的所有部分，并会出现中温真菌的子实体。同时螨虫、千足虫等将摄取有机废物。腐烂植物的纤维素将维持线虫和线蚁的生长，而更高一级的消费者中弹尾目昆虫以真菌为食，缨甲科昆虫以真菌孢子为食，线虫摄食细菌，原生动物以细菌为食。

2）高温阶段。当肥堆温度升到45℃以上时，即进入高温阶段。在这一阶段，嗜温性微生物受到抑制甚至死亡，嗜热性微生物的活动逐渐代替了嗜温性微生物的活动，堆肥中残留的和新形成的可溶性有机物继续分解转化，复杂的有机化合物如半纤维素、纤维素和蛋白质等开始被强烈分解。在高温阶段中，各种嗜热性的微生物最适宜的温度也是不相同的，在温度上升过程中，好热性微生物的类群和种类是互相接替的。通常，在50℃左右进行活动的主要是嗜热性真菌和放线菌；温度上升到60℃时，真菌几乎完全停止活动，仅有嗜热性放线菌与细菌在活动；温度升到70℃以上时，大多数嗜热性微生物已不适应，微生物大量死亡或进入休眠状态。

与细菌的生长繁殖规律一样，可将微生物在高温阶段生长过程细分为三个时期，即对数生长期、减速生长期和内源呼吸期。在高温阶段微生物活性经历了三个时期变化后，堆积层内开始发生与有机物分解相对应的另一过程，即腐殖质的形成过程，堆肥物质逐步进入稳定化状态。

3）降温阶段（腐熟阶段）。在内源呼吸后期，剩下的是木质素等较难分解的有机物和新形成的腐殖质。此时微生物的活性下降，发热量减少，温度逐渐下降，嗜温性微生物又逐渐占优势，对残余较难分解的有机物作进一步分解，腐殖质不断积累且稳定化，堆肥进入腐熟阶段，需氧量大大减少，含水率也降低。在冷却后的堆肥中，一系列新的如真菌和放线菌等微生物，将利用残余有机物进行繁殖，最终完成堆肥过程。因此，堆肥过程既是微生物生长、死亡的过程，又是堆肥物料温度上升和下降的动态过程。

（3）厌氧堆肥原理。厌氧堆肥化是指在无氧条件下，通过厌氧微生物的作用将有机物质进行分解，其中一部分碳素物质转化为甲烷和二氧化碳。在这个转化过程中，被分解的有机碳化物中的能量大部分储存在甲烷中，仅有一小部分有机碳化物氧化成二氧化碳，释放的能量作为微生物生命活动的需要。

厌氧堆肥过程主要分两个阶段：第一阶段为产酸阶段，产酸菌将大分子有机物降为小分子的有机酸和乙酸、丙醇等物质。第二阶段为产甲烷阶段，产甲烷菌将有机酸继续分解为甲烷气体。厌氧堆肥过程没有氧气参加，酸化过程产生的能量较少，许多能量保留在有机酸分子中，在产甲烷菌作用下，以甲烷气体的形式释放出来。厌氧堆肥的特点是：反应步骤多，速度慢，时间长。

5.2.3 堆肥过程的影响因素

影响堆肥化过程的因素很多，其中通风供氧、堆料含水率、温度是主要的发酵条件，还有有机质含量、堆肥原料粒度、碳氮比、pH值等。

（1）通风供氧的影响。对于好氧堆肥，氧气是微生物赖以生存的物质条件，供氧量不足会造成大量微生物的死亡，使分解速度减慢。若提供冷空气量过大会使温度降低，尤其不利耐高温菌的氧化分解过程。因此，供氧量要适当，实际所需空气量应为理论空气量的2~10倍。供氧方式是靠强制通风和翻堆搅拌完成的。因此，保持物料间一定的空隙率很重要，物料颗粒太大使空隙率减小，颗粒太小其结构强度小，一旦受压会发生倾塌压缩而导致实际缝隙减小。

（2）堆料含水率的影响。在堆肥工艺中，堆肥原料的含水率对发酵过程影响很大，归纳起来水的作用有二：一是溶解有机物，参与微生物的新陈代谢；二是调节堆肥温度，当温度过高时可以通过水分的蒸发，带走一部分热量。堆肥原料的最佳含水率通常应该在

50%~60%左右。当含水率太低，即小于30%时，将影响微生物的生命活动，含水率太高也会降低堆肥速度，导致厌氧菌分解并产生臭气以及营养物质的析出。不同养殖工艺禽畜粪便的含水率相差很大，通常采用干粪工艺，粪便的含水率为75%~80%。若含水率超过60%，水分就会挤走空气，堆肥物料便呈致密状态，堆肥就会朝厌氧方向发展，此时应加强通风。反之，堆肥物料中的含水率低于20%，微生物将停止活动。

（3）温度的影响。温度会影响微生物的生长，因此，温度是堆肥得以顺利进行的重要因素。堆肥初期，堆体温度一般与环境温度相一致，经过中温菌1~2天的作用，堆肥温度便达到高温菌的理想温度50~65℃，在这样的高温下，只要5~6天即可达到无害化要求。过低的温度就会大大延长堆肥达到腐熟的时间，而过高堆肥温度（70℃及以上）会对堆肥微生物产生不利影响。

（4）碳氮比（碳元素与氮元素的质量比，以下简称碳氮比）的影响。碳氮比影响堆肥微生物对有机物分解速率。碳是堆肥反应的能量来源，是生物发酵过程中的动力和热源；氮是微生物的营养来源，主要用于合成微生物体，是控制生物合成的重要因素，也是反应速率的控制因素。如果碳氮比值过小，会因产生大量NH_3抑制微生物的繁殖，导致分解缓慢且不彻底，而且超过微生物生长需要的多余氮就会以氨的形式逸散，并可能污染环境；如果碳氮比值过高，将影响有机物的分解和细胞质的合成，微生物的繁殖就会受到氮源的限制、导致有机物分解速率和最终的分解率降低，延长发酵时间，还容易导致成品堆肥的碳氮比过高，这种堆肥施入土壤后，将夺取土壤中的氮素，使土壤陷入“氮饥饿”状态，影响作物生长。若碳氮比低于20∶1，可供消耗的碳素少，氮素养料相对过剩，则原料中的氮将变成氨态氮而挥发，导致大量的氮素损失而降低肥效。

为了使参与有机物分解的微生物营养处于平衡状态，堆肥碳氮比应满足微生物所需的最佳值（25~35）∶1，粪便的碳氮比含量较低，应通过补加含碳量高的物料（如秸秆）来调整碳氮比。一些主要有机废物的碳氮比见表5-2。因此，当用秸秆、垃圾进行堆肥时，需添加低碳氮比废物或加入氮肥，以使碳氮比调整到30以下。

表5-2　常见有机废物的氮含量和碳氮比（均值）

物质名称	N（干质量）/%	碳氮比	物质名称	N（干质量）/%	碳氮比
混合垃圾	1.05	34∶1	杂草	2.4	19∶1
厨房垃圾	2.15	25∶1	人粪尿	5.5~6.5	（6~10）∶1
农家院垃圾	2.15	14∶1	家禽肥料	6.3	15∶1
干麦秸	0.53	87∶1	羊厩肥	2.3	25∶1
干稻草	0.63	67∶1	猪厩肥	3.75	20∶1
玉米秸	0.75	53∶1	牛厩肥	1.7	18∶1
燕麦秆	1.05	48∶1	马厩肥	2.3	25∶1
小麦秆	0.3	128∶1	水果废物	1.52	34.8∶1
马铃薯叶	1.5	25∶1	屠宰场废物	6.0~10.0	2∶1
马齿苋	4.5	8∶1	活性污泥	5~6	6∶1
嫩草	4.0	12∶1	消化活性污泥	1.88	25∶1

（5）堆肥原料粒度的影响。堆肥化物料的粒度影响其密度、内部摩擦力和流动性。最

重要的是，足够小的粒度可以提高堆肥物料与微生物及空气的接触面积，加快生物化学反应速率。因此在堆肥化以前，物料需要进行筛分和破碎处理，去除粗大垃圾和降低不可堆肥化物质含量，并使堆肥物料粒度达到一定程度的均匀化。颗粒变小，物料表面积增加，便于微生物繁殖以促进发酵过程。但粒度不能过小，因为要保持一定程度的空隙率和透气性能，以便均匀充分地通风供氧。堆肥理想的物料粒径是25~75mm，根据工艺和产品性能要求确定。对于静态堆肥，颗粒适当增加可以起到支撑结构的作用，增加空隙率，有利于通风。

（6）pH值的影响。pH值是微生物生长的一个重要环境条件。在堆肥的生物降解及消化过程中pH值随着时间和温度的变化而变化，其变化情况和温度的变化一样，标志着分解过程的进展，因此pH值是揭示堆肥分解过程的一个极好标志。在堆肥的初始阶段时，堆肥物产生有机酸，此时有利于微生物生存繁殖，随之pH值下降到4.5~5.0，随着有机酸被逐步分解，pH值逐渐上升，最终可以达到8.0~8.5左右。适宜的pH值可使微生物有效地发挥作用，而pH值太高或太低都会影响堆肥的效率，一般认为pH值在6.5~8.5时，堆肥化的效率最高。

对固体废物堆肥一般不必调整pH值，因为微生物可在较大的pH范围内繁殖。但pH值过高（如超过8.5）时氮会形成氨而造成堆肥中的氮损失。因此，当用石灰石含量高的真空滤饼及加压脱水滤饼做原料时，需先在露天堆积一段时间或掺入其他堆肥以降低pH值。

（7）有机物含量的影响。有机物含量影响堆肥温度与通风供氧要求。研究表明，堆肥中的有机物含量在20%~80%之间最适合。有机物含量低于20%时，不能提供足够的热能，影响嗜热菌增殖，难以维持高温发酵过程；有机物含量大于80%时，堆肥过程要求大量供氧，会由于供氧不足而发生局部厌氧过程，产生臭气。

堆肥过程中，微生物所需的大量元素有碳、磷、钾，所需要的微量元素有钙、铜、锰、镁等元素。应注意堆肥原料中存在大量的微生物不可利用的营养物质，这些物质难以被生物降解。

5.2.4 固体废物的堆肥化工艺

5.2.4.1 堆肥工艺的分类

（1）根据堆肥微生物的需氧性分类。根据堆肥微生物对氧的需求，堆肥处理工艺一般可分为好氧堆肥工艺与厌氧堆肥工艺。在一些堆肥工艺中，常常又将二者结合起来，形成好氧与厌氧相结合的堆肥工艺。好氧堆肥工艺包括三个基本步骤：一是固体废物的前（预）处理；二是有机组分的好氧分解；三是堆肥产品的制取和销售。

1）好氧堆肥。好氧堆肥具有对有机物分解速度快、降解彻底、堆肥周期短的特点。一般，一次发酵在4~12天，二次发酵在10~30天便可完成。好氧堆肥温度高，可以杀灭病原体、虫卵和固体废物中的植物种子，使堆肥达到无害化。此外，好氧堆肥的环境条件好，不会产生臭气。目前采用的堆肥工艺一般均为好氧堆肥。当然，由于好氧堆肥必须维持一定的氧浓度，因此运转费用较高。

2）厌氧堆肥。厌氧堆肥是依赖专性与兼性厌氧细菌的作用降解有机物的过程，其特点是工艺简单。通过堆肥自然发酵分解有机物，不需要由外界提供能量，因此运转费用低，对所产生的甲烷气体还可加以利用。但是，在厌氧堆肥过程中，有机物分解缓慢，堆肥周期一般需4~6个月，易产生恶臭，占地面积大，因此厌氧堆肥一直没有大面积推广应用。通常所说的堆肥一般指好氧堆肥。

（2）根据堆肥物料运动形式分类。根据物料在堆肥过程中的运动状态，堆肥工艺可分为静态堆肥工艺和动态堆肥工艺。在实际应用中，常将两种方式结合起来，形成静态堆肥和动态堆肥相结合的堆肥工艺，称之为间歇式动态堆肥工艺。

1）静态堆肥。静态堆肥是把收集的新鲜有机固体废物，如厨房垃圾和污泥等，分批造堆发酵。堆肥物质造堆之后，不再添加新的堆肥原料，也不进行翻倒，让它在微生物的作用下进行生化反应，待腐熟后开挖运出。静态堆肥适合于中小城市厨余垃圾、下水污泥的处理。

2）动态堆肥。动态堆肥是采用连续进料、连续出料的机械堆肥装置，具有堆肥周期短（3~7天）、物料混合均匀、供氧均匀充足、机械化程度高、便于大规模机械化连续操作运行等特点。因此，动态堆肥适用于大中城市固体有机废物的处理。其缺点是动态堆肥要求高度机械化，并需要复杂的设计、施工技术及熟练的操作人员，而且一次性投资与运转成本均较高。

（3）根据堆肥堆制方式分类。按照堆肥工艺堆制方式的不同，堆肥工艺可分为场地堆积式堆肥工艺和密闭装置式堆肥工艺。但实际工程应用中，许多堆肥工艺在主发酵阶段采用密闭装置式堆肥工艺，而在次发酵阶段采用场地堆积式堆肥工艺。

1）场地堆积式堆肥。场地堆积式堆肥工艺是将堆肥原料露天堆积，在堆高较低（1~1.5m）、垃圾中有机成分较少时，一般采用自然通风供氧，微生物发酵所需的氧靠空气由堆积层表面向堆积层内部扩散，或靠堆积时在堆积层中预留的孔道，空气由表面及孔道靠气体分子扩散进入堆层内部。在其他条件不变的情况下，其发酵速度主要受氧扩散速度的限制。这种堆肥工艺设备简单，投资小，成本低，应用灵活；其缺点是发酵时间长，占地面积大，有恶臭。

2）密闭装置式堆肥。密闭装置式堆肥工艺是将堆肥原料密闭在堆肥发酸设备中，通过风机强制通风供氧，使物料处于良好的好氧状态。密闭装置式堆肥工艺的发酵设备有发酵塔、发酵筒、发酵仓等。这种堆肥工艺机械化程度高，堆肥时间短，占地面积小，环境条件好，堆肥品质可靠，适合于大规模批量生产。其缺点是投资大、运行费用高。

除了上述分类方法外，堆肥工艺按温度的不同可分为高温堆肥工艺和中温堆肥工艺，按机械化程度的不同可分为机械化堆肥工艺、半机械化堆肥工艺和人工堆肥工艺。

5.2.4.2　好氧堆肥化的工艺流程

堆肥工艺不论如何分类，好氧堆肥化的工艺流程通常由前（预）处理、主发酵（一次发酵）、后发酵（二次发酵）、后处理、除臭和储存等工艺组成。典型的堆肥工艺流程如图5-3所示。

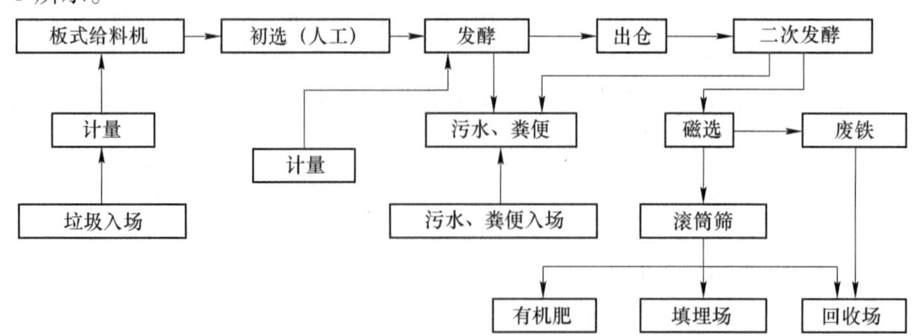

图5-3　典型的堆肥工艺流程

（1）原料预处理。当以生活垃圾为堆肥原料时，由于垃圾中含有大尺寸和不能堆肥的物质，这些物质的存在会影响垃圾处理的正常运行和堆肥产品的质量，因此，需要对堆肥原料进行预处理，原料前处理包括分选、筛分、破碎以及含水率和碳氮比的调整，有时需要添加菌种或酶制剂，以促进发酵过程正常进行。通过破碎、分选和筛分可去除粗大垃圾和降低非堆肥物质的含量，并通过破碎可使堆肥原料和含水率达到一定程度的均匀化。同时，破碎、筛分使原料的表面积增大，便于微生物繁殖，从而提高发酵速度，促进发酵过程。从理论上讲，垃圾粒径越小越容易分解，但是，考虑到在增加物料表面积的同时，还必须保持其一定程度的孔隙率和透气性，颗粒不能太小，以便均匀充分地供氧。理想的物料粒径是25~75mm。经过分选，可回收垃圾中的塑料、金属等物质，使垃圾得到充分回收利用。

当以人畜粪便、污水、污泥饼等为主要原料时，由于其含水率太高等原因，预处理的主要任务是调整水分和碳氮比，有时需要添加菌种或酶制剂。

降低水分、增加透气性、调整碳氮比的方法是添加有机调理剂和膨胀剂。调理剂是指加进堆肥化物料中干的有机物，借以减小单位体积的质量并增加与空气的接触面积，以有利于好氧发酵，同时可以增加堆肥化物料的有机物含量。理想的调理剂是干燥、密度较低而较易分解的物质，常用的有稻壳、树叶、秸秆等。膨胀剂是指有机的或无机的固体颗粒，当它加入湿的堆肥化物料中后，能有足够的尺寸保证物料与空气的充分接触，并能依靠颗粒间接触起到支撑作用。普遍使用的膨胀剂是干木屑、花生壳、粒状的轮胎、厂矿颗粒、小块岩石等。

（2）主发酵（一次发酵）。主发酵一般在露天或发酵装置内进行。通过机械翻堆或强制通风向堆肥层或发酵装置内的物料供给氧气。堆肥时，在发酵仓内，原料在微生物作用下开始发酵，首先分解易降解有机物，产生二氧化碳和水，同时产生热量，使堆肥温度升高。这一阶段微生物吸取有机物的氮、碳等营养成分，在合成细胞物质并自我繁殖的同时，将细胞中吸收的物质分解而释放热量。

发酵初期，易降解有机物主要靠嗜温菌进行分解，此时最适宜温度为30~40℃。随着温度的上升，最适宜温度为45~65℃的嗜热菌取代了嗜温菌，此时堆肥由中温阶段过渡到高温阶段。根据无害化要求，堆体在55℃以上的高温环境下持续8h以上能够达到彻底杀灭病原微生物目的。然后堆肥将进入降温阶段。通常，在严格控制通风量的情况下，将堆温开始上升到开始降低的阶段作为主发酵阶段。生活垃圾好氧堆肥化的主发酵时间为3~10天。

（3）后发酵（二次发酵）。经过主发酵的堆肥半成品被送到后发酵工序，将主发酵工序尚未分解的易分解有机物和较难分解的有机物进一步分解。

堆肥作为土壤肥料，堆肥的分解需要进行到不会夺取土壤中的氮的稳定化程度（即充分腐熟），否则碳氮比过高的未充分腐熟堆肥施用于土壤，会导致土壤呈氮饥饿状态。碳氮比过低时，未腐熟堆肥施用于土壤后会分解产生氨气，危害作物的生长。因此需要再经过后发酵将主发酵尚未完全分解的有机物和木质纤维等进一步分解，使之变成比较稳定的有机物（腐殖质等），从而得到完全腐熟的堆肥产品。后发酵一般采用静态条垛的方式进行，一般将物料堆积到1~2m高，当有机物分解较强烈并造成堆体温度上升明显时，还需要进行翻堆或作必要的通风处理。

后发酵时间的长短取决于堆肥的施用情况。例如，如果是在农闲时期施堆肥，则大部分堆肥可不经过后发酵直接施用；若施用于长期耕作的土地时，则需要使其充分发酵直至进行到本身已有微生物的代谢活动，而不致夺取土壤中的氮并过度消耗土壤孔隙中的氧。后发酵时间一般维持在20~30天以上。

（4）后处理。为提高堆肥品质、精化堆肥产品，熟化后的堆肥必须进行后处理以去除其中杂质，或按需要而加入N、P、K等添加剂，研磨造粒，最后打包装袋。有时为了减少物料提升次数、降低能耗，后处理也可放在一次发酵和二次发酵之间。经过两次发酵后的物料中，几乎所有的有机物都变细碎和变形，数量也减少。后处理包括：分选、破碎；去除残余的塑料、玻璃、陶瓷、金属等杂物；使堆肥产品颗粒化、规格化，以便于包装、运输和施用。用于后处理的设备有振动筛、磁选机、研磨机、弹性分离机、抛选机、造粒机等。

（5）除臭。在堆肥过程中，常伴有臭气产生，主要为氨、硫化氢、甲基硫醇、胺类等，必须进行脱臭处理。去除臭气的方法主要有生物除臭法、化学除臭剂除臭、溶液吸收法、活性炭、沸石等吸附剂吸附法、臭氧氧化法。在露天堆肥时，可在堆肥表面覆盖腐熟堆肥，以防止臭气逸散。其中，最经济实用的方法是将源于堆肥产品的腐熟堆肥置于脱臭器，堆高0.8~1.2m，将臭气通入系统，使之在物理吸附和生物分解共同作用下脱去氨等产生臭味的物质。这种方法对氨、硫化氢的去除率可达98%以上。常用的除臭装置是堆肥过滤器和生物过滤器。

（6）储存。堆肥的需求具有季节性，多集中在春季和秋季。因此，一般的堆肥厂有必要设置至少能容纳3个月产量的储存设备，以保障堆肥生产的连续进行。成品堆肥可以在室外堆放，但要注意防雨，也可直接堆放在后发酵仓内，或装袋后存放，要求包装袋干燥透气，密闭和受潮后会影响堆肥的质量。

5.2.4.3 典型堆肥工艺

（1）好氧静态堆肥工艺。我国在好氧静态堆肥技术方面有较丰富的实践经验，在《城市生活垃圾好氧静态堆肥处理技术规程》（CJJ/T 52—93）中明确规定，好氧堆肥工艺类型可分为一次性发酵和二次性发酵两类。好氧静态堆肥工艺系统，如图5-4所示。

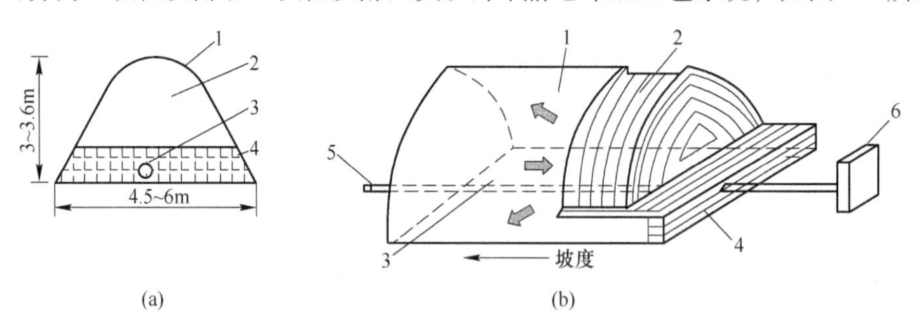

图5-4 好氧静态堆肥工艺系统

（a）横断面；（b）系统图

1—覆盖层；2—树叶；3—PVC管；4—多孔填充料；5—堵头；6—鼓风箱

好氧静态堆肥形式一般采用露天强制通风垛，或是在密闭的发酵池、发酵箱、静态发酵仓内进行。当一批物料堆积成垛或置入发酵装置之后，不再添加新料和翻堆，直至物料腐熟后运出。好氧静态堆肥由于堆肥物料始终处于静止状态，有机物和微生物分布不均匀，特别是当有机物含量高于50%时，静态强制通风难以在堆肥中进行，导致发酵周期延长，影响该工艺的推广应用。

（2）间歇式好氧动态堆肥工艺。间歇式好氧动态堆肥工艺过程类似于静态一次性发酵过程，其特点是发酵周期缩短，可减小堆肥体积。具体操作是采用间歇翻堆的强制通风垛或间歇进出料的发酵仓，将物料批量地进行发酵处理。对高有机质含量的物料在采用强制通风的同时，用翻堆机械间歇地对物料进行翻动，以防物料结块并保证其混合均匀，提供通风效果使发酵过程缩短。

间歇式好氧动态堆肥装置有长方形池式发酵仓、倾斜床式发酵仓、立式圆筒形发酵仓等。各种装置均配有通风管，有的还附装有搅拌或翻堆设施。

间歇式好氧动态堆肥系统采用分层均匀出料方式。在一次发酵仓底部每天均匀出料一层，顶部每天均匀进料一层，分层发酵。在发酵仓内始终控制一定温度，以促使菌种在最佳条件件下繁殖，每天新加的垃圾得到迅速发酵分解，而底部已达到一定腐熟度的垃圾则及时得以输出。这样可使发酵周期大为缩短，其所需发酵仓数目比静态发酵方式减少一半。

（3）连续式好氧动态堆肥工艺。连续式好氧动态堆肥工艺是一种发酵时间更短的动态二次发酵技术，其工艺采取连续进料和连续出料的方式进行，在一个专设的发酵装置内使物料处于一种连续翻动的动态条件下，易于使组分混合均匀，形成空隙利于通风，水分蒸发迅速，使发酵周期得以缩短。

连续式好氧动态堆肥对处理高有机质含量的物料极为有效。正是由于具有以上优点，该堆肥工艺所使用的装置，如达诺系统（DANO）回转滚筒式发酵器、桨叶立式发酵器等，在一些发达国家已广为采用。图 5-5 为达诺卧式回转滚筒垃圾堆肥系统，其主体设备为一个倾斜的卧式回转滚筒，物料由转筒的上端进入，并随着转筒的连续旋转而不断翻滚、搅拌和混合，并逐步向转筒下端移动，直到最后排出。与此同时，空气则沿转筒轴向的两排喷管通入筒内，发酵过程中产生的废气则通过转窑上端的出口向外排放。

连续式好氧动态堆肥工艺的特点是：物料不停地翻动，在极大程度上使其中的有机成分、水分、温度和供氧等的均匀性得到提高和加速，这样就直接为传质和传热创造了条件，增加了有机物的降解速率，亦缩短了一次发酵周期，使全过程提前完成。这对节省工程投资、提高处理能力都是十分重要的。

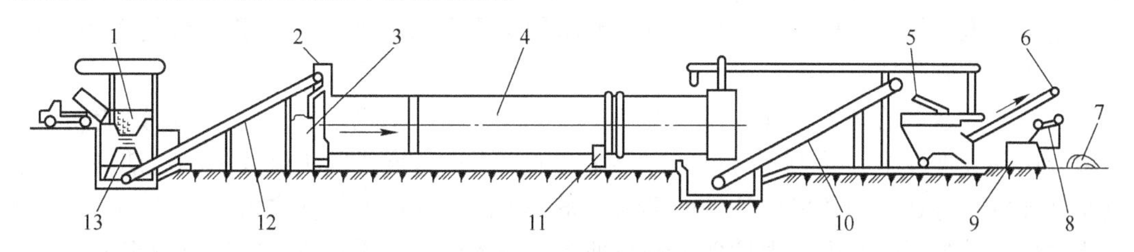

图 5-5　达诺卧式回转滚筒垃圾堆肥系统

1—加料斗；2—磁选机；3—给料机；4—达诺式回转窑发酵仓；5—振动筛；6—三号带式运输机；7—堆肥；8—玻璃选出机；9—玻璃片；10—二号带式运输机；11—驱动装置；12—一号带式运输机；13—板式给料机

5.3　垃圾堆肥设备及其选用

堆肥化是指在一定控制条件下，通过生物化学作用使来源于生物的有机固体废物分解成比较稳定的腐殖质的过程。废物经过堆制，体积一般只有原来的50%~70%。堆肥化的产品称为堆肥。堆肥按培制过程的需氧程度可分为好氧法和厌氧法。现代化堆肥工艺，特别是城市垃圾堆肥工艺，大都是好氧堆肥。堆肥化系统的设备主要包括进料和供料设备（储料仓、进料斗）、预处理设备、发酵设备、后处理设备、脱臭设备、包装和储存设备。其中发酵设备是整个系统的关键设备。

5.3.1 垃圾堆肥的预处理设备

垃圾堆肥的预处理机械设备主要由各种破碎机、混合设备、输送设备和各类分选设备组成。在垃圾堆肥工艺中，破碎设备的功能是为发酵设备提供合格的物料粒度，以缩短发酵时间，提高发酵速率。破碎设备主要有冲击式破碎机、槽式粉碎机、旋转磨碎机和剪切机，主要用于处理城市固体废物、废纸、波纹薄纸板和庭院废弃物等。根据处理性能、维护要求、投资和运行费用等选择破碎设备。混合设备的功能是保证可堆肥物料有机物质含量、水分、空隙、碳氮比等因素的最佳状态，发酵前物料必须进行混合搅拌，这种混合设备多采用双螺杆搅拌机、斗式装载机、肥料撒播机、盘式给料机等。混合设备直接影响物料的结构组成，因此是堆肥过程能否顺利进行的关键。输送设备主要有带式输送机、刮板输送机、螺旋输送机、平板输送机和气动输送系统。反应器堆肥系统宜采用螺旋输送机，不宜用履带输送机。分选设备的功能是回收物料、减少惰性废物和化学废物，提高可堆肥化有机物的比例，同时分选出可利用的资源化材料。采用滚筒筛先把不宜堆肥的杂物选出，筛下物再加入适量的粪便或污泥，调节水分后送堆肥发酵槽。

5.3.2 垃圾堆肥的辅助设施

（1）计量装置。计量装置通过计量载荷台上每辆收运车的质量来计量载荷台上卸下的固体废物质量。安装计量装置是为了控制处理设施的废物进料量、堆肥场输出的堆肥量和回收的有用物质量和残渣量。通常情况下，计量装置采用地磅秤。计量装置应安装在处理场内废物收运车的通道上（最好在高出防雨路面50~100mm处，并建造顶棚）的开阔位置。为了便于检修计量装置，最好在计量装置前后约10m处建一条直通道。地磅旁还应建造副车道，供不需称量的车辆通过。地磅的选择要根据所用车辆载重量的大小而定。分选后的垃圾或分选物需称量时，可选用带式秤或吊车秤计量。

（2）存料区。在堆肥厂中，为了临时储存将送入处理设施的垃圾，以保证能均匀地把垃圾送入处理设施，并为了防止当进料速度大于生产速度或因机械故障、短期停产而造成垃圾堆集，待处理的垃圾在处理前必须配备一个储存的场地，称之为存料区。存料区必须建立在一个封闭的仓内，由垃圾车卸料地台、封闭门、滑槽、垃圾储存坑等组成。一般处理能力在20t/d规模以上的堆肥厂都必须设置存料区。存料区的容积一般要求能容纳日计划最大处理量的2倍，以适应各临时变动情况。

（3）储料池。储料池是一个底部设有垃圾传送设备的垃圾储料设施，它由地坑（地坑有适当的斜度并在底部设置集水沟）、垃圾输送设备、雨棚等组成。其功能和垃圾存料区相同，但是结构较简单，造价便宜，适于处理20t/d以下的堆肥厂。地坑容积一般为10~20m^3，通常设置在地下，故要求其承受水压和土压，承受堆集废物重力和内压，不受废物的流出影响，并承受废物吊车铲车的冲击。因此，储料池最好建成钢筋混凝土结构，外层为防水层。

此外，为了易于排放由堆集废物中挤榨出的废水，防止其渍积在地坑内，必须使地坑有适当的斜度并在底部设有集水沟。

（4）给料装置。待处理的垃圾由存料区或储料池送入处理设施，必须通过给料装置来完成。通常使用的给料装置有起重抓斗、板式给料机、前端斗式装载机等。

1）起重机抓斗。起重机抓斗容量大，不易出故障，运行费用低，能满足一般堆肥厂的要求，所以使用比较普遍。

2）板式给料机。板式给料机供料均匀，供料量可调节，一般在 30~50m^3/h，供料最大粒径为 110mm，承受压力大，送料倾斜度可达 12°。但是，板式给料机供料仓容积有限，储料池不可能很大，因此，在储料池或存料区采用板式给料机给料时，必须另设置给料装置，如抓斗起重机或前端斗式装载机。

3）前端斗式装载机。前端斗式装载机具有生产力较高，造价高、易出故障、运行费用高等特点。除可完成给料工作外，还有造堆、运输装车等多种用途。

（5）堆肥厂内运输与传送装置。堆肥厂的运输与传送装置是用于堆肥厂内提升、搬运物料的机械设备。它用来完成新鲜垃圾、中间物料、堆肥产品和二次废物残渣的搬运等。为了保证堆肥化工艺流程的实施、提高垃圾处理效率、实现堆肥厂机械化和自动化，关键是合理地选择堆肥厂内物料运输与传送形式。同时，它也是降低工程造价和工厂运行费用的重要环节。堆肥厂常用的运输与传送装置有起重机械、链板输送机、带式输送机、斗式提升机、螺旋输送机等。

（6）分选设备。物料的粗分选可采用螺旋筛、振动筛、圆盘筛、干燥型密度分选机、多级密度分选机、半湿式分选破碎机、风选机、磁选机、非铁金属分选机等。主要分选设备及分选物见表 5-3。

表 5-3 主要分选设备及分选物

<table>
<tr><th>主要分选设备</th><th>主要分选物</th><th>主要分选设备</th><th>主要分选物</th></tr>
<tr><td>旋转筛分机</td><td rowspan="3">可堆肥物、炉渣、塑料、尼龙、木头纤维、纸（可燃物）</td><td>半湿式分选破碎机</td><td rowspan="3">可堆肥物、不可燃物、塑料、纸类、重金属类、金属铁类</td></tr>
<tr><td>振动筛分机</td><td>风选机</td></tr>
<tr><td>圆盘筛分机</td><td>磁选机</td></tr>
<tr><td rowspan="2">密度分选机</td><td rowspan="2">可堆肥物质、轻金属、整块金属</td><td>非铁金属分选机</td><td>金属铝类</td></tr>
<tr><td>其他分选机</td><td>玻璃瓶、干电池</td></tr>
</table>

（7）通风和翻动设备。通风设备有鼓风机和引风机。翻动设备是将垃圾和空气充分接触并保持一定的空隙，翻动设备有螺旋钻、短螺旋桨、刮板式、耙子式以及铲车翻动、滚筒滚动等方式。

（8）调节与混合设备。为保证可堆肥物料有机质含量、水分、孔隙、碳氮比等因素的最佳组成，使发酵前各种物料必须充分地搅拌混合，堆肥处理系统中需配有调节和混合设备。调节设备在必要时是用来暂时储存可堆肥物料的，其功能是保持运行衔接，有些调节设备还具有预发酵的功能。调节设备大致可分为固定调节设备和旋转调节设备。混合设备通常多采用双螺杆搅拌机、圆盘给料机等。

5.3.3　垃圾堆肥的发酵设备

堆肥发酵设备是指堆肥物料进行生化反应的反应器装置，是整个堆肥系统的核心和主要组成部分。堆肥发酵设备需要具有改善和促进微生物新陈代谢的功能。通过运用翻堆、供氧、搅拌、混合和协助通风等设备来控制温度和含水率，并解决自动移动出料的问题，最终达到提高发酵速率、缩短发酵周期的目的。发酵的整个工艺过程包括通风、温度控制、翻堆、水分控制、无害化控制、堆肥的腐熟等几个方面。作为发酵设备不仅应尽可能地满足工艺要求，而且还要满足机械化生产需要。好氧堆肥的主要设备为卧式发酵筒、立式发酵塔，筒仓式堆肥发酵仓和箱式堆肥发酵池法等类型，配以自动进料、机械破碎、连续翻转、强制通风、除臭、除尘等装置。

5.3.3.1　卧式发酵滚筒

卧式发酵滚筒有多种形式，其中典型的形式为著名的达诺式发酵滚筒，其结构示意如图 5-6 所示。它的主要优点是结构简单，可以采用较大粒度的物料，使预处理设备简单化，物料在滚筒内表面摩擦力的作用下，沿旋转方向提升，同时借助自重落下，通过如此反复升高、跌落，可充分地调整物料的温度、水分，同时物料被均匀地翻倒而与供入的空气接触，达到与曝气同样的效果，借助微生物的作用完成物料预发酵的功能。物料每转一周，均能从空气中穿过一次，达到充分曝气的目的，新鲜空气不断进入，废气不断被抽走，充分保证了微生物好氧分解的条件。物料随滚筒的旋转在螺旋板的拨动下，不断向另一端推进，经过 36h 或 48h，物料移到出料端，经筛分机的分选，得到预发酵的粗堆肥。若发酵全程都在此装置中完成，发酵时间需用 2~5 天，筒内废物量一般不超过筒体容积的 80%。当以该设备进行全程发酵时，发酵过程中堆肥的平均温度为 50~60℃，最高温度可接近 80℃；当以该装置进行一次发酵时，则平均温度为 35~45℃，最高温度可达 60℃左右。

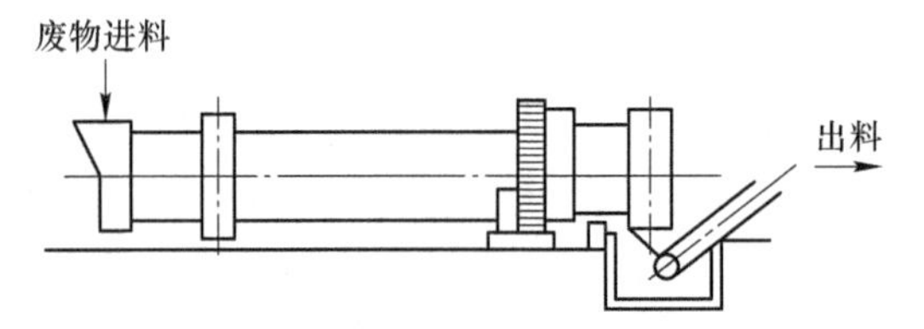

图 5-6　达诺式发酵滚筒结构示意图

达诺式发酵滚筒的主要参数为：滚筒直径 ϕ2.5~4.5m；长度 20~40m；旋转速度 0.2~3.0r/min；通风量为 0.1m^3/(m^3 · min)；常温连续 24h 操作。达诺式发酵滚筒的生产效率相当高，世界上经济发达的国家常采用它与立式发酵塔组合应用，高速完成发酵任务，实现自动化生产。其缺点是堆肥过程中原料在筒内滞留时间短，发酵不充分；因发酵过程中筒体不断地旋转，对物料进行重复切断，所以物料易产生压实现象，不能对物料充分通气，产品不易均质化，耗能也较高。

5.3.3.2　螺旋搅拌式发酵仓

螺旋搅拌式发酵仓结构示意如图 5-7 所示，经预处理工序分选破碎的废物被输送机送到仓中心上方，靠设在发酵仓上部与天桥一起旋转的输送带向仓壁内侧均匀地加料，用吊装在天桥下部的多个螺旋钻头来旋转搅拌，使原料边混合边掺入到正在发酵的物料层内。由于这种混合、掺入，使原料温度迅速升到 45℃而快速发酵，即使原料的水分高达 70%左右，其水分也能向正在发酵的物料中传递而使发酵正常进行。螺丝钻头自下而上提升物料“自转”的同时，还随天桥一起在仓内“公转”，使物料在被翻搅的同时，由仓壁内侧缓慢地向仓中央的出料斗移动。物料的移动速度及在仓内的停留时间可用公转速度大小来调节。空气由设在仓底的几圈环状布气管强制通入。在发酵仓内，发酵进行的程度在半径方向上有所不同。仓内温度通常为60~70℃，停留时间为5天。

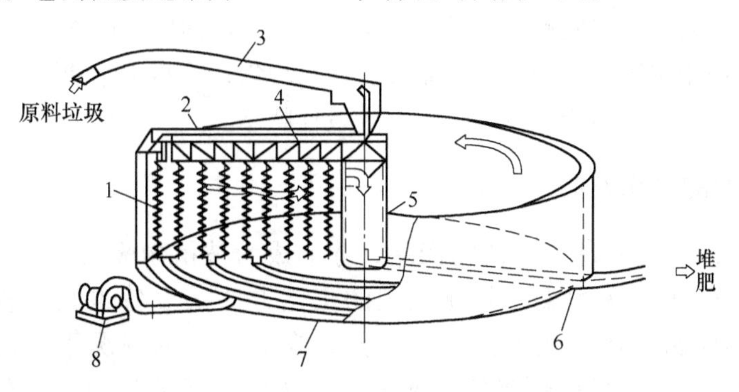

图5-7　螺旋搅拌式发酵仓结构示意图

1—螺丝钻头；2—运输机；3—输入传送带；4—天桥；5—出料斗；6—输出运输机；7—布气管；8—鼓风机

5.3.3.3　多段立式发酵塔

多段立式发酵塔的结构示意如图5-8所示，该发酵塔共分八层，塔中的原料通过转臂上的犁形搅拌桨搅拌，并从上层往下层移动，每层的内壁往塔中送入新鲜的空气，在这种好氧条件下，原料被桨搅拌和翻动。从塔的上部到塔的下部，分为低温区、中温区和高温区，保持微生物在适宜的活动温度和所需空气环境下进行活动，以便生产出高质量的堆肥。一般发酵周期为5~8天，若添加特殊菌种作为发酵促进剂，使堆肥发酵时间缩短到2~5天。

5.3.3.4　多层桨式发酵塔

多层桨式发酵塔的结构示意如图5-9所示，发酵塔的外形类似多层焚烧炉，外壁由隔热材料制成，是一种保温的具有多段发酵仓的圆筒，一般有5个发酵槽，分别由混凝土或钢板制成。装置中心有一垂直空心主轴，相对于主轴的每层发酵槽内，按横向位置各装设有一组旋转桨叶，每层发酵槽底，各开一个孔口，各孔口逐次错开一定位向。全部搅拌系

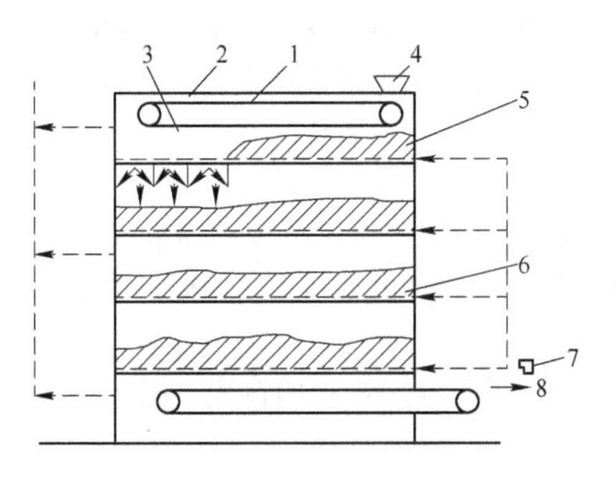

图5-8　多段立式发酵塔的结构示意图

1—驱动装置；2—塔体；3—犁；4—进料口；5—窥视口；6—进风口；7—风机；8—出料口

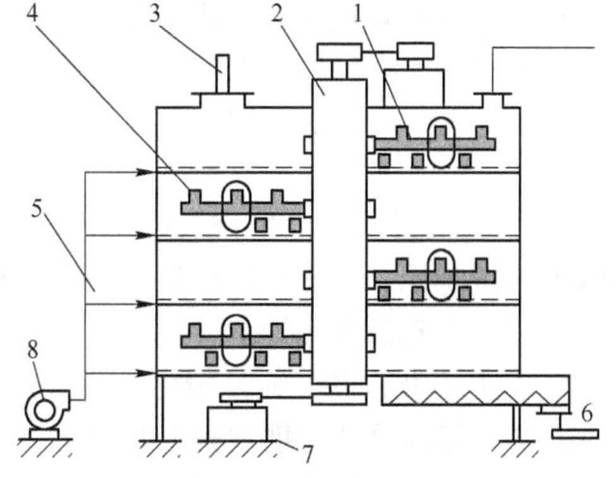

图5-9　多层桨式发酵塔的结构示意图

1—空气管道；2—旋转主轴；3—进料口；4—旋转桨；5—空气干管；6—堆肥；7—电动机；8—鼓风机

统通过设在主轴中心的垂直轴和齿轮组成的传动装置，形成一个以较快速度一起驱动的系统，主轴与桨叶的速度可分别调节，物料经搅拌并发生位移。工作时物料被桨叶搅起并被甩到主轴旋转方向相反的方位。通过转动，由最上层喂入的原料在槽内一面受到搅拌，一面通过槽底孔口进入下一层发酵槽，同时受来自以下各层热空气的作用，发生生物降解过程。桨式发酵塔便于选定最适当的运行条件，通风均匀，物料不结块，在槽内停留时间不同的发酵物料不会混杂，易于使发酵过程处于最佳状态。

5.3.4 垃圾堆肥的熟化设备

只有经过熟化堆肥才是有价值的产品，才能成为被植物吸收的有用养料，而且熟化堆肥能有效地防止二次污染。熟化堆肥的工艺方法及设备也是多种多样的，熟化过程中微生物的代谢不像一次发酵那样激烈，在无条件的情况下，可以采用静态条垛式堆放，一般高 3m，可以适当给予通风。有条件考虑大规模生产的地区，可以采用多层式或多层立式发酵塔、桨式立式发酵塔、水平桨式翻堆机等分解设备，更多的是采用仓式熟化设备。

（1）皮带式熟化仓。物料经桥式布料机送进料仓，桥式布料机在料仓的顶部轨道上移动，这样物料就随布料机的纵横移动均匀而等高地布置在料仓内，高度约为 2.5~3m，熟化时间约为 20~30 天。

（2）板式熟化仓。经过分选和破碎后的物料被送进旋转发酵装置内，破碎、搅拌后形成均质的生堆肥，然后物料又被送进平板发酵仓内，发酵时间约为 7~10 天，经过发酵后再经过精处理制成堆肥。发酵系统主要是由单平板叶片组成，并由齿轮齿条驱动。这个单叶片通过从左向右旋转来搅拌物料，又从右到左空载回位，然后往复，叶片搅拌量可调。发酵仓是封闭的且有一定负压，可防止臭气泄漏出来。发酵仓内配有通气装置，以保持好氧条件，并配有水龙头和排水装置来控制水分。

5.3.5 垃圾堆肥的后处理设备

垃圾堆肥的后处理设备包括分选、研磨、压实造粒、打包装袋等设备，在实际中，根据需要来选择组合后的处理设备。垃圾堆肥后处理的目的是为了提高堆肥产品的质量，精化堆肥产品，物料经过熟化后，必须除去其中的玻璃、陶瓷、木片、纤维、塑料和石子等杂质。

（1）分选机械设备。由于经预处理及二次发酵后的堆肥粒度范围往往远远小于预处理的物料粒度范围，因此后处理分选设备比预处理分选设备更精巧，多采用弹性分选机和静电分选机等分选设备。

（2）造粒精化设备。造粒精化设备（造粒机）用于堆肥物料的粒化，使其便于储存和运输，以便适应季节对堆肥需求的变化。

（3）打包机械。为了方便运输、管理和保存，常用打包机包装堆肥产品，而且是根据堆肥的数量和用途来选择包装材料、大小、形状和包装机的规格。

（4）小型焚烧炉。用于焚烧一次分选出的不能再利用的可燃物。

我国是一个农业大国，用肥量大，在垃圾分类回收的基础上，利用生物技术堆肥处理城市生活垃圾是实现城市垃圾资源化、减量化的一条重要途径。

5.3.6 堆肥产品腐熟度的评价

堆肥的稳定性常用堆肥腐熟度来表示，堆肥腐熟度为堆肥达到稳定化的程度。堆肥产品腐熟度是评价堆肥化过程和效果的重要参数。堆肥产品腐熟度的评价有多种指标和参数，主要从物理参数评价指标、化学参数评价指标、生物活性评价指标等方面，对堆肥腐熟、稳定及安全性进行评价。

（1）物理法参数评价指标。常用的物理法参数指标有：1）气味，在堆肥进行过程中，臭味逐渐减弱并在堆肥结束后消失，此时也就不再吸引蚊虫；2）粒度，腐熟后的堆肥产品呈现疏松的团粒结构；3）色度，堆肥的色度受原料成分的影响很大，很难建立统一的色度标准以判别各种堆肥的腐熟程度，一般堆肥过程中堆料逐渐变黑，腐熟后的堆肥产品呈深褐色或黑色。物理评价指标随堆肥过程的变化比较直观，易于监测，常用于定性描述堆肥过程所处的状态，难以定量分析堆肥的腐熟程度。

（2）化学法参数评价指标。化学参数评价方法是一种传统常用的方法。堆肥腐熟度判定标准的化学指标主要有pH值、化学需氧量COD、挥发性固体（有机质或全碳）质量分数Vs、碳氮比等。

1）pH值。pH随堆肥化的进程而变化，可作为评价腐熟程度的一个指标。发酵初期的pH值为6.5~7.5，腐熟的堆肥产品pH值为8~9。

2）挥发性固体质量（有机质或全碳）分数Vs。它反映了物料中有机物质量分数的大小。在堆肥过程中，由于有机物的降解，物料中的C的质量分数会有所变化，因而可用Vs来反映堆肥有机物降解和稳定化的程度。通常堆肥产品的Vs应小于65%。

3）碳氮比。固相碳氮比是最常用的堆肥腐熟度评价方法之一。在堆肥过程中，由于有机物的降解，物料中C的含量会有所降低，碳氮比因此会变小，碳氮比的变化反映了有机物变化的情况。未腐熟（35~50）∶1，腐熟后（10~15）∶1。

4）化学需氧量COD。化学需氧量COD可用来反映有机物降解和稳定化的程度。堆肥腐熟后COD一般可降低85%。

5）氮化合物。由于堆肥中含有大量的有机氮化合物，而且在堆肥中伴随着明显的硝化反应过程，在堆肥后期，部分铵态氮可被氧化成硝态氮或亚硝态氮，因此，铵态氮、硝态氮及亚硝态氮的浓度变化，也是堆肥腐熟度评价的常用参数。但由于有机和无机氮浓度的变化受温度、pH值、微生物代谢、通气条件和氮源等多种因素的影响，这一类参数通常只能作为堆肥腐熟度的参考，而不能作为堆肥腐熟度评价的绝对指标。

（3）生物法评价指标。该方法主要有植物毒性指标和生物活性指标。

1）植物毒性指标。用生物法测定堆肥的毒性，是检验正在堆肥的有机质腐熟度的最精确和最有效的方法。用草种Cress检验植物毒性，不但能检测样品中的残留植物毒性，而且能预测毒性的发展。对植物毒性通常采用发芽指数（Germination Index，GI）进行评价。植物毒性发芽指数可表示为

$$发芽指数\ GI(\%) = \frac{堆肥处理的种子发芽率 \times 种子根长}{对照的种子发芽率 \times 种子根长} \times 100\%$$

对于堆肥产品，当GI大于50%时，认为堆肥已腐熟，并达到了无菌要求。

2）生物活性指标。生物活性指标包括好氧速率、微生物种群与数量、酶学指标等。

①好氧速率。堆肥过程中，氧的消耗速率标志着有机物分解的程度和堆肥反应的进行程度。由于耗氧速率数据测定受原料成分影响较小，只要在堆层中氧供应充分，耗氧速率的数据就比较稳定可靠，因此可以用耗氧速率作为城市垃圾堆肥发酵稳定化的定量指标。同时，耗氧速率作为腐熟度标准具有应用范围广的特点，不但可用于垃圾堆肥的腐熟度判断，也可用于污泥堆肥、污泥-垃圾混合堆肥过程的腐熟度判断。②微生物种群与数量。特定微生物的数量和种群变化，也是反映堆肥代谢情况的重要依据。堆肥中某种微生物种群的出现与否及数量多少并不能指示堆肥的腐熟程度，但是其在整个堆肥过程中的演变情况可以指示腐熟的完整过程。③酶学指标。研究表明，水解酶的较高活性可以反映堆肥的新陈代谢过程，而较低活性则反映了堆肥已达到腐熟。纤维素酶和脂酶活性在堆肥后期（80~120 天）迅速增加，这反映了微生物对难降解碳源的利用，因此可以间接了解堆肥的稳定性。

5.4　固体废物的厌氧消化处理

5.4.1　厌氧消化的基本原理

5.4.1.1　参与厌氧分解微生物的种类

由于厌氧消化的原料来源复杂，参加反应的微生物种类繁多，因此厌氧消化过程中物质的代谢、转化和各种菌群的作用等非常复杂。

参与厌氧分解的微生物可以分为两类。一类是由一个非常复杂的混合发酵细菌群组成的，可将复杂的有机物水解，并进一步分解为以有机酸为主的简单产物，通常称之为水解菌。在中温厌氧消化中，水解菌主要属于兼性厌氧细菌，包括梭菌属、拟杆菌属、丁酸弧菌属、真细菌属、双歧杆菌属等。在高温厌氧消化中，有梭菌、无芽孢的革兰氏阴性杆菌、链球菌和肠道菌等的兼性厌氧细菌。另一类微生物为绝对厌氧菌，其功能是将有机酸转变为甲烷，称之为产甲烷菌。产甲烷菌的繁殖速度相当缓慢，且对于温度、抑制物的存在等外界条件的变化相当敏感。产甲烷阶段在厌氧消化过程中是十分重要的环节，产甲烷菌除了产生甲烷以外，还起到分解脂肪酸调节 pH 值的作用。同时，通过将氢气转化成甲烷，可以减少氢的分压，有利于产酸菌的活动。

5.4.1.2　厌氧消化过程

厌氧消化是有机物在厌氧条件下，通过微生物的代谢活动而被稳定，同时伴有甲烷和二氧化碳等气体产生的过程。厌氧消化因能回收利用沼气，所以又称沼气发酵。厌氧处理过程中不需要供氧，动力消耗低，一般仅为好氧处理的 1/10，有机物大部分转变为沼气可作为生物能源，更易于实现处理过程的能量平衡，同时也减少了温室气体的排放。

厌氧消化依靠多种厌氧菌和兼性厌氧菌的共同作用，进行有机物的降解。由于厌氧消化的原料来源复杂，参与代谢的微生物种类繁多，其中涉及多种生化反应和物化平衡过程。厌氧消化机理的发展大致分为 3 个阶段：厌氧消化两阶段理论、三阶段理论和四阶段理论。根据目前的主流四阶段理论，厌氧消化通常可分为水解、酸化、乙酸化、甲烷化 4 个阶段，其主要降解途径如图 5-10 所示。

（1）水解阶段。水解过程是一个胞外酶促反应过程，主要是将颗粒状态碳氢化合物、蛋白质和脂肪分解为可以被微生物直接利用的葡萄糖、氨基酸和长链脂肪酸（LCFA）的胞外水解过程。水解的其他初级分解产物，是生物惰性颗粒物和溶解性物质。水解还包括

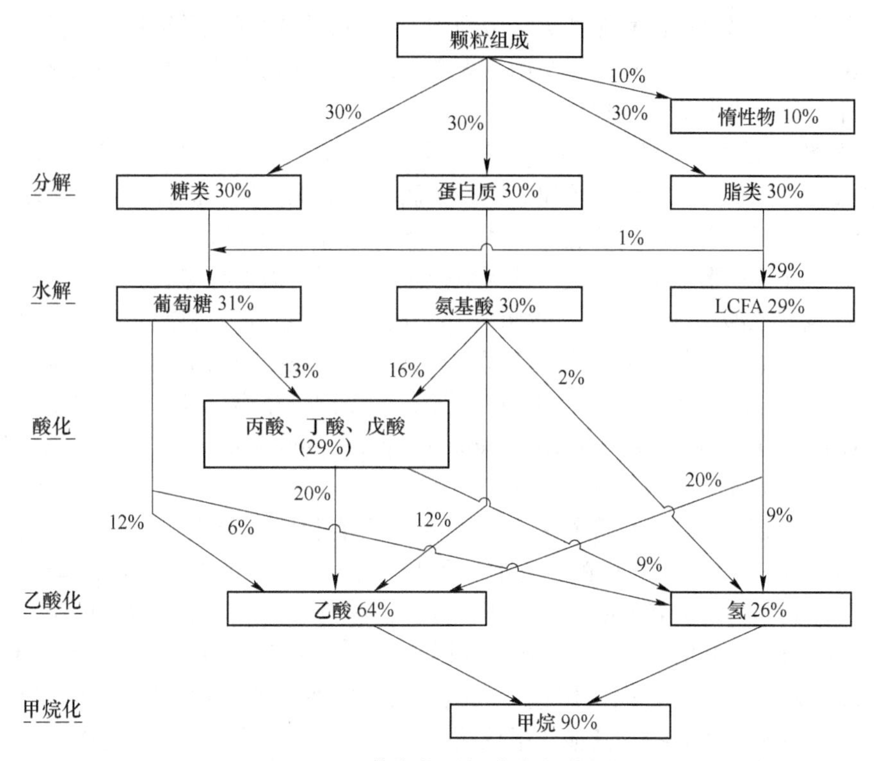

图 5-10 固体废物厌氧消化发酵途径

厌氧消化系统内部死亡的微生物分解作为新底物被再利用的过程。

（2）酸化阶段。酸化是溶解性基质葡萄糖、氨基酸和 LCFA 在微生物的作用下，被降解为各类有机酸（乙酸、丙酸、丁酸、戊酸、己酸、乳酸、甲酸）、氢、二氧化碳和氨的过程。酸化一般没有外部的电子受体和供体。而 LCFA 的降解是带有外部电子受体的氧化过程，因此被划入乙酸化过程中。因为酸化可以在没有附加电子受体存在时发生，所以产生的自由能较高，反应可以在高的氢气和甲酸浓度下发生，并且具有较高的生物产率。

（3）乙酸化阶段。乙酸化过程是酸化产物利用氢离子或碳酸盐作为外部电子受体转化为乙酸的降解过程。丙酸和碳链更长的脂肪酸、醇、若干芳香族酸被分解为乙酸、氢、二氧化碳。该过程往往只有与氢营养型甲烷化过程同时进行时，才能维持系统低的氢和甲酸盐浓度，满足热力学反应进行的条件。因为氢在热力学和化学计量数上与甲酸盐相似，所以电子受体产物（氢或甲酸盐）通常是指氢。

（4）甲烷化阶段。甲烷化过程是厌氧微生物利用乙酸、H_2/CO_2，或利用甲醇、甲胺和二甲基硫化物等含甲基的底物生成甲烷的过程。根据底物的不同类型，可分为氢营养型甲烷化、乙酸营养型甲烷化和甲基营养型甲烷化。乙酸营养型甲烷化是乙酸脱羧生成 CH_4 和 CO_2；氢营养型甲烷化是用 H_2 还原 CO_2 生成 CH_4；甲基营养型甲烷化是含甲基底物转化生成 CH_4。

此外，还存在同型乙酸化和共生乙酸氧化途径。前者是微生物利用 H_2 和 CO_2 生成乙酸，后者则是乙酸被氧化形成氢和 CO_2。

5.4.1.3 厌氧消化微生物

厌氧消化微生物是由不同类型微生物组成的复合生物菌群。在厌氧生物处理过程中，微生物的种类主要以厌氧菌和兼性厌氧菌为主。参与有机物逐级厌氧降解的微生物主要有水解酸化菌、产氢产乙酸菌和产甲烷菌三大类；同型乙酸化细菌和共生乙酸化菌，也可以在一定条件下参与厌氧消化过程。

（1）水解酸化菌。水解酸化菌也称为发酵细菌，它是一个相当复杂而庞大的细菌群，包括如梭状芽孢杆菌属、瘤胃球菌属、拟杆菌属、丁酸弧菌属、优杆菌属和双歧杆菌属等专性厌氧细菌；兼性厌氧菌包括链球菌和一些肠道菌等。兼性厌氧菌的存在能降低厌氧反应器内的氧气分压水平，从而避免专性厌氧微生物受氧的损害与抑制。

（2）产氢产乙酸菌。产氢产乙酸菌负责完成乙酸化步骤，容易受氢分压的影响，通常需要与氢营养型甲烷菌共生时才能生存。氢营养型甲烷菌利用了分子氢，从而可以减轻环境中的氢分压，为产氢产乙酸菌提供必要的热力学条件。常见的乙酸菌为 syntrophobacter fumaroxidans、pelotomaculum thermopropionicum，丁酸降解菌为 syntrophomonas wolfei、syntrophus aciditrophicus。

（3）产甲烷菌。产甲烷菌是严格的厌氧菌，只能利用一碳化合物形成甲烷，生长的基质包括 H_2/CO_2、H_2/CO、甲酸、乙酸、甲醇、甲醇/H_2、甲胺或二甲硫醚。有些种类的厌氧菌可以利用伯醇或者仲醇作为电子供体。乙酸营养型产甲烷菌仅有甲烷八叠球菌目（methanosarcinales）中的甲烷八叠球菌科（methanosarcinaceae）和甲烷鬃毛菌菌科（methanosaetaceae），前者可以利用包括乙酸、氢、甲醇等的多种底物，而后者仅可利用乙酸作为唯一可利用的底物。其他产甲烷菌大多为专性氢营养型，少数是甲基营养型。

（4）同型乙酸化细菌和共生乙酸化菌。该菌在厌氧条件下，既能利用有机基质产生乙酸，也能利用 H_2 和 CO_2产生乙酸的混合营养型厌氧细菌称为同型乙酸化菌。同型乙酸化菌有伍德乙酸杆菌、威林格乙酸杆菌和乙酸梭菌等。一小部分同型乙酸化菌还具有双向的代谢功能，不仅能利用 H_2 和 CO_2产生乙酸，而且也能降解乙酸形成 H_2 和 CO_2，故称为共生乙酸氧化菌。

5.4.2　厌氧消化的影响因素

（1）温度的影响。温度是影响微生物生命活动过程的重要因素，主要通过对酶活性的影响而影响微生物的生长速率与对基质的代谢速率。据 Zinder 报道，产甲烷化可以在2℃（海底沉淀物中）到大于100℃（地热环境中）范围内进行。总体上，整个消化反应每升高10℃，反应速率增加一倍，但是在60℃以上时，反应速率迅速下降。

厌氧消化应用的三个主要温度范围是：常温（20~25℃），中温（30~40℃）和高温（50~60℃）。中温消化、高温消化是两个生化速率最高和产气率最大的区间。

高温消化的微生物与中温消化的不同，并且对温度变化更为敏感，通常在中温下不会存活。但中温消化液可以直接升温进行高温消化，其微生物菌种可利用率约40%，且需要适当的培养时间。例如，在高温下，当反应器中的乙酸盐浓度小于1mmol/L时，乙酸盐通过两个阶段氧化，即乙酸氧化为氢和二氧化碳，紧接着形成甲烷。而在浓度更高时和中温反应器中，乙酸盐转化的主要机理是甲基直接转化为甲烷。并且，在高温反应器中氨的毒性更大，因为游离氨的比例更大。

虽然人们认为高温反应器需要更多能量，但是热量损失可以通过有效的保温和热交换措施来降低。

大多数工业化的厌氧消化反应器是在中温或常温下操作。仅当反应温度器的大小相对于能耗的增加和操作的稳定性而言是考虑的主要因素时，高温消化才加以采用。

（2）水力停留时间的影响。水力停留时间（HRT）对反应效果也有重要影响，特别是对于完全混合连续流反应器（Continuous-flow Stirred-Tank Reactor，CSTR）。在这种反应器中，固体与微生物流出，将会导致处理效果的降低。Vinzant 等人研究了停留时间对于采用城市生活垃圾的完全混合连续流反应器的影响，表明纤维素的显著降解仅仅发生在停留时间大于 20 天时。

（3）物料粒径的影响。物料的粒径愈小，则其输送难度降低，水解过程加快，但能耗增大，反之则相反。所以应综合考虑上述各因素而决定物料粒度要求。通常粒径在 20~40mm 较好。破碎或研磨不仅减小了颗粒的大小，而且破坏了其内部组织结构，使其更容易降解。Palmowski L M 等研究了厌氧消化有机废弃物时颗粒大小的影响，对于纤维素含量高的固体废物，粉碎能显著提高沼气产量、有机物的降解率和缩短消化时间，而且更为重要的是通过粉碎原来不均匀的固体废物更均匀。

（4）固含率的影响。固含率（Total Solids Content，TS）对反应器，尤其是用于污水处理的设计、运行和操作有显著影响。

垃圾中的水分随季节性变化且受不同操作条件的影响。含水量高不仅增加了消化器的容积，而且单位体积废物还需要很多热量，不经济。另一方面，固含率很高将会显著改变底质的流动性，经常会由于混合性差、固体沉降、堵塞和形成浮渣层而导致系统崩溃。

根据经验，高效生物膜反应器（Attached-film Digesters），包括上流式厌氧污泥床、厌氧滤池、厌氧流化床等适用于固含率低于 2%的物质，如掺滤液、厌氧消化液等废水。对于完全混合反应器型的消化器来说，最佳总固含率（TS）在 6%~10%。机械混合消化器总固含率的技术限制值为 12%，因为超过 12%时搅动就困难。总固体含量值达到 20%时，必须采用干式消化。

低固含率厌氧消化（TS：2%~10%）的设计或者需要提高停留时间（15 天以上），或者需要进行悬浮固体的回流、浓缩。Rivard 等人对比了低固体含量厌氧消化和高固体含量厌氧消化处理城市生活有机废物的效能，发现高固体厌氧消化在加料、混合和出料方面的优点和局限性都非常明显。

（5）搅拌的影响。在有机废物厌氧消化反应器中的应用随工艺的不同而不同。有完全混合反应器，也有不用机械混合的。例如，Leach Bed 工艺仅是利用消化液回流来完成新料的接种和降解抑制性的有机酸。Rivard 等人发现，高固体含量厌氧反应器（TS：20%~30%）的搅拌能耗与低固体厌氧反应器（TS<10%）的类似，因为低固体反应器需要较高的搅拌速度来防止泥渣层的形成和固体物质的沉淀。

搅拌的目的：使发酵原料分布均匀，避免抑制物质的浓度聚集，死区和泥渣的形成；增加原料与微生物的接触面，从而提高接触到可利用营养物质的容易程度，加速有机废物进料的分解；另外，还可帮助去除与分散微生物产生的副产物。

（6）接种物量的影响。正常沼气发酵是一定数量和种类的微生物来完成的。含有丰富沼气微生物数量的污泥称为接种物。接种的数量与质量对于厌氧消化中的产甲烷阶段的运行效果和稳定性非常重要。对于传统的 CSTR 反应器，接种液与底质的比值（以挥发性固体为基础）通常大于 10。对于序批式或者塞式流反应器，接种液必须和进料一起加入。

Chynoweth 等人通过试验得出，接种液与进料比应大于 2。

（7）pH 值、碱度、挥发性脂肪酸浓度的影响。pH 值、碱度和挥发性脂肪酸 VFA 浓度对厌氧反应的稳定性是非常重要的。细胞内的细胞质 pH 值一般呈中性，同时，细胞具有保持中性环境、进行自我调节的能力。因此，甲烷发酵菌可以在较广的 pH 值范围内生长，在 pH 值为 5～10 的范围内均可发酵。产甲烷菌需要绝对弱碱性环境，最佳 pH 值范围是 7.3～8。发酵菌和产甲烷菌共存反应器的最佳 pH 值范围是 6.5～7.5。pH 值低，将使二氧化碳增加，大量水溶性有机酸和硫化氢产生，硫化物含量增加，因而抑制产甲烷菌生长。

在甲烷发酵过程中，pH 值也有规律的变化。发酵初期大量产酸，pH 值下降；随后，由于氨化作用的进行而产生氨，氨溶于水，中和有机酸使 pH 值回升，这样可以使 pH 值保持在一定范围内，维持 pH 值环境的稳定。在正常的甲烷发酵中，依靠原料本身可以维持发酵所需的 pH 值，但突然增加进料，或由于改变原料等会冲击负荷，使发酵系统酸化，发酵过程受到抑制。为了顺利地进行甲烷发酵，可用石灰乳进行调节。

碱度是指水中能与强酸发生中和作用的物质的总量，一般表征为相当于碳酸钙的浓度值，采用酸滴法测定。HCO_3^- 及 NH_4^+ 是形成厌氧系统碱度的主要原因，高的碱度使厌氧处理系统具有较强的缓冲能力。一般要求碱度在 2000mg/L 以上，可通过投加石灰或含氮物料的办法进行调节。

（8）营养物质的影响。充足的发酵原料是产生沼气的物质基础。各种微生物在其生命活动过程中不断地从外界吸收营养，以构成菌体和提供生命活动所需的能量。氮、磷是厌氧消化所需要的最主要的营养物质，这些元素是厌氧细胞合成与生长所必需的。原料的碳氮比例为(15∶1)～(30∶1)，即可正常发酵。一般将贫氮有机物（如农作物秸秆等）和富碳有机物（如人畜粪尿、污泥等）进行合理配比，从而得到合适的碳氮比。磷素含量（以磷酸盐计）一般要求为有机物量的 1/1000，磷素与碳之比以 5∶1 为宜。如果原料中没有足够的磷来满足微生物的生长，可通过加入磷酸盐来保证正常的代谢速度。

消化的最佳氨氮浓度为 700mg/L。氨有助于提高厌氧消化反应器缓冲能力，但也可能抑制反应。在高固体反应器中，即使进料的碳氮比正常，氨也可能产生毒性，因为氨随着消化进行而在消化器表面聚积。

反应所需要的其他物质包括 Na、K、Ca、Mg、Cl、S、Fe、Cu、Mn、Zn、Ni 等。这些微量元素可利用的部分也可能缺乏，因为它们容易和 P、S 反应而沉淀。但是对于这些微量元素，目前的分析手段并不能分清微生物可利用的和不能利用的部分。可生物降解物质的组成、均一性、流动性，生物可降解性变化相当大。一般来说，可生物降解有机物占总固体的 70%～95%。当有机固体少于 60%时，通常认为不适于作为厌氧消化的有机底质。

有机大分子分布：蛋白质、脂肪和碳水化合物，因为它们的降解导致挥发性脂肪酸（VFA）的形成，而挥发性脂肪酸是细菌在厌氧消化后两个阶段的主要营养物质。特别地，高脂肪含量显著提高了 VFA 值，然而高蛋白质含量导致大量氨离子的产生。

（9）盐分的影响。当厌氧消化反应器中的钠盐浓度小于 5g/L 时，并没有发现有机垃圾厌氧消化受到抑制。但是当钠盐浓度大于 5g/L 时，甲烷的产量逐渐降低。

无机盐对于微生物生存环境的影响。低浓度的无机盐对于微生物的生长具有促进作用，但高浓度的无机盐对于微生物有抑制作用。无机盐对于微生物的生长抑制主要表现在微生物外界中渗透压较高，造成微生物的代谢酶活性降低，严重时会引起细胞壁分离，甚至死亡。水中无机盐改变了氧在水中的溶解能力。对于一种无机盐，由于阴阳离子共存，所以阴阳离子中哪种离子对于生物处理的影响占主导作用仍然不清楚。影响有机垃圾厌氧消化过程的无机盐浓度范围见表 5-4。

表 5-4 影响有机垃圾厌氧消化过程的无机盐浓度范围

无机盐	刺激浓度/mg·L^{-1}	中等抑制浓度/mg·L^{-1}	强制抑制浓度/mg·L^{-1}
Na^+	100~200	3500~5500	8000
K^+	200~400	2500~4500	10000
Ca^{2+}	100~200	2500~4500	8000
Mg^{2+}	75~150	1000~1500	3000
SO_4^{2-}	—	500~1000	2000
Cl^-	—	5000~10000	15000
总盐量	—	5000~10000	15000

(10) 重金属毒性的影响。基质（底物）为可生物降解的物质，能被有机生物用作养料，并通过呼吸从中汲取能量。消化细菌对重金属、醛等有毒有害物质很敏感，所以厌氧消化不适于含有对消化细菌有毒害作用重金属的有机垃圾处理。

各种重金属影响程度排序为：Ni>Cu>Pb>Cr>Ca>Fe。

(11) 有机负荷的影响。有机负荷（Organic Loading Rate，OLR）是描述进料的最有意义的参数，它准确地描述了对于特定的进料速率所需要的反应器的大小，单位是 kgVS/(m^3·d) 或 kgCOD/(m^3·d)。

其他参数，如固体浓度与停留时间容易产生误导，不能够作为反应器投资比较的基础。固体浓度并不能反映进料速率，而随停留时间显著变化。

有机负荷是影响污泥增长、污泥活性和污泥降解的重要因素，提高负荷可以加快污泥增长和有机物的降解。

进料和消化器内物质的堆密度是与进料浓度相关的参数。它与反应器设计有很大关系，包括反应器大小、可浸出性。反应器 TS 超过 10%时将会大大降低反应器容积。假设 50%的转化率，TS 超过 20%时，将不会有助于减小反应器大小。在滤床式反应器设计中，堆密度大（600kg/m^3以上）将会将透水性限制为很低水平。具体影响与进料组成有关。

5.4.3 厌氧消化工艺类型

厌氧消化发酵工艺类型较多，可按发酵温度、发酵方式、发酵阶段、发酵级差、发酵浓度的不同化分成几种类型。

5.4.3.1 按发酵温度划分的工艺类型

(1) 高温发酵工艺。高温发酵的最佳温度范围是 47~55℃，该工艺的特点是微生物生长活跃，有机物分解速度快，产气率高，滞留时间短。采用高温发酵可以有效地杀灭粪便中各种致病菌和寄生虫卵，具有较好的卫生效果，从除害灭病和发酵剩余物肥料利用的角度来看，选用高温发酵是较为实用的。

维持发酵温度的办法有很多种，最常见的是锅炉加温。锅炉加温有两种方法：一种是蒸汽加温，就是将蒸汽通入安装于池内的盘旋管中加温发酵料液，但管内温度很高，管外很容易结壳，影响热的扩散；也可以将蒸汽直接通入沼气池中，但会对局部微生物菌群造成伤害。二是用70℃的热水在盘管内循环，效果比较好。不论采用哪种加温方式，都应该注意要尽量减少运行中热量的散失，特别是在冬季，要提高新鲜原料进料的温度，因此原料的预热和沼气池的保温都是非常重要的。

高温发酵对原料的消化速度很快，一般都采取连续进料和连续出料。高温厌氧消化必须进行搅拌，对于蒸汽管道加温的沼气池，搅拌可使管道附近的高温区迅速消失，使池内消化温度均匀一致。

（2）中温发酵工艺。高温发酵消耗的热能太多，发酵残余物的肥效较低，氨态氮损失较大，这使中温发酵工艺得到了比较普遍的应用。中温发酵工艺的发酵料液温度维持在(35±2)℃范围内。与高温发酵相比，这种工艺消化速度稍微慢一些，产气率低一些，但维持中温发酵的能耗较少，沼气发酵能总体维持在一个较高的水平，产气速率比较快，料液基本不结壳，可保证常年稳定运行。这种工艺因料液温度稳定，产气量也比较均衡。

（3）自然温度发酵工艺。自然温度发酵是指在自然界温度下，发酵温度发生变化的厌氧发酵。这种工艺的发酵池结构简单、成本低廉、施工容易、便于推广。但该工艺的发酵温度不受人为控制，基本是随温度变化而变化，通常是夏季产气率较高，冬季产气率较低。图5-11为自然温度半批量投料沼气发酵工艺流程。

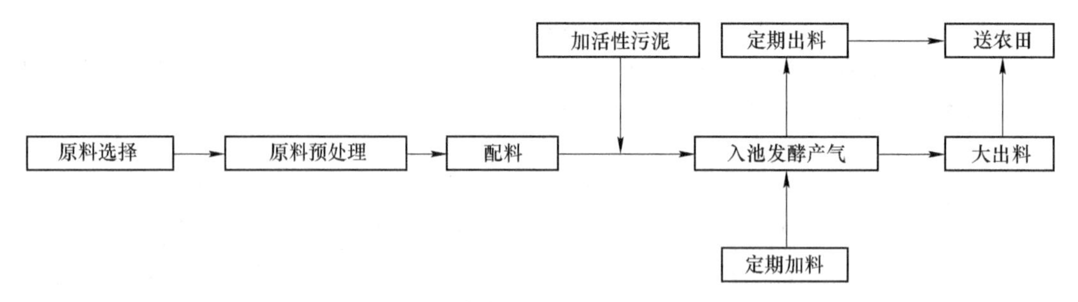

图5-11　自然温度半批量投料沼气发酵工艺流程

5.4.3.2　按进料运转方式划分的工艺类型

按进料运转方式的不同，厌氧发酵工艺流程可分为连续发酵、半连续发酵、批量发酵。

（1）连续发酵工艺。连续发酵工艺是从进料启动后，经过一段时间的发酵产气，每天或随时连续定量地添加发酵原料和排出旧料，其发酵过程能够长期连续进行。该发酵工艺易于控制，能保持稳定的有机物发酵速度和产气率，且此工艺要求较低的原料固形物浓度。连续发酵工艺适于处理来源稳定的大、中型畜牧场的粪便等。工艺流程如图5-12所示。

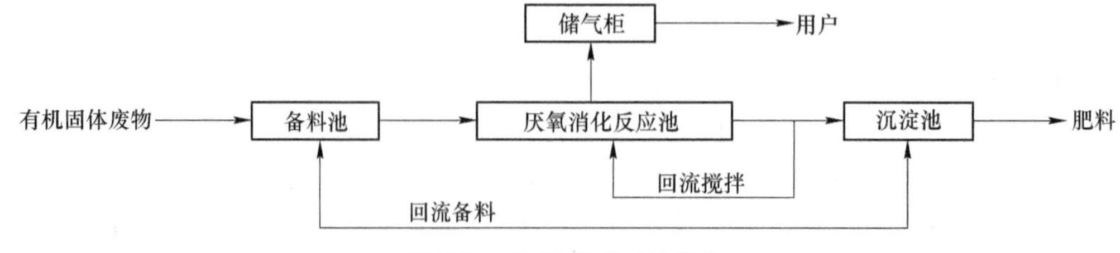

图5-12　连续发酵工艺流程

（2）半连续发酵工艺。半连续沼气发酵工艺流程如图5-13所示。该发酵工艺流程的特点是：启动时一次性进入较多的发酵原料（一般占整个发酵周期投料总固体量的1/4～

1/2)，经过一段时间开始正常发酵产气。当产气量趋于下降时，开始定期添加新料和排出旧料，以维持比较稳定的产气率。这种工艺称为半连续沼气发酵。该工艺适用于有机物污泥、粪便、有机废水的厌氧处理和大中型沼气工程，该工艺在我国农村沼气池的应用已较为成熟，其相关发酵工艺参数可为城市有机垃圾的半连续发酵处理提供参考。

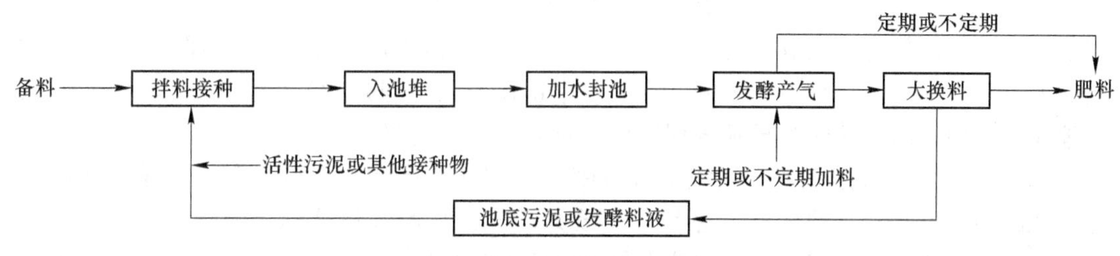

图 5-13　半连续沼气发酵工艺流程

（3）批量发酵工艺。批量发酵是一种简单的沼气发酵类型，即将发酵原料和接种物一次性装满沼气池，中途不再添加新料，发酵周期结束后，一次性取出旧料再重新投入新料发酵。批量发酵工艺流程如图 5-14 所示，其特点是产气初期少，随后逐渐增加，直到产气保持基本稳定，再后产气又逐步减少，直到出料。一个发酵周期结束后，再成批地换上新料，开始第二个发酵周期，如此循环往复。

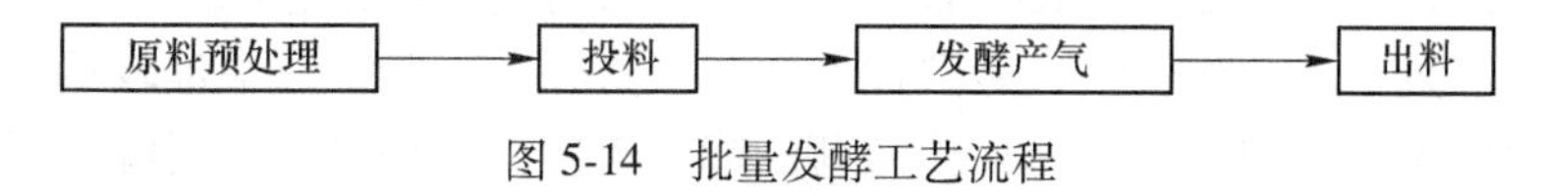

图 5-14　批量发酵工艺流程

5.4.3.3　按发酵阶段划分的工艺类型

（1）单相发酵工艺。单相发酵将沼气发酵原料投入到一个装置中，使沼气发酵的产酸和产甲烷阶段合二为一，在同一装置中自行调节完成。我国农村全混合式沼气发酵装置和现在建设的大中型沼气工程大多采用该种工艺。

（2）两相发酵工艺。两相发酵也称两步发酵。一般认为甲烷发酵主要过程中，微生物菌群可分为不产甲烷细菌群和产甲烷细菌群，这两类菌群分别在甲烷发酵的不同阶段形成优势菌落。这两类细菌在营养要求、生理代谢、繁殖速度和对环境的要求等方面有很大差异。两步发酵工艺，是 1971 年才开始研究的沼气发酵工艺。该工艺是根据沼气发酵的三阶段理论，把原料的水解、产酸阶段和产甲烷阶段分别安排在两个不同的消化器中进行。水解、产酸池通常采用不密封的全混合式或塞流式发酵装置，产甲烷池则采用高效厌氧消化装置，如污泥床、厌氧过滤等。两步发酵工艺流程如图 5-15 所示。两步发酵工艺的特点是将沼气发酵全过程分成两个阶段，在两个池子内进行。第一个为水解产酸池，装入高浓度的发酵原料，让其沤制产生浓的挥发酸溶液。第二个为产甲烷池，以水解池产生的酸液为原料产气。在产酸阶段酸化菌群繁殖较快，故滞留期较短，而产甲烷阶段的滞留期较长。对有机物浓度达每升数万毫克的料液，一般产酸阶段滞留期为 1~2 天，产甲烷阶段滞留期为 2~7 天。所以前者的消化器容积较小，而后者的容积较大。该工艺大幅度提高产气率，气体中甲烷含量也有所提高，同时实现了渣液分离。

5.4.3.4　按发酵级差划分工艺类型

（1）单级沼气发酵工艺。单级沼气发酵就是产酸发酵和产甲烷发酵在同一个沼气发

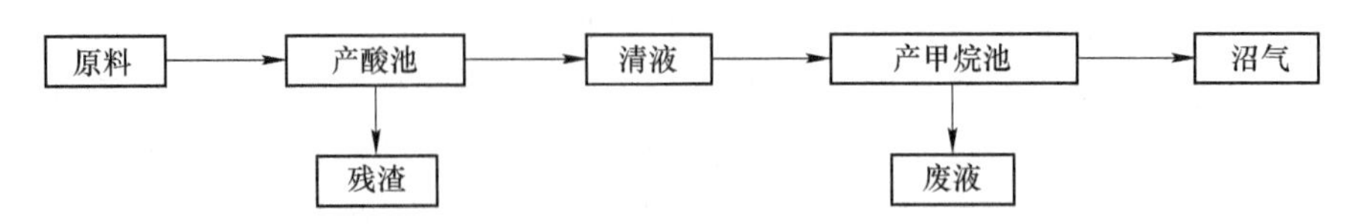

图 5-15 两步发酵工艺流程

酵装置中进行。从充分提取生物质能量，杀灭虫卵和病菌的效果，以及合理解决用气、用肥的矛盾等方面看，它是不完善的、产气效率也比较低。但是发酵装置的结构比较简单，管理比较方便，因而修建和日常管理费用相对来说比较低廉。

（2）两级沼气发酵工艺。两级沼气发酵就是用两个容积相等的沼气池。第一个沼气池供发酵用，安装有加热和搅拌系统，主要是产气，总产气量达到 80%时，用虹吸管将消化液输送到第二个沼气池内，使残余的有机物彻底分解。第二个沼气池主要是对有机物进行彻底处理，不需要加温和搅拌。这既有利于物料的充分利用和彻底处理废物中的 BOD，也在一定程度上能够缓解用气和用肥的矛盾。对于大型的两级发酵装置，若采用大量纤维素物料发酵，为防止表面结壳，第二级发酵装置中仍需设置搅拌系统。

（3）多级沼气发酵工艺。多级沼气发酵和两级发酵相似，只是发酵物经过三级、四级甚至更多级的发酵后，更彻底地去除了 BOD。多级沼气发酵是把多个发酵装置串联起来进行多级发酵，可以保证原料在装置中的有效停留时间，但是总的容积与单级发酵装置相同时，多级装置占地面积较大，装置成本较高。另外，由于第一级池较单级池水力滞留期短，其新料所占比例较大，承受冲击负荷的能力较差。如果第一级发酵装置失效，有可能引起整个装置的发酵失效。

5.4.3.5 按发酵浓度划分工艺类型

（1）液体发酵工艺。液体发酵是指发酵料液的干物质含量控制在 10%以下的发酵方式，在发酵启动时，加入大量的水或新鲜粪肥调节料液浓度。由于发酵料液干物质含量较低，运输、储存或施用都不方便，而出料中含有大量残留的沼渣、沼液，如用做肥料，就必须承受高昂费用来进行处理实现达标排放。如果不解决好发酵料液的后续处理问题，很可能会带来对环境的二次污染，因此，提高发酵料液的干物质含量，减少粪污水的排放量已成为沼气发酵工艺中亟待研究解决的问题。

（2）干发酵工艺。干发酵又称固体发酵，其原料的干物质含量在 20%左右，含水率为 80%。生产中如果干物质含量超过 30%，则产气量会明显下降。干发酵用水量少，其方法与我国农村沤制堆肥基本相同。此方法既沤了肥，又生产出沼气，一举两得。

为了防止酸化现象的产生，常用的方法有：1）加大接种物用量，使酸化与甲烷化速度能尽快达到平衡，一般接种物用量为原料量的 1/3～1/2；2）将原料进行堆沤，使易于分解产酸的有机物在好氧条件下分解掉一大部分，同时降低了碳氮比；3）原料中加入 1%～2%的石灰水，以中和所产生的有机酸，堆沤会造成原料的浪费，所以在生产上应首先采用加大接种量的办法。

5.4.3.6 按料液流动方式划分工艺类型

（1）无搅拌的发酵工艺。无搅拌的发酵是指沼气池未设置搅拌装置的发酵过程，无论发酵原料是非匀质的还是匀质的，只要其固体物含量较高，在发酵过程中料液会自动出现分层现象。由于沼气微生物不能与浮渣层原料充分接触，上层原料难以发酵，下层沉淀又占有越来越多的有效容积，因此原料产气率与池容产气率都较低，所以必须采用大换料的方法排出浮渣和沉淀。

（2）全混合发酵工艺。全混合发酵是指采用混合措施或装置进行发酵的工艺流程，全混合式消化器如图 5-16 所示。发酵池内料液处于完全均匀或基本均匀状态，微生物能与原料充分的接触，整个投料容积都是有效的。该发酵工艺具有消化速度快、容积负荷率和体积产气率高等优点。处理禽类便和城市污泥的大型沼气池属于这种类型。

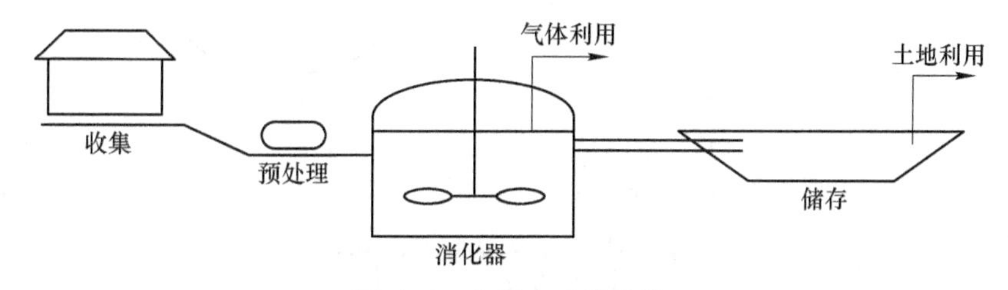

图 5-16 全混合式消化器

（3）塞流式发酵工艺。塞流式发酵工艺是在一种长方形的非完全混合式消化器（见图 5-17）中进行的。由于消化器内沼气的产生，呈现竖向的搅拌作用，原料在消化器内的流动呈活塞式推移状态，所以塞流式发酵也称为推流式发酵。在进料端呈现较强的水解酸化作用，甲烷的产生随着向出料方向的流动而增强。由于进料段缺乏接种物，所以要进行固体回流。为了减少微生物的冲出和维持运行的稳定，在消化器内应设置挡板。

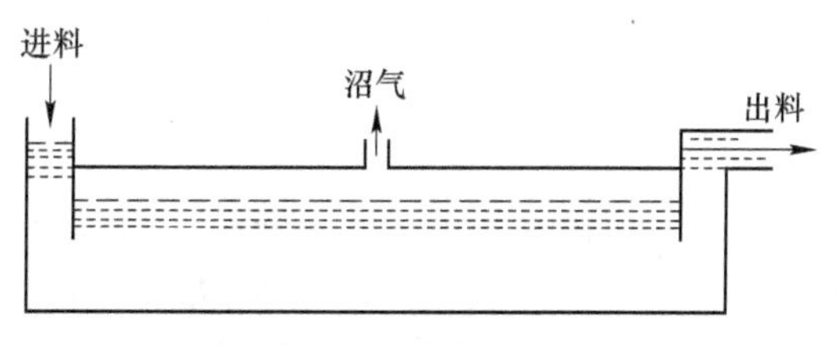

图 5-17 塞流式消化器示意图

塞流式沼气池的优点是：不需要搅拌装置，结构简单、能耗低；适用于高悬浮固体废物的处理，尤其适用于牛粪的消化处理；运转方便，故障少、稳定性高等。而其缺点是：固体物可能沉于池底影响反应器的有效体积，使水力滞留期和固体滞留期降低；需要固体和微生物的回流作为接种物；由于消化器面积与体积较大，难以保持温度一致，效率较低；易产生厚的结壳。

上述各种沼气发酵工艺，各适用于一定原料和一定发酵条件及管理水平。固体物含量低的废水多采用升流式厌氧污泥床，固体含量高的应采用升流式固体反应器和厌氧接触工艺，高固体原料可结合生产固体有机肥采用两步发酵工艺及干发酵工艺。在实际生产中选择哪种发酵工艺，要根据具体情况来确定。

5.4.4 厌氧消化反应器

厌氧消化池（厌氧发酵池或厌氧反应器）的种类很多，按发酵间结构形式可分为圆形池、长方形池两种；按储气方式可分为气袋式、水压式和浮罩式等。其中水压式沼气池是我国农村推广的主要类型。

5.4.4.1 水压式沼气池的结构与工作原理

水压式沼气池的结构如图 5-18 所示，由进料口、进料管、发酵间、导气管、沼气输出管、控制阀、出料管、出料间等组成。

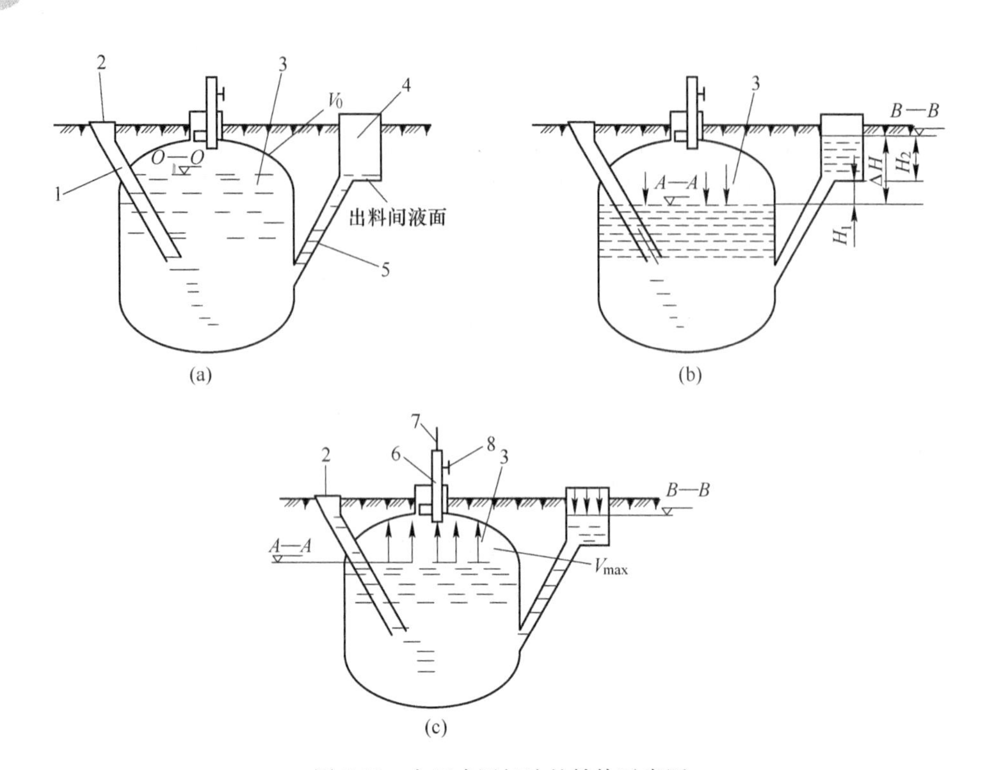

图 5-18　水压式沼气池的结构示意图

（a）启动前状态；（b）启动后状态；（c）使用状态

1—进料管；2—进料口；3—发酵间（储气部分）；4—出料间；5—出料管；6—导气管；7—沼气输气管；8—控制阀

水压式沼气池的工作原理：发酵时所产生的气体从水中逸出后，聚集于储气间，使储气间压力不断升高。这样发酵料液就被不断升高的气压压进水压间，使水压间水位上升，直至池内气压和水压间与发酵间的水位差所形成的压力相等为止。产气越多，水位压就越大，压力也越大。当沼气被利用时，池内气体降低，水压间的料液便返回发酵间。这样，随着气体的产生和被利用，水压间和发酵间的水位差也不断变化，始终保持与池内气压相平衡。水压式沼气池结构简单、造价低、施工方便；但由于温度不稳定，导致产气量也不稳定，因此原料的利用率低。

图 5-18（a）是沼气池启动前的状态，池内初加新料，处于尚未产生沼气阶段。其发酵间与水压间的液面处在同一水平，称为初始工作状态，发酵间的液面为 $O—O$ 水平，发酵间内尚存的空间（V_0）为死气箱容积。图 5-18（b）是启动后状态，此时，发酵池内开始发酵产气，发酵间气压随产气量增加而增大，造成水压间液面高于发酵间液面。当发酵间内储气量达到最大量（V_{max}）时，发酵间液面下降到最低位置 $A—A$ 水平，水压间液面上升到可上升的最高位置 $B—B$ 水平。此时称为极限工作状态。极限工作状态时的两液面高度差最大，称为极限沼气压强，其值可用下式表示：

$$\Delta H = H_1 - H_2 \tag{5-1}$$

式中　H_1——发酵间液面最大下降值；

H_2——水压间液面最大上升值；

ΔH——沼气池最大液面差。

图 5-18（c）表示使用沼气后，发酵间压力降低，水压间液体回流至发酵间，从而使得在产气和用气过程中，发酵间和水压间液面总在初始状态和极限状态之间上升或下降。

5.4.4.2 立式圆形浮罩式沼气池的结构与工作原理

立式圆形浮罩式沼气池的结构如图 5-19 所示。这种沼气池多采用地下埋设方式，它把发酵间和储气间分开，因而具有压力低、发酵好、产气多等优点。产生的沼气由浮沉式的气罩储存起来。气罩可以直接安装在沼气发酵池顶部，如图 5-19（a）所示；也可安装在沼气发酵池侧面，如图 5-19（b）所示。浮沉式气罩由水封池和气罩两部分组成，当沼气压力大于气罩重力时，气罩便沿水池内壁的导向轨道上升，直至平衡为止。当用气时，罩内气压下降，气罩也随之下沉。

浮罩式沼气池具有气压恒定、燃烧器能稳定使用、池内气压低、对沼气发酵池的防渗要求较低等优点；但同时具有建池成本较水压式沼气池高 30%左右、占地面积大、施工周期长、施工难度大等缺点。

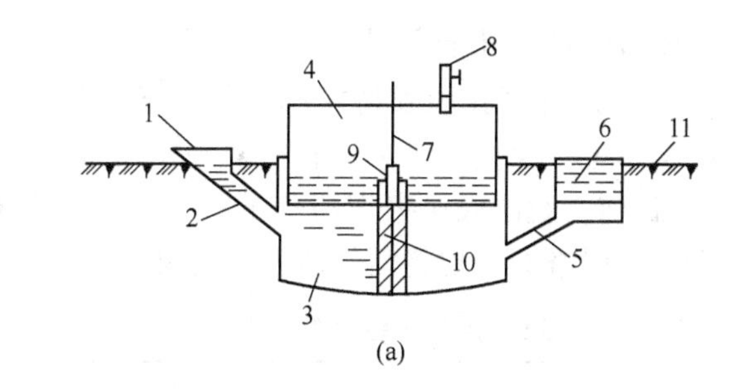

(a)

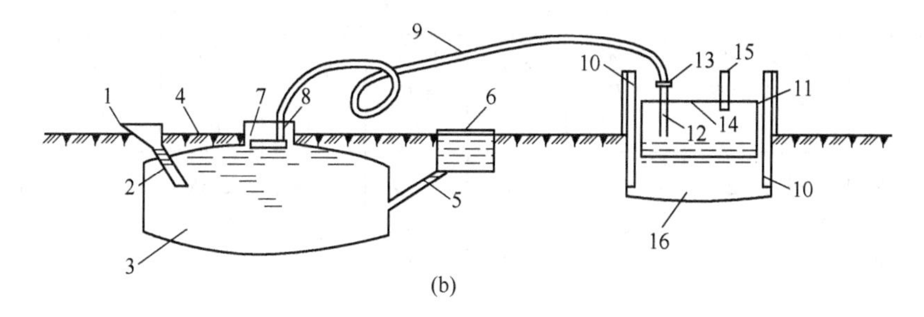

(b)

图 5-19 浮罩式沼气池的结构示意图

（a）顶浮罩式

1—进料口；2—进料管；3—发酵间；4—浮罩；5—出料管；6—出料间；7—导向轨；8—导气管；9—导向槽；10—隔墙；11—地面

（b）侧浮罩式

1—进料口；2—进料管；3—发酵间；4—地面；5—出料管；6—出料间；7—活动盖；8—导气管；9—输气管；10—导向柱；11—卡具；12—进气管；13—开关；14—浮罩；15—排气；16—水池

5.4.5 水压式沼气池的设计计算

5.4.5.1 设计参数的选择与计算

设计参数包括气压、池容产气率、储气量、池容、投料率等。

（1）气压选择。气压选择 7480 Pa，即 80 cm 水柱为宜。

（2）池容产气率选择。每立方米发酵池容积一昼夜的产气量，单位为 m^3沼气/（m^3池容 · d）。我国通常采用的池容产气率有 0.15、0.2、0.25、0.3 四种。

（3）储气量的计算。储气量是指气箱内的最大沼气储量。农村家用水压式沼气池的最大产气量一般以 12h 产气量为宜，其值与有效水压间的容积相等。储气量 V_{max} 可用公式计算：

$$V_{max} = \text{池容产气率} \times \text{池容} \times 0.5 \tag{5-2}$$

（4）池容的计算。池容是指发酵间的容积。农村家用水压式沼气池的池容积通常有 $6m^3$、$8m^3$、$10m^3$、$12m^3$四种。池容 V_r可用以下公式计算：

$$V_r = \frac{\text{用气水平} \times \text{用气人口数}}{\text{预计池容产率}} \tag{5-3}$$

（5）投料率的确定。最大限度地投入的料液所占发酵间容积的百分比，一般以85%~95%为宜。

5.4.5.2 水压式沼气池的设计尺寸和计算方法

（1）沼气池一般采用的几何尺寸。我国农村家用沼气池已经达到标准化、系列化和通用化，满足沼气发酵、肥料、卫生及使用要求。农村家用水压式沼气池的国家标准 GB 4750-4752—84 已颁布实施。目前，我国农村家用沼气池一般采用“矮壁圆柱削球壳盖”的设计几何尺寸。为了便于设计时查阅，现将沼气池各主要尺寸列于表 5-5。

表 5-5 沼气池各主要尺寸 （m）

池型容积/m^3	用地范围		埋置深度 H	池内直径 D	池墙高 h	削球形池盖		削球形池底		出料间（水压箱）	
	长	宽				曲率半径 R_1	矢高 h_1	曲率半径 R_2	矢高 h_2	长 d_1	宽 d_2
6	4.58	2.88	2.14	2.4	1.0	1.74	0.48	2.55	0.3	1.0	0.8
8	4.88	3.18	2.24	2.7	1.0	1.96	0.54	2.86	0.34	1.2	1.0
10	5.18	3.48	2.34	3.0	1.0	2.18	0.60	3.18	0.38	1.3	1.0
12	5.38	3.78	2.40	3.2	1.0	2.32	0.64	3.40	0.40	1.4	1.0

（2）沼气池容积的计算。沼气池容积为拱顶池盖、发酵间（圆柱体池身）和池底三部分容积之和，如图 5-18 所示。

1）拱顶池盖容积 V_1的计算。拱顶池盖容积 V_1可按下式计算

$$V_1 = \frac{\pi}{3}h_1^2(3R_1 - h_1) \tag{5-4}$$

式中 R_1——削球形池盖的曲率半径；

h_1——削球形池盖的高度。

2）池底容积 V_2的计算。池底容积 V_2可按下式计算

$$V_2 = \frac{\pi}{3}h_2^2(3R_2 - h_2) \tag{5-5}$$

式中 R_2——削球形池底的曲率半径；

h_2——削球形池底的高度。

3）圆柱形池身容积 V_3 的计算。圆柱形池身容积 V_3 可按下式计算

$$V_3 = \pi R^2 h \tag{5-6}$$

式中　R——池内半径（$D/2$）；

h——池墙高。

4）沼气池容积 V 的计算。沼气池容积 V 可按下式计算

$$V = V_1 + V_2 + V_3 \tag{5-7}$$

（3）水压箱容积的计算。水压箱容积 V_y 可按下式计算

$$V_y = d_1 d_2 \Delta H \tag{5-8}$$

式中　ΔH——水压间的高度，即沼气池最大液面差，$\Delta H = H_1 - H_2$；

H_1——发酵间液面最大下降值；

H_2——水压间液面最大上升值。

（4）沼气池表面积的计算。沼气池表面积是指沼气内壁的面积。用沼气池各部位表面积乘以相应部位料层的厚度，就可得出各部位的用料量，这就是计算沼气池表面积的目的。

1）沼气池池盖表面积的计算。沼气池池盖表面积 S_1 可按下式计算

$$S_1 = 2\pi R_1 h_1 \tag{5-9}$$

式中符号物理意义同前。

2）沼气池池底表面积的计算。沼气池池底表面积 S_2 可按下式计算

$$S_2 = 2\pi R_2 h_2 \tag{5-10}$$

式中符号物理意义同前。

3）沼气池池身表面积的计算。沼气池池身表面积 S_3 可按下式计算

$$S_3 = 2\pi R h \tag{5-11}$$

式中符号物理意义同前。

整个池体表面积 S 为：

$$S = S_1 + S_2 + S_3 \tag{5-12}$$

（5）进料管、出料管位置的确定。水压式沼气池进、出料管的水平位置通常设置在发酵间直径的两端，垂直位置一般设置在发酵间的最低设计液面高度处，这个位置可按以下方法计算。

1）死气箱拱（储气间）矢高的计算。死气箱拱矢高，即池盖拱顶点到发酵间最高液面 O—O 的距离（见图 5-20）。死气箱拱矢高 h_s 可按下式计算

$$h_s = h_{s_1} + h_{s_2} + h_{s_3} \tag{5-13}$$

式中　h_{s_1}——池盖拱顶点到活动盖下缘平面的距离，对于 65cm 直径的活动盖，取 $h_{s_1} = 10 \sim 15\text{cm}$；

h_{s_2}——导气管下露出的长度，取 $h_{s_2} = 3 \sim 5\text{cm}$；

h_{s_3}——导气管下口到 O—O 液面的距离，$h_{s_3} = 20 \sim 30\text{cm}$。

2）死气箱容积的计算。死气箱容积 V_s 可按下式计算

$$V_s = \pi h_s^2 \left(R_1 + \frac{1}{3} h_s \right) \tag{5-14}$$

式中　h_s ——死气箱矢高；

R_1 ——死气箱池盖曲率半径。

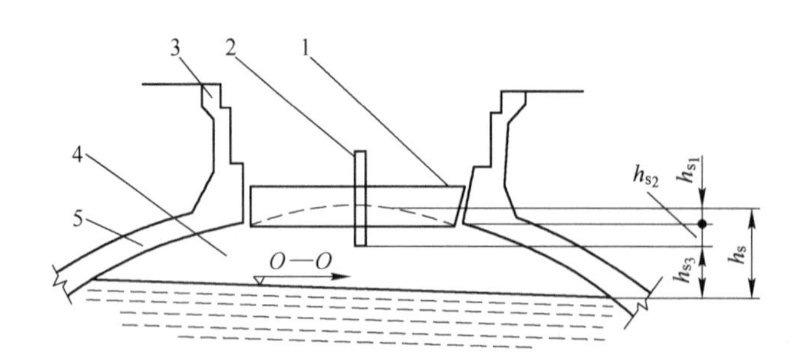

图 5-20　死气箱拱矢高

1—活动盖；2—导气管；3—蓄水圈；4—死气箱；5—固定拱盖

3）投料率的计算。投料率可按下式计算

$$\text{投料率} = \frac{V - V_s}{V} \times 100\% \tag{5-15}$$

式中　V ——沼气池容积。

4）最大储气量（有效气箱容积）的计算。最大储气量 V_{max} 可按下式计算

$$V_{max} = \text{池容} \times \text{池容产气率} \times \frac{1}{2} \tag{5-16}$$

5）气箱总容积的计算。气箱总容积 V_q 可按下式计算

$$V_q = V_s + V_{max} \tag{5-17}$$

6）池盖容积的计算。池盖容积 V_1 可按下式计算

$$V_1 = \frac{\pi h_1 (3R^2 + h_1^2)}{6} \tag{5-18}$$

7）发酵间最低液面位 A—A（见图 5-18）的确定。一般情况下，$V_q > V_1$，即 A—A 液面位置在圆筒形池身范围内。要确定进、出料管的安装位置时，应先计算出气箱在圆筒形池身内的部分容积 V_T，然后再计算气箱在圆筒形池身内的部分高度 h_T。

$$V_T = V_q + V_1 = \pi R^2 h_T \tag{5-19}$$

由式（5-19）可得

$$h_T = \frac{V_T}{\pi R^2} \tag{5-20}$$

因此，发酵间液面可下降到的最低液面 A—A 应位于池盖和池身交接平面以下的 h_T 位置上，这个位置也就是进、出料管应安装的位置。

进料管下端开口位置的上沿应在从池底到气箱顶盖的 1/3～1/2 处。池子浅时，进料管要安装在池底到气箱顶盖的 1/3 处。池子深时，要安装在池底到气箱顶盖的 1/2 处。进料间的大小依沼气池的容积大小而定，一般不宜过大。如建 $8m^3$ 的沼气池，要求进料管的内径为 20cm，出料间容积为 $1.5m^3$。

5.4.6　城市污泥与粪便的厌氧发酵处理

城市污泥与粪便有两种厌氧发酵处理工艺，处理设备有化粪池和厌氧发酵池两种。

（1）化粪池。化粪池也叫腐化池，兼有污水沉淀和污泥发酵双重作用，其结构与工作原理如图 5-21 所示。标准化大容积化粪池通常分三格。Ⅰ格起分离沉淀、厌氧发酵作用，Ⅱ格采用搅拌充气发生好氧发酵，溢流液迅速液化和气化，进入Ⅲ格后再次沉淀，上清液排入下水道。这种好氧-厌氧组合结构处理效果好。

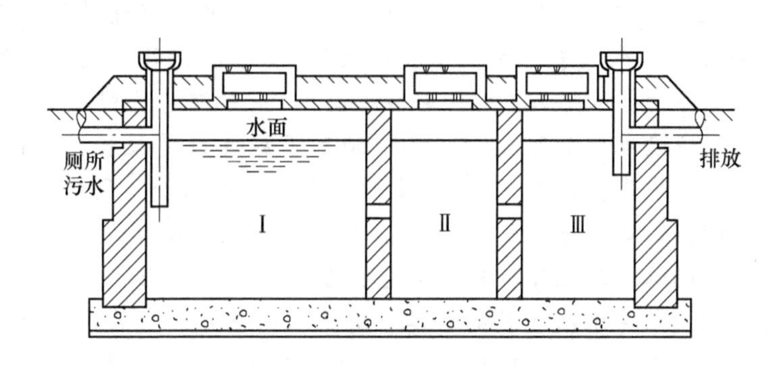

图 5-21　化粪池的工作原理

粪水流入化粪池后，速度相对减慢。相对密度大的悬浮固体下沉到池底，在厌氧菌作用下，产生气体上浮，将分解后的疏松物质牵引到液面，形成一层浮渣皮。浮渣中的气体逸散后，悬浮固体再次下沉成为污泥。如此反复分解、消化，浮渣和污泥逐渐液化，最终容积只有原悬浮固体的 1%。标准的化粪池中，粪水的停留时间一般为 12~24h，可将大约 70%的悬浮固体抑留在池中。

化粪池容积可根据所接纳的粪水量及其在池内的停留时间，按下式计算确定。

$$V = E\left(Qt + ST_z C \times \frac{100\% - W_s}{100\% - W_{cs}}\right) \tag{5-21}$$

式中　E——服务人口数；

Q——每人每天污水量，L；

t——污水在池内停留时间，一般取 0.5~1.0 天；

S——每人每天污泥量，一般取 0.8~1.0 L；

T_z——清泥周期，一般为 100~360 天；

C——污泥消化体积减小系数，一般取 0.7；

W_s——污泥含水率，一般取 95%；

W_{cs}——池内污泥含水率，平均取 95%。

（2）粪便厌氧发酵池。该厌氧发酵池的池型结构及容积计算与污水处理厂的污泥厌氧发酵池相同，发酵工艺一般分为常温发酵、中温发酵和高温发酵三种。

常温发酵是在不加料的情况下，需经 35 天才能使大肠杆菌值达到卫生标准。

中温发酵温度为 30~38℃，一般需要 8~23 天。若一次投料后不再加新料，持续发酵 2 个月，可达到无害化卫生标准；若每天加新料，则达不到无害化卫生标准，排出料仍需进行无害化处理。但采用连续发酵工艺，可回收沼气用于系统本身。

高温发酵温度为 50~55℃，可达到无害化卫生标准。沼气可回收用于加热发酵池，节省能源，经济效益明显。

✻✻✻

本章小结

本章讨论了以下内容：

(1) 介绍了微生物种类及其生长所需要的条件、微生物的代谢作用与类型、固体废物的生物处理方法（好氧生物处理和厌氧生物处理）、堆肥化的定义、堆肥化的基本原理、堆肥过程的影响因素、堆肥工艺的分类和好氧堆肥化的工艺流程。

(2) 详细叙述了垃圾堆肥的预处理设备、辅助设施（计量装置、存料区、储料池、给料装置、运输与传送装置、分选、通风和翻动设备及混合与调节设备）、发酵设备（卧式发酵滚筒、螺旋搅拌式发酵仓、多段立式发酵塔）、熟化设备（皮带式熟化仓、板式熟化仓）和后处理设备的结构与工作原理，以及堆肥产品腐熟度的评价。

(3) 介绍了参与厌氧分解微生物的种类、厌氧消化过程和厌氧消化的影响因素，详述了水解酸化菌、产氢产乙酸菌、产甲烷菌、同型乙酸化细菌和共生乙酸化菌等厌氧消化微生物，按发酵温度、发酵方式、发酵阶段、发酵级差、发酵浓度等不同而划分的厌氧消化工艺类型。

(4) 详述了厌氧消化反应器（水压式沼气池、浮罩式沼气池）的结构、工作原理和水压式沼气池的设计计算，城市污泥与粪便的厌氧发酵处理（化粪池、粪便厌氧发酵池）。

思考题

5-1 固体废物的生物处理作用主要体现在哪几方面？说明微生物种类及微生物生长所需要的条件。

5-2 简述固体废物堆肥化的定义。固体废物的生物处理可分为哪两种？微生物的代谢分哪两类？

5-3 说明好氧堆肥和厌氧堆肥原理。

5-4 好氧堆肥过程分哪几个阶段？比较各阶段的特点。厌氧堆肥分哪几个阶段？

5-5 影响堆肥化过程的因素有哪些？详细说明。根据堆肥物料运动形式可分为哪两种堆肥工艺？

5-6 好氧堆肥化的工艺流程通常由哪几方面工艺组成？典型堆肥工艺有哪三种？

5-7 堆肥化系统主要包括哪些设备？说明卧式发酵滚筒、螺旋搅拌式发酵仓、多段立式发酵塔的结构。

5-8 堆肥产品腐熟度的评价指标有哪几项？具体说明。

5-9 垃圾堆肥的辅助设施包括哪些？

5-10 参与厌氧分解的微生物可以分为哪两类？厌氧消化过程分哪几个阶段？

5-11 参与有机物逐级厌氧降解的微生物主要有哪些？影响厌氧发酵的因素有哪些？

5-12 厌氧消化发酵工艺可按哪几种形式划分？按发酵温度、进料运转方式、发酵阶段、发酵级差、料液流动等方式划分的工艺类型各有哪几种？

5-13 详述水压式沼气池和浮罩式沼气池的结构与工作原理。试比较它们的优缺点。

5-14 水压式沼气池的设计参数包括哪几项？

5-15 城市污泥与粪便的厌氧发酵处理有哪两种？

6 固体废物的最终处置技术与设备

【学习指南】

本章主要学习固体废物处置的定义、基本要求、最终安全处置原则和处置方法分类；了解固体废物的堆存处置方法、海洋处置法的基本概念及相应的处置程序，了解土地耕作法、土地耕作的原理，深井灌注的操作方法；掌握卫生填埋场地和安全填埋场地的选择、卫生填埋场设计规模的确定、卫生填埋场地的设计、卫生填埋方法和卫生填埋操作；掌握各种安全填埋场地的结构、安全填埋的操作过程、安全填埋场地下水保护系统和安全填埋场地监测；学习影响土地耕作的因素、土地耕作的场址选择与土地耕作的操作方法，以及深井灌注的场地选择、深井的钻探与施工及深井灌注处置操作与监测。

固体废物经减量化和资源化处理后，剩余的在当前技术条件下无法再利用的残渣，为了防止其对环境和人类健康造成危害，需要给这些废物提供一条最终出路，即解决固体废物的最终归宿问题，必须进行最终处置。最终处置的目的就是为了避免废物对大气、水体、生态环境和人类的生存环境产生不利影响。最大限度地将废物封闭隔离。

6.1 固体废物填埋处置技术概述

6.1.1 固体废物处置的定义

根据目前世界各国的固体废物处置技术水平，无论采用任何先进的污染防治技术，都不可能对固体废物进行100%的回收利用，最终总会残留一部分无法进一步处理利用的废物。

为了防治日益增多的各种固体废物对环境和人类健康造成危害，需要给这些废物提供一条最终出路，即解决固体废物的最终归宿问题。因此，固体废物处置的定义为：将固体废物经物理、化学、生物化学处理和回收利用后，最终置于符合环境保护场所或者设施中，不再对固体废物进行回取或其他任何操作的过程，称之为固体废物的处置，也叫最终处置。

6.1.2 固体废物处置的基本要求

固体废物处置是固体废物污染控制的末端环节，是解决固体废物的归宿问题。固体废物经过处理和利用后，总会有部分剩余残渣存在，这些残渣可能又富集了大量有毒有害成分，它们都将长期地保留在环境中，是一种潜在的污染源。为了控制其对环境的污染，必须使之最大限度地与生物圈隔离。所以，固体废物处置应满足以下基本要求：

（1）进行最终处置的固体废物其体积要尽量压缩，有害成分的含量要尽可能少，这可降低处置工程的费用。

（2）处置场所应安全可靠，通过天然屏障或人工屏障使固体废物与环境有效隔离，使污染物质不会影响周围的环境，不会影响人类的生产和生活。

（3）固体废物的最终处置，对于现行的方法需要有完善的环境监测措施，以保证处置工程的正常运行和管理。采用何种方法更经济、更有效，需要进行不断的深入研究。

（4）选择处置方法时，要同时考虑经济、环境和生态效益。

6.1.3 固体废物的最终安全处置原则

固体废物的最终安全处置原则可分为以下几方面：

（1）区别对待、分类处置和严格管制原则。固体废物种类繁多，危害特性和方式、处置要求及所要求的安全处置年限均各有不同。就固体废物最终安全处置的要求而言，根据所处置固体废物对环境危害程度的大小和危害时间的长短，大体上可分为以下几类：

1）对环境无有害影响的惰性固体废物。如未受污染的天然松散或坚硬岩石、建筑废物以及带有相对熔融状态的矿物材料，如炼焦炉熔渣，即使在水的长期作用后对周围环境也无有害影响。

2）对环境有轻微、暂时影响的固体废物。如矿业固体废物、电厂的粉煤灰、钢渣、类似于熔融状态的惰性物质等，废物中所含有的这类污染物质虽可释放，但对水域和周围环境的污染是微小的、暂时的，程度上是可容忍的。

3）在一定时间内对环境有较大影响的固体废物。如城市生活垃圾，在废物中的有机组分达到稳定化之前，会不断产生渗滤液和释放出有害气体，对环境有较大的影响。

4）在长时间内对环境有较大影响的固体废物。大部分工业固体废物，如来自烟气脱硫后的石膏。

5）在很长时间内对环境有严重影响的固体废物。如危险固体废物，其固体废物中含有有害程度强或有毒的特殊化学物质。

6）在很长时间内对环境和人体健康有严重影响的固体废物。易溶和难分解的物质成分，如因其有害性质必须封闭处理的特殊废物、易爆物质或高水平的放射性废物。

因此，应根据不同固体废物的危害程度与特性，区别对待、分类管理。对具有特别严重危害性质的危险废物，处置上应比一般废物的污染防治更为严格和实行特殊控制。这样，既能有效地控制主要污染危害，又能降低处置费用。

（2）最大限度地将危险废物与生物圈相隔离原则。固体废物，特别是危险固体废物和放射性固体废物，最终处置的基本原则是合理地、最大限度地使其与自然和人类环境隔离，减少有毒有害物质释放进入环境的速率和总量，将其在长期处置过程中对环境的影响减至最低程度。

（3）集中处置原则。《中华人民共和国固体废物污染环境防治法》把推行危险固体废物的集中处置作为防治危险固体废物污染的重要措施和原则。对危险固体废物实行集中处置，不仅可以节约人力、物力、财力，利于监督管理，也是有效控制乃至消除危险固体废物污染危害的重要形式和主要技术手段。

6.1.4 固体废物处置方法分类

目前固体废物处置方法可分为两类：一类是按隔离屏障划分为天然屏障隔离处置和人

工屏障隔离处置；另一类是按处置场所分为海洋处置和陆地处置。

天然屏障隔离是利用自然界已有的地质构造及特殊的地质环境所形成的屏障，能够对污染物形成阻滞作用。

人工屏障隔离的界面是人为设置的，如使用适当的容器将固体废物包容或进行人工防渗工程等，在实际工作中，往往根据操作条件的不同而同时采用天然屏障和人工屏障来处置固体废物，以使有害废物在得到有效控制的同时，还兼顾了处置的费用。

海洋处置主要分为海洋倾倒与远洋焚烧两种方法。海洋倾倒是将固体废弃物直接投入海洋的一种处置方法。它的根据是，海洋是一个庞大的废弃物接受体，对污染物质能有极大的稀释能力。进行海洋倾倒时，首先要根据有关法律规定，选择处置场地，然后再根据处置区的海洋学特性、海洋保护水质标准、处置废弃物的种类及倾倒方式进行技术可行性研究和经济分析，最后按照设计的倾倒方案进行投弃。远洋焚烧，是利用焚烧船将固体废弃物进行船上焚烧的处置方法。废物焚烧后产生的废气通过净化装置与冷凝器，冷凝液排入海中，气体排入大气，残渣倾入海洋。这种技术适于处置易燃性废物，如含氯的有机废弃物。

陆地处置的方法有多种，包括土地填埋、土地耕作、深井灌注等。土地填埋是从传统的堆放和场地处置发展起来的一项处置技术，它是目前处置固体废弃物的主要方法。填埋处理就是将固体废物在选定的适当场所，堆填一定厚度后，加上覆盖材料；让其经过相当长时间的物理、化学和生物作用；达到稳定后，进行生态恢复和填埋场地回用。填埋既是一种处理方式，又是用其他方法不能处理的固态残余物的最终处置方式。填埋的分类方法很多，比较科学的分类，是根据所处置的废物种类以及有害物质释出所需控制水平来进行分类。

6.2　固体废物的堆存处置法

固体废物的堆存处置法分为土地堆存法和筑坝堆存法。

（1）土地堆存法。土地堆存法是一种最原始、最简单和应用最广泛的固体废物处置方法。该方法主要处置不溶解、不扬尘、不腐烂变质、浸出液无毒等不危害周围环境的惰性固体废物。堆存场通常设置在空旷、交通便利的山沟、山谷或坑洼荒地，应在居民区的下风方向。如矿山开采出的废石就是采用这种方法进行处置的。此法储存量大，使用年限长，运营方便且安全可靠。

（2）筑坝堆存法。粉煤灰、尾矿粉等湿排灰泥都需要筑坝堆存。储存场设在输送方便且使用年限长的山沟、山谷。目前正在发展多级坝，即利用天然土石方堆筑母坝，然后填灰，填满灰后再在其上利用已筑好的部分灰、粉作为堆筑子坝的材料不断逐层堆筑。该法以灰、粉筑坝，且能储存灰粉，较一次筑坝可节省投资，缩短工期。

6.3　固体废物的海洋处置法

海洋是个巨大的水体，有强大的稀释和自净能力。固体废物的海洋处置就是利用海洋巨大的环境容量和自净能力处置固体废物的一种方法，根据处置方式，海洋处置分为海洋倾倒和远洋焚烧两类。

海洋倾倒操作很简单，可以直接倾倒，也可以先将废物进行预处理后再沉入海底。海洋倾倒要求选择合适的深海海域，而且运输距离不太远。例如，美国在 1899 ~1965 年就曾把建筑垃圾、污泥、废酸、有害废物倒入海洋处置场，海洋倾倒处置曾经是美国高放射性废物的主要处置方法。远洋焚烧是近些年发展起来的一项海洋处置方法。该法是用焚烧船在远海对废物进行焚烧破坏，主要用来处置卤化废物，冷凝液及焚烧残渣直接排入大海中。如“火神”号焚烧船，曾成功地对含氯烃化合物进行焚烧。

进行海洋处置是否造成海洋污染，是否破坏海洋生态系统，在短时期内难以得出结论。但海洋是人类长期依赖的生存环境，因此对于海洋处置主要应考虑以下几方面的问题：

（1）对海洋生态环境的影响如何。

（2）是否满足有关海洋处置的法律规定。

（3）同其他处置方法比较经济上是否可行。

为了加强对固体废物海洋处置的管理，各国都相应制定了有关法律法规，还签订了国际协议。我国对海洋处置基本上是持否定态度，为了严格控制向海洋倾倒废物，我国制定了一系列有关海洋倾倒的管理条例，对保护海洋环境起到了积极作用。

6.3.1　固体废物的海洋倾倒处置

6.3.1.1　海洋倾倒基本概念

海洋倾倒是将固体废物经过化学稳定化、固化处理后用船舶、航空器、平台等运载工具运至适宜距离和深度的海区直接倒入大海中。根据有关法规，选择适宜的处置区域，结合区域的特点、水质标准、废物种类与倾倒方式，进行可行性分析后作出设计方案。按照国际惯例，海洋倾倒的废物容器必须标明投弃国家、单位、废物种类及数量等信息。

固体废物通常装在专用的处置船内，用驳船拖到处置区域。散装固体废物一般在驳船行进中投放，由容器装的废物通常加重物后使之沉入海底，有时将容器破坏后沉海。液体废物用船尾软管伸入水下 1.8~4.5m 处连续排放，排放速率为 4~20 t/min。对于放射性或重金属等有毒害性废物，在进行海洋倾倒前必须通过固化或稳定化处理。装废物的容器结构可用单层钢板桶，也可用外层钢板内层衬注混凝土覆面的复合桶，有效容积通常取 0.2m^3。

为防止海洋污染，对海洋倾倒的废物进行科学管理，严格限定海洋倾倒对象。1972 年在瑞典斯德哥尔摩国际环保大会上通过“防止倾倒废物及其他物质污染海洋”的公约，我国作为负责任的大国，在《中华人民共和国海洋倾废管理条例》中规定如下：

禁止倾倒的废物有：

（1）含有机卤素化合物、汞及汞化合物、镉及镉化合物的废弃物，但微含量的或能在海水中迅速转化为无害物质的除外；

（2）强放射性废弃物及其他强放射性物质；

（3）原油及其他废弃物、石油炼制品、残油以及这类物质的混合物；

（4）渔网、绳索、塑料制品及其他能在海面漂浮或在水中悬浮，严重妨碍航行、捕鱼及其他活动或危害海洋生物的人工合成物质；

（5）含有以上第一、二项所列物质的阴沟污泥和疏浚物。

获得特别许可证后才能倾倒的废物，其污染物含量高，主要有：

（1）含有下列大量物质的废弃物。

1）砷及其化合物；

2）铅及其化合物；

3）铜及其化合物；

4）锌及其化合物；

5）有机硅化合物；

6）氰化物；

7）氟化物；

8）铍、铬、镍、钒及其化合物；

9）未列入附件一的杀虫剂及其副产品。

但无害的或能在海水中迅速转化为无害物质的除外。

（2）含弱放射性物质的废弃物。

（3）容易沉入海底，可能严重阻碍捕鱼和航行的容器、废金属及其他笨重的废弃物。

（4）含有以上第一、二项所列物质的阴沟污泥和疏浚物。

经一般性批准后，可倾倒的废物是除上述两类废物以外的低毒或无毒的废物。该类废物是海洋倾倒处置的主要对象。

6.3.1.2 海洋倾倒处置程序

首先，根据有关法规规定选择处置场地；然后，根据处置区的海洋学特性、海洋保护水质标准、废物的种类选择倾倒方式，进行技术可行性和经济分析；最后，按设计的倾倒方案进行投弃。根据海洋倾废管理条例，海洋倾倒由国家海洋局及其派出机构主管；海洋倾倒区由主管部门会同有关机构，按科学合理、安全和经济的原则划定；需要向海洋倾倒废物的单位，应事先向主管部门提出申请，在获得倾倒许可证之后，方能根据废物的种类、性质及数量进行倾倒。

6.3.2 固体废物的远洋焚烧处置

6.3.2.1 远洋焚烧处置基本概念

远洋焚烧是利用焚烧船将固体废物运至远洋海域进行处理处置的一种方法。这种技术适于处置各种含卤素的有机废物、如多氯联苯（PCBs）、有机农药等卤素烃类化合物。远洋焚烧与陆上焚烧的区别在于，固体废物焚烧后产生的废气通过气体净化装置和冷凝器，凝液排入海洋中，气体排入大气，残渣倾入海洋。根据美国进行的焚烧鉴定试验，含氯有机物完全燃烧产生的水、二氧化碳、氯化氢和氮氧化物排入海洋后，由于海水自身氯化物的含量较高，并不会因为吸收大量氯化氢而使其中的氯平衡发生变化。此外，由于海水中碳酸盐的缓冲作用，也不会因吸收氯化氢使海水的酸度发生变化。因为远洋焚烧对空气净化的要求低，工艺相对简单，所以远洋焚烧处置费用比陆地处置便宜，但比海洋倾倒费用要昂贵。据资料报道，每吨废物焚烧处置的费用为50~80美元。

6.3.2.2 远洋焚烧处置程序

远洋焚烧操作的管理程序与海洋倾倒操作的管理程序一样，需要远洋焚烧处置的单位，首先要向主管部门提出申请，在其海洋焚烧设施通过检查并获得焚烧许可证之后，方能在指定海域进行焚烧。远洋焚烧用的焚烧器结构因处理废物种类不同而异，有的既可以焚烧固体废物，又能焚烧液体废物。焚烧器一般采用有同心管供给空气和液体的液-气雾化型焚烧器。有机废物一般储存在甲板下的船舱内，为防止因碰撞废物泄露导致的海洋污染，船舱采用双层结构。

远洋焚烧操作的基本要求如下：

（1）应控制焚烧系统的温度不低于 1250℃；

（2）燃烧效率至少在（99.95±0.05）%；

（3）炉台上不应有黑烟或火焰外露；

（4）燃烧器要有供给空气和液体的液、气雾化功能；

（5）焚烧船只应有良好的通信设备，焚烧过程随时对无线电呼叫作出反应。

远洋焚烧的优点是空气净化工艺较陆地焚烧简单，处理费用比陆地焚烧低，但比海洋倾倒高。

6.4　固体废物的土地填埋处置法

土地填埋处置是从传统的堆放和填埋发展起来的一项固体废物最终处置技术，是一项涉及多学科领域的处置技术，不是单纯的堆、填、埋，而是一种综合性的土工处置技术。在填埋处置操作方式上，已从堆、填、埋、覆盖向包容、屏蔽、隔离的工程储存方向发展。土地填埋处置是为了保护环境，按照工程理论和土工标准，对固体废物进行有控管理的一种工程方法。

土地填埋处置，首先需要进行科学的选址，在设计规划的基础上对场地进行防护处理，然后按严格的操作程序进行填埋操作和封场，还要制定严格的全面管理制度，定期对场地进行维护和监测。

土地填埋处置技术分为：惰性废物土地填埋、工业废物土地填埋、卫生土地填埋和安全土地填埋。

惰性废物土地填埋是一种简单的处置方法，实际上是将建筑固体废物等惰性废物直接埋入地下，惰性土地填埋包括浅埋和深埋。工业废物土地填埋主要用于处置无害工业废物，要求场地下部土壤的渗透率为 10^{-5} cm/s。卫生土地填埋主要用来填埋城市垃圾等一般固体废物，使其对公众健康和环境安全不造成危害，填埋场结构要求衬层的渗透率小于 10^{-7} cm/s。安全土地填埋是一种改进的卫生土地填埋法，主要用于处置有害废物，使其与生物圈隔离，消除污染，保护环境。安全土地填埋对场地的建造技术要求较严格。一是要求填埋场衬层的渗透系数小于 10^{-8} cm/s；二是要求对渗滤液加以收集和处理；三是要求对地表径流加以控制。

土地填埋处置工艺简单、处置成本低，适于处置多种类型的固体废物。但要注意渗滤液的收集和处理。

6.4.1　土地填埋处置的分类

土地填埋处置的种类很多，按填埋场地形特征可分为山沟填埋、峡谷填埋、平地填埋、废矿坑填埋；按填埋场地水文气象条件可分为干式填埋、湿式填埋和干、湿式混合填埋；按填埋场的状态可分为厌氧性填埋、好氧性填埋、准好氧性填埋和保管型填埋；按固体废物污染防治法规，可分为一般固体废物填埋和工业固体废物填埋；按固体废物的不同可分为卫生填埋和安全填埋。一般城市垃圾与无害化的工业废渣是基于环境卫生角度而填埋，其操作与结构形式称为**卫生填埋**。而对于有毒有害物质的填埋则是基于安全考虑，此操作与结构形式称为**安全填埋**。

6.4.2　卫生填埋法

卫生土地填埋主要用来处置城市垃圾，是利用工程手段将垃圾容积减至最小，填埋点的面积也最小，并在每天操作结束时或每隔一定时间覆以土层，整个过程对周围环境无污染或危险的一种土地处置方法。通常是把每天运到土地填埋场的固体废物，在限定的区域内铺散成 40~75cm 的薄层，然后压实以减小废物的体积，并在每天操作后用一层厚 15~30cm 的土壤覆盖、压实。废物层和土壤层共同构筑成一个单元，即填筑单元。具有同样高度的一系列相互衔接的填筑单元构成一个升层，完成的卫生土地填埋场是由一个或多个升层组成的。当土地填埋达到最终的设计高度之后，再在该填埋层之上覆盖一层 90~120cm 厚的土壤，压实后就形成了一个完整的卫生填埋场。卫生土地填埋场剖面示意图如图 6-1 所示。

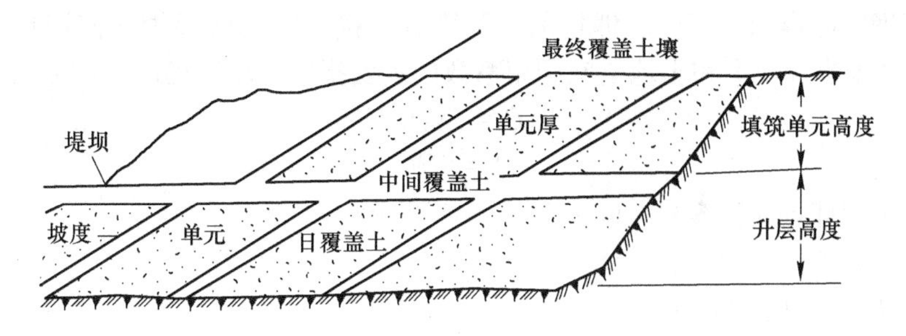

图 6-1　卫生土地填埋场剖面示意图

卫生填埋分为厌氧填埋、好氧填埋和准好氧填埋 3 种类型。其中好氧填埋类似高温堆肥，最大优点是能够减少因垃圾降解过程渗出液积累过多所造成的地下水污染；其次好氧填埋分解速度快，所产生的高温可有效地消灭大肠杆菌和部分致病细菌；但好氧填埋处置工程结构复杂，施工难度大，投资费用高，难于推广。准好氧填埋场地介于好氧和厌氧之间，也同样存在类似好氧填埋的问题，造价比好氧填埋低。厌氧填埋是国内外采用最多的填埋形式，主要原因是厌氧填埋具有结构简单、操作方便、施工费用低，同时可回收甲烷气体等优点。

为了防治地下水被污染，目前卫生填埋从以往的依靠土层过滤自净的衰减扩散型结构向密封隔绝型结构发展。密封隔绝型结构，就是在填埋场底部和四周设置人工衬里，使垃圾同环境完全屏蔽隔离，防止地下水的浸入和浸出液的释出。

6.4.2.1　卫生填埋场设计规模的确定

卫生填埋场设计应根据城市的规模，结合城市环境卫生规划及固体废物处理规划，综合考虑当地自然条件、地形地貌、技术经济合理性等因素，合理确定规模。在确定卫生填埋场的规模时，需要考虑卫生填埋场的用地面积、覆土用量、卫生填埋场的库容和填埋场使用年限等因素。

（1）卫生填埋场用地面积的计算。根据填埋场日处理固体废物量、计划使用年限及平均填埋深度，按下式计算卫生填埋场的用地面积 S

$$S = 365Y\left(\frac{Q_1}{\rho_1} + \frac{Q_2}{\rho_2}\right) \times \frac{1}{HCK_1K_2} \tag{6-1}$$

式中 S——卫生填埋场的用地面积，m^2；

365——日历年天数；

Y——填埋场使用年限，年；

Q_1——日处理垃圾量，t/d；

Q_2——日覆土量，t/d；

ρ_1——垃圾的平均密度，t/m^3；

ρ_2——覆土的平均密度，t/m^3；

H——填埋场预计平均填埋深度，m；

C——垃圾压实沉降系数，取 1.0~1.8；

K_1——堆积系数，与作业方式有关，取 0.35~0.7；

K_2——填埋场的土地利用系数，取 0.75~0.95。

（2）填埋场库容的计算。填埋场的实际库容直接决定其处理量和使用年限，是评价填埋场单位垃圾投资成本和土地空间利用系数的重要指标，填埋场的库容 Q 按下式计算

$$Q = SK_2H \tag{6-2a}$$

或

$$Q = S_1H \tag{6-2b}$$

式中 Q——填埋场库区容量，m^3；

S_1——填埋库区的面积，m^2；

其他符号物理意义同前。

（3）覆土用量的计算。填埋作业过程中需要对垃圾堆体进行覆盖，覆盖用土量 $V_{覆土}$ 可按下式计算

$$V_{覆土} = \frac{365YQ_2}{\rho_2} + Sh\beta K_2 \tag{6-3}$$

式中 $V_{覆土}$——填埋场所需覆土量，m^3；

h——填埋场最终覆盖土层厚度，m；

β——填埋场最终覆盖土层面积与投影面积比例系数；

其他符号物理意义同前。

（4）填埋场使用年限的计算。填埋场的使用年限 Y，可按下式计算

$$Y = (Q - V_{覆土}) \times \frac{\rho_1 C}{365Q_1} \tag{6-4}$$

式中 Y——填埋场的使用年限，年；

其他符号物理意义同前。

6.4.2.2 卫生填埋场地的选择

填埋场地的选择是处置工程设计的第一步，既要满足环保要求，又要经济可行。要选

好一个理想的场地，主要考虑以下几个方面：

（1）土壤与地形条件。填埋场的底层土壤应有较好的抗渗透性，以防止浸出液对地下水质的污染。覆盖所用的黏土最好是取自填埋场区的土壤，以降低运输费用，还可以增加填埋场的容量。土质应易于压实，防渗能力强。对填埋场地形的要求，应有较强的泄水能力，便于施工操作及各项管理。低洼湿地、河畔地段不能做填埋场。

（2）运输距离。运输距离的长短对处置系统的整体运行有决定性的意义，既不能太远又不能对城镇居民区的环境造成影响。并要求公路交通应能够在各种气候条件下进行运输。

（3）确定填埋场的面积。根据垃圾的来源、种类、性质和数量确定场地的规模，填埋处置场要有足够的面积，可满足10~20年的服务区内垃圾的填埋量，否则用于建立填埋场投入的设施、管理都不会有太高的效益和回报，增加了垃圾处置的成本。填埋场设计时，面积与容积应根据城市人口、垃圾产率、填埋深度、废物与覆盖材料的体积比（3~4）：1，以及压实度等参数进行详细设计计算。

（4）地质和水文地质条件。在确定填埋场区环境是否相适宜时，应全面掌握填埋区的地质、水文地质条件，避免或减少浸出液对该地区地下水源的污染，通常要求地下水位尽量低，据填埋底层至少1.5m。

（5）气象条件。气候会影响交通道路和填埋处置效果，通常应选择蒸发量大于降水量的环境，在北方还应考虑冬季冰冻严重时，不能开挖土方，须有相当数量的覆盖土壤储备。另外，为了防止废纸、废塑料等易被风扬起飘向天空污染环境，填埋场地还需要设防风屏障，而防风屏障应避免设置在风口。

（6）环境条件。填埋操作易产生噪声、臭味及飞扬物，而造成环境污染。因此，填埋场应避免选在居民区附近，最好选在城市的下风向。

（7）填埋场地的最后利用。填埋场封场以后，要求有相当面积的土地能作他用，如建设公园、高尔夫球场或做仓库等，均需要在填埋场设计和运行时统筹考虑。

6.4.2.3 卫生填埋场地的设计

卫生填埋场地的设计，主要包括场地面积和容量的确定、防渗措施、逸出气体的控制等。

（1）场地面积和容量的计算。卫生填埋场地面积和容量与城市人口数量、垃圾的产率、废物填埋高度、垃圾与覆盖材料之比以及填埋后的压实密度有关。通常，覆盖土层和填埋垃圾之比为1：3或1：4，填埋后废物的压实密度为500~700kg/m^3，场地的容量至少可供使用20年。

每年填埋的废物体积V（m^3）可按下式计算

$$V = 365\frac{WE}{\rho_y} + V_{覆土} \tag{6-5}$$

式中 W——垃圾产率，kg/(人·d)；

E——城市的人口数，人；

ρ_y——填埋后废物的压实密度，kg/m^3；

$V_{覆土}$——覆土的体积，m^3。

设已知填埋高度为H(m)，则每年所需土地面积A(m^2）可按下式计算

$$A = \frac{V}{H} \tag{6-6}$$

土地填埋场地的实际占地面积确定之后，还要考虑城市人口增加导致垃圾增多，填埋场地面积增加以及场地周围土地的使用，要注意保留适当的缓冲区，并根据有关标准确定场地的边界。总之，场地的容量应根据当地发展规划，留有充分的余地。

（2）地下水保护系统设计。卫生土地填埋场内会产生一定数量的浸出液（也称渗滤液），渗出液主要来源于垃圾本身、降雨、降雪及地表径流的渗入。浸出液中含有多种污染物，一旦渗出就会污染地下水源。为了有效地防止地下水的污染，进行地下水保护系统的设计具有十分重要的意义。

从上述浸出液的主要来源可知，浸出液的产生量受多种因素影响，要精确地计算比较困难，通常都是采用经验公式估算，较简单的经验公式为

$$Q = \frac{1}{1000}CIA \tag{6-7}$$

式中　Q——日平均浸出液流量，m^3/d；

C——流出系数,%，C 与填埋场表面特性、植被、坡度、土壤种类等因素有关，一般取 0.2~0.8；

I——平均降雨量，mm/d；

A——填埋场集水面积，m^2。

每年可能产生的浸出液量可用下面的水量平衡式估算

$$L_0 = I_{zs} - I_{zf} - \alpha W \tag{6-8}$$

式中　L_0——滞留在场内的浸出液，m^3/a；

I_{zs}——进入场内的总水量（雨水量+液体垃圾+地下水和地表水渗入量），m^3/a；

I_{zf}——蒸发、蒸腾损失量，m^3/a；

α——垃圾含水量，m^3/t；

W——垃圾量，t/a。

对于封场后的情况，需对公式（6-8）进行修正，封场垃圾仍然具有吸收一定水量（U）的能力，且封场后让地表水流出（R），所以平衡式中必须引入 U 和附加量 R，所以平衡式在封场后变为

$$L_r = I_{zs} - R - I_{zf} - U \tag{6-9}$$

式中　L_r——封场后留在场内的浸出液。

渗滤液的集排工程：

1）渗滤液的收集系统可由 300mm 厚层流层、盲沟（或穿孔管）铺设而成，管道或沟道以不小于 1%的坡度通向集水井或污水调节池。

2）集水井的尺寸应满足水泵的安装要求，并保证 5min 以上的给水量。

3）渗滤液收集系统必须在封场后至少 10~15 年内保持有效。系统还应具有抗化学腐蚀功能。

4）收集的渗滤液在处理前应先进污水调节池，调节池的容量应保证足够容纳渗滤液量，并能承受暴雨引起的冲击负荷。

5）渗滤液的处理应尽量与城市污水处理相结合，在经过调节池和预处理后，可排入

城市下水道进城市污水处理厂。

6）若需要单独建设渗滤液处理厂，其规模和工艺应本着经济可行的原则确定，以降低处理厂的投资。

为了更有效地保护地下水，还要选择合适的覆盖材料，以防止雨水进入填埋的垃圾。覆盖材料可以是黏土，也可以采用在塑料布上覆盖黏土。

（3）填埋场气体的产生与控制。垃圾被填埋后，废物中的有机物被微生物降解会产生气体，如同渗滤液的变化一样，主要随填埋的废物种类和时间而变化。在填埋初期，有机物进行好氧分解，产生的气体为二氧化碳、水和氨，时间持续数天。随后进入厌氧分解阶段，产生的气体为二氧化碳、甲烷、氨和水，也可能会产生少量的二氧化硫和硫化氢气体。在分解旺盛时期，主要是二氧化碳和甲烷的混合气体，约占产气量的90%以上。其中甲烷可占30%~70%，二氧化碳占15%~30%。

卫生填埋场气体的产生量与处置的垃圾种类有关，可以在现场实际测量或采用经验公式推算得出。气体的产生量与垃圾中的有机物种类有关，特别是与有机物中可分解的有机碳成比例。因此，气体产生量可按下式进行推算

$$V_q = 1.866 \frac{m_{fc}}{m_{yc}} \tag{6-10}$$

式中 V_q——气体产生量，L；

m_{fc}——可分解的有机碳量，g；

m_{yc}——有机物中的碳量，g。

垃圾填埋所产生的气体主要是二氧化碳和甲烷。因为二氧化碳的密度大于空气，所以二氧化碳在填埋场内向下运动聚集，导致渗滤液pH值降低，甲烷气体在填埋场内向上运动，并在填埋场覆盖层下部聚集，若不及时排气，将会使覆盖层下部气压增大，导致隔水层的破裂，使地表径流水进入填埋场，增大渗滤液的产生量，同时气体逸出会对周围环境造成危害，当甲烷浓度达到5%~15%时，就可能发生爆炸。因此，必须对填埋场的气体加以收集控制，或排出燃烧，或作为能源利用。

在卫生填埋场选址时，除了从场地的位置、土壤的渗透性能方面对产生的气体进行控制外，还应在工程设计上采取适当的措施对气体控制。常用的方法有渗透性排气系统和密封性排气系统。

渗透性排气系统是控制填埋场气体水平方向运动的一种有效方法。典型的方法是单元式排气法，如图6-2（a）所示。该法是在填埋场内利用比周围土壤容易透气的砾石等材料制成排气道加以控制。各排气道的间距与填筑单元的宽度有关，通常在20~70m，砾石层的厚度为30~45cm，这样即使在发生沉降时，仍能保持其与下层的连续性，维持排气畅通。此外，还有边界式和井式排气法如图6-2（b）、图6-2（c）所示。

密封性排气系统可采用渗透性比土壤差的材料做成阻挡层，在不透气的顶部覆盖层中设置排气管。如图6-3所示，排气管与设置在浅层砾石排气通道或设置在填埋废物顶部的多孔集气支管相连接，还可用竖管燃烧甲烷气体。如果填埋场地与建筑物相距太近，竖管要高出建筑物。阻挡层或不透气顶盖层通常由无纺布-粗砂层、砂-膨润土混合物层和混凝土层构成，可以有效地回收填埋场的气体。

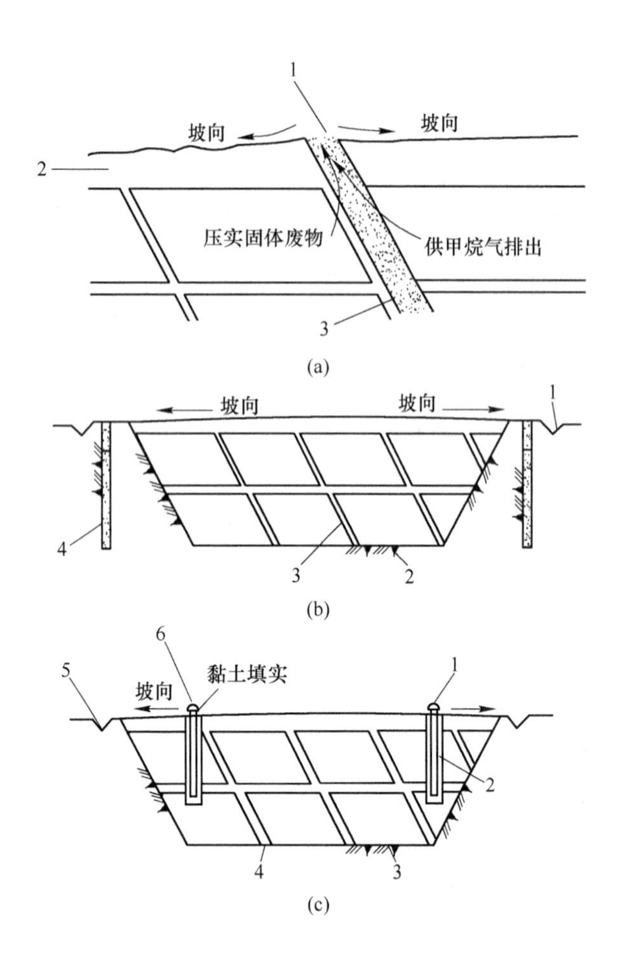

图 6-2 卫生填埋中渗透性排气系统

(a) 单元式：1—砾石充排气道；2—最后覆盖层；3—每日覆盖层

(b) 边界式：1—排水沟；2—原地面；3—每日覆盖层；4—砾石充填槽

(c) 井式：1—标准排气嘴；2—砾石充填井式排气道；3—原地面；4—每日覆盖层；5—排水沟；6—排气罩

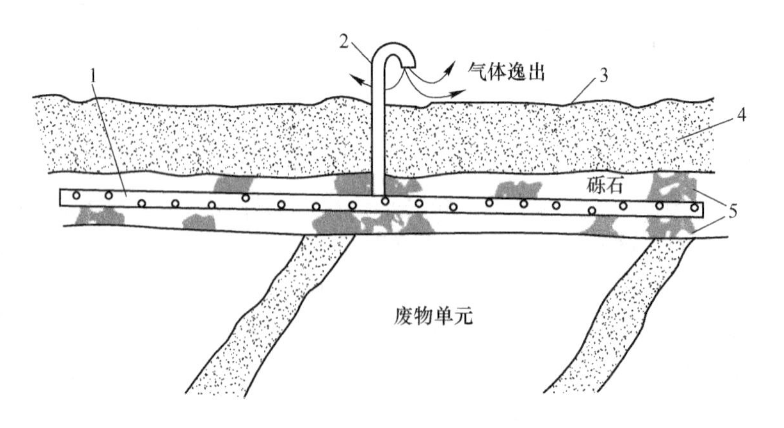

图 6-3 卫生填埋中密封性排气系统

1—多孔集气管；2—排气管；3—最终覆土；4—不透气顶盖层；5—排气通道

6.4.2.4 卫生填埋方法

卫生填埋法主要有地下填埋法、地面填埋法和综合填埋法3种。填埋法的选择可根据具体的操作条件而定，既要做到固体废物的储存稳定化、无害化和资源化，又要最大限度地利用自然条件、最少的经济投入，使填埋场对周围环境的污染降到最低限度。

（1）地下填埋法。地下填埋法也称沟槽法。该法是将废物铺撒在预先挖好的沟槽内，然后压实，把挖出的土作为覆盖材料铺撒在废物之上并压实，即构成基础填筑单元。当地下水位较低，且有充分厚度的覆盖材料可取时，适宜选用此法。沟槽的大小要根据场地水文地质条件来确定，通常沟槽的长度为30~120m，深为1~2m，宽度为4.5~7.5m，图6-4为典型的地下填埋法填埋示意图。

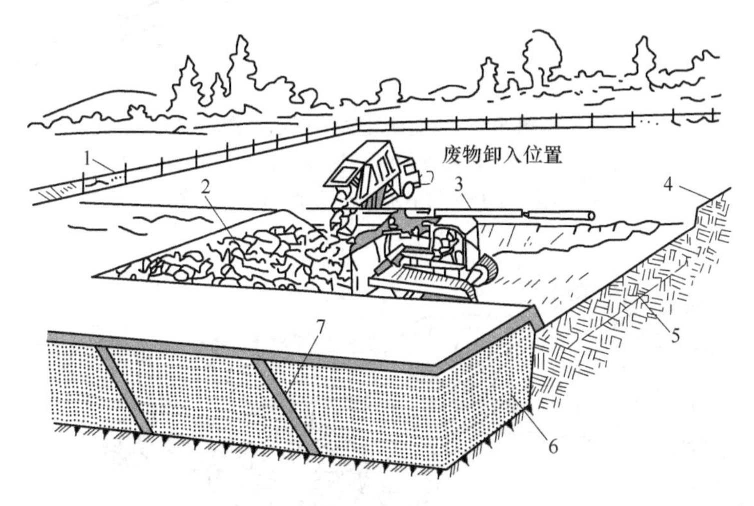

图6-4 地下填埋法填埋示意图

1—篱笆；2—工作面；3—圆木；4—原地表面；5—每日覆盖的挖掘层；6—完工单元；7—每日覆盖层

（2）地面填埋法。地面填埋法又称堆高填埋法。这种方法适用于潮湿、河网密度大、降雨量大、蒸发量小、地下水位埋深小、地表水和地下水互为补给的地区。该法是把废物直接铺撒在天然的土地表面上，分层压实并用土覆盖，然后再压实。通常填埋开始时，需要建一个人工土坝，作为初始填筑单元的屏蔽，废弃的采石场、露天矿坑、峡谷、盆地等都可以采用此方法。该法的优点是不需要开挖沟槽或基坑，但需要另找覆盖材料。图6-5为地面填埋法填埋示意图。

（3）综合填埋法。综合填埋法也称斜坡填埋法，综合填埋法实际上是地下填埋法和地面填埋法的结合，利用倾斜的地形，把废物直接铺撒在斜坡上，压实后用工作面前直接得到的土进行覆盖，然后再压实。图6-6为综合填埋法填埋示意图。该法的优点是只需进行少量的挖掘工作，即可满足第二天覆盖废物对土壤的需求，与地面填埋法比较，由于不需要从场外运进覆盖材料，综合填埋法更能有效地利用处置场地。

卫生土地填埋操作灵活性较大，最终采用哪一种方法应根据垃圾的特点，处置场地的自然地理、水文、工程地质条件以及环境保护方面的要求来确定。

6.4.2.5 卫生填埋操作

填埋操作是卫生填埋具体的操作过程，为了保证操作的顺利进行，必须事先制订一份

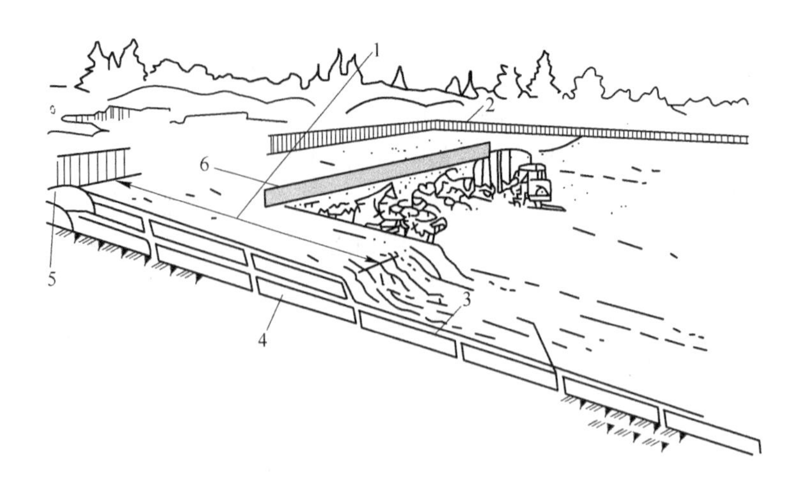

图 6-5 地面填埋法填埋示意图

1—部分完成的第二隆起段；2—填埋场屏障；3—每日覆盖层；4—压实的固体废物单元；5—土堆平台；6—篱笆

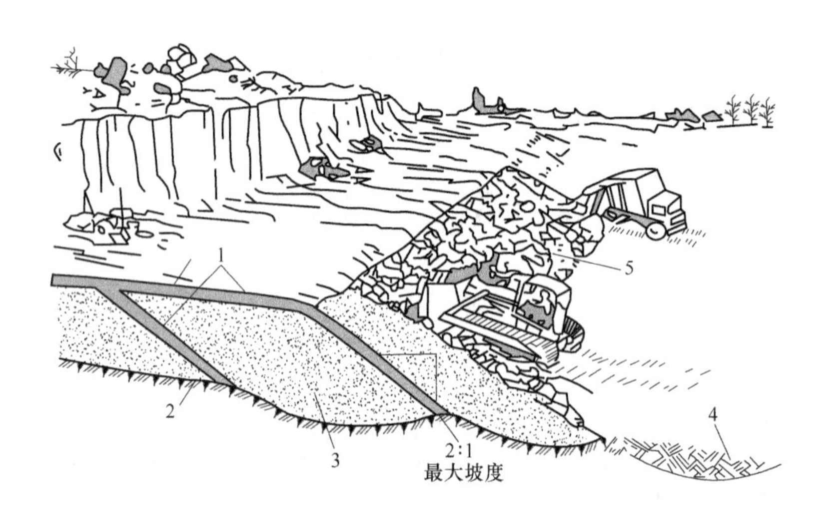

图 6-6 综合填埋法填埋示意图

1—每日土壤覆盖层（15cm）；2—原地表面；3—压实的固体废物；4—待挖覆盖土；5—工作面

切合实际的卫生填埋操作计划，内容包括：操作规程、交通路线、记录与监测程序、定期操作进度表、意外事故应急计划和安全措施等。

为了降低被填埋废物的含水量，便于压实填埋，减少浸出液的产生等，必须对垃圾进行预处理。填埋操作设备关系到填埋质量和填埋费用，所以填埋设备的选择对卫生填埋操作十分重要。常用的填埋设备有履带式和轮胎式推土机、铲运机、压实机等，有时也采用专门的压实设备，如滚子、夯实机或振动器等。具体选用哪些设备应根据垃圾的处理量、填埋场地等条件来确定。

填埋操作时，如果垃圾不需要预处理，可直接把垃圾从运输车卸到工作面上，铺撒均匀压实。每层填埋的厚度以 2m 左右为宜，厚度过大时会给压实带来困难，甚至会影响压实效果，厚度过小时，会浪费动力增加填埋费用。每日操作之后至少铺撒15m厚的覆盖土层，并且压实。以防止由于垃圾裸露在外而引起的风蚀或造成火灾，同时减少鸟类和啮齿动物的栖息。在平坦的填埋场，土地填埋操作方式可由下向上进行垂直填埋，也可以从一端向另一端进行水平填埋。图6-7为两种填埋作业方式的断面示意图。垂直填埋又称阶梯式填埋，其优点是填埋操作由底部向上逐层进行，在较短的时间可使填埋的垃圾达到最终填埋高度，既可以减少垃圾的暴露时间，又有助于减少浸出液的数量，所以被广泛采用。

对于斜坡或峡谷地区，土地填埋可以从上到下或从下往上进行。一般采用从上到下的顺流填埋方法，因为这样既不会积蓄地表水，又可减少渗滤液。图6-8为丘陵、峡谷地区填埋作业方式断面示意图。

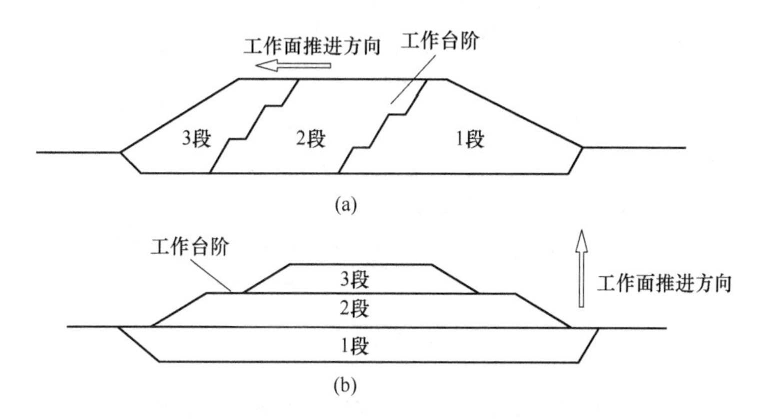

图6-7　平坦地区的填埋处置操作断面示意图
(a) 水平填埋；(b) 垂直填埋

6.4.3 安全填埋法

安全土地填埋是改进的卫生土地填埋，填埋场的结构与安全措施比卫生土地填埋场更为严格，主要用于处置危险废物。其选址要远离城市和居民较稠密的安全地带，从结构上必须设置人造和天然衬里，要求下层土壤或与衬里结合部的渗透率应小于 10^{-8} cm/s，最低层的土地填埋场应位于该处地下水位之上，要采取适当的措施控制和引出地表水，要配置严格的渗滤液收集、处理及监测系统，要设置完善的气体排放和监测系统，要记录所处置废物的来源、性质及数量，把不相容的废物分开处置。若危险废物在处置前进行稳定化处理，填埋后会更安全。图6-9是典型的安全土地填埋场结构的剖面示意图。

安全土地填埋可以处置所有废物，但为了保护环境，操作时须对处置的废物依照有关法规和标准加以限制。

6.4.3.1 安全填埋场地的选择

(1) 场地的选择标准。在选择场地时，应考虑场地本身固有的地质、水文以及土壤特性等场地特性；场地应具有一个稳定的土地处置设施的位置，且不会因自然或人为因素而受到破坏，场地地质水文条件稳定；地下水和其他污染物可迁移经过的地段都需要进行监测；填埋场不应设置在历史古遗址、矿产地、公园、重要的农业区以及野生动植物保

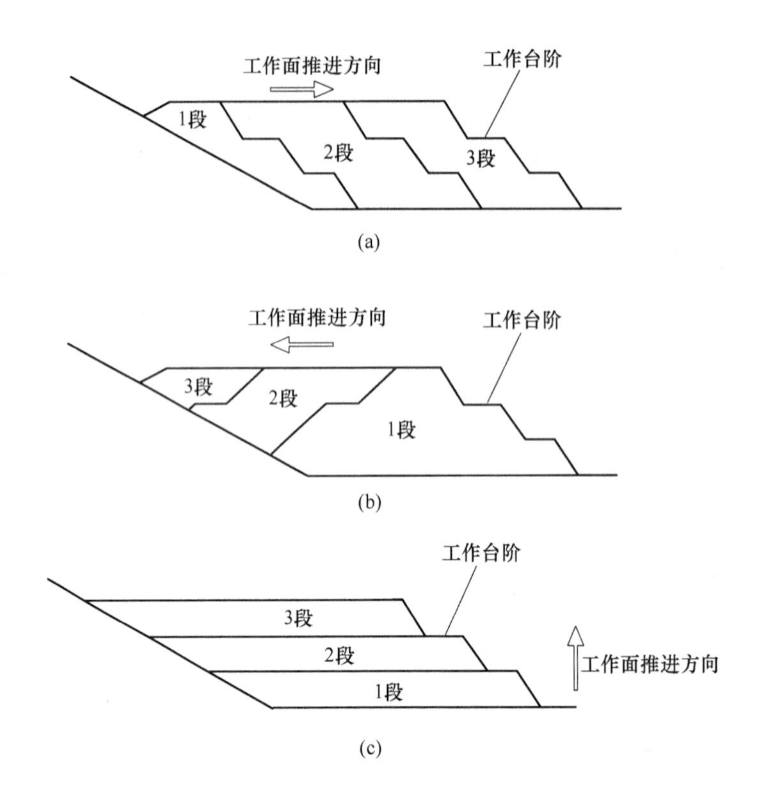

图 6-8 丘陵、峡谷地区填埋操作断面示意图

（a）顺流填埋；（b）逆流填埋；（c）垂直填埋

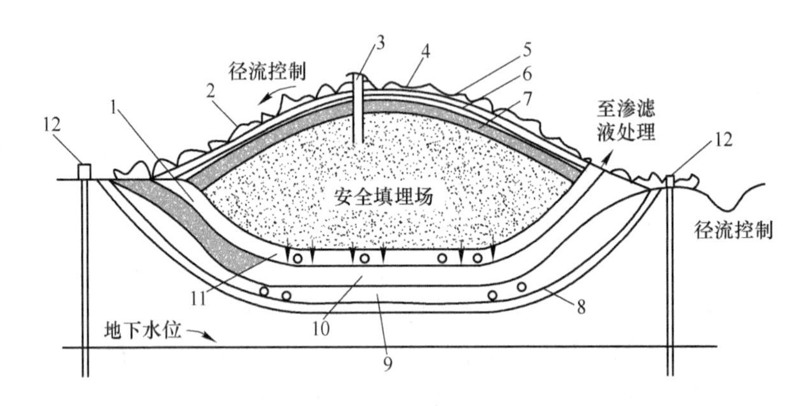

图 6-9 安全土地填埋场结构的剖面示意图

1—保护衬层/渗滤液收集系统垫层；2—护坡；3—排气口；4—最终填埋表面；5—植被土层；6—密封层；7—中间层；8—辅助衬里；9—渗滤液监测系统；10—防渗衬层；11—渗滤液收集；12—监测井

护区。

（2）场地选择的一般要求。影响场地选择的因素很多，主要从工程学、环境学、经济学以及法律和社会等几方面考虑，具体要求见表 6-1。

表 6-1 地址选择的一般要求

因 素	要求内容
工程	（1）尽可能靠近废物生产厂；（2）容量足够大；（3）具有全天候公路，足够的宽度和运输能力；（4）尽可能利用天然地形；（5）避开地震、滑坡带和断层、矿藏区、溶洞区；（6）填埋物与地下水位之间至少有 1.5m 厚土层，土层渗透率为 1×10^{-7} cm/s
环境	（1）避开专用水源含水层和地下水给补区；（2）不与地下水相连，填埋场底部必须在地下水位之上；（3）避开居民区和风景区；（4）避开动植物保护区；（5）避开文物古迹和古生物化石区；（6）减少气体偶然释放和恶臭的影响；（7）减少运输和其他设备的噪声；（8）要求避开高寒山区以及 100 年洪泛区平原地带
经济	（1）土地容易征得，费用低；（2）运输距离短；（3）场地和道路施工容易
法律和社会	符合国家、地区或地方有关法律规定，征得地方主管部门的同意，做好公众的宣传工作

（3）场地选择原则。场地选择时遵循的原则：一是环境保护的原则，尽可能地减少或消除对环境的危害；二是经济合理的原则，以降低填埋场费用。

6.4.3.2 安全填埋场地的结构

根据场地的地形条件、水文地质条件以及填埋的特点，安全土地填埋场的结构主要分为：人造托盘式、天然洼地式和斜坡式。

（1）人造托盘式安全土地填埋。图 6-10 为人造托盘式安全土地填埋结构示意图。四周的防渗边向下挖掘而成，并设衬垫，犹如一个盘子，这种结构适宜在平原、表层土壤较厚的地区，土层具有较好的防渗性，最好是天然存在的不透水层。为增大容量也可设计成半地上式或地上式。

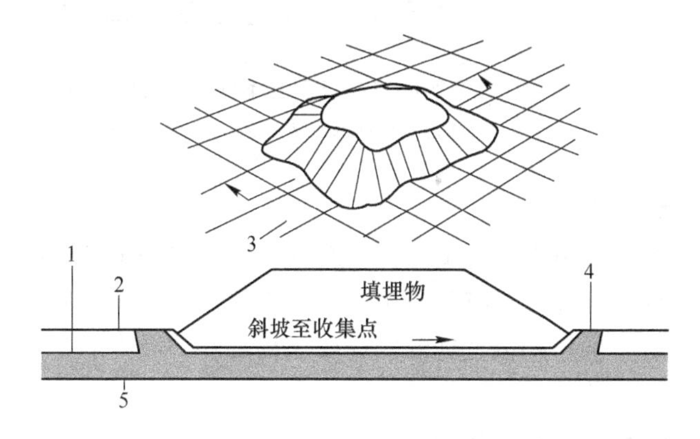

图 6-10 人造托盘式安全土地填埋结构示意图

1—开挖后地坪；2—原地坪；3—浸出液收集；4—人造侧衬深入不透水层；5—天然不透水层

（2）天然洼地式安全土地填埋。天然洼地式安全填埋场是利用天然的地形条件，如天然峡谷、采石场坑、露天矿坑、山谷、凹地等构成盆地状容器的三边，在其中处置固体废物。由于该法充分利用天然地形，减少了大量的挖掘工作，储存容量大。其缺点是填埋场地的准备工作较复杂，地表水和地下水的控制较困难，主要的预防措施是使地表水绕过填埋场地并把地下水引走。图 6-11 为天然洼地式安全填埋示意图。

（3）斜坡式安全土地填埋。斜坡式安全土地填埋的结构特点是依山建处置场，以天然山坡为系统的一边，从而减少施工量，方便废物的倾倒，与斜坡法卫生土地填埋相似。

丘陵地区常用这种结构方式。图 6-12 为典型的斜坡式安全土地填埋示意图。

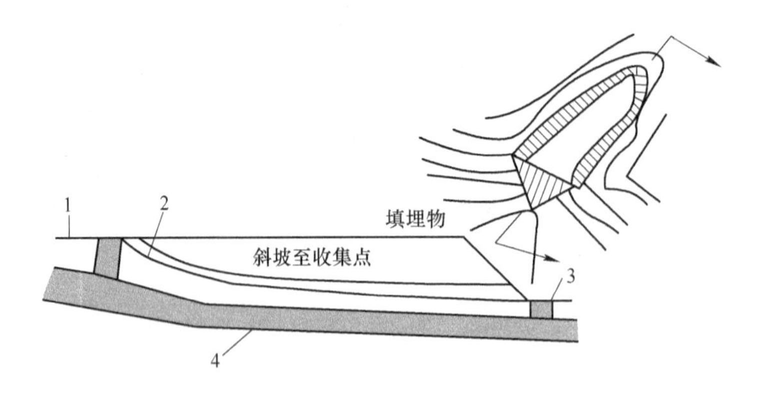

图 6-11　天然洼地式安全填埋示意图

1—原地坪；2—浸出液收集；3—人造侧衬深入不透水层；4—天然不透水层

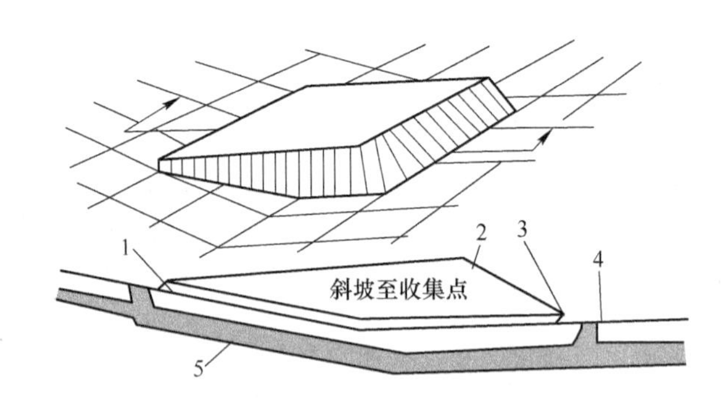

图 6-12　典型的斜坡式安全土地填埋示意图

1—浸出液收集；2—填埋物；3—人造侧衬深入不透水层；4—原地坪；5—天然不透水层

6.4.3.3　安全填埋的操作

安全土地填埋的操作与卫生土地填埋操作基本相同。安全土地填埋的操作，应严格按操作程序实施，以防污染环境。对有毒有害的废物必须进行稳定化处理，用桶装好的有害废物，要有规律的放置，桶口朝上，桶的四周要填满足够的吸附剂，以吸收容器可能漏出来的有害物质。

6.4.3.4　安全填埋场地下水保护系统

安全填埋比卫生填埋更注重对地下水保护系统的设置，采取有效的方法是选择适宜的防渗衬里，建立浸出液收集监测处理系统。防渗工程首先是依据被处置废物的性质、场地的水文地质条件、建造费用等选择合适的衬里。衬里可分为无机材料、有机材料和混合衬里材料。无机材料有黏土、水泥等；有机材料有沥青、橡胶、聚乙烯、聚氯乙烯等；混合衬里材料有水泥沥青混凝土、土混凝土等。衬里除具有防止浸出液渗漏的功能外，还具有包容废物、收集浸出液、监测浸出液的作用。所以设计时应考虑以下因素：

（1）衬里及其他结构材料必须满足有关标准；

（2）设置天然黏土衬里时，衬里的厚度至少为 1.5m；

（3）设置双层复合衬里时，主衬里和辅助衬里必须选择不同的材料；

（4）衬里系统必须设置收集浸出液的积水坑，其容积至少能容纳 3 个月的浸出液量；

（5）衬里之上应设置保护层，使浸出液迅速流入积水坑。保护层可选适当厚度的砾石、高密度聚乙烯网和无纺布；

（6）衬里应具有一定的坡度，以使浸出液顺利流向积水坑；

（7）积水坑设浸出液监测装置；

（8）设置浸出液排出系统，定期抽出浸出液处理，以减少衬里的水力压力；

（9）设置备用抽水系统，以便在泵或立管损坏时抽出浸出液。

6.4.3.5 安全填埋场地监测

场地监测是土地填埋场设计操作管理规划的一个重要组成部分，是确保填埋场正常运行，迅速发现有害污染物释出及进行环境影响评价的重要手段。场地监测系统主要由渗出液监测系统、地下水监测系统、地表水监测系统以及气体监测系统四部分组成。

（1）渗出液监测。渗出液监测包括填埋场内渗出液监测和处理后的渗出液监测两个方面。填埋场内渗出液监测是指随时监测填埋场内渗出液的液位，定期采样分析。处理后的渗出液监测是检测渗出液是否达到排放标准。

（2）地下水监测。经常性的地下水监测是场地监测的重点，它主要包括充气区监测和饱和区监测两方面。第一方面是充气区监测。充气区也称未饱和区，是指土地表面和地下水之间的土壤层。该区土壤空隙被部分空气和水所充满，浸出液一旦释出，必须通过它进入地下水。充气区监测是为了及早发现有害污染物质的浸出。充气区监测井紧贴填埋场四周设施，最佳位置是靠近衬垫结构的下部，充气区监测井一般用压力真空渗水器进行采样。为准确反映出浸出液的迁移位置，可在同一监测井垂直设置几个渗水器。第二方面是饱和区监测。饱和区监测是指对场地周围地下水的监测，目的是为了观察场地在运营前后地下水质变化情况，监测地下水是否被场地滤出的有害物质所污染。饱和区是指地下水位以下的地带，其土壤空隙基本为水充填，且具有流动方向性。饱和区监测井的深度和位置要根据场地的水文地质条件来确定。原则是应能从渗出液最可能出现的储水层收集取样。最简单的地下水监测系统由四口井组成，如图 6-13 所示。1 号井为地下水本底监测井，位于场地水力上坡区，与场地距离不超过 3km，但也不可太近，以提供确切可靠的本底数据。2 号井和 3 号井紧邻填埋场的水力下坡区设置，并用于提供直接受场地影响的地下水水质数据，4 号井位于远离填埋场的水力下坡区，用以提供浸出液的释出速度及迁移距离的数据。为节约开支，监测井的设置可同场地选择时地质勘探井结合起来进行。

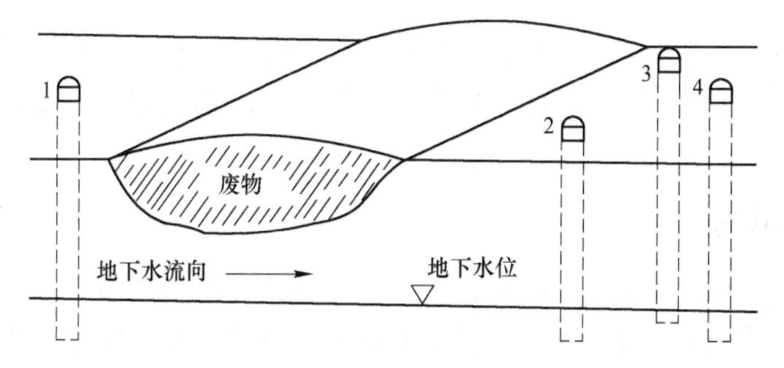

图 6-13 填埋场地下水监测系统示意图

地下水监测井的深度可根据场地的水文地质条件来确定。为适应地下水位的波动变化，井深一般在地下水位以下3m，如果有多层地下水，可对多层地下水监测。本底井一般要监测两层。图6-14所示为典型的地下水监测井结构剖面示意图。

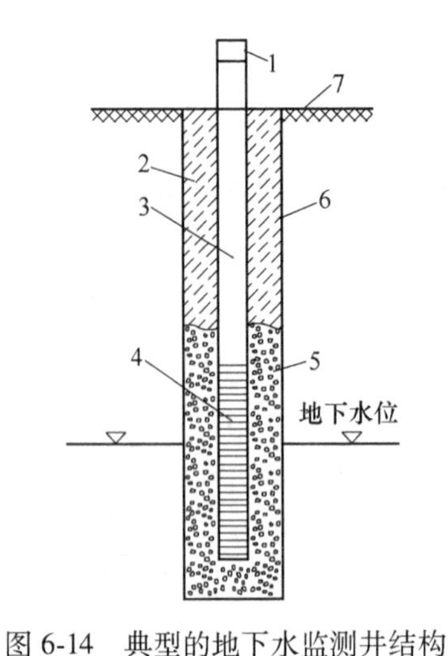

图6-14　典型的地下水监测井结构剖面示意图

1—井盖；2—钻孔；3—PVC套；4—PVC栅网；5—清洁砾石；6—低渗透填料；7—地表面

（3）地表水监测。地表水监测是对填埋场附近地表水，如河流、湖泊等进行监测，以监控浸出液对这些水体的污染情况。地表水监测方便简单，可在填埋场附近的水体取样。

（4）气体监测。气体监测包括对填埋场排出气的监测和填埋场附近的大气监测。其目的是了解填埋废物释放出气体的特点和填埋场附近的大气质量。气体监测一般10~20天进行一次，监测指标主要有CO_2、CH_4、SO_2、NO_x。

6.5　固体废物的土地耕作法

6.5.1　土地耕作处置的概述

土地耕作法是指将固体废物分散在现有的耕作土地上，通过土壤中存在的大量微生物的降解作用、土地上植物的呼吸作用和风化作用对有机物和无机物进行处理的方法。

土地耕作主要用来处置含有较丰富易生物降解的有机质和含盐较低且不含有毒有害物质的固体废物。主要有经过加工、处理后的城市垃圾、污水处理厂污泥、石油废物、有机化工和制药业废物等。

土地耕作法具有工艺简单、操作方便、投资少、对环境影响小，且确实能够起到改善某些土壤的结构和提高肥效的作用等优点。其缺点主要是对于固体废物的种类和数量有一定的限制。通常适合处置含有机物较多的固体废物，例如污水处理厂的污泥以及石油化工工业的固体废物等。对于含有重金属等有毒有害物质的废物、危险废物和放射性废物等要严禁使用。

在选择土地耕作处置场时，应保证处置后的土地、农作物、地下水、空气等不受污染，同时又要力求操作方便，运行成本低。如果处置场设计得好还可能有改良土壤结构提高土壤肥效的作用。

6.5.2　土地耕作的原理

土地耕作处置是基于土壤的离子交换、吸附、微生物生物降解、降解产物的挥发等综合作用的过程。当土壤中加入可生物降解的有机废物后，通过微生物的分解、浸出、沥滤、挥发等复杂的生物化学过程，一部分便结合到土壤底质中，一些碳会转化为CO_2，挥发到大气中。当土壤中含有适当的氮和磷酸盐时，碳可被微生物细胞群吸收，最终使有机废物像天然有机物一样被“固定”在土壤中，这样既改善了土壤的结构，又增加了土壤的肥效。未被生物降解的组分，则永远地存在于土地耕作区这个永久性的“仓库”里。可以说，土地耕作是一种对有机物分解处理，对无机物永久储存的综合性处理处置方法。

6.5.3　影响土地耕作的因素

（1）废物本身性质的影响。土地耕作处置的效果，首先取决于固体废物的成分。有机成分较易降解，且能提高肥效，无机组分可改良土壤的结构，而过高的盐量和过多的重金属离子则难于得到处置。此外，废物中也不能含有足以引起空气、底土及地下水污染的有害成分。另外，废物的破碎程度越大，废物与微生物的接触就越充分，其降解速度就越快。为此，在耕作前可对废物进行破碎处理。

（2）土地耕作深度的影响。有机废物的降解主要是依靠微生物来进行的。土壤的类型、深度不同，所含的微生物种群的种类和数量也大不相同。因此，微生物的数量越多，废物降解的速度越快、越彻底。表 6-2 列出了不同深度土层中微生物的种群和数量的分布情况。从表中可以看出，上层土壤中含有的微生物数量最多，因此，耕作深度应限制在 15~20cm 比较适宜。

表 6-2　不同深度土层中微生物的种群和数量的分布（每克土壤含菌数）

深度/cm	好氧菌	厌氧菌	放线菌	霉　菌	藻　类
3~8	7.8×10^6	1.95×10^6	2.08×10^6	1.19×10^5	2.5×10^4
20~25	1.8×10^6	3.79×10^5	2.45×10^5	5×10^4	5×10^3
35~40	4.72×10^5	9.8×10^4	4.9×10^4	1.4×10^4	5×10^2
57~75	1×10^4	1×10^3	5×10^3	6×10^3	1×10^2
135~145	1×10^3	4×10^2	—	3×10^3	—

（3）当地气候条件的影响。温度是影响微生物生命活动的主要因素，微生物生存繁殖的最佳温度为 20~30℃。当温度降低时，微生物生命活动明显减弱，甚至停止活动。因此，土地耕作要避开寒冷的冬季，春季、夏季最适宜。

（4）土壤含水量的影响。土壤的含水量会影响土地耕作处置中废物的降解率，土壤含水量过高时，土壤的通气性能降低，微生物降解速率会降低；当土壤含水量过低时，会影响微生物繁殖，使降解速率降低，适宜的含水量为 6%~22%（质量分数）。

（5）废物的粒度的影响。废物的粒度对土地耕作处置也有影响，废物的粒径越小．比表面积越大，废物与微生物的接触越充分，其降解速度就越快、越彻底。因此在耕作处置前固体废物应进行粉碎处理。

（6）pH 值和土壤的孔隙率的影响。pH 值应为中性或偏碱性，一般使土壤的 pH 值维持在 7~9；因耕作处置是在好氧条件下进行，土壤必须保持适量空气，使微生物降解更快、更彻底。

6.5.4　土地耕作的场址选择

选择土地耕作处置场地的原则是在保证处置场地、农作物、地表水、地下水、空气等不受固体废物污染的前提下，同时还要考虑废物运输距离、便于铺撒、对土壤有提高肥效作用和改良土壤结构等经济可行性。对场地的选择主要考虑以下四个方面：

（1）土地耕作场地应避开断层、塌陷区，避免与通航水道直接相通，以防止固体废物产生的渗出液直接污染地表水和地下水。

（2）耕作处置场地土层应为细粒土壤，而土壤颗粒的粒径小于 73μm 。

（3）耕作处置场距地下水位至少 1.5m，距饮用水源地至少 150m。

（4）土壤贫瘠地区适合处置有机成分含量高的固体废物，结构密实的黏土适合处置孔隙率高的结构松的无机物和废渣等。

6.5.5 土地耕作的操作方法

6.5.5.1 土地耕作场地的准备

土地耕作场地应远离居民区，场地四周应设置篱笆予以隔离，耕作区域之内或距场地 30m 以内的井、洞穴和其他与地直接相连的通道必须堵塞，耕作区的土地平整，坡度应小于 5%，以防止地表径流侵蚀，表层土壤过量流失，耕作区内土壤的 pH 值应在 7~9 之间。为安全起见，场地四周应建造完整的地表径流导流措施。在废物施用之前，应用圆盘耙、犁或旋转碎土器对土壤进行耕作。

6.5.5.2 废物的铺撒

固体废物在进场与土壤进行混合时要满足以下要求：

（1）混合处置区不应是厌氧环境，对于有机物含量高的固体废物不可用有机物饱和的土壤进行处置。

（2）在气温低于或等于 0℃时不可施用有机固体废物。

（3）应保持废物与土壤混合后土壤呈弱碱性，pH 值在 6.5 以上。

（4）加入氮和磷的量要适当，对于生物降解容易的固体废物，碳氮比约为 25∶1，一般不需加入磷酸盐，对于生物降解困难的有机物，氮和磷酸盐的量约为易生物降解固体废物所需量的 1%~10%。

（5）废物撒铺后与土壤均匀混合，需要至少 6 次翻耕。

6.5.5.3 废物施用后的管理

对于土壤要定期分析，掌握废物降解的速度与施撒废物的时间间隔，还要对下层土壤进行定期分析，监控地下水的污染状况，通常每 40000m^{2}取一个背景值分析样品。为促进生物降解作用，要定期翻耕，耕作次数要根据土壤性质和废物成分来确定。对于石油废物，每 4~8 周耕作一次，冬季除外。同时，对耕作区定期采样分析，以掌握废物降解速度和决定下次施用废物的时间。耕作处置后，每年采样分析，每 20000m^{2}采 5 个样品，如分析结果超过背景值，应立即采取补救措施。加强后期管理是确保土地耕作处置安全有效的关键。

6.6 固体废物的深井灌注法

6.6.1 深井灌注法概述

深井灌注处置是指把固体废物液化后，用强制性措施注入地下与饮用水和矿脉层隔开的可渗性岩层内，从而实现固体废物的最终处置。一般废物和有害废物均可采用深井灌注法处置。主要是用来处置那些难于破坏、难于转化、不能采用其他方法处理或采用其他方法费用昂贵的废物。处理处置的废物可以是有机物和无机物，也可以是固体、液体和气体废物。深井灌注处置前，需要使废物液化，形成真溶液、乳浊液或悬浊液后才能进行灌注。

深井灌注处置系统要求适宜的地层条件，并要求废物同岩层间的液体、建筑材料及岩层本身具有相容性。适宜的地层主要有石灰岩层、白云岩层和砂岩层。在石灰岩层或白云岩层处置废物，容纳废液的主要依据是岩层具有空穴型空隙、断裂层和裂缝。砂岩层处置废液的容纳主要依靠存在于穿过密实砂床的内部相连的间隙。深井灌注剖面图如图 6-15 所示。

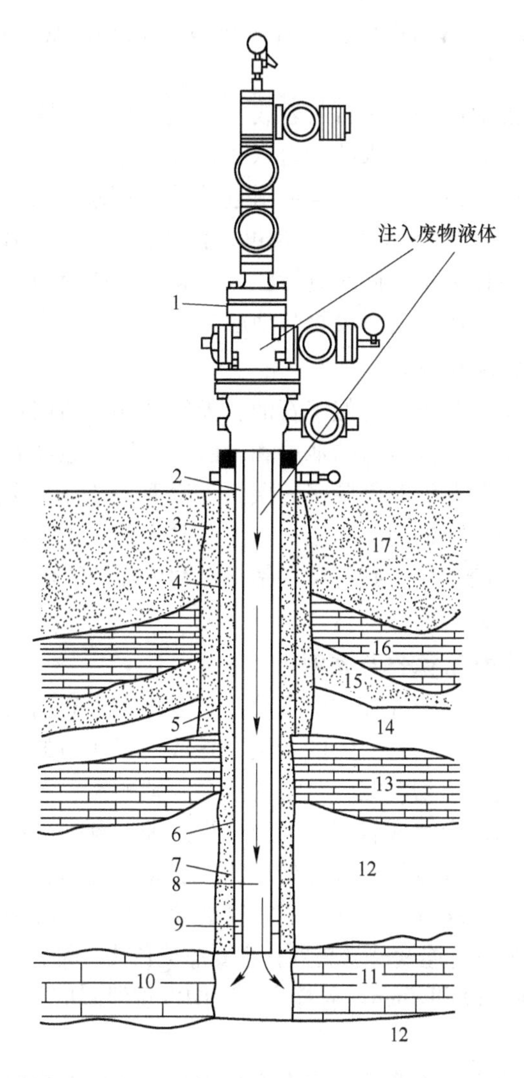

图 6-15 深井灌注剖面图

1—井盖；2—充满杀菌剂和缓冲剂的环形通道；3—表面孔；4，7—水泥；5—表面套管；6—保护套管；8—注入通道；9—密封环；10—保护套管安全深度；11—石灰石或白云岩处置区；12，14—油页岩；13，16—石灰石；15—可饮用水层；17—砾石与饮用水层

6.6.2 深井灌注的操作方法

6.6.2.1 深井灌注的场地选择

深井灌注处置的关键是选择适宜的废物处置地层，适于这种方法的地层必须满足下述条件：

（1）处置区必须位于地下饮用水源之下；

（2）有不透水岩层把注入废物的地层隔开，使废物不致流到有用的地下水源和矿藏中去；

（3）有足够的容量，面积较大，厚度适宜，孔隙率高，饱和度适宜；

（4）有足够的渗透性，且压力低，能以理想的速率和压力接受废液；

（5）地层结构及其原来含有的流体与注入的废物相容，或者花少量的费用就可以把废物处理到相容的程度。

适于深井灌注处置的地层一般是石灰岩或砂岩，不透水的底层可以是黏土、页岩、泥灰岩、结晶石灰岩、粉砂岩和不透水的砂岩以及石膏层等。

在地质资料比较充分的条件下，可根据附近的钻井记录估计可能有的适宜地层位置。为了确定不透水层的位置、地下水水位以及可供注入废物地层的深度，一般需要钻勘探井，对注水层和封存水取样分析。同时进行注入试验，以选择确定理想的注入压力和注入速率，并根据井底的温度和压力进行废物与地层岩石本身的相容性试验。

6.6.2.2 深井的钻探与施工

深井灌注处置井的钻探与施工类似于石油、天然气井的钻探技术和建井技术。钻探的目的是为了探明地层结构，找到合适的地层和岩层。但深井灌注处置井的结构要比石油井复杂而严密，深井灌注处置井的套管要多一层，外套管的下端必须位于饮用水基面之下，并且在紧靠外套管表面足够深的地段内灌上水泥。深入到处置区内的保护旁管，在靠表面处也要灌上水泥，以防止淡水层受到污染。钻探过程中需要采集岩芯样品，经过分析，从而确定地下岩层的容纳能力。

6.6.2.3 深井灌注处置操作与监测

深井灌注处置操作分为地上处理和地下灌注。废物中含有的某些组分可能与岩层中的流体发生化学反应形成沉淀，堵塞处置区岩层，导致处置能力的降低。例如，难溶的碱土金属碳酸盐、硫酸盐和氢氧化物沉淀，难溶的重金属碳酸盐、氢氧化物沉淀以及氧化还原反应产生的沉淀等。他们都会堵塞岩层，必须进行处理。预处理在地面设施中进行处理的即为地上处理，采用化学处理或固液分离处理的方法将上述组分分离或中和。防止沉淀的另一种方法是先向井中注入缓冲剂，如一定浓度的盐水等把废液和岩层液体隔离开来。

深井灌注处置系统配备有连续监测装置，主要监测压力、灌注速度以及是否发生泄漏情况，灌注速度一般为300~4000L/min。若操作过程中发现泄漏应立即停止灌注，堵住漏点。

* *

本章小结

本章讨论了以下内容：

（1）介绍了固体废物处置的定义、基本要求、最终安全处置原则和处置方法分类。

（2）介绍了固体废物的土地堆存、筑坝堆存处置方法，固体废物海洋倾倒和远洋焚烧处置的基本概念及相应的处置程序。

（3）介绍了固体废物土地填埋处置的分类，卫生填埋场地和安全填埋场地的选择，卫生填埋场地的设计，卫生填埋方法（包括地下填埋法、地面填埋法、综合填埋法）和卫生填埋操作，详述了安全填埋场地的结构（包括人造托盘式安全土地填埋、天然洼地式安全土地填埋、斜坡式安全土地填埋）、安全填埋的操作、安全填埋场地下水保护系统和安全填埋场地监测。

（4）介绍了固体废物的土地耕作法、土地耕作的原理、影响土地耕作的因素、土地耕作的场址选择与土地耕作的操作方法。

（5）介绍了深井灌注法定义，深井灌注的操作方法、深井灌注的场地选择、深井的钻探与施工及深井灌注处置操作与监测。

思考题

6-1 说明固体废物处置的定义和基本要求？

6-2 详述固体废物最终安全处置原则？目前固体废物处置方法可分为哪两类？

6-3 固体废物的堆存法分哪两种？

6-4 固体废物海洋处置法分为哪两类？为防止海洋污染和对海洋环境的影响，把固体废物分为哪 3 种？禁止倾倒的废物包括哪些？详述远洋焚烧操作的基本要求。

6-5 土地填埋处置技术分为哪几种？土地填埋处置分为哪两类？

6-6 卫生填埋分为__________、__________和__________ 3 种类型。

6-7 卫生填埋场地的选择应考虑哪几方面？卫生填埋中渗透性排气系统有哪几种形式？

6-8 卫生填埋法主要有__________、__________和__________ 3 种。

6-9 某 50000 人口的城市，平均每人每天产生垃圾 1.2 kg，如果采用卫生土地填埋法处理，覆土与垃圾之比为 1：5，填埋后废物压实密度为 650kg/m^3，填埋高度 7.5m，填埋场设计运营 20 年。试计算填埋场的面积和容积。

6-10 平坦地区的填埋处置有哪两种？丘陵、峡谷地区填埋有哪三种？

6-11 安全填埋场地的选择应考虑哪几方面？安全填埋场地选择时遵循的原则是什么？安全填埋场地的结构类型有哪 3 种？安全填埋场地下水保护系统设计时应考虑哪些因素？

6-12 安全填埋场地监测系统主要由哪几部分组成？

6-13 简述土地耕作处置法的定义及此处置法的优缺点。说明土地耕作的原理。

6-14 详细说明影响土地耕作的因素有哪些？选择土地耕作处置场地的原则是什么？

6-15 对土地耕作处置场地的选择主要考虑哪四个方面？请详述。

6-16 对土地耕作场地有何要求？固体废物在进场与土壤进行混合时要满足哪些方面的要求？

6-17 深井灌注处置的含义？主要是用来处置何种固体废物？

6-18 适于深井灌注处置的地层必须满足哪些条件？深井灌注处置主要监测哪些内容？

7 固体废物的资源化利用

【学习指南】

本章主要学习固体废物资源化的概念、原则、资源化途径及常用方法，城市生活垃圾的资源化利用技术；了解粉煤灰、高炉渣、煤矸石、矿山尾矿的来源及组成；掌握粉煤灰、高炉渣、煤矸石、尾矿的资源化利用技术。

7.1 概　　述

固体废弃物资源化是指采取管理和工艺措施从固体废弃物中回收物质和能源，加速物质和能量的循环，创造经济价值广泛的技术方法。

7.1.1 固体废物资源化的概念与原则

（1）固体废物资源化的概念。世界上万物都有它的两面性，固体废物也不例外。固体废物具有容易造成环境污染的一面，但又具有其可以利用的一面。所谓“固体废物”，只是相对于某一工艺生产过程而言。实际上，固体废物中仍然不同程度地含有可利用的物质，如可燃物质、有用的金属等，可以作为“二次资源”加以利用。因此，有必要研究开发固体废物的处理与综合利用途径，一方面可以变“废”为宝，开发出新产品；另一方面又能消除其中的有害物质，减轻对环境的污染。

固体废物资源化是指将废物直接作为原料进行利用或者对废物进行再生利用。资源化是循环经济的重要内容。2008 年 8 月中华人民共和国全国人民代表大会常务委员会通过的《中华人民共和国循环经济促进法》规定，“县级以上人民政府应当统筹规划建设城乡生活垃圾分类收集和资源化利用设施，建立和完善分类收集和资源化利用体系，提高生活垃圾资源化率”，“县级以上人民政府应当支持企业建设污泥资源化利用和处置设施，提高污泥综合利用水平，防止产生再次污染”。

随着科学技术的不断进步，原被视作废物的物质越来越具有价值而被作为资源而再次利用。固体废物资源化服务就是受业主委托，对固体废物中有价值的部分转化为资源的过程中所提供的相关服务。如废物回收利用，包括分类收集、分选和回收；废物转换利用，即通过一定技术，利用废物中的某些组分制取新形态的物质，如利用垃圾微生物分解产生可堆腐有机物生产肥料，用塑料裂解生产汽油或柴油；废物转化能源，即通过化学或生物转换，释放废物中蕴藏的能量，并加以回收利用，如垃圾焚烧发电或填埋气体发电、将固体废物制成可用的建筑材料，包括胶凝材料、砖、砌块、玻璃、陶瓷、铸石、骨料等等。

（2）固体废物资源化的原则。固体废物的资源化必须遵守以下 4 个原则：

1）资源化的技术必须是可行的。

2）资源化的经济效益要好，有较强的生命力。

3）资源化所处理的固体废物应尽可能在排放源附近处理利用，以节省固体废物在存放、运输等方面的投资。

4）资源化产品应当符合国家相应产品的质量标准。

7.1.2　固体废物的资源化途径

固体废物具有两面性：它占用大量的土地，对环境造成污染，影响人们的身心健康，但固体废物本身又含有多种有用物质，是一种资源。随着国民经济的飞速发展，能源和资源的匮乏短缺日益严重及对环境问题认识的逐渐加深，人们对固体废物已由消极的处理转向资源化利用。资源化途径很多，但归纳起来有以下几个方面：

（1）提取各种有价组分。把有价值的各种组分提取出来是固体废物资源化的重要途径。例如有色冶炼渣中往往含有可提取的金、银、锑、硒、碲、铊、铂、钴等多种金属，有的含量甚至达到或超过工业矿床的品位，有些矿渣回收的稀有贵重金属的价值甚至超过主要金属的价值；一些化工渣中也含有多种金属，如硫铁矿渣，除含有大量的铁外，还含有许多稀有贵重金属；粉煤灰和煤矸石中含有铁、钼、铀、铝等金属，也有回收的价值。因此，为避免资源的浪费，提取固体废物中的各种有价组分是固体废物资源化的优先考虑途径。

（2）生产肥料。利用固体废物生产或替代肥料有着广阔的前景。城市生活垃圾、粪便、固体废物中的有机物等经过堆肥处置可制成有机肥料。许多工业废渣中含有较高的硅、钙以及各种微量元素，有些废渣还含有磷，因此可以作为农用肥料。工业废渣在农业上的利用主要有两种形式：直接适用于农田或制成化肥。例如粉煤灰、高炉渣、钢渣和铁合金渣等可作为硅钙肥直接施于农田，这不但可提供农作物所需的营养元素，而且还有改良土壤的作用。而钢渣中含磷较高时，可作为生产钙镁磷肥的原料。但必须注意，用工业废渣作为农肥使用时，必须严格检验这些废渣的毒性。如果是有毒的废渣，一般不能用于农业生产，若有可靠的去毒方法，又有较大的利用价值，可经过严格去毒以后，再进行综合利用，如用铬渣生产肥料。

（3）回收能源。固体废物资源化是回收能源的主要渠道。许多固体废物热值高，具有潜在的能量，可采用适宜的方法充分回收利用。回收方法有焚烧、热解等热处理法和甲烷发酵、水解等低温方法。固体废物作为能源利用的形式，如产生蒸汽、沼气、回收油、发电和直接作为燃料供暖等。粉煤灰中含碳量达 10% 以上，可以进行回收利用。煤矸石发热量为 0.8~8MJ/kg，可利用煤矸石发展坑口电站。我国科技人员利用有机垃圾、植物秸秆、人畜粪便中的碳化物、蛋白质、脂肪等，经过沼气发酵可生成可燃性的沼气，其原料来源广泛、工艺简单，是从固体废物中回收生物能源，保护环境的重要途径。

（4）生产建筑材料。利用固体废物生产建筑材料，是固体废物消耗量最大的利用途径。利用固体废物生产建筑材料，即消除了污染，又实现了物尽其用。利用固体废物可生产以下几种建筑材料：

1）生产碎石。利用强度和硬度类似天然岩石的矿业固体废物、自然冷却结晶的冶炼渣生产碎石，这种碎石可作为混凝土骨料、铁路道砟、公路材料等。利用固体废物生产碎石，可大大减少天然砂石的开采，有利于保护自然景观、保持水土和农林业生产。因此，从合理利用资源，保护环境的角度，应大力提倡用固体废物生产碎石。

2）生产水泥。如粉煤灰、经水淬的高炉渣和钢渣、赤泥等固体废物，具有水硬性，可作为硅酸盐水泥的混合材料。一些氧化钙含量较高的工业废渣，如钢渣、高炉渣等还可用来生产无熟料水泥。此外，煤矸石、粉煤灰等还可以替代黏土作为生产水泥的原料。

3）生产硅酸盐建筑制品。利用固体废物来生产硅酸盐制品。如在铁粉中掺入适量炉渣、矿渣等骨料，再加石灰、石膏和水混合，可制成蒸汽养护砖、砌块、大型墙体材料等。也可用尾矿、电石渣、赤泥、锌渣等制成砖瓦。煤矸石的成分与黏土相近，并含有一定的可燃成分，可用来烧制砖瓦，不仅可以代替黏土，而且还可以节省能源。

4）生产矿渣和轻质骨料。生产矿渣和轻质骨料也是固体废物的利用途径之一。例如用高炉渣或煤矸石生产矿棉，用煤矸石和粉煤灰生产陶粒，用高炉渣生产膨珠或膨胀矿渣等。这些轻质骨料和矿渣棉在民用建筑和工业中具有越来越广泛的用途。

5）生产微晶玻璃和铸石。微晶玻璃是近年来发展起来新型材料，具有耐磨、耐酸和耐碱腐蚀的特性，其密度比铝小，在工业和建筑中具有广泛的用途。如矿业固体废物、高炉矿渣或铁合金渣等固体废物都适合作微晶玻璃的生产原料。

铸石具有耐磨、耐酸和耐碱腐蚀的特性，它是钢材和某些有色金属的良好代用材料。某些固体废物的化学成分能满足铸石生产的工艺要求，不需要重新加热就可直接浇铸成铸石制品，这比用天然岩石生产铸石节省能源。

固体废物还可以用来制成玻璃、陶瓷和耐火材料等。

（5）取代某种工业原料。我国是一个发展中国家，经济建设对资源有巨大的需求，而随着国民经济的飞速发展，资源和能源供应不足。因此，推行固体废物资源化，不但为国家节约投资、降低能耗和生产成本、减少自然资源的开发，还可治理环境，维持生态系统平衡与良性循环。

固体废物经一定加工处理可取代某种工业原料，以节省资源。煤矸石替代焦炭作为能源生产磷肥，不仅能降低磷肥的成本，而且煤矸石具有特有成分还可以提高磷肥的质量。电石或硅钙渣含有大量的氧化钙成分，可替代石灰直接用于工业和民用建筑中或作为硅酸盐建筑制品的原料使用。赤泥和粉煤灰经加工后可作为塑料制品的填充剂使用。

有的废渣可以替代砂、石、活性炭、磺化煤作为过滤介质，净化污水。高炉矿渣可替代砂、石作为滤料处理废水，还可作为吸收剂从水面回收石油制品。粉煤灰在改善已污染的湖面水水质方面效果显著，能使无机磷、悬浮物和有机磷的浓度下降，大大改善水的色度。粉煤灰用作过滤介质，过滤造纸废水，不仅效果好，还可以从纸浆废液中回收木质素。用粉煤灰可制造出吸声材料。利用废磁带可制造出强度与钢丝绳差不多的缆绳，等等。

7.1.3 固体废物资源化的常用方法

固体废物的资源化方法有物理、化学、热处理、生物等方法，各种方法都不是单独使用的，而往往是联合使用才能最大限度地使固体废物得到资源化利用。通常，物理法是基础，其他方法与物理法联合使用，固体废物资源化利用效率才能更佳。

（1）物理处理法。物理处理法是通过浓缩或相变化改变固体废物结构，但不破坏固体废物组成的一种处理方法，该法包括压实、破碎、分选、脱水、吸附、萃取等工序，主要作为废物资源化的预处理技术。

（2）化学处理法。化学处理法是固体废物发生化学转换，从而回收物质和能源的一种资源化方法。化学处理法包括煅烧、焚烧、焙烧、溶剂浸出、热分解、电力辐射等。由于化学反应条件复杂，影响因素较多，所以化学处理法通常只用在所含成分单一或所含几种化学成分特性相似的固体废物资源化方面。对于混合废物，化学处理可能达不到预期的目的。

（3）生物处理法。生物处理法是利用微生物分解固体废物中可降解的有机物，从而达到无害化或综合利用。固体废物经过生物处理，在容积、形态、组成等方面均发生重大变化，因而便于运输、储存、利用和处理。生物处理包括好氧处理、厌氧处理和兼性厌氧处理。与化学处理法相比，生物处理在经济上通常比较便宜，应用也相当普遍，但在处理过程中所需要的时间较长，处理效率有时不够稳定，沼气发酵、堆肥和细菌冶金等都属于生物处理方法。

7.2 城市生活垃圾的资源化利用

城市垃圾经分类收集、物资回收部门回收或分选机械的分离，将分选出来的金属、玻璃、塑料、纸类和橡胶等分送不同部门，直接回收利用或制作新产品。

7.2.1 废纸的回收和利用

造纸业不论是用木材还是用草纸浆作为原料，都是污染严重的工业。这种污染从技术上都可以得到解决，但是投资太大。而利用废纸造浆，没有大气污染，水的污染也容易处理。废纸回收利用不仅投资少，成本低，收效快，而且可以节约化工原料和能源。1t 废纸相当于下径 17cm、上径 10cm、高 8m 的木材 20 根，用废纸做原料造纸，每吨可节约木材 2~3m^3，不仅可以减少环境污染，还可以保护森林资源，减少对生态环境的破坏。

（1）回收废纸。回收废纸的方法有机械法和化学法两种。机械法不用化学药品，废纸经破碎制浆后，通过除渣器除去杂物，用水量很少，水污染较轻，但由于没有脱墨，只能用来制造低档纸或纸板，化学法主要用于废纸脱墨，原料常用新闻纸、印刷和书写纸等。

（2）废纸脱墨。废纸脱墨就是除去印刷油墨及其他填料、涂料、化学药品以及细小纤维，得到造纸浆料的过程。从废纸中去除油墨粒子的方法有两种：一种是通过水力碎浆机将油墨分散为微粒，并使油墨粒子小于 15μm，然后通过两段或三段洗涤，将油墨粒子洗掉，这种方法称为洗涤法；另一种方法是通过水力碎浆机碎浆后，加入脱墨剂，使油墨凝聚成大于 15μm 的粒子，然后通过浮选，使油墨粒子从废纸浆中分离出来，这就是浮选脱墨法。

7.2.2 废玻璃的回收和利用

随着国民经济的飞速发展和人们生活水平的提高，生活废料的排放量不断增加，其中废玻璃占了相当一部分。废玻璃很难自然循环和通过一般的物理化学方法进行分解处理，严重影响生态环境的净化。虽然对这些废玻璃可以通过多种手段进行回收和再利用，但如何合理利用这些废玻璃仍是一个值得注意的问题。从国内外的情况来看，可利用废旧玻璃为原料生产建材产品、保温隔热、隔声材料等。

（1）自身的循环再利用。自身的循环再利用主要集中在包装容器玻璃，如啤酒瓶、汽水瓶、水果罐头瓶、白酒瓶和咸菜瓶等。如果在有效期内，提高其重复使用次数，不仅可以提高利用效率，而且还可以降低生产成本，使约占包装容器产量1/3的包装瓶，得到合理的再利用。废玻璃经过分类拣选和加工处理后，可作为玻璃生产的原料。虽然不用于平板玻璃、高级器皿玻璃和无色玻璃瓶罐的生产，但可用对原料质量和化学成分、颜色要求低的玻璃制品的生产，如有色瓶罐玻璃、玻璃绝缘子、空心玻璃砖、压花玻璃和彩色玻璃球等玻璃制品。

（2）用于建筑工程。把废玻璃用于黏土砖的生产中，替代部分黏土矿物组成和助熔剂，不仅提高了黏土砖的质量，而且节约了原材料，降低了生产成本。美国用废玻璃作为混凝土的骨料，含有35%废玻璃骨料的混凝土，其抗压强度、线收缩性、吸水性等指标，都达到美国材料测试协会的基本标准。加拿大和美国利用玻璃作为沥青道路路面的填料，经过数年使用，证明效果较好。

（3）生产微晶玻璃仿大理石。利用废玻璃生产微晶玻璃仿大理石，不仅可以用于建筑物的墙面装饰、地面装饰，而且还可用于物料运输的耐磨流槽、实验台板、桌面等，其产品质量优于天然石材、陶瓷制品。其生产方法有熔融热处理法、熔融烧结法和一次烧结法。

熔融热处理法是指采用废玻璃、粉煤灰或矿渣、石灰石或白云石及一定量的着色剂和晶核剂、助熔剂，按精确的比例制成配合料，经1400~1450℃高温炉窑熔融成均匀的玻璃液，然后经平板玻璃成型设备制成一定厚度（8~20mm）的玻璃。在退火窑中进行热处理（热处理温度650~950℃），即为成品，再经裁切、检验、包装后，入库或出厂。

熔融烧结法所采用的原料及配料过程与熔融热处理法相同，而所不同的是配合料被熔融成均匀的玻璃液，首先被水淬成颗粒状玻璃。然后将干燥好的颗粒料按一定的颗粒级配加入成型模，经振动密实后，推入辊道窑烧结（烧结温度900~1150℃）和热处理（晶化温度600~1050℃），冷却后的半成品经抛光加工成产品。

一次烧结法是指用废玻璃粉、钢渣、一定量的着色剂、矿化剂和胶黏剂，按一定的比例制成均匀的混合料，经过加工成型后进行烧结，烧结温度一般为950~1200℃。着色剂的种类和用量一般根据产品的颜色而定。常用的矿化剂有钛和铬的氧化物。此外，国外还利用废玻璃做主原料，加入适量的粉煤灰（粉煤灰掺入量为25%~35%）作为填料，加入适量的水玻璃作为胶黏剂，再加入一定量的水将其混合均匀，使配合料的水分达到6%~7%，使用高压成型机将粉料压制成坯体，经干燥后送入辊道窑等炉窑中进行充分烧结。烧结温度随粉煤灰的掺入量而定，通常为900~950℃。

（4）生产建筑面砖。利用废玻璃生产建筑面砖，不仅能降低建筑饰面材料的成本，降低工程造价，而且也能改善建筑饰面材料易脱落和面层易被磨损的自身缺陷，还能减轻施工中工人的劳动强度，加快施工进度，生产建筑面砖具有广阔的应用前景。制备建筑面砖的工艺简单，产品具有耐酸碱、高强度、不易翘曲及变色、抗老化、节约能源、保护环境、节约土地等优点。建筑面砖制备工艺流程如图7-1所示。其具体过程为：先除去废玻璃渣中的杂质，再将其破碎、细磨，然后进行配料和成型，成型水分在8%~10%，成型压力在18~25MPa。玻璃从固体状态到熔融状态的性质变化过程是连续的，在还未达到可滴状态的温度范围内（950~1050℃），将黏土填于未熔玻璃颗粒之间的孔隙中，使之黏结，从而制得面砖。

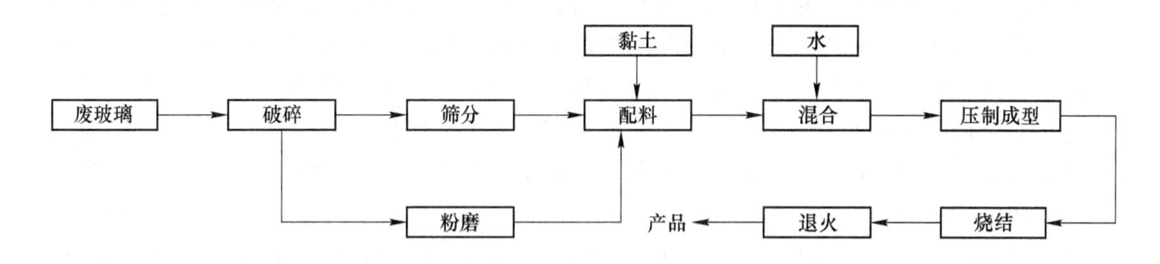

图 7-1 建筑面砖制备工艺流程图

(5) 生产保温隔热、隔音材料。利用废玻璃生产一种呈蓬松棉絮状的短纤维玻璃棉，这种玻璃棉具有密度小、导热系数低、吸声系数高等特点，它是高效、优质的保温材料和吸声材料。是将清洗干燥好的废玻璃加入到玻璃熔化炉中，熔融好的玻璃液从漏板流出，然后被吹成细短纤维。细纤维经集棉输送带收集成棉层，经固化后，制成软质卷毯、半硬板或硬板。

(6) 生产玻璃微珠。玻璃微珠主要是用废玻璃生产出来的，因为它具有玻璃所具有的坚硬、透明、良好的耐磨性、耐腐蚀性、耐热和绝缘、化学稳定性和独特的定向光反射性等特性，由于玻璃微珠圆整度好，流淌性好，所以被广泛用于各行各业。它不仅用来做染料，制药等精细化工的研磨介质，工程塑料，机械加工业中精加工的喷丸抛光剂，橡胶等有机材料工业的增强填充材料，而且被用作交通、电影、航海、纺织、美术广告等行业的反光材料，化学工业的催化剂体，还可作为固体浮力材料，宇航工业、医疗技术和尖端科研的超低温材料和绝热材料。利用废玻璃制造玻璃微珠，一般采用两种方法：一种是用处理好的废玻璃在玻璃窑中熔化成玻璃液，进行吹、喷、抛等方法而制得，该法称为一次成型法。这种方法可生产出实心和空心两种微珠。另一种方法是烧结制球法，这种方法只生产实心微珠，其烧结法工艺流程如图 7-2 所示。

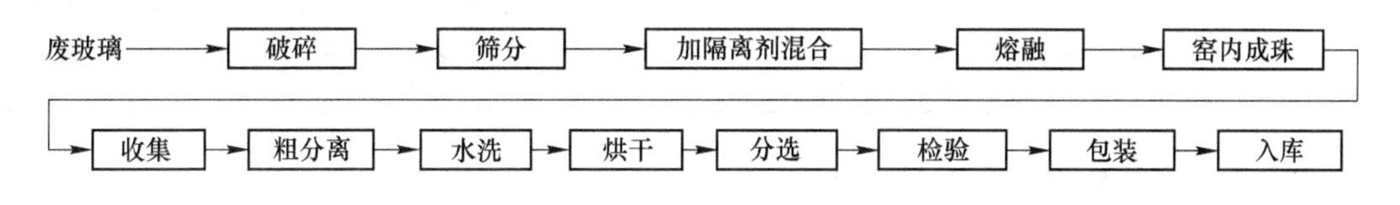

图 7-2 废玻璃烧结法生产玻璃微珠工艺流程图

(7) 制造硅微晶玻璃复合材料。在废玻璃粉末中加入无机掺入相，通过烧结晶化，制成具有致密微晶结构和掺入相骨料的复合材料，该材料又称为硅微晶玻璃混凝土。

硅微晶玻璃混凝土生产工艺流程如下：在细度为 0.02～0.07mm 玻璃粉末中加入 10%～14%的掺入相，掺入相通常是黏土陶瓷、石英砂、莫来石，其颗粒粒度为 0.14～1.25mm，并加入 1%～3%的结晶催化剂。这些半成品按一定工艺进行烧结和晶化，使其玻璃产生微晶，并与掺入相很好地黏结。

7.2.3 废塑料的再生利用

在塑料的生产、消费途径的每个环节中，都会产生废塑料和废旧制品。其中与人们的日常生活密切相关的有大量的废旧包装用塑料膜、塑料袋、一次性塑料餐具和使用后的地膜，这些废弃塑料被称为“白色污染”。废塑料对环境造成了严重的影响。废塑料不易生物降解，废塑料散落在各处，严重影响市容和景观环境。废塑料质量轻、体积大且不易生物降解，填埋处理时占用空间较多，易引起填埋场火灾。塑料中含有较多的添加剂，如填充剂、稳定剂、塑化剂、增强剂、染色剂等，其中一些塑料中含有重金属，易造成污染。

解决废塑料对环境的污染问题，要从两方面着手，一方面是对废塑料进行后处理，主要方法是填埋和资源化再生（包括焚烧回收热能和物质再生）；另一方面是从源头做起，通过减量和重复使用减少废塑料的产生量，以及采用可降解塑料生产不易回收再利用的短期和一次性使用的塑料制品，使其在完成使用功能后，在环境中自行分解。

由于废塑料填埋的诸多弊端，废塑料的资源化再生是治理“白色污染”的主要发展方向。但塑料种类较多、性质不同、成分各异，很难采用单一模式进行集中处理。

7.2.3.1　废塑料的来源

废塑料来源渠道比较多，在生产、使用、消费和流通过程中产生的废塑料都是废旧塑料的主要来源，这些废塑料对环境造成白色污染，对人们的生活和健康造成极大危害，因此必须把住垃圾的源头。废塑料的来源，见表 7-1。

表 7-1　废塑料的来源

来　源	说　　明
产业系统	塑料制品生产出现的废品、边角料、实验料等；注塑成型时产生的飞边、流道和浇口；热压成型和压延成型的切边料；中空制品成型的飞边；机械加工成型时的切削等
使用系统	农用地膜和棚膜；盛化肥、种子、粮食的包装编织袋；农用硬质和软质排水、输水管道，塑料绳索和网具；商业部门用一次性包装材料，如包装袋、打捆绳、防震泡沫塑料、包装箱、隔层板等
消费系统	消费系统中的废塑料制品，如旅店、旅游区、饭店、咖啡厅、舞厅、火车、飞机、汽车、轮船等客运中出现的食品盒、饮料瓶、包装袋、盘、碟、容器等塑料杂品；家庭中用的塑料制品，包装材料，如包装袋、包装盒、家用电器的泡沫塑料减震材料、包装绳等；一次性塑料制品，如饮料瓶、牛奶袋、罐、盆等；非一次性塑料用品，如各类器皿、塑料鞋、塑料晾衣架、灯具、文具、饮具、化妆用具等

7.2.3.2　废塑料的再生利用技术

（1）废塑料再生利用的原理。废塑料的再生利用技术是通过原形或改制利用，以及通过粉碎、热熔加工、溶剂化等手法，使废塑料作为原料应用的技术，废塑料再生的基本手段有机械再生法、溶剂再生法和热熔加工再生法。

1）机械再生法。该法是将简单分离的废塑料输入专用的生产线，切碎、筛选和烘干；然后进行科学的分离和清洗，制成粒料和粉料，作为废塑料的再生原料利用。该法适用于所有热塑性废塑料和热固性废塑料（如聚氨酯 PU、酚醛树脂 PE、环氧树脂和不饱和树脂）的再生利用。

2）溶剂再生法。该法是将废塑料切片、水洗，加入合适的溶剂溶解至最高浓度，加压过滤除去不溶解成分；然后加入非溶剂使残留在溶液中的聚合物沉淀，对沉淀的聚合物进行过滤、洗涤和干燥。该法的关键是要根据不同废塑料选择最佳溶剂和非溶剂。例如，PP 的最佳溶剂是四氯乙烯、二甲苯，非溶剂是丙酮；PS 泡沫塑料的最佳溶剂是二甲苯，非溶剂是甲醇。由于溶剂法能获得最佳性能的塑料再生原料，所以被广泛用于聚丙烯（PP）、聚苯乙烯（PS）、聚氯乙烯（PVC）及尼龙等废塑料的再生。

3）热熔加工再生技术方法。该法是把热塑性废塑料分离、清洗、粉碎、干燥，通过混合机、螺杆挤出机进行熔融加工，挤出造粒，做再生原料或直接成型制品。

（2）废塑料的建材利用。利用废塑料生产建筑材料是废塑料再生利用的一个重要方面，目前已经开发了塑料油膏、改性耐低温油毡、防水防腐涂料、胶黏剂、地板、塑料砖、油漆等许多新的产品。

1）塑料油膏。塑料油膏是废旧聚氯乙烯塑料、煤焦油、增塑剂、稀释剂、防老剂及填充料等配制而成的新型防水嵌缝材料，主要适用于各种混凝土屋面板嵌缝防水和大板侧墙、天沟、落水管、桥梁、渡槽、堤坝等混凝土构配件接缝防水以及旧屋面的补漏工程。塑料油膏是一种粘结力强、内热度高、低温柔性好、抗老化性强、耐酸碱、宜热施工兼可冷用的新型弹塑性建筑防水防腐蚀材料。

2）胶黏剂。将净化处理的废聚砜（PSF）粉碎，装入圆底烧瓶并加一定量的混合溶剂，搅拌使之溶解，同时伴有大量气泡放出，待 PSF 全部溶解后，将烧瓶放入带有搅拌机的水浴锅内。在一定温度下，启动搅拌机，加入适量改性剂，控制转速，充分反应1~3h 后再加入增塑剂，继续搅拌 2~3min，沉淀数小时后即可出料。

3）改性耐低温油毡。聚氯乙烯改性耐低温油毡是将废旧聚氯乙烯塑料加入煤焦油中，再加入一定量的塑化剂、催化剂、热稳定剂等，经一定的工艺过程制成一种新型防水材料。

4）塑料砖。以热塑性废旧聚氯乙烯塑料作为主要制砖材料烧制塑料轻质保温砖，把破碎的废塑料掺合在普通烧砖用的黏土中，烧制成建筑用砖。在烧制过程中，热塑性塑料融化，砖里呈现出孔状空隙，使其质量变小，保温性能提高。

5）生产地板。以废旧聚氯乙烯农膜为主要原料可制成聚氯乙烯塑料地板，聚氯乙烯塑料地板是经过配比原材料、密炼、两辊炼塑拉片、切粒、挤出片、两辊压延冷却、剪片、冲块而成。聚氯乙烯塑料地板块是一种室内地面铺设的新型材料。它具有耐磨、耐腐蚀、隔凉防潮、不易燃等特点，又具有色泽美观、可拼成各种图案和装饰效果好等优点，已被广泛应用。以废旧聚氯乙烯塑料和碳酸钙为主要原料，还可以制成软质拼装型聚氯乙烯塑料地板。

6）防水、防腐涂料。按一定的质量比例将废旧聚苯乙烯泡沫塑料、混合有机溶剂（芳香烃、酯类、碳烃类等）、松香改性树脂、增黏剂（异氰酸酯、环氧树脂）、自制分散乳化剂（碳水化合物经水解、氧化制得的水溶性黏稠状物质）、增塑剂（MT 酯或 M 辛酯）混合；将有机溶剂倒入反应锅内，搅拌并加入松香改性树脂；再将废旧聚苯乙烯泡沫塑料破碎成小块放入反应锅中，直至完全溶解；加入增黏剂和自制分散乳化剂，在 30~60℃条件下搅拌 1~2.5h，再加入增塑剂继续反应 0.5~1h，最后停止加热和搅拌，取出冷却至室温，即可得到防水涂料。

在装有温度计、搅拌器和冷凝管的瓶中，加入聚苯乙烯和混合剂，在搅拌下加热 55~60℃，待到聚苯乙烯完全溶解后，加入改性剂（邻苯二甲酸二丁酯，DBP），继续搅拌至溶液清澈透明，冷却至室温，出料。与适量的颜料混合，研磨到细度小于 50μm，即可得到防腐涂料。这种防腐涂料具有较好的物理机械性能、耐化学腐蚀和光泽度。

7）制造油漆。把干净的聚苯乙烯塑料加入装有苯的容器中，使之全部溶解成胶状；将汽油或煤油加入装有二甲苯的另一个容器中，把上述两个容器中的溶液混合均匀后，加入松香或沥青，溶解后再加入油溶性染料；最后加入少量硬脂酸锌，混合均匀后加压过滤。这种技术制造的油漆投资少，生产成本低。

8）木质塑料板材。木质塑料板材是用木板和废旧聚氯乙烯塑料热塑成型的复合成材料。它保留了热塑性塑料的特征，而价格仅为一般塑料的1/3左右。这种板材既可用于建筑材料、交通运输、包装容器，又可用于制作家具。它具有不霉、不腐、隔音、隔热、减振、不老化等优点，在常温下至少使用15年。

（3）废塑料的化学再生利用。废塑料的化学再生利用技术是通过水解或裂解反应，使废塑料分解为初始单体或还原为类似石油的物质，再加工利用的技术。该技术不适合于聚氯乙烯等含氯塑料。化学再生的方法有油化还原法和解聚单体还原法。

油化还原法是指废塑料经热分解或催化——热分解还原为汽油、煤油和柴油等技术。如采用改用Y型沸石/高活性$Al(OH)_3$复合型催化剂，使液态聚烯烃废塑料直接催化降解成气态烃类油。

解聚单体还原法是指通过化学作用将聚合物还原成单体。在600~800℃下，解聚酚醛树脂（PE）可还原成乙烯、甲烷和苯等单体，解聚PVC可还原成氯化氢单体。

废塑料的油化再生，是利用热裂解的方法，使大分子的塑料聚合物在高温下发生分子链断裂，生成相对分子质量小于500的混合烃，经过蒸馏分离石油类产品。该法主要适用于热塑性的聚烯烃类废塑料，对于某些热固性废塑料，如聚甲基丙烯酸甲酯、聚四氟乙烯等也可采用热裂解的方法。目前研究应用较多的是：聚乙烯、聚丙烯等单一或混合废塑料回收燃料油；聚苯乙烯废塑料回收苯乙烯或乙苯等；聚氯乙烯先脱除氯化氢再回收燃料。废塑料制造汽油的工艺流程如图7-3所示。

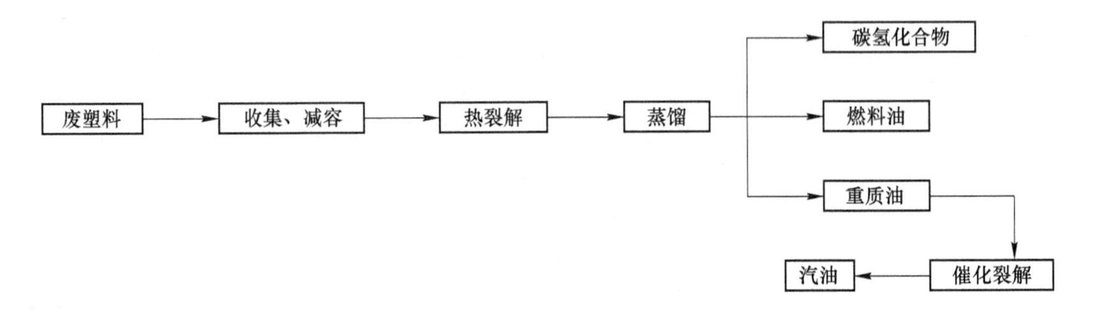

图7-3　废塑料制造汽油的工艺流程图

用磨碎的废塑料代替焦炭和粉煤生产铁水的高炉底部进料，用作矿石还原剂的方法。废塑料经过分类，破碎和压缩成块状后与煤混合，可取代1%的原煤。在该过程中废塑料进行热分解反应，发生碳化，生成焦炭、油焦和焦炉煤气。

废塑料与煤混合后，经1200℃高温干馏，可分别得到20%的焦炭（用做高炉还原剂），40%的油化产品（包括焦油和柴油，用做化工原料）及40%的焦炉煤气（用做发电等）。

（4）废塑料的热能利用技术。废塑料的热能利用技术是指对难以进行材料再生或化学再生的废塑料通过焚烧，利用其热能。焚烧废塑料有两种方法。

一种是直接燃烧利用其热能，废塑料燃烧发热量高达33.6~42MJ/kg，比煤高，相当于重油。燃烧12万吨的废塑料相当于240万吨木材或相当于10万吨煤油的发热量；而在燃烧过程中产生的硫只有煤炭的1/20和重油的1/40，灰分也很少。但产生的氯是烧煤的3倍、重油的19倍，并有产生二噁英的危险。这种直接燃烧法不提倡。

另一种热能利用技术是制造垃圾固体燃料，简称RDF（Refuse Derived Fuel），它是把难以再生利用的废塑料粉碎，与生石灰为主的添加剂混合、干燥、加压、固化成直径为20~50mm颗粒的一种方法。该法制造的固体燃料体积小、无臭、质量轻、运输存放方便、其发热量相当于重油、发电效率高、NO_x与SO_x等的排放量很少。对于不便直接燃烧的含氯高分子材料废物（PVC）可与各种可燃垃圾混配制成固体燃料，这样不仅能使氯得到稀释，还能代替煤用作锅炉和工业窑炉的燃料。

总之，无论哪种再生利用方法或循环技术，都是有效利用资源、缓解环境污染、降低新制品成本的有效途径。

7.2.4 废电池的回收利用

电池的应用范围越来越广泛，深入到人们生活和生产活动的每个角落，如计算机、收音机、电话、遥控玩具、手表等。通常电池中含有大量有害成分，若未经妥善处置而进入环境后，就会对环境和人们身心体健康造成危害。废电池含有大量再生资源，有很大的回收利用价值。

电池的种类繁多，如锌-锰酸性电池、锌-锰碱性电池、镍镉充电电池、铅酸蓄电池、锂电池、氧化汞电池、氧化银电池、锌-空气纽扣电池等，不同类型的废电池对环境的危害程度也不同。所以对废电池的回收利用具有重要的意义。

7.2.4.1 废锌-二氧化锰废电池的综合处理技术

目前，废锌-二氧化锰废电池的综合处理技术，主要有湿法和火法两种冶金处理方法。

（1）湿法冶金过程。废旧干电池湿法冶金回收过程中基于锌、二氧化锰等可溶于酸的原理，使锌锰干电池中的锌、二氧化锰与酸作用生成可溶性盐而进入溶液，溶液经过净化后电解生产金属锌和电解二氧化锰或生产化工产品（如立德粉、氧化锌等）、化肥等。所用方法有焙烧浸出法和直接浸出法两种。

1）焙烧浸出法。焙烧浸出法是将废旧干电池机械切割，筛分出碳棒、铜帽、纸、塑料，粉状物，金属混合物三部分。粉状物在600℃、真空焙烧炉中焙烧6~10h，使金属汞、NH_4Cl等挥发为气相，通过冷凝设备加以回收，尾气必须经过严格处理，使汞含量减至最低排放。焙烧产物酸浸（电池中的高价氧化锰在焙烧过程中被还原成低价氧化锰，易溶于酸）、过滤，从浸出液中通过电解回收金属锌和电解二氧化锰。筛分得到的金属混合物经磁选，得到铁皮和纯度较高的锌粒，锌粒经熔炼得到锌锭。废锌-二氧化锰废旧干电池还原焙烧浸出工艺流程如图7-4所示。

2）直接浸出法。直接浸出法是将废旧电池破碎、筛分、洗涤后，直接用酸浸出干电池中的锌、锰等有价金属成分，滤液过滤、净化后，从中提取金属或生产化工产品。

湿法工艺种类较多，不同的工艺流程其产品也不相同，用直接法制备立德粉、微肥、锌和二氧化锰的工艺流程，如图7-5~图7-7所示。

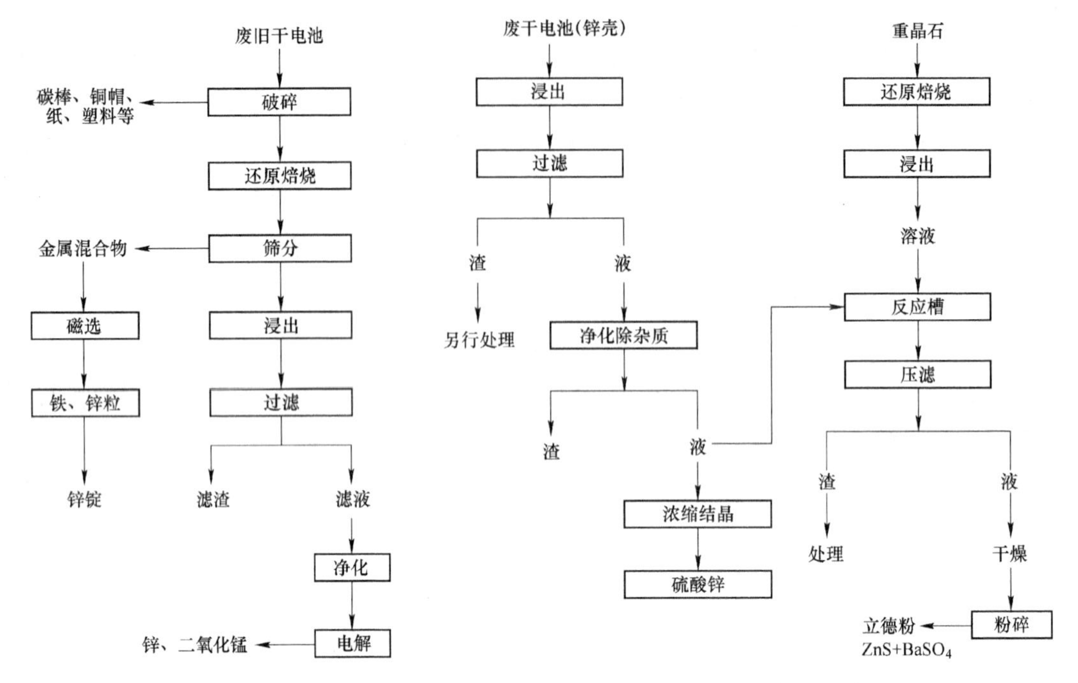

图 7-4　废旧干电池的还原焙烧浸出工艺流程　　图 7-5　废旧干电池制备立德粉工艺流程

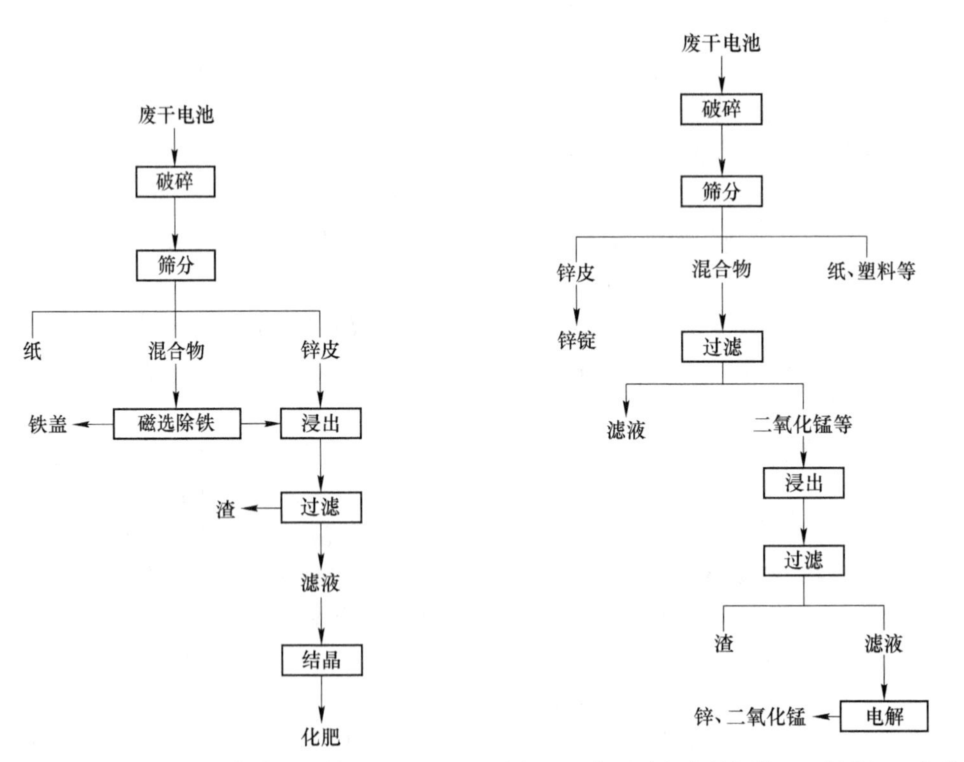

图 7-6　废旧干电池制备化肥工艺流程　　图 7-7　废旧干电池制备锌、二氧化锰工艺流程

(2) 火法冶金过程。在高温下使废电池中的金属及其化合物氧化、还原、分解、挥

发和冷凝的过程，称为火法冶金过程。火法冶金又分为传统常压冶金法和真空冶金法两类。常压冶金法所有作业都在大气中进行，而真空冶金法则是在密闭的负压环境中进行。大多数专家认为，火法冶金是处理废干电池的较佳方法，对汞的回收最有效。

1）常压冶金法。常压冶金包括两种方法，一种方法是在较低温度下加热废电池，先使汞挥发，然后在较高温度下回收锌和其他重金属。另一种方法是将废电池在高温下焙烧，使其中易挥发的金属及其氧化物挥发，残留物作为冶金中间产物或另行处理。图 7-8 所示为废干电池常压冶金回收有价金属的工艺流程。

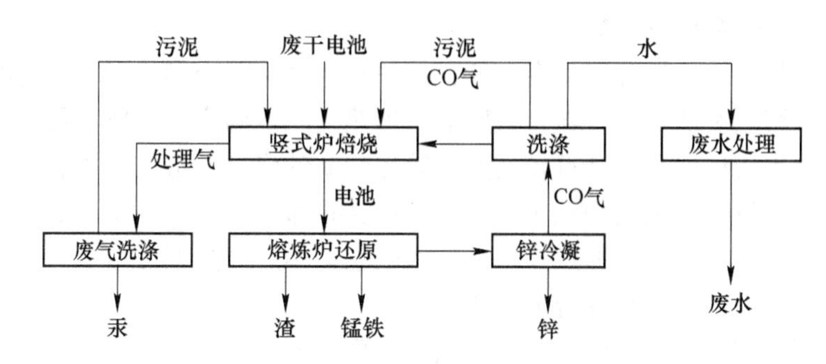

图 7-8　废干电池常压冶金法的工艺流程

用竖炉冶炼处理干电池时，炉内分为氧化层、还原层和熔融层三部分，用焦炭加热。汞在氧化层被挥发，锌在高温的还原层被还原挥发，挥发物在不同的冷凝装置内回收。大部分的铁、锰在熔融层还原成锰铁合金。图 7-9 所示为日本二次原料研究所从废干电池中回收有价值金属的工艺流程。

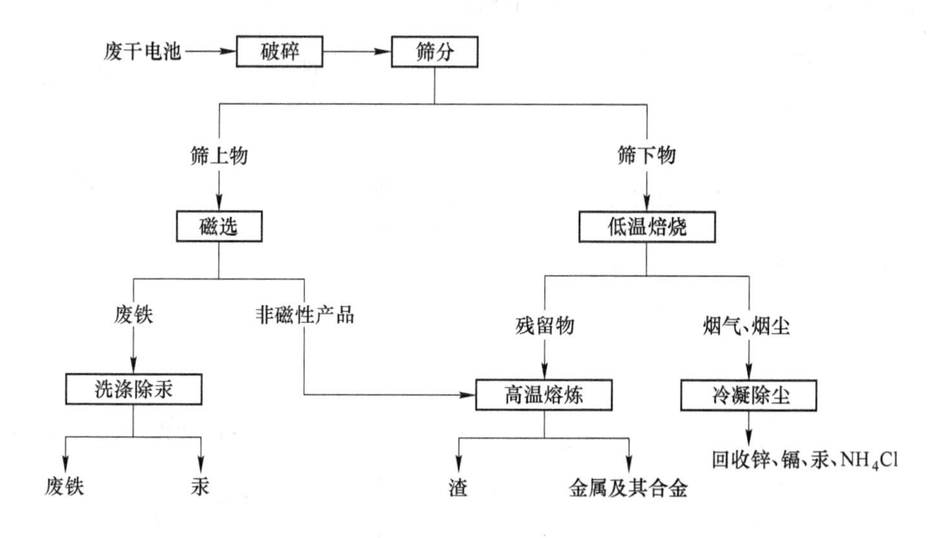

图 7-9　废干电池常压冶金法回收有价金属的工艺流程

电池经过破碎、筛选，分成筛上和筛下两级产品。筛上产品进行磁选选出废铁和非磁性产品两部分，废铁经过水洗除汞后用作冶金原料。筛下产品用 NH_4Cl、盐酸和 $CaCl_2$ 处理，加热至 110℃除湿，干燥后的物料再筛选。所得筛上产品加热至 370℃，使汞、氯化汞、氯化铵变成气态物质。收集气体，并进行冷凝除汞，冷凝后产品可以重新用来生产干电池。含汞物质馏出后的残留物与非磁性物质混合，加热至450℃蒸馏出锌，然后再加热至800℃，使氯化锌升华。残渣在还原气氛中加热到1000℃，然后筛分、磁选，得到可用于熔炼锰铁的氧化锰、碎铁和非磁性产品。

2）真空冶金法。真空冶金法是基于组成废旧干电池各组分在同一温度下具有不同的蒸气压，在真空中通过蒸发与冷凝，使其分别在不同的温度下相互分离，从而实现综合回收利用。蒸发时，蒸气压高的组分进入蒸气，蒸气压低的组分则留在残液或残渣内，冷凝时，蒸气在温度较低处凝结为液体或固体。

7.2.4.2 混合废电池的综合处理技术

混合废电池就是未经过分拣的废电池，其中有5种主要金属具有明显的不同熔点和沸点。可利用它们熔点和沸点的差异，将废电池加热到一定温度，使所需要分离的金属蒸发气化，并通过收集气体回收。沸点较高的金属在较高的温度下蒸发回收。

镉和汞的沸点较低，镉的沸点为765℃，而汞的沸点仅为375℃，因此均可通过火法冶金技术分离回收。通常，先通过火法分离回收汞，然后通过湿法冶金回收余下的金属混合物。其中铁和镍一般作为铁镍合金回收。

混合电池可利用火法和湿法结合的方法，处理不分拣的混合废电池，并分别回收其中的各种重金属。图7-10为混合废电池处理流程图。首先将混合废电池在600~650℃的负压条件下进行热处理。热处理产生的废气经过冷凝将其中的大部分组分转化成冷凝液。冷凝液经过离心分离成3部分，即含有氯化铵的水、液态有机废物以及汞和镉。废水用铝粉进行置换沉淀去除其中含有的微量汞后，通过蒸发进行回收。从冷凝装置出来的废气通过水洗后进行二次燃烧以去除其中的有机成分，然后通过活性炭吸附，最后排入大气。洗涤废水同样进行置换沉淀去除所含微量汞后排放。

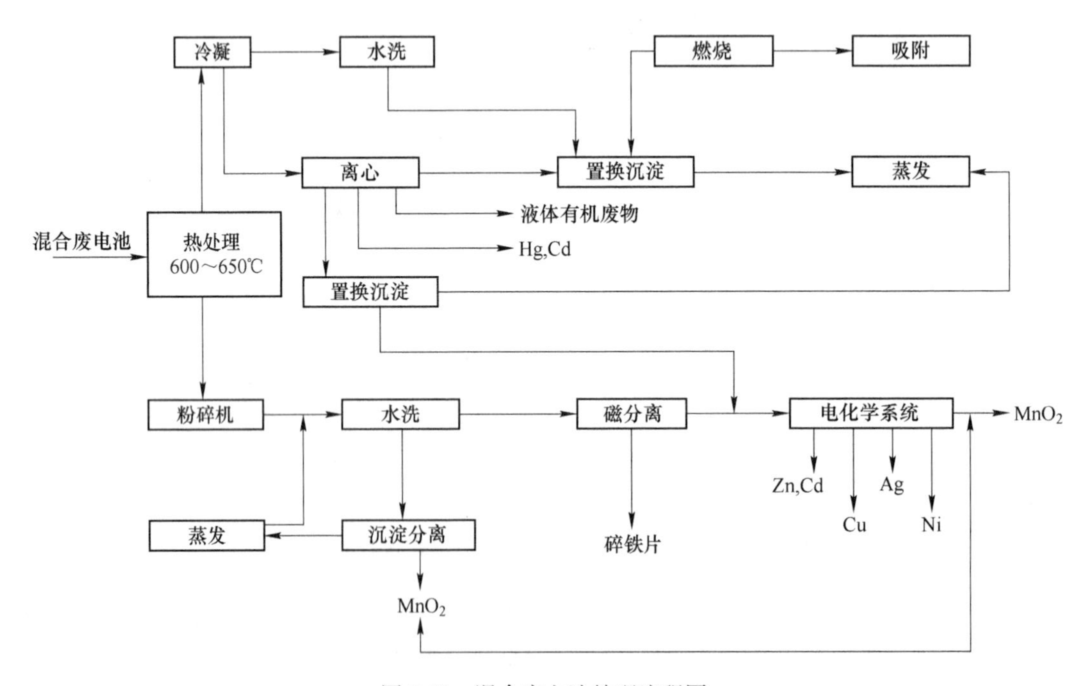

图7-10 混合废电池处理流程图

热处理剩下的固体物质先要经过破碎，而后在室温至50℃的温度下水洗。使氧化锰在水中形成悬浮物，同时溶解锂盐、钠盐和钾盐。清洗水经过沉淀去除氧化锰（其中含有微量的锌、石墨和铁），然后经过蒸发，部分回收碱金属盐。废水进入其他过程处理，剩余固体通过磁选回收铁。最终的剩余固体进入被称为“电化学系统和溶液”的工艺系统中。这些固体是混合废电池的富含金属部分，主要有锌、铜、锡、镍以及银等金属，还有微量的铁。在这一系统中，利用氟硼酸进行电解沉淀。不同的金属用不同的电解沉淀方法回收，每种方法都有它自己的运行参数。酸在整个系统中循环使用，沉渣用电化学处理以去除其中的氧化锰。

7.2.5 废橡胶的资源化利用

废橡胶是仅次于废塑料的一种高分子污染物。废橡胶制品主要来源于废轮胎、胶管、胶带、胶鞋、垫板等工业杂品，其次来自橡胶厂生产过程中产生的边角料及废品。废橡胶制品长期露天堆放，不仅造成资源的极大浪费，而且其自然降解过程非常缓慢，已成为世界各国迅速蔓延的“黑色污染”。由于橡胶原材料的70%以上来源于石油，估算1kg橡胶消耗石油3L，如果对废旧橡胶再生利用，就意味着节约大量石油。另外，废橡胶又是一种高价值的燃料，若能得到有效利用，对治理环境和缓解能源危机都具有重要意义。

7.2.5.1 整体再用

整体再用即为轮胎翻新。轮胎翻新是指旧轮胎经局部修补、加工、重新贴覆胎面胶之后，进行硫化，恢复其使用价值的一种工艺流程。轮胎在使用过程中最普遍的破坏方式是胎面的严重破损。因此轮胎翻新引起了世界各国的普遍重视。在德国，轿车翻新胎的比例为12%，卡车翻新胎的比例为48%，翻新胎的总产量为1万吨/年。我国轮胎翻新业不景气，主要原因是国产轮胎质量普遍低下，废旧轮胎具有翻新价值的数量有限。对轮胎进行LCA分析可知，轮胎从生产到最终的处理、处置要经历科学管理、合理使用、适时翻修、报废解体四大阶段。因此，从上述过程可以看出轮胎翻修的重要性，废轮胎翻修可延长轮胎的使用寿命，做到物尽其用，同时因生命周期的延长，还可促进废轮胎的减量化。

废轮胎可直接用于码头作为船舶的缓冲器，用于构筑人工礁或防波堤，或用作公路的防护栏或水土保护栏，用于建筑消声隔板等。废轮胎在用污水和油泥堆肥过程中当做桶装容器，废轮胎经分解剪切后可制成地板席、鞋底、垫圈等。废轮胎还可被切削制成填充地面的底层或表层的物料。美国俄亥俄州的大陆场地系统有限公司将废轮胎研磨压制成像铅笔橡皮探头大小的小块后出售、商品名为轮胎地板块，主要用于运动场、跑马场或其他设施的石子或木头条的替代品。日本的一所学校将废轮胎有序堆积后作为运动场的看台，是很有创意的利用方式。但这些利用方式所能处理的废轮胎的量很少。

7.2.5.2 制造再生胶

再生胶是指废旧橡胶经过粉碎、加热、机械处理等物理化学过程，使其弹性状态变成具有塑性和黏性的、能够再硫化的橡胶。再生胶组分中除含有橡胶烃外，还含有像炭黑、软化剂和无机填料之类的配合剂，它的特点是具有高度分散和相互掺合性。再生胶有许多优点：（1）有良好的塑性，易与生胶和配合剂混合，节省工时，降低动力消耗；（2）收缩性小，能使制品有平滑的表面和准确的尺寸；（3）流动性好，易于制作模型制品；（4）耐老化性好，能改善橡胶制品的耐自然老化性能；（5）具有良好的耐热、耐油和耐酸碱性；(6) 硫化速度快，耐焦烧性好。由于再生胶优点多，所以生产再生胶一直是利用废旧橡胶的主要方向。

再生胶的生产工艺主要有油法（直接蒸汽静态法）、水油法（蒸煮法）、高温动态脱硫法、压出法、化学处理法、微波法等。我国目前主要应用的再生胶的制造方法有油法、水油法和高温动态脱硫法，对其主要流程、方法特点及部分设备，作如下简单介绍：

(1) 制造再生胶的油法。废胶→切胶→洗胶→粗碎→细碎→筛选→纤维分离→拌油→脱硫→捏炼→滤胶→精炼出片→成品。该法的特点是工艺简单，厂房无特殊要求，建厂投资小，生产成本低，无污水污染。但再生效果差，再生胶性能偏低，对胶粉粒度要求小(28~30 目)，适用于胶鞋和杂胶品种及小规模生产。

(2) 制造再生胶的水油法。废胶→切胶→洗涤→粗碎→细碎→筛选→纤维分离→称量配合→脱硫→捏炼→滤胶→精炼出片→成品。该法的特点是工艺复杂，厂房有特殊要求，生产设备多，建厂投资大，胶粉粒度要求较小，生产成本较高，有污水排放，应有污水处理设施。但再生效果好，再生胶质量高且稳定，特别对含天然橡胶成分多的废胶能生产出优质再生胶。其适用于轮胎类、胶鞋类、杂胶类等废胶品种和中大规模生产。

(3) 制造再生胶高温动态脱硫法。废胶不需要粉碎得太细，一般 20 目左右即可。使用胶种广，天然橡胶、合成橡胶均可脱硫，且脱硫时间短，生产效益好。纤维含量可达 10%，高温时可全部炭化。无污水排放，对环境污染小，再生胶质量好，生产工艺较简单。但设备投资较油法大，脱硫工艺条件要求严格，适合于各种废胶品种和中大规模生产。

为了提高再生胶质量，降低能耗，提高经济效益和社会效益，再生胶生产的新工艺不断出现。我国出现了综合利用废橡胶生产亚生橡胶的新工艺。这种工艺最主要的特点就是不需要用油，对环境的污染小，工人劳动环境好。该工艺生产的产品亚生橡胶为高弹体物料，不发生“可逆反应”，亚生橡胶中没有大分子链段，比新原料的生橡胶要低一等，有较强的后愈性。世界上许多国家对废旧合成橡胶的再生利用都非常重视，特别是对昂贵的硅、氟橡胶以及用量极大的顺丁橡胶的再生利用更为重视。美国对硅橡胶进行蒸汽粉碎法处理，可得到再生硅橡胶，作为填料减少硅橡胶配方的成本。得到的胶料具有优秀的抗老化性能，并能保持硅橡胶原有的性能。硅橡胶价格昂贵，而再生硅橡胶的价格较低，具有推广使用价值。

7.2.6　电子废物的资源化利用

随着科技进步和社会的发展，电子产品的普及率和更新率不断提高。人们在享受电子产品带来便利的同时，随之产生的废旧电子产品污染问题也日益严重，电子产品中有害物质的生态危害和电子垃圾处理回收已成为各国亟待解决的课题。

7.2.6.1　电子废物的来源与分类

电子废物是指废家电与电子产品及其元器件、零部件和耗材，包括生产过程中的不合格产品及其零部件，维修过程中产生的报废品和废弃零部件，消费者废弃的产品等。

电子废物主要来源于家庭、公司和政府相关部门、最初的设备制造商。按其生产领域可分为家庭、办公室、工业制造和其他；按可回收物品的价值大致可分为三类：第一类是计算机、冰箱、电视机等有相当价值的废物；第二类是小型电器如无线电通讯设备、电话机、燃烧灶、排油烟机等价值稍低的废物；第三类是其他价值很低的废物。电子废物的来源与分类见表 7-2。

表 7-2 电子废物的来源与分类

分类方法	分 类	来 源	备 注
按生产领域	家 庭	电视机、洗衣机、冰箱、空调、有线电视、家用音频视频设备、电话、微波炉等	前 3 种所占比例最高
	办公室	计算机、打印机、传真机、复印机、电话机、碎纸机等	废弃计算机所占比例最高
	工业制造	集成电路生产过程中的废品、报废的电子仪表等自动控制设备、废弃电缆等	相当部分不直接进入城市生活垃圾处理系统
	其 他	手机、网络硬件、笔记本电脑、汽车音响、电子玩具等	废弃手机数量增长最快
按回收物质	电路板	电子设备中的集成电路板	主要是电视机和电脑硬件电路板
	金属部件	金属壳座、紧固件、支架等	以 Fe 为主
	塑 料	显示器壳座、音响设备外壳等	包括小塑料部件
	玻 璃	CRT 管、荧光屏、荧光灯管	含有 Pb、Hg 等严格控制的有毒有害物质
	其 他	冰箱中的制冷剂、液晶显示器中的有机物	需要进行特殊处理

7.2.6.2 电子废物的危害

电子废物与生活垃圾不同，电子废物不仅数量巨大，而且危害严重，由于制造电子产品主要用一些化学性质稳定、极难降解的原料，如铝、铜、不锈钢、塑料、稀有金属等，所以电子产品报废后形成的电子废物无法靠自然界固有的循环机制重新进入生态环境，他们反而会对自然环境造成巨大的危害。

例如电视机显像管含有易爆炸废物；电视机荧光屏含汞；阴极射线管、印刷电路板上的焊锡和塑料外壳等都是有毒物质；电冰箱的制冷剂 CFC-12 和发泡剂 CFC-11 能破坏臭氧层；制造一台电脑需要 700 多种化学原料，其中 50%以上对人体有害，一台电脑显示器中仅铅含量平均就达 1kg 之多；电子废物中废电池的危害更具有潜在性和长期性，一粒纽扣电池能污染 6×10^5L 水，相当于一个人一生的用水量，而一节 1 号电池的溶出物就足以使 1m^2的土壤丧失农业价值。废弃的电子产品中带有大量有毒有害物质，如处理处置不当，将会对人类健康和赖以生存的环境造成严重危害。

7.2.6.3 电子废物的综合利用

据统计，世界上每小时有 4000t 电子废物产生，全球每年电子电器设备废料产量高达 2000~5000 万吨，并以 3%~8%的速度增长。数量如此庞大的电子废物，给全球生态环境造成巨大威胁，成为困扰全球可持续发展的新环境问题。

（1）电子废物资源化架构。任何产品都有从获得原料进行生产、投入使用，到不能满足用户需求而报废这样一个生命周期。对于废弃产品，可直接填埋或焚烧，也可通过资源化来延长生命周期。电子产品生命周期如图 7-11 所示。

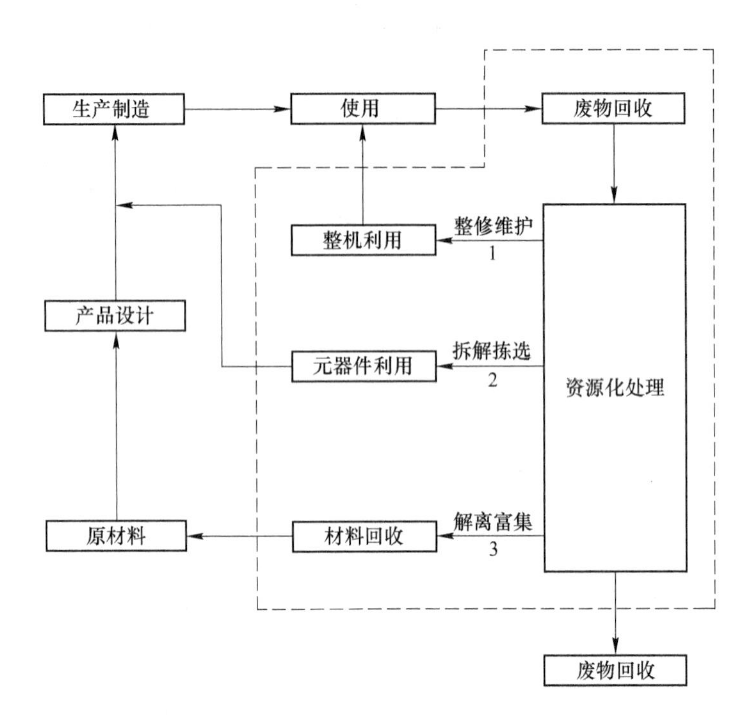

图 7-11　电子产品生命周期图

电子电器设备在结束其使用寿命后进入回收阶段，根据产品的设计属性、结构、功能和使用情况，可将其回收过程分为三方面：修理或升级后的整机再利用；拆解拣选后的元器件回收利用；组成材料的回收利用。通过这三方面的回收利用，实现最大程度的资源化，从根本上解决环境和资源问题。

（2）电子废物的回收利用。电子废物通常拆分成电路板、电缆电线、显像管等几类，并根据各自的组成特点分别进行处理，其处理流程类似。电子废物最常用的回收技术主要有机械处理、湿法冶金、火法冶金或几种技术联合的方法。机械处理技术有拆卸、破碎、分选等，不需要考虑产品干燥和污泥处置等问题，符合当前的市场需求，还可以在设计阶段将可回收再利用的性能融入产品当中，因此具有一定的优越性。

1）废电路板的回收利用。大多数电路板和一些硬件设备能重新回到市场上进行买卖，不能转手的电路板一般被磨成粉末状，然后通过分离工艺分离出玻璃纤维、普通金属和贵金属。图 7-12 为德国 Daimler Benz Ulm Research Centre 开发的废电路板预破碎、磁选、液氮冷冻、粉碎、筛分、静电分选四段式处理工艺。

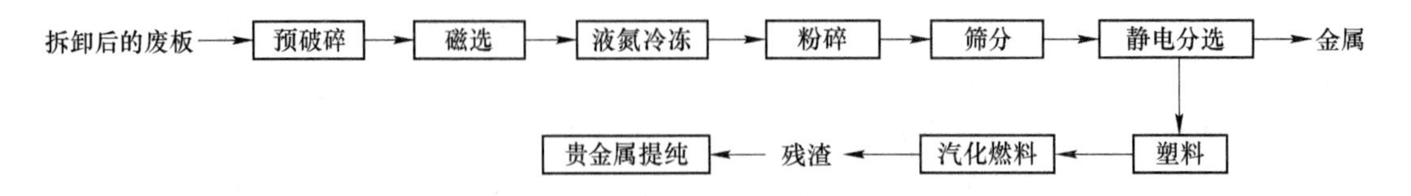

图 7-12　德国 Daimler Benz Ulm Research Centre 废电路板处理工艺

废电路板用旋转切刀切成 2cm×2cm 的碎块，磁选分离其中的黑色金属。再用液氮（-196℃）冷却后送入锤磨机碾压成细小颗粒，以使废物充分解离。筛分除去不易低温破碎的物质，再经静电分选得到金属物质。静电分选设备可以分离尺寸小于 0.1mm 的颗粒，甚至可以从粉末中回收贵重金属。

2）日光灯管的回收利用。制造日光灯管使用的汞、铜、铝、钨、铁等金属材料，都是生产生活中不可更新的有用资源，其中的汞在玻璃管破碎后立即向周围散发，呈不稳定状态的重金属污染物。

发达国家从减少含汞制品的生产和对含汞废物进行有效处理两方面入手，减少本国、本地区的汞污染。日本一些城市的垃圾处理部门，将使用者分类存放的废弃日光灯管有偿收集，然后集中处理，图 7-13 为废弃日光灯管的资源化工艺流程。

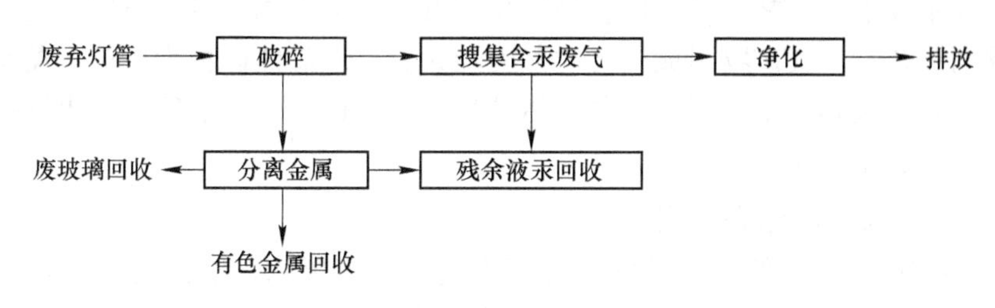

图 7-13 废弃日光灯管的资源化工艺流程

7.3 工业废物的资源化利用

7.3.1 粉煤灰的资源化利用

7.3.1.1 粉煤灰的概念、来源和组成

（1）粉煤灰的概念及来源。粉煤灰是指煤燃烧排放出的一种黏土类火山灰质材料。从狭义角度讲，粉煤灰就是指燃烧锅炉时，烟气中带出的粉状残留物，简称灰或飞灰。从广义角度讲，粉煤灰还包括锅炉底部排出的炉底砟，简称炉砟。灰和砟的比例随着炉型、燃煤品种及煤的破碎程度等不同而变化，目前世界各国普遍使用的固态排砟煤粉炉，产灰量占灰砟总量的 80%~90%。

燃煤灰砟来自煤炭燃烧后的无机物质，灰砟的产量主要取决于原煤灰分的高低，国内电厂用煤的灰分变化范围很大，平均为 20%~30%。煤炭在烧锅炉过程中不能充分燃烧时，粉煤灰中就会保留少量的挥发和未燃尽炭。我国电厂以湿排灰为主，通常湿灰的活性比干灰低，且费水费电，污染环境，也不利于综合利用。为了保护环境，采用高效除尘器，并设置分电场干灰收集装置，有利于粉煤灰的综合利用，是今后电厂粉煤灰收集、排放的发展趋势。

（2）粉煤灰的组成。粉煤灰的组成包括化学组成和矿物组成。粉煤灰的化学组成：我国火电厂粉煤灰的主要氧化物组成为：SiO_2、Al_2O_3、FeO、Fe_2O_3、CaO、TiO_2、MgO、K_2O、Na_2O、SO_3、MnO_2、P_2O_5等。由于煤的灰量变化范围很广，而且这一变化不仅发生在来自世界各地或同一地区不同煤层的煤中，甚至也发生在同一煤矿不同部分的煤中。

因此，构成粉煤灰的具体化学成分含量，也就因煤的产地、煤的燃烧方式和程度等不同而有所不同。其主要化学组成见表 7-3。

表 7-3　粉煤灰的基本化学组成　　（%）

成分	SiO_2	Al_2O_3	Fe_2O_3	CaO	MgO	SO_3
含量	38~54	23~38	4~6	3~10	0.5~4	0.1~1.2

粉煤灰的矿物组成：由于煤粉各颗粒间的化学成分并不完全一致，因此燃烧过程中形成的粉煤灰在排除的冷却过程中，就形成了不同的物相。如氧化硅及氧化铝含量较高的玻璃珠在高温冷却的过程中逐步析出石英和莫来石晶体，氧化铁含量较高的玻璃珠则析出赤铁矿和磁铁矿。另外，粉煤灰中晶体矿物的含量与粉煤灰冷却速度有关。通常，冷却速度较快玻璃体含量较多；反之，玻璃体容易析晶。可见，从物相上讲，粉煤灰是晶体矿物和非晶体矿物的混合物。其矿物组成的波动范围较大。一般晶体矿物为石英、莫来石、磁铁矿、氧化镁、生石灰和无水石膏等，非晶体矿物为玻璃体、无定形碳和次生褐铁矿等，其中玻璃体含量占 50%以上。

7.3.1.2　粉煤灰的综合利用

（1）粉煤灰用于污水处理。粉煤灰可用于处理含氟废水、电镀废水、含重金属离子废水和含油废水。粉煤灰中含有 Al_2O_3、CaO 等活性组分，它们能与氟生成配合物或生成对氟有絮凝作用的胶体粒子，具有较好的除氟能力，对电解铝、磷肥、硫酸、冶金、化工和原子能等生产中排放的含氟废水中的氟具有一定的去除效果。粉煤灰中含沸石、莫来石、炭粒和硅胶等，具有无机粒子交换特性和吸附脱色作用。粉煤灰对电镀废水中铬等重金属离子具有很好的去除效果，去除率一般在 90%以上。若用 $FeSO_4$粉煤灰法处理含铬废水，铬离子去除率达 99%以上。此外，粉煤灰还可用于处理含汞废水，吸附了汞的饱和粉煤灰经焙烧将汞转化成金属汞回收，回收率高，其吸附性能优于粉末活性炭。电厂、化工厂、石化企业废水成分复杂，甚至会出现轻焦油、重焦油和原油混合乳化的情况，用一般的方法处理效果不太理想，而利用粉煤灰处理，重焦油被吸附后与粉煤灰一起沉入水底，轻焦油被吸附后形成浮渣，乳化油被吸附、破乳，便于从水中除去，达到较好的效果。

（2）用粉煤灰回收煤炭资源。我国热电厂粉煤灰一般含碳 5%~7%，其中含碳大于10%的电厂占 30%，这不仅严重影响了漂珠的回收质量，不利于做建材原料，而且也浪费了宝贵的碳资源。煤炭的回收方法主要有以下两种：一种是浮选法回收湿排粉煤灰中的煤炭，浮选法就是在含煤炭粉煤灰的灰浆水中加入浮选药剂，然后用气浮技术，使煤粒黏附于气泡上浮，与灰渣分离。如我国广西某电厂选用柴油作捕收剂，用松油为气泡剂，回收煤炭资源，回收率达 85%~94%，尾灰含碳量小于 5%，回收精煤灰热值大于 20950kJ/kg，每吨精煤灰成本约 10 元，浮选回收的精煤灰具有一定的吸附性，可直接作吸附剂，也可用于制作粒状活性炭。另一种是干灰静电分选煤灰。由于碳与灰的介电性能不同，干灰在高压电场的作用下发生分离。静电分选碳回收率一般在 85%~90%，产品含碳量在 55%左右。回收煤炭后的灰渣利于做建筑原料。

（3）用粉煤灰烧结粉煤灰砖。用粉煤灰烧结砖是以粉煤灰、黏土及其他工业废料为原料，经原料加工、搅拌、成型、干燥、焙烧制成砖。其生产工艺与黏土烧结砖的生产工艺基本相同，只需在生产黏土砖的工艺上增加配料和搅拌设备即可。其工艺流程包括原料的加工、配料、对辊碾压、搅拌、加气、成型、切坯、干燥、焙烧和成品出窑等工序。粉煤灰烧结砖的原料一般配比是：粉煤灰为30%~80%，煤矸石为10%~30%，黏土为20%~50%，硼砂为1%~5%，能烧结75~150号烧结砖。烧结粉煤灰砖利用工业废渣可节省部分土地；粉煤灰中含有少量的碳，可节省燃料；粉煤灰可作黏土助剂，使干燥过程中裂纹少，损失率低；烧结粉煤灰砖比普通黏土砖轻20%，可减轻建筑物自重和造价。

（4）粉煤灰做砂浆或混凝土的掺合料。粉煤灰是一种很理想的砂浆和混凝土的掺合料。在混凝土中掺加粉煤灰代替部分水泥或细集料，不仅能降低成本，而且能提高混凝土的和易性、提高不透水性、不透气性、抗硫酸盐性能和耐化学侵蚀性能、降低水化热，改良混凝土的耐高温性能，减轻颗粒分离和析水现象，减少混凝土的收缩和开裂，以及抑制杂散电流对混凝土中钢筋的腐蚀。粉煤灰用作混凝土掺合料，早在20世纪50年代在国外的水坝建筑中就得到推广。随着对粉煤灰性质的深入了解和电吸尘工艺的出现，粉煤灰在泵送混凝土、商品混凝土及压浆、灌缝混凝土中也广泛使用起来。国外在修造隧洞、地下铁道等工程中，广泛采用掺粉煤灰的混凝土。我国在混凝土和砂浆中掺加粉煤灰的技术也已大量推广。例如，我国三门峡工程中，在重力坝内混凝土工程中共浇筑约120万立方米的混凝土，掺用了相当于400号大坝矿渣水泥的20%~40%的粉煤灰，对混凝土内部的温升、改善混凝土的和易性及节省水泥用量等均获得良好效果。又如北京的砌筑工程中，比较常用的是50号和75号砂浆，每立方米掺入50~100kg磨细灰，可节约水泥17%~28%。如与加气剂结合使用可代替部分或全部白灰膏，在抹灰装修砂浆中可节约30%~50%的水泥。

（5）粉煤灰用作农业肥料和土壤改良剂。粉煤灰含有大量可溶性硅、钙、镁、磷等农作物所需的营养元素。当含有大量可溶性硅时，可作硅钙肥；当含有较高可溶性钙镁时，可作改良酸性土壤的钙镁肥；当含有一定磷、钾及微量组分时，可用于制造各种复合肥。粉煤灰中含有大量SiO_2和CaO，形成了可溶性硅酸钙，经干化后经球磨机磨细，制成水稻生长必需的硅钙肥；当粉煤灰含P_2O_5达4%时，可直接磨细成钙、镁、磷肥；若含磷量较低，也可适当添加磷矿石、镁粉、添加剂$Mg(OH)_2$助熔剂等，经焙烧、研磨，制成钙、镁、磷肥。将配比为磷矿石20%~45%、粉煤灰20%~40%、助熔剂和添加剂35%~40%的混合料，经焙烧、磨细制成磷肥，这种磷肥适用于酸性土壤，对油菜、大豆、食用菌有明显的增产效果，小麦、黄瓜、水稻、棉花和西红柿等增产20%~30%，且能早熟5~15天。用粉煤灰添加适量石灰石、钾长石、煤粉，经焙烧、研磨制成硅酸钙钾复合肥。

7.3.2 高炉渣的资源化利用

7.3.2.1 高炉渣的来源与组成

（1）高炉渣的来源。高炉渣是冶炼生铁时从高炉中排出的废物。炼铁的原料主要是铁矿石、焦炭和助熔剂。当炉温达到1400~1600℃时，炉料熔融，矿石中的脉石、焦炭中的灰分和助熔剂以及其他不能进入生铁中的杂质形成以硅酸盐和铝酸盐为主的浮在铁水上面的熔渣，称为高炉渣。每生产1t生铁时高炉渣的产生量，随着矿石品位和冶炼方法不同而变化。通常，采用贫铁矿炼铁时，每吨生铁产生1.0~1.2t高炉渣；采用富铁矿炼铁时，每吨生铁只产生0.25t高炉渣。由于近代选矿和炼铁技术的提高，高炉渣量已大大下降。

（2）高炉渣的组成。高炉渣中的主要化学成分是 SiO_2、Al_2O_3、CaO、MgO、MnO_2、FeO、S 等。高炉渣的化学成分随矿石的品位和冶炼生铁的种类不同而变化。当冶炼炉料固定和冶炼正常时，高炉渣化学成分的波动很小，对综合利用是有利的。高炉渣的化学成分中的碱性氧化物含量之和与酸性氧化物含量之和的比值称为高炉的碱度或碱性率，用 M_0 表示。高炉渣按碱度可分为碱性渣（$M_0>1$）、中性渣（$M_0=1$）和酸性渣（$M_0<1$）3类。我国高炉渣大部分属于中性渣，碱度或碱性率一般为 0.99~1.08。

7.3.2.2 高炉渣的资源化利用

（1）用高炉渣修筑道路。矿渣碎石具有缓慢的水硬性，对光线的漫射性能好，摩擦因数大，非常适于修筑道路。用矿渣碎石作基料铺成的沥青路面既明亮，又具有良好的防滑性能和耐磨性能，还可缩短制动距离。矿渣碎石还比普通碎石具有更高的耐热性能，更适用于喷气式飞机的跑道。

（2）用高炉渣生产石灰矿渣水泥。石灰矿渣水泥是将干燥的粒化高炉矿渣、生石灰或消石灰以及 5%以下的天然石膏，按适当的比例配合磨细而成的一种水硬性胶凝材料。石灰的掺入量一般为 10%~30%。它的作用是激发矿渣中的活性成分，生成水化铝酸钙和水化硅酸钙。石灰掺量太少，矿渣中的活性成分难以充分激发；石灰掺量太多，则会使水泥凝结不正常、强度下降和安定性不良。石灰的掺入量往往随原料中氧化铝含量的变化而变化，氧化铝含量高或氧化钙含量低时应多掺入石灰，通常在 12%~20%范围内配置。该水泥适用于蒸汽养护的各种混凝土预制品，也可作为水中、地下、路面等无筋混凝土和工业与民用建筑砂浆。

（3）高炉渣用做铁路道砟。矿渣碎石可用来铺设铁路道砟，并可适当吸收列车运行时产生的振动和噪声。我国铁路上采用矿渣道砟的历史较久，但大量利用是在新中国成立后开始的。目前，矿渣道砟在我国钢铁企业专用铁路线上已得到广泛应用。鞍山钢铁公司从 1953 年开始在专用铁路线上大量使用矿渣道砟，现已广泛应用于木轨枕、预应力钢筋混凝土轨枕和钢轨枕等各种线路，使用过程中无任何缺陷。1967 年鞍钢矿渣首次在哈尔滨至大连的一级铁路干线上使用，经过 40 多年的考验，效果良好。

（4）用高炉渣生产轻骨料。近年来发展起来的膨珠生产工艺制取的膨珠质轻、面光、自然级配好、吸声、隔热性能好，可以制作内墙板楼板等，也可用于承重结构。用作混凝土骨料可节约 20%左右的水泥。我国采用膨珠配置的轻质混凝土密度为 1400~2000kg/m^3，较普通混凝土轻 1/4 左右，抗压强度为 9.8~29.4MPa，导热系数为 0.407~0.528W/(m·K)，具有良好的物理学性质。膨珠作轻质混凝土在国外也广泛使用，美国钢铁公司在匹茨堡建筑了一座 64 层办公大楼，用的就是这种轻质混凝土。

（5）用高炉渣生产矿渣棉。矿渣棉是以高炉渣为主要原料，在熔化炉中熔化后获得熔融物，再加以精制而得的一种白色棉状矿物纤维。它具有质轻、保温、隔热、隔音、防震等性能。

生产矿渣棉的方法有喷吹法和离心法：原料在熔炉熔化后流出，即用蒸汽或压缩空气喷吹成矿渣棉的方法叫喷吹法；原料在熔炉熔化后落在回转的圆盘上，用离心力甩成矿渣棉的方法叫离心法。矿渣棉的主要原料是高炉渣，占 80%~90%，还有 10%~20%的白云石、萤石和其他如红砖头、卵石等，生产矿渣棉的燃料是焦炭。其生产流程分为配料、熔化喷吹、包装 3 个工序，喷吹法生产矿渣棉的工艺流程如图 7-14 所示。

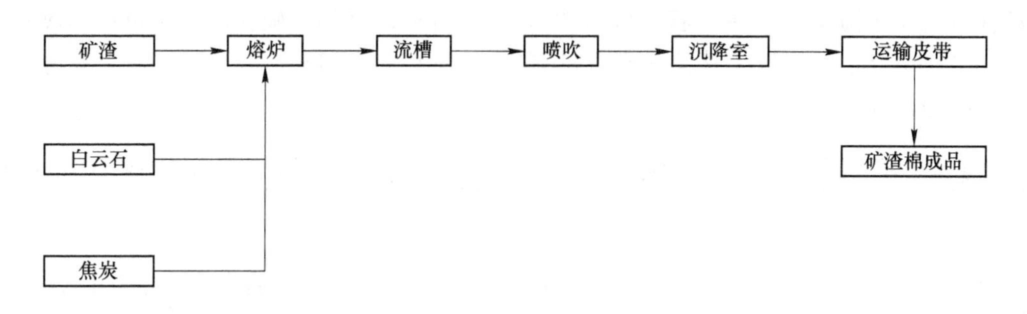

图 7-14 喷吹法生产矿渣棉的工艺流程

矿渣棉可用作保温材料、吸音材料和防火材料等，由它加工的产品有保温板、保温毡、保温筒、保温带、吸音板、窄毡条、吸音带、耐火板及耐热纤维等，矿渣棉广泛用于冶金、机械、建筑、化工和交通等部门。

（6）用高炉渣生产微晶玻璃。微晶玻璃是近几十年发展起来的一种用途广泛的新型无机材料，高炉渣可作为其原料之一。矿渣微晶玻璃的主要原料是62%~78%的高炉渣、22%~38%的硅石或其他非铁冶金渣等。其制法是在固定式或回转式炉中，将高炉渣与耐热结晶催化剂一起熔化成液体，然后用吹、压等一般玻璃成型方法成型，并在730~830℃下保温3小时，最后升温至1000~1100℃保温3小时，使其结晶、冷却即为成品。加热和冷却速度宜低于5℃/min，结晶催化剂为若干氟化物、磷酸盐和铬、锰、钛、铁、锌等多种金属氧化物，其用量视高炉渣的化学成分和微晶玻璃的用途而定，一般为5%~10%。通常矿渣微晶玻璃需要配成如下化学组成：SiO_2 40%~70%，Al_2O_3 5%~15%，CaO 15%~35%，MgO 2%~12%，Na_2O 2%~12%，晶核剂5%~10%。

矿渣微晶玻璃产品，比高碳钢硬，比铝轻，其机械性能比普通玻璃好，耐磨性不亚于铸石，热稳定性好，电绝缘性能与高频瓷接近。矿渣微晶玻璃用于冶金、化工、煤炭、机械等工业部门的各种容器设备的防腐层和金属表面的耐磨层，以及制造溜槽、管材等，使用效果也好。

7.4 矿业固体废物的资源化利用

7.4.1 矿山尾矿的资源化利用

矿山尾矿是一种具有很大开发利用价值的二次资源，尾矿的资源化是矿业发展的必由之路，也是保证矿业可持续发展的基础。从人类社会发展所面临的非再生资源的枯竭和环境逐步恶化的大趋势看，尾矿资源的综合利用具有战略性的重要意义。

（1）回收尾矿中的有价金属元素。有色金属矿山尾矿中往往含有多种有价金属。在选矿技术水平落后的条件下，可能有5%~40%的目的组分留在尾矿中。矿石中还有一些重要的伴生组分，当初选矿时没有进行回收。有些稀散元素在某些尾矿中的含量足够开采利用，而以往根本没有发现或者没有先进的选矿技术。综合开发利用尾矿，首先就应考虑对这些有价值组分的回收，以防止资源的再次损失。

从高砷高硫锡尾矿中回收有价元素，高砷高硫锡尾矿中主要的矿物为锡石、黄铜矿、磁黄铁矿、黄铁矿等，约占矿石总量的7%左右。可见，高砷高硫锡尾矿中可供回收的主要元素为Sn、S、As、Fe，其他元素不具有回收价值。图7-15所示为锡尾矿中有价元素的回收工艺流程图。

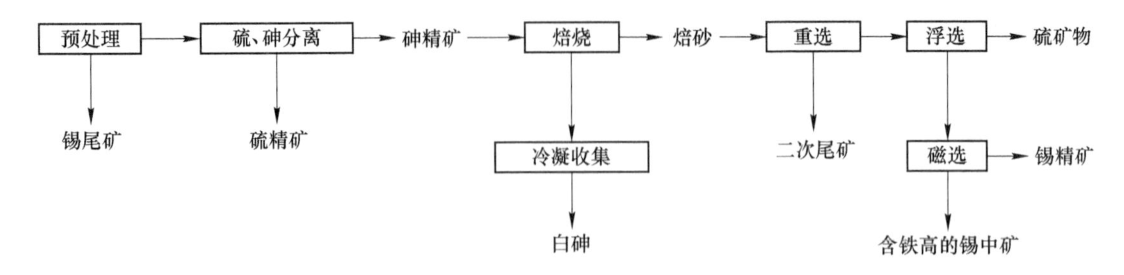

图7-15　锡尾矿中有价元素的回收工艺流程图

锡尾矿加调整剂（PN、PCN、PET）进行预处理，扩大其中有价矿物的表面性质差异，再用浮选法进行硫砷分离。得到的硫精矿含硫34.67%，产率为65%，可直接作为硫砷生产原料出售。砷精矿含硫26.18%、砷31.34%、锡1.20%，砷的回收率达到97.10%，可作为火法生产白砷的原料。

砷精矿中主要含砷矿物为毒砂，毒砂在稳定450~500℃的氧化气氛焙烧，发生强烈的氧化反应，砷呈As_2O_3形态挥发。而砷精矿中的FeS_2和FeS一般在温度700~850℃才能进行氧化反应，FeS_2大规模氧化离解硫的温度为900~1000℃。因此，只要控制好温度，就可使砷氧化成As_2O_3脱出，而黄铁矿不致大量氧化生成SO_2。焙烧成的气体经冷凝器冷凝，当温度降到150~300℃时，As_2O_3气体结晶成白砷，在收集瓶内沉降收集。

焙砂重选富集锡，并抛弃大量杂质，再进一步浮选脱除硫化物、磁选分离出合格精矿和含铁较高的锡中矿。目前我国从尾矿中提取有价组分已在铁、铅、锌、锡、钨、金、铌、钽、铀及许多非金属的选矿尾矿方面取得一些进展，选矿技术及设备的完善和进步，为尾矿的综合利用开辟了更广阔的前景。

（2）生产免烧砖。免烧砖是一种新型建筑材料，是由胶凝材料与含硅、铝原料按一定颗粒级配比均匀掺合，压制成型，并进行蒸压或蒸养而成的一种水化硅酸钙、水化铝酸钙、水化硅铝酸钙等多种水化产物为一体的建筑制品。胶凝材料采用生石灰或电石渣，有时采用少量水泥。如图7-16所示为北京铁矿蒸压硅酸盐尾矿砖生产工艺流程图。

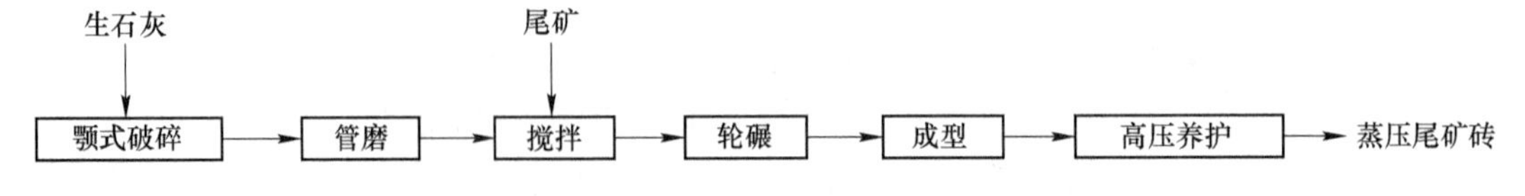

图7-16　北京铁矿蒸压硅酸盐尾矿砖生产工艺流程图

北京铁矿砖厂采用88%干尾矿与12%生石灰掺合，外加5%成型水分，用8个大气压，温度150~200℃的饱和蒸汽养护，生产出的硅酸盐尾矿砖强度达200标号以上。

图7-17所示为本溪南芬铁矿蒸养硅酸盐尾矿砖的生产工艺流程图。

按尾矿粉65%~67%、粉煤灰15%~20%、生石灰8%~12%、石膏3%混合搅拌，先

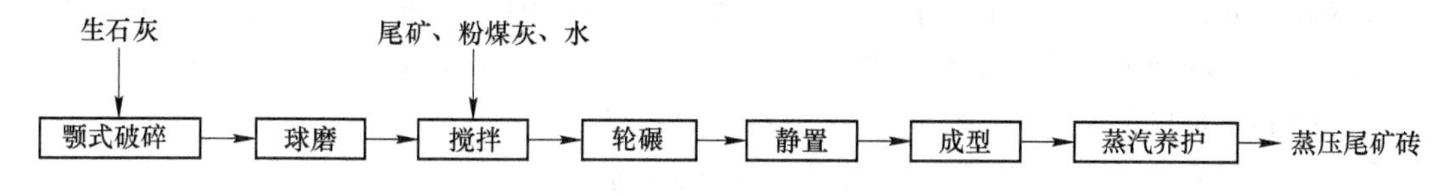

图 7-17 本溪南芬铁矿蒸养硅酸盐尾矿砖的生产工艺流程图

干拌 1min，再加水湿拌 2 min，然后在轮碾机中碾磨 7~9 min。取出静置 0~60 min，用制砖机成型为砖坯。对砖坯进行蒸汽养护，在低于 60℃ 预热 4~6h，再升温 2h 至 90~100℃，恒温养护 6~8h 后，降温 2h 取出，即为蒸养硅酸盐尾矿砖成品。

（3）用尾矿烧制陶瓷制品。日本某企业利用足尾选矿场排出的尾砂作为陶瓷的原料烧制陶瓷管、陶瓦、熔铸陶瓷、耐酸耐火质器材等。尾矿生产陶瓷制品的工艺流程为：足尾选矿厂选矿→干燥→混合→制土（加水）→成型→制品干燥→烧制→陶管。用尾矿烧制陶瓷管是用隧道窑连续烧制的。

（4）尾矿胶结充填。尾矿水力充填具有工艺和设备简单、输送范围广、基建投资少、充填成本低等特点，为了使建成的松散充填体凝聚成具有一定强度的整体，常在尾矿水力充填料中加入适量的水泥或其他胶凝材料，进行尾矿的胶结充填。图 7-18 所示为尾矿的胶结充填工艺流程图。

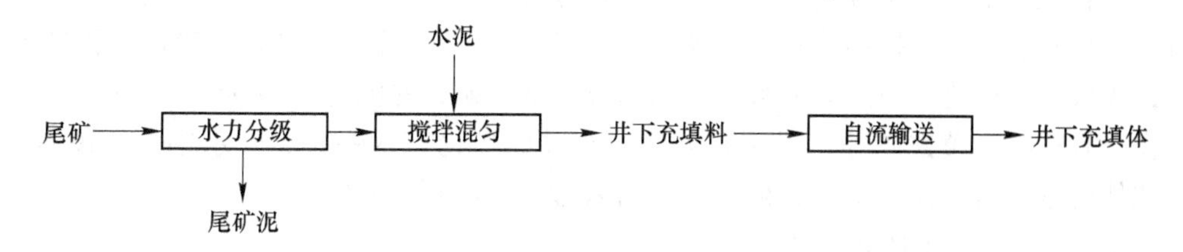

图 7-18 尾矿的胶结充填工艺流程图

（5）尾矿做微肥。尾砂中含有某些植物所需的微量元素时，将尾砂直接加工即可当做微肥使用，或用作土壤改良剂。例如，尾砂中的钾、磷、锰、锌、钼等组分，常常可能是植物的微量营养组分。根据尾砂的主要成分特征，还可直接用于特定的环境改良土壤。

7.4.2 煤矸石的资源化利用

煤矸石是煤炭伴生的废石，是矿业固体废物的一种。目前煤矿的排矸量占煤炭开采量的 10%~25%，已成为我国累计堆积量和占用场地最多的工业废物。全国堆存煤矸石数量已达 40 多亿吨，且仍在逐年增长。煤矸石的综合利用已成为一个重要课题。

7.4.2.1 煤矸石的来源与危害

煤矸石是存在于煤层中的岩石，也称夹矸石。煤矸石是一种在采煤和洗煤过程中伴生的含碳量较低、质地比煤坚硬的岩石。由于煤是世界上的主要能源之一，因此随着煤炭的开采、分选等加工过程，煤矸石成为固体废物。煤矸石的主要来源有：（1）露天剥离以及井筒和巷道掘进过程中开凿排出的矸石，占 45%；（2）在采煤和煤巷掘进过程中，由于煤层中夹有矸石或削下部分煤层地板，使运到地面上的煤炭中含有矸石，占 35%；（3）煤炭洗选过程中排出的矸石，占 20%。

煤矸石的大量堆放，不仅侵占耕地，影响周边地区的生态环境，矸石淋溶水还污染周围土壤、地表水和地下水，淤积河道，而且煤矸石中含有的黄铁矿在空气中易被氧化，氧化所释放的热量可促使煤矸石中的炭发生自燃，并放出二氧化硫、氮氧化物、碳氧化物和烟尘等有害气体污染大气环境，影响矿区居民的身体健康。

7.4.2.2 煤矸石的组成、性质与分类

煤矸石的矿物成分主要有黏土矿物（如高岭石、伊利石、蒙脱石等）、石英、方解石、硫酸铁及碳等，但不同地区的煤矸石的矿物组成不尽相同。煤矸石中化学成分主要有C、SiO_2、Al_2O_3，其次是Fe_2O_3、CaO、MgO、Na_2O、K_2O等。此外，还含有少量的稀有金属元素如Ga、V、Ti等。表7-4为煤矸石的一般化学组成。

表 7-4 煤矸石的化学组成 （%）

SiO_2	Al_2O_3	Fe_2O_3	CaO	MgO	TiO_2	P_2O_3	K_2O+Na_2O	V_2O_5
52~65	16~36	2.28~14.63	0.42~2.32	0.44~2.41	0.90~4.00	0.007~0.24	1.45~3.9	0.008~0.03

煤矸石的分类因划分依据不同而不同。按照煤炭工业固体废渣的来源可分为采煤矸石、选煤矸石和煤炭加工后所剩的废渣。按照粒度组成可分为粗粒矸石（25mm以上）、中粒矸石（1~25mm）和细粒矸石（0~1mm）。按矿物成分煤矸石主要有黏土岩类、砂岩类、碳酸岩类、铝质岩类等种类。黏土岩类在煤矸石中占有相当大的比例；砂岩类矿物多为石英、长石、云母、植物化石、菱铁矿结核等，并含有碳酸岩的黏土矿物或其他化学沉积物；碳酸岩类矿物的组成为方解石、白云母、菱铁矿，并混有较多的黏土矿物、陆源碎屑矿物、有机物、黄铁矿等；铝质岩类均含有高铝矿物三水铝矿、软水铝石、硬水铝石等，此外还常含有石英、玉髓、褐铁矿、白云母、方解石等矿物。

7.4.2.3 煤矸石的资源化利用

（1）用煤矸石生产微孔吸声砖。用煤矸石可以生产微孔吸声砖，其工艺流程如图7-19所示。首先将粉碎了的各种干料同白云石、半水石膏混合，然后将混合物料与硫酸溶液混合，约15s后，将配好的泥浆注入模具。在泥浆中由于白云石和硫酸发生化学反应而产生气泡，使泥浆膨胀，并充满模具。最后，将浇注料经干燥、焙烧而制成成品。

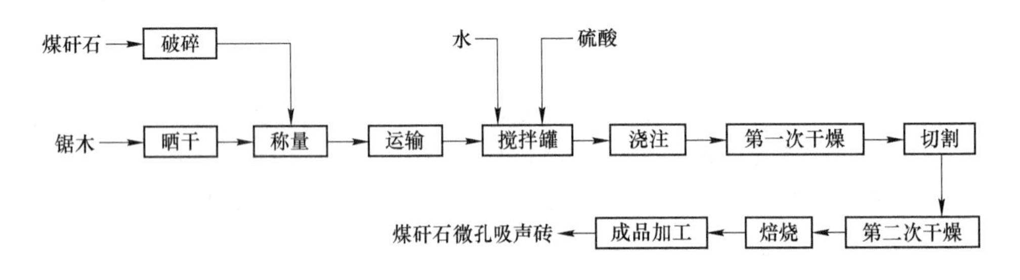

图 7-19 微孔吸声砖生产工艺流程

这种微孔吸声砖具有隔热、保温、防潮、防火、防冻及耐化学腐蚀性等特点，其吸声系数及其他性能均能达到吸声材料的要求。它取材容易，生产简单，施工方便，价格便宜。

（2）用煤矸石生产水泥。煤矸石的化学成分、矿物组成与黏土相似，据此利用煤矸石代替黏土配制水泥生料，生产普通硅酸盐水泥、特种水泥、少熟料水泥和无熟料水泥等

多种水泥。而且煤矸石中的碳在生产过程中还可以释放热量，用来代替一部分燃料，节省能源。

煤矸石硅酸盐水泥的主要原料是煤矸石、石灰石、铁粉和煤，其配比为煤矸石13%~15%，石灰石69%~82%，铁粉3%~5%，煤13%左右，水16%~18%。将原料混合搅拌均匀后在1400~1450℃的温度下煅烧成以硅酸三钙为主的熟料，然后与石膏一起磨细制成煤矸石硅酸盐水泥。

煤矸石特种水泥主要是利用煤矸石中的 Al_2O_3 代替黏土和矾土生产具有不同凝结时间、快硬、早强的特种水泥。

少熟料水泥也称为煤矸石砌筑水泥，原料配比中水泥熟料只占30%左右，煤矸石占67%，石膏占3%，不经过煅烧，直接进行磨制。无熟料水泥是以煤矸石或经800℃左右煅烧的煤矸石为主，约占60%~80%，加入15%~25%石灰、3%~8%石膏或硅酸盐水泥熟料混合磨细制成。

（3）用煤矸石生产化工产品。煤矸石中所含的元素种类较多，其中 SiO_2 和 Al_2O_3 含量最高。煤矸石的主要化工用途就是通过各种不同的方法，提取煤矸石中某种元素或生产硅铝的材料。

1）用煤矸石生产结晶氯化铝。结晶氯化铝又称六水氯化铝，主要用于精密铸造的硬化剂、造纸沉淀剂、水处理药剂，同时也是做木材防腐剂、石油工业加氯裂化催化剂单体的原料，还可用于氢氧化铝胶凝的生产及医药工业等。含铝量高、含铁量较低的煤矸石适合生产结晶氯化铝。图7-20所示为用煤矸石生产结晶氯化铝的工艺流程。煤矸石经过破碎、焙烧、磨碎、酸浸、沉淀、浓缩和脱水等工艺生产结晶氯化铝。

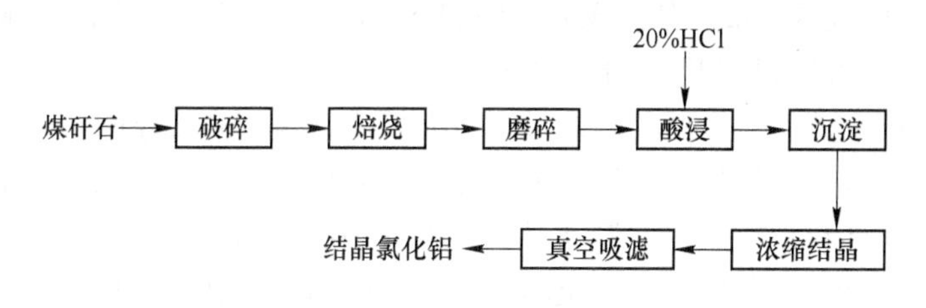

图7-20 用煤矸石生产结晶氯化铝的工艺流程

2）用煤矸石制氧化铝。氧化铝是一种白色粉状物，不溶于水，能溶解在熔融的冰晶石中。通常氧化铝可用于生产高温耐火材料，耐火砖、坩埚、瓷器、人造宝石等，同时氧化铝也是炼铝的主要原料。煤矸石中的氧化铝可通过化学浸取的方法获得，其工艺流程如图7-21所示。

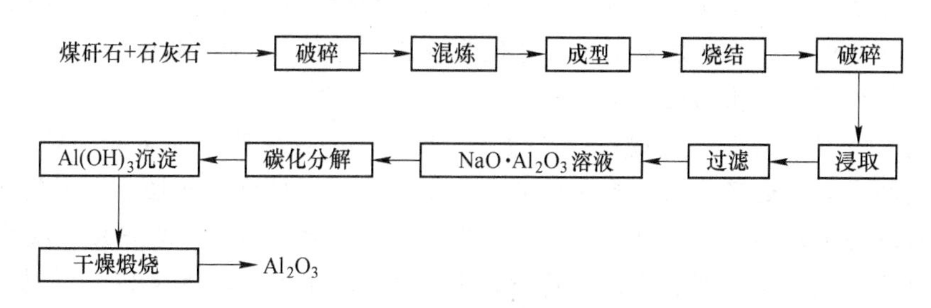

图7-21 用煤矸石制氧化铝生产工艺流程

3）煤矸石制硫酸铵。硫酸铵是白色结晶颗粒，能溶于水，主要作为农业肥料，同时也是化工、染织、医药、皮革等工业原料。煤矸石生产硫酸铵主要利用煤矸石中的硫化铁在高温下生成二氧化硫，继续氧化后生成三氧化硫，最后生成硫酸，并与氨的化合物反应生成硫酸铵，生产工艺流程如图 7-22 所示。

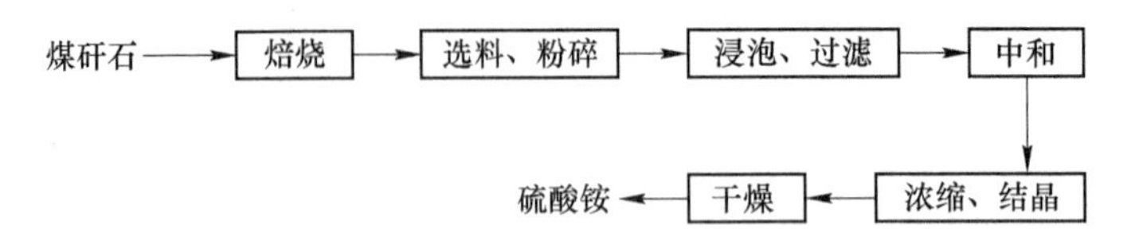

图 7-22　煤矸石制硫酸铵的生产工艺流程

（4）煤矸石作燃料发电。煤矸石中含有一定的碳和挥发成分，所以煤矸石按含碳量的高低可代替或部分代替燃料。对于含碳量高的煤矸石（含碳量 20%以上），可以直接用作流化床锅炉的燃料进行发电。对于热值较低的煤矸石，可掺合煤泥后再用于煤矸石发电厂，燃烧产生的灰渣可用于生产建材。对于含硫量较高的煤矸石，则应采用相应的脱硫技术，减少硫氧化物的排放。利用煤矸石发电的工艺比较简单。首先，将煤矸石和劣质煤的混合物进行破碎处理，筛分出粒径在 0~8mm 的粉末状燃料；然后，由胶带输送机送入锅炉内在循环流化床上进行燃烧。

利用煤矸石发电，既减轻了煤矸石堆放所带来的一系列生态环境问题，又充分利用了煤矸石中的能源，与此同时还可在一定程度上缓解煤炭供应紧张的局面。

（5）用煤矸石生产肥料改良土壤。煤矸石中含有一定的有机质以及多种植物所需的 B、Zn、Cu、Mn 等微量元素。某些煤矸石中的 N、P、K 和微量元素的含量是普通土壤的数倍，经过加工可生产有机肥和微生物肥料。

煤矸石有机肥一般用化学活化法制成，将有机质含量较高的煤矸石破碎成粉末后与过磷酸钙按一定比例混合，然后加入适量的活化剂，充分搅拌，再加入适量水，堆沤活化制成。在这个基础上还可以掺入氮、钾和微量元素等制成全养分矸石肥料。煤矸石有机肥料可增加土壤的疏松性、透气性，改善土壤的结构，提高土壤肥力，从而达到增产的目的。

****

本 章 小 结

本章讨论了以下几个问题：

（1）介绍了固体废物资源化的概念、原则、资源化途径（包括提取各种有价组分、生产肥料、回收能源、生产建筑材料、取代某种工业原料）、资源化常用方法（包括物理处理法、化学处理法、生物处理法）。

（2）介绍了城市废纸、废玻璃、废塑料、废电池、废橡胶、电子废物等生活垃圾的资源化利用技术。详述了废纸的回收利用，废玻璃的回收利用（包括自身的循环再利用、生产微晶玻璃仿大理石、生产建筑面砖、生产保温隔热隔音材料、生产玻璃微珠），废塑料的再生利用（包括废塑料再生法、建材利用、热能利用和化学再生利用），废电池的回收利用（包括提取金属、生产化工产品），废橡胶的资源化利用（翻修再用、制造再生胶），电子废物的资源化利用（包括电子废物的来源、分类、废电路板和日光灯灯管的回收利用）。

（3）介绍了工业废物粉煤灰与高炉渣的来源及组成，粉煤灰的综合利用（包括粉煤灰用于污水处理、回收煤炭资源、烧结粉煤灰砖、做砂浆或混凝土的掺合料、用做农业肥料和土壤改良剂），高炉渣的综合利用（包括用高炉渣修筑道路、生产石灰矿渣水泥、用做铁路道砟、生产轻骨料、矿渣棉和微晶玻璃）。

（4）介绍了利用尾矿烧制陶瓷制品、生产免烧砖、用尾矿胶结充填、用尾矿做微肥改良土壤及回收尾矿中有价金属元素等矿山尾矿的资源化利用技术。

（5）介绍了煤矸石的来源、危害、组成、性质与分类，煤矸石的资源化利用（包括：用煤矸石生产微孔吸声砖，生产水泥，生产结晶氯化铝、氧化铝和硫酸铵等化工产品，作燃料发电，生产肥料改良土壤）。

思考题

7-1 叙述固体废物资源化的概念。

7-2 固体废物资源化必须遵守的 4 个原则是什么？

7-3 详细说明固体废物资源化途径。

7-4 详细说明固体废物资源化的常用方法有哪几种？

7-5 废玻璃有哪几方面的回收利用？画出建筑面砖制备工艺流程图和废玻璃烧结法生产玻璃微珠工艺流程图。

7-6 说明废塑料的来源、废塑料再生的基本手段有哪几种？废塑料化学再生的方法有哪几种？

7-7 简述废塑料在建材方面已经开发了哪些新产品？绘制出废塑料制造汽油的工艺流程图。

7-8 锌-二氧化锰废电池的综合处理技术主要有哪两种？湿法冶金过程和火法冶金过程各自分为哪两种？

7-9 绘制出废干电池还原焙烧浸出工艺流程、废旧干电池制备立德粉工艺流程、废旧干电池制备化肥工艺流程、废旧干电池制备锌-二氧化锰工艺流程。

7-10 简述常压冶金法，并绘出废干电池常压冶金法回收有价金属的工艺流程。

7-11 什么是混合废电池？并绘出混合废电池处理流程图。

7-12 再生胶有哪些优点？再生胶的生产工艺主要有哪些？说明制造再生胶的油法、水油法的工艺及其特点。

7-13 电子废物按可回收物品的价值大致可分为哪三类？电子废物有哪些危害？

7-14 说明粉煤灰的概念、来源和组成。粉煤灰在哪几方面得以综合利用？

7-15 说明高炉渣的来源与组成。高炉渣在哪几方面得以资源化利用？

7-16 详细说明矿山尾矿在哪几方面得以综合利用。绘制出铁矿蒸压硅酸盐尾矿砖生产工艺流程图。

7-17 说明煤矸石的来源、危害、组成、性质与分类。煤矸石有哪些用途？

7-18 绘出用煤矸石制氧化铝、制硫酸铵的生产工艺流程和生产结晶氯化铝的工艺流程。

参考文献

[1] 何品晶. 固体废物处理与资源化技术 [M]. 北京: 高等教育出版社, 2011.
[2] 廖利, 冯华, 王松林. 固体废物处理处置 [M]. 武汉: 华中科技大学出版社, 2010.
[3] 彭长琪. 固体废物处理与处置技术 [M]. 2版. 武汉: 武汉理工大学出版社, 2009.
[4] 谢志峰. 固体废物处理及利用 [M]. 北京: 中央广播电视大学出版社, 2014.
[5] 牛晓庆, 郑莹, 王汉林. 固体废物处理与处置 [M]. 北京: 中国建筑工业出版社, 2013.
[6] 韩宝平. 固体废物处理与利用 [M]. 武汉: 华中科技大学出版社, 2010.
[7] 汪群慧. 固体废物处理及资源化 [M]. 北京: 化学工业出版社, 2004.
[8] 周敬宣. 环保设备及课程设计 [M]. 北京: 化学工业出版社, 2007.
[9] 王继斌, 宋来洲, 孙颖. 环保设备选择、运行与维护 [M]. 北京: 化学工业出版社, 2007.
[10] 江晶. 环保机械设备设计 [M]. 北京: 冶金工业出版社, 2009.
[11] 刘汉湖, 高良敏. 固体废物处理与处置 [M]. 徐州: 中国矿业大学出版社, 2009.
[12] 柴晓利, 楼紫阳. 固体废物处理处置工程技术与实践 [M]. 北京: 化学工业出版社, 2009.
[13] 魏振枢, 杨永杰. 环境保护概论 [M]. 北京: 化学工业出版社, 2007.
[14] 范俊君, 孟伟, 赫英臣, 等. 固体废物环境管理技术应用与实践 [M]. 北京: 中国环境科学出版社, 2005.
[15] 刘树英. 破碎粉磨机械设计 [M]. 沈阳: 东北大学出版社, 2001.
[16] 闻邦椿, 刘树英, 何勍. 振动机械的理论与动态设计方法 [M]. 北京: 机械工业出版社, 2001.
[17] 闻邦椿, 刘树英. 现代振动筛分技术及设备设计 [M]. 北京: 冶金工业出版社, 2013.
[18] 孙仲元. 选矿设备工艺设计原理 [M]. 长沙: 中南大学出版社, 2001.
[19] 闻邦椿, 刘树英, 张纯宇. 机械振动学 [M]. 北京: 冶金工业出版社, 2000.
[20] 李明俊, 孙鸿燕, 等. 环保机械与设备 [M]. 北京: 中国环境科学出版社, 2005.
[21] 曾现来, 张永涛, 苏少林. 固体废物处理处置与案例 [M]. 北京: 中国环境科学出版社, 2011.
[22] 陈昆柏. 固体废物处理与处置工程学 [M]. 北京: 中国环境科学出版社, 2005.
[23] 赵由才, 牛冬杰, 柴晓利. 固体废物处理与资源化 [M]. 北京: 化学工业出版社, 2006.
[24] 朱蓓丽. 环境工程概论 [M]. 北京: 科学出版社, 2001.
[25] 罗辉. 环保设备设计及应用 [M]. 北京: 高等教育出版社, 1997.
[26] 王爱民, 张云新. 环保设备及应用 [M]. 北京: 化学工业出版社, 2004.
[27] 王常任, 孙仲元, 郑龙熙. 磁选设备磁系设计基础 [M]. 北京: 冶金工业出版社, 1990.
[28] 江源, 刘运通, 邵培. 城市生活垃圾管理 [M]. 北京: 中国环境科学出版社, 2004.
[29] 江晶. 多层多路给料振动脱水机的研究 [J]. 矿山机械, 2008, 36 (17): 102~104.
[30] 江晶, 王锋, 王磊. 振动压实系统的动力学特性分析 [J]. 筑路机械与施工机械化, 2010, 27 (4): 39~41.
[31] Wen B C, Zhang H, Liu S Y, He Q, Zhao C Y. Theory and Techniques of Vibrating Machinery and Their Applications [M], Beijing: Press of Science, 2010.
[32] Simin D. Planning for waste management: changing discourses and institutional relationships [J]. Progress in Planning, 2000, 53: 165~216.
[33] Eighmy T T, Eusden Jr. J D, Domingo D S, Stampfli D, Martin J R, Erickson P M. Comprehensive approach toward understanding element speciation and leaching behavior in municipal solid waste incineration electrostatic precipitator ash [J]. Environmental Science and Technology, 1995, 29 (3): 629~646.
[34] Amberg H R. Sludge dewatering and disposal pulp and paper industry in the pulp and paper industry [J]. Water Pollution Control Federation, 1984, 56 (8): 962~969.

[35] Romeela M, Anuksha B, Babita S, Selven R, Geeta D S, Ackmez M. Assessing the potential of coal ash and bagasse ash as inorganic amendments during composting of municipal solid wastes. Journal of Environmental Management, 2015, 159: 209~217.

[36] Dong F Q, Xu L H, Peng T J, Dai Q W, Chen S. The mineralogy in the process of industrial solid wastes treatment and resource recycle [J] . Earth Science Frontiers, 2014, 21 (5): 302~312.

[37] García C A, Fajardo R A, Moreno J C. Modification and use of Hoffman brick furnaces in the incineration of urban solid wastes and evaluation of their polluting emissions [J] . Instrumentation Science and Technology, 2004, 32 (6): 669~680.

[38] Zhou F C, Xiong D G, Xian X F, Xu L J. Research achievements and application in anaerobic treatment of organic solid wastes-A review [J] . Chinese Journal of Geochemistry, 2006, 25 (2): 178~181.

[39] Chen Y M, Zhan T L T, Wei H Y, Ke H. Aging and compressibility of municipal solid wastes [J] . Waste Management, 2009, 29 (1): 86~95.

[40] Kumar P R, Jayaram A, Somashekar R K. Assessment of the performance of different compost models to manage urban household organic solid wastes. Clean Technologies and Environmental Policy [J], 2009, 11 (4): 473~484.

[41] Chanakya H N, Ramachandra T V, Vijayachamundeeswari M. Resource recovery potential from secondary components of segregated municipal solid wastes. Environmental Monitoring and Assessment [J], 2007, 135 (1-3): 119~127.

[42] Helen P, Gholamreza S J , Ebrahim K, Seyed M K N, Meisam T, Reza M A. Development of a bioprocess for fast production of enriched biocompost from municipal solid wastes. International Biodeterioration & Biodegradation, 2015, 104: 482~489.

冶金工业出版社部分图书推荐